W0254957

<h1>Tabelle der Atomgewichte[1]. (O = 16.)</h1>

Namen	Symbol	Wertigkeit[2]	Atomgewicht	Namen	Symbol	Wertigkeit[2]	Atomgewicht
			des Elementes				des Elementes
Actinium . . .	Ac	3?	226?	Neodymium .	Nd	[3, 4	144,3
Aluminium .	Al	3	27,1	Neon	Ne	0	20,2
Antimon . . .	Sb	3, 5	120,2	Nickel	Ni	2, (3)]	58,68
Argon	Ar	0	39,88	Niobium . . .	Nb	(2,) 3, (4,) 5	93,5
Arsen	As	3, 5	74,96	Osmium . . .	Os	2, 3, 4, 6, 8	190,9
Barium	Ba	2	137,37	Palladium . .	Pd	2, 4	106,7
Beryllium . .	Be	2	9,1	Phosphor . .	P	3, 5	31,04
Blei	Pb	2, (4)	207,2	Platin	Pt	(2,) 4	195,2
Bor	B	3	11,0	Polonium . .	Po	2, 4, 6 (?)	210,0
Brom	Br	1, (3, 5, 7)	79,92	Praseodym .	Pr	3, (4)	140,9
Cadmium . .	Cd	2	112,40	Protactinium.	Pa	5 (?)	230?
Calcium . . .	Ca	2	40,07	Quecksilber .	Hg	2	200,6
Caesium . . .	Cs	1	132,81	Radium . . .	Ra	2	225,97
Cerium	Ce	3, 4	140,25	Rhodium . . .	Rh	2, 3, 4	102,9
Chlor	Cl	1, (3, 5, 7)	35,46	Rubidium . .	Rb	1	85,45
Chrom	Cr	(2,) 3, (6)	52,0	Ruthenium . .	Ru	2, 3, 4, 6, 7, 8	101,7
Cobalt	Co	2, (3)	58,97	Samarium . .	Sm	3	150,4
Dysprosium .	Dy	3	162,5	Sauerstoff . .	O	2	**16,000**
Eisen	Fe	2, 3, (6)	55,84	Scandium . .	Sc	3	45,1
Emanation . .	Em	0	222	Schwefel . . .	S	2, 4, 6	32,06
Erbium	Er	3	167,7	Selen	Se	2, 4, 6	79,2
Europium . .	Eu	3	152,0	Silber	Ag	1	107,88
Fluor	F	1	19,0	Silicium . . .	Si	4	28,3
Gadolinum .	Gd	3	157,3	Stickstoff . .	N	3, 5	14,01
Gallium . . .	Ga	2, 3	69,9	Strontium . .	Sr	2	87,63
Germanium .	Ge	2, 4	72,5	Tantal	Ta	5	181,5
Gold	Au	(1,) 3	197,2	Tellur	Te	2, 4, 6	127,5
Helium	He	0	4,00	Terbium . . .	Tb	3, (4)	159,2
Holmium . .	Ho	3	163,5	Thallium . . .	Tl	1, 3	204,0
Indium	In	(1, 2,) 3	114,8	Thorium . . .	Th	4	232,15
Iridium	Ir	2, 3, 4	193,1	Thulium . . .	Tu	3	168,5
Jod	J	1, (3, 5, 7)	126,92	Titan	Ti	2, 3, 4	48,1
Kalium	K	1	39,10	Uranium . . .	U	4, 6	238,2
Kohlenstoff .	C	4	12,00	Vanadium . .	V	2, 3, 4, 5	51,0
Krypton . . .	Kr	0	82,92	Wasserstoff .	H	1	1,008
Kupfer	Cu	(1,) 2	63,57	Wismut . . .	Bi	3	209,0
Lanthan . . .	La	3	139,0	Wolfram . . .	W	2, 4, 5, 6	184,0
Lithium . . .	Li	1	6,94	Xenon	X	0	130,2
Lutetium . . .	Lu	3	175,0	Ytterbium . .	Yb	3	173,5
Magnesium .	Mg	2	24,32	Yttrium . . .	Y	3	88,7
Mangan . . .	Mn	2, 3, (4, 6, 7)	54,93	Zink	Zn	2	65,37
Molybdän . .	Mo	2, 3, 4, 5, 6	96,0	Zinn	Sn	2, 4	118,7
Natrium . . .	Na	1	23,00	Zirconium . .	Zr	4	90,6

[1] Von den Radioelementen ist hier nur je ein typischer Vertreter der betreffenden Gruppe aufgenommen. (Die übrigen Radioelemente siehe in Tabelle VII auf S. 229.)

[2] Durch die in Klammern gesetzte Zahl wird die Wertigkeit der Elemente angegeben, die ihnen in seltenen oder weniger wichtigen Verbindungen zukommt.

KURZES LEHRBUCH DER ALLGEMEINEN CHEMIE

VON

JULIUS GRÓH

O. Ö. PROFESSOR DER CHEMIE
AN DER TIERÄRZTLICHEN HOCHSCHULE BUDAPEST

ÜBERSETZT VON

PAUL HÁRI

O. Ö. PROFESSOR DER PHYSIOLOGISCHEN UND PATHO-
LOGISCHEN CHEMIE AN DER UNIVERSITÄT BUDAPEST

MIT 69 ABBILDUNGEN

Springer-Verlag Berlin Heidelberg GmbH

1923

ISBN 978-3-662-27039-4   ISBN 978-3-662-28518-3 (eBook)
DOI 10.1007/978-3-662-28518-3

Vorwort des Verfassers.

Die Ansprüche, die man an Lehrbücher der allgemeinen Naturwissenschaften stellt, sind sowohl bezüglich ihres Umfanges, wie auch bezüglich der Behandlung des Stoffes recht mannigfaltig, und naturgemäß verschieden je nach der Laufbahn, für die sich der Leser vorbereitet oder auf welcher er sich betätigt; auch verschieden je nach seiner individuellen Vorbildung und seinem Sinne für Naturwissenschaften.

Die Überzeugung, daß Ansprüche im obigen Sinne tatsächlich gestellt werden, und, daß diesbezüglich eine Lücke besteht, hat mich veranlaßt, trotzdem es an Werken ähnlicher Richtung nicht mangelt, dieses kurze Lehrbuch zu verfassen.

Was seinen Inhalt anbelangt, habe ich nur das aufgenommen, was aus dem Gesichtspunkte der allgemeinen naturwissenschaftlichen Bildung unumgänglich nötig ist, und dessen auch diejenigen nicht entraten können, die sich für eine angewandt-naturwissenschaftliche Laufbahn vorbereiten. In der Überzeugung, daß sowohl für den Anfänger, wie auch für den, der sich der Chemie als Hilfswissenschaft bedienen will, Einzelheiten eher zum Nachteile als zum Vorteile sind, bin ich auf solche nirgends eingegangen. Aus demselben Grunde möchte ich auch dem, der sich dem chemischen Berufe widmet, widerraten, sich gleich von Anfang her ausführlicher Werke zu bedienen.

Das Hauptgewicht habe ich auf die Art der Behandlung des Stoffes gelegt, Klarheit und Wohlverständlichkeit vor allem zu erreichen gesucht. Es soll dem Leser Gelegenheit gegeben werden, aus diesem Lehrbuche den Gegenstand nicht bloß zu „erlernen", sondern auch zu verstehen, und sich chemische Denkart anzueignen. Um dieses Ziel zu erreichen, habe ich gewisse Fragen womöglich von verschiedenen Seiten beleuchtet; auch mußte ich an gewissen Stellen länger verweilen, und mich stellenweise auch in Wiederholungen einlassen.

Aus demselben Grunde habe ich den wichtigsten Kapiteln Aufgaben folgen lassen, die sich womöglich auf das ganze Gebiet je eines Kapitels erstrecken. Die Lösung der Aufgaben ist am Schlusse des Buches zusammengestellt.

Die verschiedenen physikalischen Verfahren und Meßmethoden habe ich bloß kurz (eher im Prinzipe) erörtert, und, um den Zusammenhang des Haupttextes nicht zu stören, in Form eines Anhanges zusammengestellt. Eine Vorbedingung, den Haupttext zu verstehen, ist die Kenntnis dieses Anhanges.

Budapest, April 1923.

Julius Gróh.

Vorwort des Übersetzers.

Durch die Opferfreudigkeit und Unternehmungslust des Verlages ist es möglich geworden, vorliegendes Lehrbuch im Einverständnis mit dem Verfasser auch deutschen Interessenten zugängig zu machen. Sollte der Übersetzung derselbe Erfolg beschieden sein, wie dem bereits in dritter Auflage erschienenen ungarischen Original, so gebührt das Verdienst dem Verlag nicht weniger, als dem Verfasser dieses Lehrbuches.

Budapest, April 1923.

Paul Hári.

Inhaltsverzeichnis.

Aufgaben der Physik und der Chemie.

Es ist üblich, unter den Naturwissenschaften eine Gruppe der allgemeinen, und eine der spezialen Naturwissenschaften zu unterscheiden. Zur ersteren gehören Physik und Chemie, zur letzteren sämtliche übrigen Zweige der Naturwissenschaften, wie Mineralogie, Geologie, Botanik, Zoologie, Physiologie usw. Und zwar werden Physik und Chemie aus dem Grunde als allgemeine Naturwissenschaften bezeichnet, weil ihnen im Studium der übrigen Naturwissenschaften eine mehr-minder wichtige Rolle zukommt.

Physik sowohl, wie auch Chemie befassen sich mit den Eigenschaften der Stoffe und mit den Erscheinungen, die an den Stoffen zu beobachten sind. Gegeneinander lassen sich ihre Gebiete wie folgt abgrenzen:

Eigenschaften und Erscheinungen, die an den Stoffen beobachtet werden können, ohne daß an ihnen hierbei eine tiefergreifende Veränderung vorgenommen werden müßte, werden als physikalische Eigenschaften bezw. als physikalische Erscheinungen bezeichnet. So ist z. B. der Magnetismus eine physikalische Eigenschaft des Eisens; die Erscheinung, wenn Eisen vom Magneten angezogen wird, eine physikalische Erscheinung; denn beide können beobachtet werden, ohne daß das Eisen hierbei irgend verändert würde. Auch die Löslichkeit des Schwefels in Schwefelkohlenstoff ist eine physikalische Eigenschaft, die Auflösung selbst eine physikalische Erscheinung, da der Schwefel dabei nicht wesentlich verändert wird: nach Verjagen des Schwefelkohlenstoffes erhält man den Schwefel mit allen seinen ursprünglichen Eigenschaften ausgestattet zurück.

Im Gegensatze zur Physik befaßt sich die Chemie mit Eigenschaften und Erscheinungen, die an den Stoffen nur beobachtet werden können, wenn sie gleichzeitig wesentliche Veränderungen erleiden: es sind dies die sog. chemischen Eigenschaften und chemischen Erscheinungen. So ist es z. B. eine chemische Eigenschaft des Eisens und des Schwefels, daß sie sich beim Erhitzen unter Wärmeentwicklung zu Eisensulfid verbinden; denn in dem neu entstandenen Produkte, im Eisensulfid, lassen sich die ursprünglichen Eigenschaften des Schwefels ebensowenig wie die des Eisens erkennen. Beide haben eine tiefgreifende Veränderung ihrer Eigenschaften erlitten: das im Eisensulfid enthaltene Eisen wird durch den Magneten nicht angezogen, und der Schwefel läßt sich durch Schwefelkohlenstoff nicht in Lösung bringen.

Allerdings wird man auch Eigenschaften bezw. Erscheinungen begegnen, bezüglich deren es sich nicht sicher entscheiden läßt, ob sie als physikalische oder als chemische aufzufassen seien. Je nachdem man in diesen Fällen die Veränderung der Stoffe als mehr oder weniger tiefgreifend ansieht, wird man geneigt sein, die beobachteten Eigenschaften bezw. Erscheinungen eher als physikalische oder aber eher als chemische zu bezeichnen.

Erstes Kapitel.

Physikalische Grundbegriffe[1]).

§ 1. Einfache und zusammengesetzte Körper. Man unterscheidet
zwischen einfachen und zusammengesetzten Körpern.

I. Als **einfache Körper** oder **Elemente** werden Stoffe bezeichnet,
die sich weder durch physikalische, chemische oder andere Eingriffe
in Komponenten zerlegen, noch aber aus diesen aufbauen lassen (indessen siehe hierüber auch § 139). Die zur Zeit bekannten Elemente
sind in der Tabelle auf S. 31 zusammengestellt.

II. Die **zusammengesetzten Körper** werden A. in Verbindungen
und B. in Gemenge eingeteilt.

A. Als **Verbindungen** werden Stoffe bezeichnet, die aus zwei
oder mehreren Elementen dadurch entstehen, daß sie sich auf Grund
eines chemischen Vorganges unmittelbar oder auf Umwegen zu einem
neuen Körper verbinden; und zwar derart, daß in der neuen Verbindung die Eigenschaften der einzelnen Komponenten nicht unmittelbar wahrzunehmen sind. Beispiele von Verbindungen sind: Wasser,
Eisensulfid, Kohlendioxyd usw.

B. Als **Gemenge** werden Stoffe bezeichnet, die aus zwei oder
mehreren Elementen oder Verbindungen auf rein physikalischem (me-
chanischem) Wege entstehen, ohne daß die Komponenten aufeinander
chemisch eingewirkt hätten. In den Gemengen bleibt jede der Komponenten im Besitze ihrer ursprünglichen Eigenschaften.

Es wird auch zwischen 1. heterogenen und 2. homogenen Gemengen unterschieden.

1. Als **heterogene** werden solche Gemenge bezeichnet, in denen
die verschiedenen Bestandteile zueinander keine innigeren Beziehungen
haben: sie können mit freiem Auge oder unter dem Mikroskope gesondert wahrgenommen werden. Heterogene Gemenge sind z. B. die
Pulvergemenge, wie Sand plus staubförmiger Schwefel, oder Gips plus
Stärke usw.

2. Als **homogene** Gemenge oder **Gemische** werden solche bezeichnet, deren Bestandteile sich gegenseitig inniger berühren, indem
sie sehr klein, daher weder mit freiem Auge, noch aber unter dem
Mikroskop zu unterscheiden und sehr gleichmäßig verteilt sind. Hier-

---

[1]) Es werden hier nur diejenigen physikalischen Grundbegriffe erörtert,
die auf die weiteren Ausführungen in diesem Lehrbuche Bezug haben.

1*

her gehören Gasgemische, wie z. B. atmosphärische Luft; Flüssigkeitsgemische, wie z. B. ein Gemisch von Wasser und Alkohol; Lösungen,
wie z. B. eine wässerige Zuckerlösung.

§ 2. **Gasgesetze.** Gasförmige Körper unterscheiden sich von
flüssigen und festen u. a. auch darin, daß ihr Volumen durch Veränderung ihres Druckes und ihrer Temperatur weit stärker beeinflußt
wird. Mit anderen Worten: Kompressibilität und Temperatur-Ausdehnungskoeffizient sind an gasförmigen Körpern weit größer als an
flüssigen und festen Körpern.

Bemerkenswert ist ferner, daß Kompressibilität und Temperatur-Ausdehnungskoeffizient an den verschiedenen flüssigen
und festen Körpern verschieden, an gasförmigen Körpern jedoch
von ihrer stofflichen Qualität unabhängig sind.

Die Gesetzmäßigkeiten in der Kompressibilität der Gase werden
durch das BOYLE-MARIOTTEsche Gesetz, die in der Wärmeausdehnung
der Gase durch das GAY-LUSSACsche Gesetz ausgedrückt.

A. **BOYLE-MARIOTTEsches Gesetz.** Beträgt das Volumen eines
Gases bei einem Drucke von 1 Atm. 1 l, so ist das Volumen desselben
Gases bei konstanter Temperatur und einem Drucke von

$$
\begin{array}{lll}
2 \text{ Atm.} & \dots\dots\dots & \tfrac{1}{2}\; l \\
5 \;\; \text{,,} & \dots\dots\dots & \tfrac{1}{5}\; \text{,,} \\
10 \;\; \text{,,} & \dots\dots\dots & \tfrac{1}{10}\; \text{,,} \\
\tfrac{1}{2} \;\; \text{,,} & \dots\dots\dots & 2 \; \text{,,} \\
\tfrac{1}{5} \;\; \text{,,} & \dots\dots\dots & 5 \; \text{,,} \\
\tfrac{1}{10} \;\; \text{,,} & \dots\dots\dots & 10 \; \text{,, usw.}
\end{array}
$$

Wie zu ersehen, ergibt das Produkt aus den zusammengehörenden
Volumina und den Drucken immer denselben Wert:

$$1 \times 1 = 2 \times \tfrac{1}{2} = 5 \times \tfrac{1}{5} = 10 \times \tfrac{1}{10} = \tfrac{1}{2} \times 2 \dots = \text{konst.}$$

Wenn im allgemeinen bei den Drucken von p_1, p_2, p_3, $\dots$ die
zugehörenden Volumina mit v_1, v_2, $v_3 \dots$ bezeichnet werden, so ergibt sich, daß

$$p_1 v_1 = p_2 v_2 = p_3 v_3 = \text{konst.}$$

Es ist also bei gleichbleibender Temperatur das Produkt aus
dem Volumen und dem Drucke einer bestimmten Menge
(Masse) eines Gases konstant.

Die letzte der voranstehenden Gleichungen läßt sich auch wie folgt
schreiben:

$$v_1 : v_2 = p_2 : p_1, \dots\dots\dots\dots\dots \quad \text{(I)}$$

woraus wieder hervorgeht, daß an einem Gase von bestimmter Menge
(Masse) die Volumina und die dazu gehörenden Drucke einander umgekehrt proportional sich verhalten.

B. **GAY-LUSSACsches Gesetz.** Wird die Temperatur eines Gases
erhöht bezw. herabgesetzt, so zwar, daß sein Volumen dabei keine
Veränderung erfahre, so wird sein Druck zu- bezw. abnehmen; und zwar

entspricht, wie aus dem Experiment direkt hervorgeht, einer Temperatur-veränderung von 1°C eine Druckveränderung, die den 273-sten Teil des Druckes beträgt, der dem Gase bei 0°C zukommt. Beträgt daher der Druck eines Gases von konstantem Volumen bei 0°C p_0, so wird ihm bei t°C ein Druck von p zukommen; es ist also

$$p = p_0 + \tfrac{1}{273} p_0 t; \quad \text{und hieraus}$$
$$p = p_0 (1 + \tfrac{1}{273} t) \dots \dots \dots \dots \dots \dots \dots \quad \text{(II)}$$

Wird umgekehrt die Temperatur eines Gases so verändert, daß dabei sein Druck unverändert bleibt, so wird sein Volumen eine Ver-änderung erfahren; und zwar wird, wie es aus dem Experiment hervor-geht, die Volumenänderung pro je 1°C den 273-sten Teil des Volumens ausmachen, das von dem Gase bei 0°C eingenommen wird. Beträgt daher das Volumen eines Gases von konstantem Drucke bei 0°C v_0, so wird ihm bei einer Temperatur von t°C ein Volumen von v zu-kommen; es ist also

$$v = v_0 + \tfrac{1}{273} v_0 t; \quad \text{und hieraus}$$
$$v = v_0 (1 + \tfrac{1}{273} t) \dots \dots \dots \dots \dots \dots \dots \quad \text{(III)}$$

Es ist üblich, den Wert $\tfrac{1}{273} = 0{,}003663$ kurz mit α zu bezeichnen; und wird dieses Zeichen in Gleichungen II und III eingeführt, so er-halten diese die Form:

$$p = p_0 (1 + \alpha t) \dots \dots \dots \dots \dots \quad \text{(II)}$$
$$v = v_0 (1 + \alpha t). \dots \dots \dots \dots \dots \quad \text{(III)}$$

Aus den Gleichungen II und III, durch die dem GAY-LUSSACschen Gesetze Ausdruck gegeben. wird, ginge nun hervor, daß den Gasen bei einer Temperatur von − 273°C weder ein Volumen noch ein Druck zukommt; denn wird in obigen Gleichungen für t der Wert von − 273°C eingesetzt, so ergibt sich, daß

$$p = 0 \quad \text{und auch} \quad v = 0.$$

Diese Temperatur von − 273°C wird als absoluter Nullpunkt bezeichnet. Aus theoretischen Überlegungen geht es hervor, daß dieser absolute Nullpunkt von uns zwar angenähert werden kann (indem die niedrigste bisher erreichte Temperatur von − 268°C vom absoluten Nullpunkt nur mehr um 5°C entfernt ist), jedoch nicht vollends erreicht werden kann, daher wir uns nicht unmittelbar davon über-zeugen können, daß Druck und Volumen der Gase bei dieser Tem-peratur auch wirklich gleich Null sind. Immerhin sind wir in der Lage, auf den Zustand der Gase beim absoluten Nullpunkt mittelbar zu folgern, worüber weiteres in § 4 zu ersehen ist.

C. Das vereinigte Gasgesetz. Die Gesetze von BOYLE-MARIOTTE und GAY-LUSSAC lassen sich auf Grund der folgenden Überlegung leicht in einer gemeinsamen Formel unterbringen:

Bei der Temperatur von 0°C betrage der Druck eines Gases p_0, sein Volumen v_0; wird nun seine Temperatur auf t°C, sein Druck auf p verändert, so muß auch sein Volumen einen neuen Wert v annehmen. Um diesen Wert v ermitteln zu können, stellen wir uns vor, daß wir das Gas erst auf eine Temperatur von t^0 C gebracht, ihm jedoch zunächst seinen ursprünglichen Druck p_0 belassen, also bloß sein Volumen auf einen neuen Wert v_1 gebracht hätten. Diesem neuen Volumen kommt aber nach dem GAY-LUSSAC schen Gesetze folgender Wert zu:

$$v_1 = v_0 (1 + \alpha t).$$

Hierauf hätten wir das Gas, das bei dem neuen Volumen von v_1 noch den alten Druck p_0 beibehalten hatte, ohne Änderung seiner zuletzt angenommenen Temperatur auf einen neuen Druck p gebracht, was jedoch selbstverständlich wieder mit einer Änderung seines Volumens einhergeht, indem dieses von v_1 in v verändert wird. Wendet man für diesen Fall das BOYLE-MARIOTTEsche Gesetz an, so ist:

$$v : v_1 = p_0 : p,$$

und wird in diese Gleichung der oben ermittelte Wert von v_1 eingesetzt, so erhält man

$$v : v_0 (1 + \alpha t) = p_0 : p ; \text{ woraus}$$

$$v = \frac{p_0\, v_0 (1 + \alpha t)}{p} \ldots \ldots \ldots \ldots \ldots \text{(IV)}$$

In Gleichung IV ist gleichzeitig das BOYLE-MARIOTTEsche, wie auch das GAY-LUSSACsche Gesetz enthalten; es ist dies das sogenannte **vereinigte Gasgesetz.**

§ 3. **Das Normalvolumen der Gase.** Da das Volumen eines Gases in hohem Grade vom Drucke und von der Temperatur abhängt, lassen sich Gasvolumina von verschiedener Temperatur und verschiedenem Drucke nicht unmittelbar vergleichen. Ein Vergleich ist nur möglich, wenn die Gasvolumina bei **derselben Temperatur** und bei **demselben Drucke** angegeben werden. Und zwar ist es üblich, **die Gasvolumina stets auf die Temperatur von 0^0 C und den Druck von 760 mm Quecksilber** (= 1 Atmosphäre) zu beziehen. Das unter diesen Bedingungen gemessene Volumen eines Gases wird als dessen **Normalvolumen** bezeichnet.

Indessen ist es, um in einem Versuche mit dem Normalvolumen eines Gases zu rechnen, nicht nötig, es tatsächlich auf eine Temperatur von 0^0 C und einen Druck von 760 mm Quecksilber zu bringen; wir können uns diese langwierige Arbeit ersparen. Denn, ist uns das bei der Temperatur t^0 C und bei dem Druck p abgelesene Volumen v eines Gases bekannt, so läßt sich auf Grund der Gleichung IV auch sein Normalvolumen berechnen, indem

$$v_0 = \frac{p \cdot v}{760 (1 + \alpha t)}.$$

§ 4. **Die kinetische Gastheorie.** Laut der kinetischen Gastheorie sind die kleinsten Teilchen (Moleküle) der Gase in einer nie rastenden fortschreitenden Bewegung begriffen, die am besten dem Zickzackfluge eines Mückenschwarmes vergleichbar ist. Im Verlaufe dieser unaufhörlichen Bewegungen schlagen die Moleküle bald aufeinander, bald auf die Wandungen des Gefäßes auf, das sie enthält; prallen nach jedem dieser Zusammenstöße wie elastische Kugeln wieder ab, um dann ihre Bewegungen in einer geänderten Richtung fortzusetzen. Die Geschwindigkeit, mit der sich die Gasmoleküle fortbewegen, ist eine Funktion ihres Gewichtes sowie der Temperatur: die leichteren Moleküle bewegen sich rascher fort, die schwereren langsamer; in der Wärme rascher, in der Kälte langsamer. Beispielsweise sei erwähnt, daß Wasserstoffmoleküle bei 0° C eine Geschwindigkeit von 1844, Sauerstoffmoleküle eine solche von 461 m pro Sekunde haben.

Ein augenfälliger Beweis für die soeben beschriebene Bewegung der Gas- bezw. Dampfmoleküle ergibt sich aus der Eigenschaft der Gase (Dämpfe), daß sie bestrebt sind, den Raum, in dem sie enthalten sind, stets gleichmäßig anzufüllen, wovon man sich auf folgende Weise leicht überzeugen kann. Einige Tropfen Brom, die auf den Grund eines hohen, verschließbaren Glaszylinders gebracht werden, verdampfen alsbald, und, obzwar die Bromdämpfe weit schwerer sind als Luft, ist es nach einiger Zeit an ihrer gelben Farbe zu erkennen, daß sie den zur Verfügung stehenden Raum ohne unser Hinzutun (Vermischen, Bewegen) nunmehr gleichmäßig anfüllen. Diese spontan vor sich gehende Vermischung von Bromdämpfen und Luft, die man als Diffusion bezeichnet, rührt von der oben beschriebenen Bewegung der Gasmoleküle her.

Im Sinne der kinetischen Gastheorie muß angenommen werden, daß die Dimensionen (Durchmesser) der Gasmoleküle, sofern die Gase keinem übergroßen Drucke ausgesetzt sind, verschwindend gering sind im Verhältnisse zur gegenseitigen Entfernung der benachbarten Moleküle; bezw., daß es bloß ein relativ verschwindend geringer Bruchteil des von dem Gase angefüllten Raumes ist, der von den Molekülen selbst eingenommen wird.

Endlich muß auch angenommen werden, daß die gegenseitige Anziehung der Gasmoleküle keine bedeutende ist.

Auf Grund aller dieser Voraussetzungen lassen sich die im vorangehenden Paragraphen erörterten Gesetzmäßigkeiten einfach wie folgt deuten:

Der Druck, der von einem Gase auf die Wandungen des Gefäßes, darin es enthalten ist, ausgeübt wird, setzt sich aus den Stößen (Impulsen) der Moleküle zusammen, die auf die Wandungen des Gefäßes aufschlagen, ist also etwa ähnlichen Ursprunges, wie der Druck, den eine schiefstehende Glastafel durch auffallende Hagelschloßen erleidet. Wird nun ein Gas von bekanntem Drucke soweit zusammengedrückt, daß sein Volumen hierbei auf die Hälfte reduziert wird, so muß auch die Zahl der in der Volumeinheit des Gases enthaltenen Moleküle doppelt so groß sein, als sie zuvor war. Dann wird aber auch ein bestimmter Teil der Wandoberfläche — etwa die Oberflächeneinheit — während derselben Zeitdauer von einer verdoppelten Anzahl aufschlagender Moleküle getroffen; es hat sich also der Gasdruck auf das Doppelte erhöht. Durch diese einfache Überlegung findet das BOYLE-MARIOTTE-sche Gesetz seine hinreichende Erklärung.

Aus dieser Überlegung geht aber, wenigstens in qualitativer Hinsicht, auch das GAY-LUSSACsche Gesetz als selbstverständlich hervor, indem wir ja oben vorausgesetzt haben, daß die Geschwindigkeit der sich fortbewegenden Moleküle mit steigender Temperatur eine Zunahme erfährt. Da nämlich ein rascher sich fortbewegendes Molekül anläßlich des Aufschlagens auf die Wand des Gefäßes dieser Wand einen stärkeren Impuls verleiht, ist es klar, daß der Druck eines bei konstantem Volumen gehaltenen Gases bei steigender Temperatur zunehmen, bei sinkender Temperatur aber abnehmen muß. Auf Grund der kinetischen Gastheorie kann man sich auch vorstellen, daß man bei fortschreitender Abkühlung des Gases schließlich zu einer derartig niedrigen Temperatur gelangt, bei der die Geschwindigkeit der Moleküle gleich Null wird, sie ihre Bewegungen einstellen, daher auch das Aufschlagen auf die Wand des Gefäßes sowie die hieraus resultierenden Impulse aufhören; mit einem Worte: auch der Druck des Gases gleich Null wird. Die Temperatur, bei der dieser Zustand eintritt, hatten wir im Anschluß an die Erörterung des GAY-LUSSACschen Gesetzes als den absoluten Nullpunkt bezeichnet.

Auch die Volumabnahme des bei konstantem Drucke abgekühlten Gases versteht sich auf Grund obiger Ausführungen von selbst; nur ist vorauszusetzen, daß dieses Volumen auch beim absoluten Nullpunkt nicht, wie es aus dem GAY-LUSSACschen Gesetze hervorginge, auf Null reduziert wird, da ja das Eigenvolumen der Gasmoleküle auch unter solchen Umständen erhalten bleiben muß.

§ 5. **Abweichungen von den Gasgesetzen.** Sucht man sich von der Gültigkeit der Gasgesetze innerhalb sehr weiter Temperatur- und Druckgrenzen experimentell zu überzeugen, so wird man finden, daß die Gase den genannten Gesetzen, zumal bei sehr niedrigen Temperaturen und bei sehr hohen Drucken, nicht gehorchen.

Von dem BOYLE-MARIOTTEschen Gesetze weichen die Gase darin ab, daß das Produkt aus Volumen und Druck nicht streng konstant ist: bei mäßig gesteigertem Drucke ist der Wert des Produktes etwas geringer, bei sehr hohen Drucken (50—100 Atm.) aber größer, als zu erwarten ist; was so viel besagen will, daß die Kompressibilität der Gase bei mäßig erhöhtem Druck etwas größer, bei sehr stark erhöhtem Drucke aber etwas geringer ist, als dem BOYLE-MARIOTTEschen Gesetze entspricht.

Von dem GAY-LUSSACschen Gesetze weichen die Gase darin ab, daß ihre Volumverringerung bei mäßig niederen Temperaturen etwas größer, bei sehr niederen Temperaturen etwas geringer ausfällt, als auf Grund des GAY-LUSSACschen Gesetzes zu erwarten ist.

Die eben besprochenen Abweichungen von beiden Gesetzen sind um so größer, je mehr durch Steigerung des Druckes und durch Herabsetzung der Temperatur die Bedingungen angenähert werden, unter denen die Gase verflüssigt werden, und zwar lassen sich jene Abweichungen wie folgt erklären:

Die Gasgesetze beziehen sich in der in § 2 angegebenen Form auf den idealen Fall, daß a) die Gasmoleküle bloß mathematische Punkte sind, also kein eigenes Volumen haben, b) daß sie sich gegenseitig nicht anziehen.

Diesen Bedingungen entspricht aber kein einziges Gas. Denn einerseits kommt den Gasmolekülen, obzwar sie bloß einen relativ sehr geringen Teil des von den Gasen erfüllten Raumes einnehmen, dennoch ein wohldefiniertes Eigenvolumen zu, andererseits ziehen sie sich, wenn auch in weit geringerem Grade als Flüssigkeitsmoleküle, doch gegenseitig an, und zwar um so stärker, je geringer der Abstand ist, in dem sie sich voneinander befinden.

Erwägt man diese Umstände, so erklären sich die erwähnten Abweichungen von den Gasgesetzen von selbst. Werden nämlich die Gase zusammengedrückt, so rücken die Gasmoleküle näher aneinander heran und ziehen sich gegenseitig stärker an; dies führt zu einer Verringerung der Geschwindigkeit, mit der sie sich fortzubewegen, voneinander zu entfernen bestrebt sind, wodurch wieder die Impulse, die den Wandungen des Gefäßes durch die aufschlagenden Moleküle erteilt werden, eine Verringerung erfahren. Dies bedeutet aber nichts anderes als eine Verringerung des Gasdruckes. Im Endergebnis muß auf diese Weise das Produkt aus Volumen und Druck einen geringeren Wert haben, als zu erwarten wäre.

Ist der Druck ein sehr hoher, so ist es das Eigenvolumen der Gasmoleküle, dem die Schuld an der Abweichung vom Gasgesetze zuzuschreiben ist. Wird nämlich ein Gas auf ein so geringes Volumen zusammengedrückt, daß seine Moleküle nunmehr einen bedeutenden Teil des von dem Gase erfüllten Raumes einnehmen, dann wird angenähert der Zustand erreicht, der für Flüssigkeiten charakteristisch ist. Von diesen ist es aber bekannt, daß ihre Kompressibilität weit geringer ist als die der Gase; woraus unmittelbar hervorgeht, daß das Produkt aus Volumen und Druck einen höheren Wert haben muß, als zu erwarten war. Diese Überlegung führt zu einem Ergebnis, das durch die Erfahrung bestätigt wird.

In analoger Weise lassen sich auch die Abweichungen von dem GAY-LUSSACschen Gesetz erklären. Ist die Temperatur bloß mäßig niedrig, so wird eine größere Volumverringerung beobachtet, als zu erwarten wäre, weil sie ja durch die gesteigerte Anziehung der einander genäherten Moleküle quasi gefördert wird. Bei sehr niedrigen Temperaturen ist umgekehrt die Volumverringerung eine geringere, als zu erwarten wäre, da hierbei der Zustand angenähert wird, in dem es zur Verflüssigung der Gase kommt: von Flüssigkeiten ist es jedoch bekannt, daß ihr Temperatur-Ausdehnungskoeffizient geringer ist als der der Gase, daher auch ihre Volumverringerung bei abnehmender Temperatur eine geringere ist.

Durch die soeben erörterten Ursachen der Abweichungen von beiden Gasgesetzen wurde VAN DER WAALS veranlaßt, in Gleichung IV, in der das BOYLE-MARIOTTEsche und das GAY-LUSSACsche Gesetz vereinigt ist, zwei weitere Konstanten einzuführen, deren eine, a, der gegenseitigen Anziehung der Moleküle, die andere, b, ihrem Eigenvolumen Rechnung trägt, wobei diesen Konstanten an verschiedenen Gasen

selbstverständlich ein verschiedener Wert zukommt. In dieser Form
ist die Gleichung von einer mehr allgemeinen Gültigkeit.

§ 6. **Der osmotische Druck.** Ehe wir daran gehen, das Wesen
des osmotischen Druckes zu besprechen, müssen wir mit der Wirkung
der sog. halbdurchlässigen, semipermeablen Membranen ins
reine kommen. Als solche werden Membranen bezeichnet, die durch
gewisse Lösungsmittel, wie z. B. Wasser, anstandslos, wie etwa Filter,
passiert werden, durch die jedoch eine gelöste Substanz, z. B. Zucker,
nicht dringen kann. Wird daher ein kleines Gefäß, dessen Wandungen
durch semipermeable Membranen gebildet
werden, mit einer Zuckerlösung angefüllt und
in ein größeres, mit Wasser angefülltes Gefäß
gestellt, so tritt, wie man sich leicht überzeugen kann, das reine Wasser durch die semipermeable Wand zur Lösung hinüber, es kann
jedoch kein Zucker aus der Lösung zum
Wasser im größeren Gefäß übertreten.

In tierischen und pflanzlichen Organen werden solche semipermeable Membranen häufig
angetroffen (Plasmahaut der Pflanzenzellen,
äußere Schichte der roten Blutkörperchen usw.),
sie lassen sich jedoch auch künstlich wie folgt
herstellen.

Es wird ein mit Wasser durchtränktes poröses Tongefäß mit einer Lösung von Kupfersulfat angefüllt und in ein größeres Gefäß gestellt, das eine Lösung von Ferrocyankalium
enthält, worauf beide Salze — das eine von
außen nach innen, das andere von innen nach
außen — in die Wandung des Tongefäßes
hineinsickern und, sobald sie in der Wandung
zusammentreffen, miteinander einen Niederschlag, bestehend aus wasserunlöslichem Ferro-
cyankupfer, bilden. Die Poren der Tonwände
werden durch die Teilchen des Niederschlages
alsbald verstopft, und es bilden letztere eine zusammenhängende Niederschlagsmembran, die,
wie die Erfahrung lehrt, semipermeabel ist.

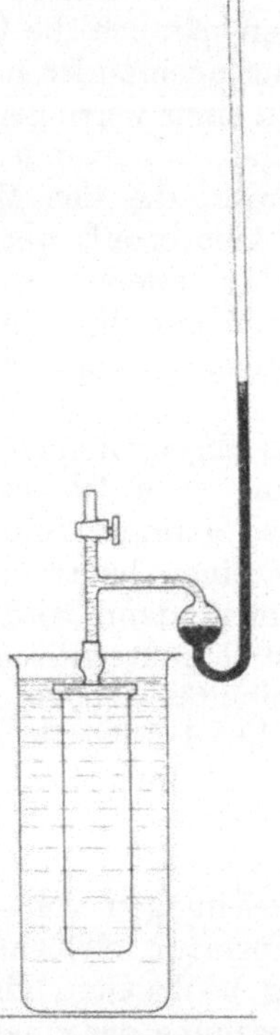

Abb. 1. Apparat zur Be-
stimmung des osmotischen
Druckes (Osmometer).

Hiervon kann man sich leicht überzeugen, wenn man das präparierte
Tongefäß mit einer Zuckerlösung anfüllt und in Wasser stellt. War
die Präparierung des Tongefäßes anstandslos gelungen, so wird man im
Außenwasser keinen Zucker nachweisen können, zum Zeichen dessen,
daß kein Zucker durch die tönerne Wand bezw. durch die Niederschlagsmembran dringen konnte.

Um an die Erklärung des Wesens des osmotischen Druckes heran-
zugehen, wollen wir das „Osmometer" genannte kleine Gefäß (Abb. 1) mit
einem Quecksilbermanometer versehen, durch den Hahn hindurch mit
einer Zuckerlösung anfüllen (so zwar, daß keine Luftblasen im Innern

des Gefäßes zurückbleiben), den Hahn schließen und das kleine Gefäß in ein größeres Gefäß, das destilliertes Wasser enthält, einstellen.

Wird nun das Quecksilber im Manometer beobachtet, so sieht man, daß es anfangs rascher, später langsamer ansteigt, um nach längerer Zeit endlich stille zu stehen. Den Druck, der am Manometer zu diesem Zeitpunkte abgelesen wird, bezeichnet man als den osmotischen Druck der Zuckerlösung und gibt ihn, gleich dem Gas- bezw. Dampfdruck, in Millimeter oder Zentimeter Quecksilber oder in Atmosphären an.

PFEFFER hatte je 10 g Rohrzucker in 1, $\frac{1}{2}$, $\frac{1}{4}$, $\frac{1}{6}$ l usw. Wasser gelöst, diese verschieden konzentrierten Lösungen in das oben beschriebene kleine Gefäß eingefüllt und ihren osmotischen Druck bestimmt. Derselbe war, wenn 10 g Rohrzucker

in 1 l Wasser gelöst waren, gleich dem Druck einer Hg-Säule von 53,5 cm
„ $\frac{1}{2}$ l „ „ „ „ „ „ „ „ „ 101,6 „
„ $\frac{1}{4}$ l „ „ „ „ „ ·· „ „ „ 208,2 „
„ $\frac{1}{6}$ l „ „ „ „ „ „ „ „ „ 307,5 „ .

Fassen wir dieses Versuchsergebnis ins Auge, so sehen wir aus ihnen dieselbe Gesetzmäßigkeit hervorgehen, die aus den in § 2 sub A) angeführten Daten abgeleitet werden kann. Dort hatten wir gefunden, daß das Produkt aus Volumen und Druck der Gase einen konstanten Wert hat; aus obigem aber ergibt sich, hiermit in Übereinstimmung, daß das Produkt aus osmotischem Druck und Verdünnungsgrad (d. i. Volumen des Lösungsmittels, in dem die gewählte Mengeneinheit des Stoffes gelöst enthalten ist) einer Lösung ebenfalls konstant ist (wenn man von geringen Abweichungen, die durch unvermeidliche Versuchsfehler verursacht werden, absieht), denn

$$1 \times 53,5 = 53,5$$
$$\tfrac{1}{2} \times 101,6 = 50,8$$
$$\tfrac{1}{4} \times 208,2 = 52,1$$
$$\tfrac{1}{6} \times 307,5 = 51,3 .$$

Auf Grund der PFEFFERschen Versuche kann man demnach aussagen, daß das BOYLE-MARIOTTEsche Gesetz auch für Lösungen gültig ist, wobei dem Gasdrucke der osmotische Druck der Lösung, dem Gasvolumen jedoch der Verdünnungsgrad der Lösung entspricht.

Auf Grund einer Berechnung der PFEFFERschen Versuche wurde von VAN 'T HOFF nachgewiesen, daß der osmotische Druck der Lösungen mit steigender Temperatur ebenso zunimmt wie der Gasdruck, daher auch das GAY-LUSSACsche Gesetz für die Lösungen gültig ist.

Alles in allem wird man also aussagen können, daß die Gasgesetze auch für die Lösungen gelten.

Zu bemerken wäre noch, daß in Lösungen, in denen verschiedene Stoffe in derselben prozentualen Konzentration gelöst enthalten sind, der osmotische Druck nicht der gleiche ist. Über die diesbezüglichen Gesetzmäßigkeiten siehe weiteres in § 17.

§ 7. Die kinetische Theorie der Lösungen. Um die Erscheinungen des osmotischen Druckes näher erklären zu können, müssen wir zunächst voraussetzen, daß die Moleküle des gelösten Stoffes, gleich den Gasmolekülen, sich in einer unaufhörlichen Bewegung befinden; und, daß diese Voraussetzung richtig ist, geht u. a. a) einerseits aus den Erscheinungen der Diffusion, b) andererseits aus dem Verhalten der sog. kolloidalen Lösungen unter dem Ultramikroskope hervor.

a) Die Diffusion der Lösungen bildet ein genaues Analogon der Diffusion der Gase und Dämpfe (§ 4), wovon man sich auf folgende Weise überzeugen kann. Werden einige am Boden eines hohen Zylinderglases befindliche Krystalle von doppeltchromsaurem Kalium mit Wasser übergossen, so entsteht alsbald eine konzentrierte rötlichgelbe Lösung, die, da ihr spezifisches Gewicht größer ist als die des Wassers, die tiefsten Stellen des Gefäßes einnimmt. Läßt man aber das Zylinderglas länger ruhig stehen, so wird man beobachten können, daß sich das doppeltchromsaure Kalium allmählich in das darüber befindliche Wasser hineinverbreitet, und wird schließlich an der Farbe der Gesamtflüssigkeit erkennen, daß diese zu einer durchwegs homogenen Lösung geworden ist. Diese gleichmäßige Verteilung, Diffusion des gelösten Salzes kommt ohne unser Hinzutun (Schütteln, Mischen) zustande und wird genau wie an den Gasen und Dämpfen (§ 4) durch die spontane Fortbewegung der Moleküle verursacht.

b) Die spontane Fortbewegung der Teilchen läßt sich, wenn ihr Durchmesser mehr als 5 $\mu\mu$ (= 0,000005 mm) beträgt, unter dem Ultramikroskop unmittelbar beobachten. (Über die Bewegung dieser sog. kolloidalen Teilchen siehe weiteres in § 123, über das Ultramikroskop in § 169.)

Aus der unaufhörlichen Bewegung der Moleküle eines gelösten Stoffes geht es klar hervor, daß der osmotische Druck ein genaues Analogon des Gas-(Dampf-)Druckes bildet. Ist nämlich ein Gas oder ein Dampf an seiner freien Ausbreitung (Diffusion) durch eine feste Wand verhindert, so wird durch die Gas-(Dampf-)Moleküle ein Druck auf die Wand ausgeübt. Analogen Verhältnissen begegnen wir aber auch an den Lösungen; denn durch eine semipermeable Wand, die eine Lösung von ihrem Lösungsmittel trennt, werden die gelösten Moleküle daran verhindert, gegen das jenseits der Membran befindliche Lösungsmittel zu diffundieren, üben daher auf die trennende Membran einen Druck aus, der sich eben in Form des osmotischen Druckes messen läßt.

Ohne den Entstehungsmechanismus des osmotischen Druckes weiter zu erörtern, sei hier nur bemerkt, daß dieser Mechanismus dadurch kompliziert wird, daß sich nebst den Molekülen des gelösten Stoffes auch die des Lösungsmittels bewegen.

Aufgaben.

1. Es betrage das Volumen des im Eudiometer (Abb. 36) aufgefangenen Gases bei 18,0° C, bei einem Barometerstand von 750 mm Hg und bei einer

20 mm betragenden Niveaudifferenz zwischen beiden Hg-Säulen im Apparate, 50,0 ccm. Wie groß ist das Normalvolumen des Gases?

2. Es betrage das Volumen eines Gases, das im Eudiometer (Abb. 37) über Wasser aufgefangen wurde, bei 20,0° C, bei einem Barometerstand von 753 mm Hg und bei einer 10,0 cm betragenden Niveaudifferenz zwischen beiden Wassersäulen, 25,0 ccm. Wie groß ist das Normalvolumen des Gases in trockenem Zustande? (Der Druck des gesättigten Wasserdampfes beträgt bei 20,0° C 17,5 mm Hg, worüber weiteres im § 83 zu ersehen ist; die auf Wasser bezogene Dichte des Hg beträgt bei 20,0° C 13,5.)

3. Wie groß ist das Volumen eines Gases bei 25° C und einem Barometerstand von 765 mm Hg, wenn sein Volumen bei 20° C und bei einem Barometerstand von 755 mm Hg 100 ccm beträgt?

4. Wie hoch muß ein Gas von 20° C erhitzt werden, damit sich sein Druck verdoppele, so zwar, daß sein Volumen dabei konstant bleibe?

5. Werden reife Trauben in Wasser eingelegt, so wird man nach einigen Tagen die Traubenkörner gequollen, teilweise geborsten finden; werden sie in eine gesättigte Kochsalzlösung eingelegt, so schrumpfen sie förmlich zusammen, werden schlaff. Wie erklärt sich diese Erscheinung? Welche Beschaffenheit muß die Flüssigkeit haben, damit die eingelegten Traubenkörner weder anschwellen, noch aber zusammenschrumpfen? (Wollte man diesen Versuch tatsächlich zur Ausführung bringen, so müßte man, um die Trauben vor dem Verderben zu bewahren, das Wasser mit ein wenig Formaldehyd versetzen; durch diesen Zusatz wird das Versuchsergebnis selbst nicht beeinflußt.)

Zweites Kapitel.

Die Gesetze der chemischen Zusammensetzung und der chemischen Umwandlungen.

I. Die drei Grundgesetze der chemischen Zusammensetzung.

§ 8. **Das Gesetz der konstanten Proportionen (Proustsches Gesetz).** Erhitzt man Kupfer in einem Sauerstoffstrome, so erhält man Cuprioxyd; und ist das Gewicht des Kupfers vor dem Erhitzen, sowie das des entstandenen Cuprioxydes bekannt, so wird eine einfache Berechnung ergeben, daß, wenn Kupfer in Cuprioxyd verwandelt wird, 1 Gewichtsteil Kupfer stets 0,252 Gewichtsteile Sauerstoff aufnimmt, bezw., daß im Cuprioxyd auf 1 Gewichtsteil Kupfer 0,252 Gewichtsteile Sauerstoff entfallen; es kann durch noch so langes Erhitzen des Kupfers mit einer beliebig großen Menge von Sauerstoff nicht erreicht werden, daß vom Kupfer mehr Sauerstoff aufgenommen werde, als obigen Daten entspricht.

Auch ist das gegenseitige Gewichtsverhältnis von Kupfer und Sauerstoff im Cuprioxyd unabhängig davon, auf welche Weise letzteres entstanden sein mag: sei es, wie oben, aus metallischem Kupfer, sei es aus Cuprihydroxyd, sei es aus irgendeinem organischen Kupfersalze; stets wird das erwähnte Gewichtsverhältnis das nämliche bleiben.

Werden ähnliche Bestimmungen an anderen Verbindungen, wie z. B. an Wasser, Kohlendioxyd, Methan, Alkohol, usw. ausgeführt, so wird sich ergeben, daß das gegenseitige Mengenverhältnis der Elemente, aus denen jene Verbindungen bestehen, zwar von Verbindung zu Verbindung wechselt, jedoch bezüglich **einer** Verbindung streng konstant ist. Diese Gesetzmäßigkeit läßt sich wie folgt ausdrücken:

Die Elemente treten nicht in beliebigen, sondern bloß nach bestimmten konstanten Proportionen zu Verbindungen zusammen; daher ist in einer und derselben Verbindung das Gewichtsverhältnis der Elemente streng konstant.

§ 9. Das Gesetz der multiplen Proportionen (Daltonsches Gesetz). Mit dem Gesetze der konstanten Proportionen scheint die experimentell erhärtete Tatsache in Widerspruch zu stehen, wonach sich gewisse Elemente nicht bloß in einem einzigen Gewichtsverhältnisse, sondern in mehreren verschiedenen Proportionen miteinander verbinden können, wofür die folgenden Beispiele angeführt seien: Es verbindet sich

1 Gewichtsteil Kupfer mit	0,252	G.-T. Sauerstoff zu	Cuprioxyd,	
	0,126	„ „ „	Cuprooxyd.	
1 Gewichtsteil Kohlenstoff mit	2,66	„ „ „	Kohlendioxyd,	
	1,33	„ „ „	Kohlenstoffmonoxyd.	
1 Gewichtsteil Eisen mit	0,286	„ „ „	Ferrooxyd,	
	0,430	„ „ „	Ferrioxyd.	
1 Gewichtsteil Stickstoff mit	0,570	„ „ „	Dinitrogenoxyd,	
	1,140	„ „ „	Nitrogenoxyd,	
	1,710	„ „ „	Nitrogentrioxyd,	
	2,280	„ „ „	Nitrogendioxyd,	
	2,850	„ „ „	Nitrogenpentoxyd.	

Berechnen wir nun in jedem der angeführten vier Beispiele das Verhältnis der Sauerstoffmengen, die sich mit dem links angeführten Elemente zu verbinden vermögen, so ergibt sich

beim Kupfer:	0,252 : 1,26	= 2 : 1
„ Kohlenstoff:	2,66 : 1,33	= 2 : 1
„ Eisen:	2,86 : 0,430	= 2 : 3
„ Stickstoff:	0,570 : 1,140 : 1,710 : 2,280 : 2,850	= 1 : 2 : 3 : 4 : 5.

Die Gesetzmäßigkeit, die sich aus diesen Verhältniszahlen ergibt, läßt sich wie folgt zusammenfassen:

Tritt eine bestimmte Menge eines Elementes mit einem anderen Elemente nach mehreren Gewichtsverhältnissen zu Verbindungen zusammen, dann verhalten sich die Mengen dieses zweiten Elementes zueinander wie einfache ganze Zahlen.

§ 10. Das Volumgesetz der sich chemisch verbindenden Gase (Gay-Lussacsches Gesetz). Das Gesetz der konstanten und der multiplen Proportionen gilt für Gase ebenso wie für flüssige und feste Körper. Doch kommt man bezüglich der Gase zu sehr wichtigen Zusammenhängen, wenn man sowohl an den aufeinander chemisch einwirkenden, wie auch an den hierbei neu entstehenden Gasen neben den Gewichtsverhältnissen auch die Volumverhältnisse in Betracht zieht. So ergibt sich z. B., daß

1 Vol. Wasserstoff u. 1 Vol. Chlor   sich zu 2 Voll. Salzsäuregas verbinden,
2 „   „   „ 1 „ Sauerstoff „ „ 2 „   Wasserdampf   „
1 „   Methan   „ 2 „   „   „ „ 1 „   Kohlendioxyd
                                 und 2 „   Wasserdampf   „   .

Aus diesen Beispielen läßt sich folgende Gesetzmäßigkeit ableiten: **Die Volumina der Gase, die sich an einer chemischen Reaktion, sei es als Ausgangskörper, sei es als Reaktionsprodukte, beteiligen, verhalten sich zueinander wie einfache ganze Zahlen.**

II. Atom- und Molekulartheorie.

§ 11. Die Atome und die Moleküle. Die Atomtheorie wurde in ihrer auch zur Zeit noch geltenden Form zu Beginne des vergangenen Jahrhundertes von DALTON zur Begründung der beiden in § 8 und 9 erwähnten Grundgesetze der chemischen Zusammensetzung aufgestellt. Diese Theorie verhilft uns jedoch nicht bloß zu einem Verständnis dieser Gesetze, sondern auch zum Verständnis einer ganzen Reihe von Gesetzmäßigkeiten, die sich auf die chemische Zusammensetzung, sowie auf die Eigenschaften der Stoffe beziehen. Sie ist daher als ein Grundstein der theoretischen Chemie anzusehen.

Zunächst soll eine Definition der Atome und der Moleküle gegeben werden, sowie auch geschildert werden, wie man sich Atome und Moleküle auf Grund der Atomtheorie vorzustellen habe.

Als Atome (aus dem griechischen Worte $\tau\acute{\epsilon}\mu\nu\omega$ = schneiden und einem Alpha privativum gebildet, um die Unteilbarkeit anzudeuten) **werden die kleinsten, ihrer Masse nach nicht mehr teilbaren Partikelchen der elementaren Stoffe bezeichnet.** Und zwar wird vorausgesetzt, daß die Atome eines und desselben Elementes einander dem Gewichte und den Dimensionen nach völlig gleich sind, die Atome verschiedener Elemente jedoch voneinander sowohl in der Größe als auch im Gewichte verschieden sind.

Aus den Erscheinungen, die mit der Radioaktivität zusammenhängen, läßt sich im Gegensatz zu obiger Definition schließen, daß die Atome doch nicht unteilbar sind (§ 132); da sie jedoch mit Ausnahme gewisser Radioaktivitätserscheinungen in jedem anderen chemischen Prozesse als unteilbare Ganze figurieren, soll obige Definition aus Zweckmäßigkeitsgründen beibehalten werden.

Als Moleküle werden die kleinsten aus einem Atome oder aus mehreren Atomen bestehenden Teilchen eines Stoffes (sei es eines Elementes oder einer Verbindung) bezeichnet, die entweder überhaupt nicht zerlegt werden können, oder aber nicht zerlegt werden können, ohne daß hierdurch die Eigenschaften des betreffenden Elementes oder der betreffenden Verbindung verändert würden. Diese Definition soll durch nachfolgendes näher beleuchtet werden:

Am einfachsten ist das Molekül, das durch ein einziges Atom eines Elementes gebildet wird; im Sinne der Definition der Atome ist ein solches Molekül unteilbar; mit einem solchen hat man es bei den sog. einatomigen Gasen, wie Argon, Helium usw., zu tun.

Komplizierter ist ein Molekül, das aus zwei oder mehreren Atomen desselben Elementes besteht. Ein solches Molekül läßt sich zwar in Atome von völlig übereinstimmenden Eigenschaften zerlegen, doch sind die Eigenschaften der so isolierten Atome verschieden von denen der Moleküle. Dies ist der Fall bei den meisten elementaren Gasen, wie Wasserstoff, Sauerstoff, Stickstoff usw. So besteht z. B. Sauerstoffgas aus Molekülen, die in je zwei Sauerstoffatome, Ozon aus Molekülen, die in je drei Sauerstoffatome zerlegbar sind.

Noch komplizierter ist ein Molekül, das aus einer verschiedenen Anzahl von Atomen zweier oder mehrerer Elemente aufgebaut ist. Die Zerlegung eines solchen Moleküles in die Atome, aus denen es besteht, geht selbstredend ebenfalls mit einer Veränderung ihrer Eigenschaften einher. So bestehen z. B. die Moleküle des Wassers aus je zwei Atomen Wasserstoff und je einem Atom Sauerstoff; die Moleküle des Kohlendioxydes aus je einem Atom Kohlenstoff und je zwei Atomen Sauerstoff.

Es versteht sich auch von selbst, daß das Gewicht eines Moleküles gleich ist der Summe der Gewichte der Atome, aus denen es aufgebaut ist.

Auch muß vorausgesetzt werden, daß die Moleküle eines und desselben Elementes, bezw. einer und derselben Verbindung, unter identischen Bedingungen (Temperatur, Druck usw.) bezüglich der Qualität, Anzahl und Anordnung der in ihnen enthaltenen Atome vollkommen übereinstimmen, und daß die Eigenschaften der Elemente und der Verbindungen durch die Qualität, Anzahl und durch die gegenseitige räumliche Anordnung der im Molekül enthaltenen Atome, also durch die Konstitution und Konfiguration der Moleküle bedingt sind.

§ 12. **Die Dimensionen der Atome und Moleküle.** Zur Zeit, als die Atomtheorie durch DALTON aufgestellt ward, war die Atomlehre bloß eine Hypothese; mit dem Fortschreiten der Wissenschaft wurde aber nicht nur der Beweis erbracht, daß Atome und Moleküle tatsächlich existieren, sondern auch ermöglicht, ihre Größe und ihr Gewicht zu ermitteln. Und da diese Bestimmungen, die nach verschiedenen, voneinander unabhängigen Verfahren ausgeführt wurden, gut übereinstimmende Resultate lieferten, haben wir keine Veranlassung, ihre Richtigkeit zu bezweifeln.

Am genauesten sind die Daten, die sich auf die am einfachsten aufgebauten Stoffe, auf die Gase beziehen. So fand man, daß in 1 ccm der Gase bei 0° C und bei 760 mm Hg 28 Trillionen Moleküle enthalten sind; wie weiter unten aus der AVOGADROschen Regel zu ersehen sein wird, gilt diese Zahl für jedes Gas. Stellen wir uns die Gasmoleküle als kugelige Gebilde vor, so beträgt der Durchmesser eines Wasserstoffmoleküles 0,2 $\mu\mu$, der eines Kohlendioxydmoleküles 0,3 $\mu\mu$ (1 $\mu\mu$ = 0,000001 mm).

Das Gewicht der Moleküle ist leicht zu ermitteln, wenn die Zahl der in 1 ccm des Stoffes befindlichen Moleküle und das Gewicht von 1 ccm des betreffenden Stoffes bekannt ist. Auf diese Weise berechnet, ergibt sich für das Gewicht eines Kohlendioxydmoleküles $7,7 \times 10^{-20}$ mg, für das eines Wasserstoffmoleküles $0,35 \times 10^{-20}$ mg. Von dem Gewicht eines Wasserstoffmoleküles können wir uns ein ungefähres Bild machen, wenn wir uns vorstellen, daß die Masse eines Wasserstoffatomes sich zur Masse eines Grammes verhält, wie die Masse von 1 kg zu der Masse der Erde (GRAETZ).

Von der Tatsache ausgehend, daß die Kohlendioxydmoleküle aus je einem Kohlenstoffatom und je zwei Sauerstoffatomen, die Wasserstoffmoleküle aus je zwei Wasserstoffatomen bestehen, können wir aus den oben angeführten Daten auf die Dimensionen und auf das Gewicht der Atome schließen.

§ 13. Die Gesetze der konstanten und der multiplen Proportionen in der Beleuchtung der Atomtheorie. Um zu zeigen, wie die Gesetze der konstanten und der multiplen Proportionen auf Grund der Atomtheorie gedeutet werden können, wollen wir uns zwei Elemente, A und B, vorstellen, deren Atome sich miteinander nach verschiedenen Proportionen zu verbinden vermögen. Es soll je ein Atom des Elementes A ein Gewicht von a, je ein Atom des Elementes B ein Gewicht von b haben; und es sei unsere Aufgabe, aus den in hinreichender Zahl zur Verfügung stehenden Atomen verschiedene Verbindungen, und zwar vier an der Zahl, herzustellen, die der Einfachheit halber mit I, II, III und IV bezeichnet werden sollen.

Dieser Aufgabe können wir auf verschiedene Weise gerecht werden; unter anderem auch wie folgt:

Verbindung I wird hergestellt aus je 1 Atom A und je 1 Atom B
     „   II   „   „   „ „ 1 „ A „ „ 2 Atomen B
     „   III   „   „   „ „ 1 „ A „ „ 4 „ B
     „   IV   „   „   „ „ 2 „ A „ „ 3 „ B.

Dann beträgt das Gewicht jedes Moleküles der

$$\text{Verbindung I} \quad a + b \text{ gramm}$$
$$\text{„} \quad \text{II} \quad a + 2b \text{ „}$$
$$\text{„} \quad \text{.III} \quad a + 4b \text{ „}$$
$$\text{„} \quad \text{IV} \quad 2a + 3b \text{ „} \quad .$$

Diese Atome und die neuen Moleküle, die aus ihnen hervorgegangen sind, können wir uns durch nachstehende Abb. 2 versinnbildlichen, bezüglich deren jedoch bemerkt sei, daß sie eben nur eine ungefähre Vorstellung erwecken soll, doch keineswegs den Anspruch haben kann, Atome und Moleküle etwa abbilden zu wollen.

Es ist nun leicht begreiflich, daß das Gewichtsverhältnis der Atome innerhalb je eines der neu entstandenen Moleküle das folgende ist:

$$\text{in Verbindung I} \quad a : b$$
$$\text{„} \quad \text{„} \quad \text{II} \quad a : 2b$$
$$\text{„} \quad \text{„} \quad \text{III} \quad a : 4b$$
$$\text{„} \quad \text{„} \quad \text{IV} \quad 2a : 3b .$$

Da aber laut der Atomtheorie jede Verbindung aus identischen Molekülen besteht, ist es auch klar, daß die soeben berechneten Gewichtsverhältnisse sich nicht bloß auf je ein Molekül, sondern auch auf die

Summe sämtlicher Moleküle, daher auch auf eine beliebige Menge der betreffenden Verbindung beziehen müssen. Aus der voranstehenden Zusammenstellung geht also hervor, daß in der Verbindung I die Komponenten (Elemente) nur in dem Verhältnisse a:b enthalten sein können, in der Verbindung II nur im Verhältnisse a:2b, usw. Es ist leicht zu ersehen, daß in dem soeben entwickelten Gedankengang eigentlich das Gesetz der konstanten Proportionen enthalten ist, laut welchem Gesetz (§ 8) das Gewichtsverhältnis der Elemente in jeder Verbindung ein konstantes ist.

Nun wollen wir noch die Größe der verschiedenen Mengen des einen Elementes, z. B. von B, feststellen, die mit einer und derselben

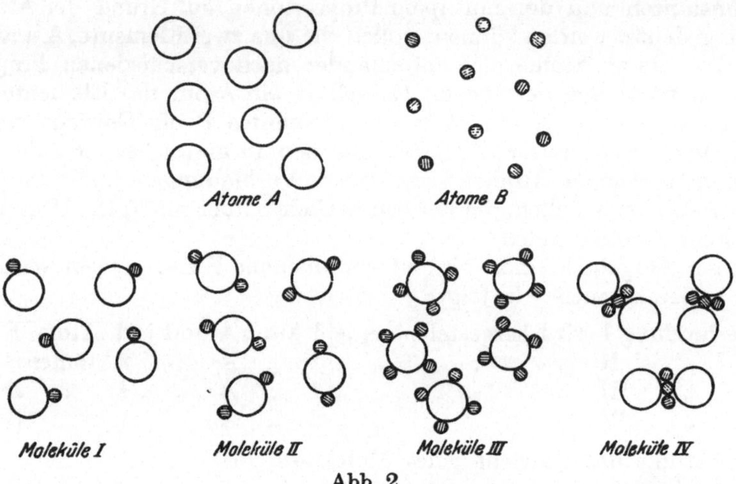

Abb. 2.

Menge des anderen Elementes, z. B. mit der Menge a des Elementes A, in den verschiedenen Verbindungen verbunden sind. Führen wir diese Berechnung in obigen Beispielen aus, so gelangen wir zu folgendem Ergebnis:

$$\text{Vom Elemente B verbinden sich} \left\{ \begin{array}{lll} \text{in Verbindung I} & \text{b gramm} \\ \text{„} \quad \text{„} \quad \text{II} & 2b \quad \text{„} \\ \text{„} \quad \text{„} \quad \text{III} & 4b \quad \text{„} \\ \text{„} \quad \text{„} \quad \text{IV} & 1\tfrac{1}{2}b \quad \text{„} \end{array} \right\} \text{mit a gramm des Elementes A.}$$

Bestimmen wir das gegenseitige Verhältnis der so erhaltenen Mengen des Elementes B, so gelangen wir zu folgenden Verhältniszahlen:

$$b : 2b : 4b : 1\tfrac{1}{2}b = 1 : 2 : 4 : 1\tfrac{1}{2} = 2 : 4 : 8 : 3.$$

Durch diese Zahlenreihe wird aber eigentlich das Gesetz der multiplen Proportionen (§ 9) ausgedrückt, wonach die verschiedenen Mengen eines Elementes, die mit einer und derselben Menge eines anderen Elementes zu verschiedenen Verbindungen zusammentreten, sich zu einander so verhalten, wie einfache ganze Zahlen.

Auf Grund obiger Zusammenstellung und der Zusammenstellung auf S. 17 läßt sich das Gesetz der multiplen Proportionen auch wie folgt formulieren: **Die Elemente treten entweder im Verhältnis ihrer Atomgewichte oder aber im Verhältnis der ganzzahligen Multipla ihrer Atomgewichte zu Verbindungen zusammen.**

Wie zu ersehen, wird das Gesetz der konstanten und der multiplen Proportionen durch die Atomtheorie vollkommen erklärt; hingegen bedarf das Volumgesetz der sich chemisch verbindenden Gase einer weiteren Begründung, die erst in der weiter unten zu erörternden AVOGADROschen Regel gegeben werden kann.

III. Die Avogadrosche Regel; Bestimmung des Molekulargewichtes.

§ 14. **Die Avogadrosche Regel.** Um das Volumgesetz der sich chemisch verbindenden Gase (§ 10) erklären zu können, wurde von AVOGADRO im Jahre 1811 die Hypothese aufgestellt, daß in gleichen Volumina der Gase von derselben Temperatur und vom selben Drucke die Anzahl der Moleküle, unabhängig von der stofflichen Verschiedenheit der Gase, die gleiche ist. Die Richtigkeit dieser Hypothese wurde auch experimentell geprüft; und, da man auf verschiedenen Wegen stets zu demselben Ergebnis kam, wollen wir diese Hypothese nunmehr als die AVOGADROsche Regel anerkennen und zum Ausgangspunkte unserer weiteren Erörterungen machen.

Zunächst soll aber im allgemeinen gezeigt werden, wie das Verständnis des Volumgesetzes der sich chemisch verbindenden Gase durch die AVOGADROsche Regel gefördert wird.

Es seien zwei Gase, A und B, gegeben, die sich miteinander zu einem dritten Gase C verbinden. Wirken A und B derart aufeinander ein, daß sich von beiden Gasen je ein Molekül zum neuen Gase verbindet, so müssen, da nach der AVOGADROschen Regel gleiche Volumina der Gase dieselbe Zahl von Molekülen enthalten, nicht nur die gleiche Zahl von Molekülen, sondern auch gleiche Volumina der beiden Gase aufeinander eingewirkt haben. Dann wird aber, wenn sich von den Gasen A und B Moleküle in gleicher Anzahl, oder, was damit gleichlautend ist, gleiche Volumina der beiden Gase miteinander verbinden, von keinem der beiden Gase etwas zurückbleiben. Auch wird vom neuen Gase C selbstredend wieder nur ein Volumteil, also genau soviel entstanden sein, wie das Volumen je eines der ursprünglichen Gase A und B betragen hatte; denn es konnten sich vom neuen Gase C nur soviel Moleküle gebildet haben, als Moleküle vom Gase A bezw. B zu Beginn der Reaktion vorhanden waren und an der Reaktion teilgenommen haben. Ist aber die Zahl der Moleküle des Gases C dieselbe, wie die der Gase A bezw. B war, so muß schlechterdings auch ihr Volumen identisch sein; d. h. die Volumina von A, B und C verhalten sich, wie 1 : 1 : 1.

Die besagten Verhältnisse lassen sich am augenfälligsten darstellen, wenn man gleiche Volumina der Gase durch gleich große Würfel, bezw. in nachstehenden Zeichnungen durch gleich große Quadrate darstellt, und voraussetzt, daß jedes dieser Quadrate 1000 Moleküle enthält. Es läßt sich auf diese Weise obiges Beispiel wie folgt darstellen:

$$\square \quad + \quad \square \quad = \quad \square$$

1000 Moleküle   1000 Moleküle   1000 Moleküle

des Gases A   des Gases B   des Gases C

Durch voranstehende Gleichung wird also angedeutet, daß die Volumina der an der Reaktion beteiligten drei Gase sich wie 1 : 1 : 1 verhalten.

Setzen wir weiter voraus, daß sich zwei andere Gase α und β zu einem dritten Gase γ verbinden, so zwar, daß sich je zwei Moleküle des Gases α mit je drei Molekülen des Gases β zu einem Moleküle des Gases γ verbinden, dann können die an der Reaktion beteiligten Gasvolumina wie folgt dargestellt werden:

$$\square\square \quad + \quad \square\square\square \quad = \quad \square$$

2000 Moleküle   3000 Moleküle   1000 Moleküle

des Gases α des Gases β des Gases γ

woraus wieder hervorgeht, daß die Volumina der an der Reaktion beteiligten Gase sich verhalten wie 2 : 3 : 1.

Nach Erledigung dieser mehr allgemein gehaltenen Beispiele wollen wir nun versuchen, die AVOGADROsche Regel auf die beiden in § 10 angeführten konkreten Fälle, nämlich auf die Bildung des Salzsäuregases und des Wasserdampfes anzuwenden. Es wurde dort der experimentell erhärteten Tatsache Erwähnung getan, wonach

a) 1 Vol. Wasserstoff und 1 Vol. Chlor   2 Vol. Salzsäuregas,

b) 2 Vol. Wasserstoff und 1 Vol. Sauerstoff 2 Vol. Wasserdampf

liefern. Setzen wir nun einerseits voraus, daß die Moleküle der an obigen Reaktionen beteiligten Gase Wasserstoff, Chlor und Sauerstoff aus je einem Atom bestehen, anderseits, daß die Moleküle der Salzsäure aus je einem Atom Wasserstoff und Chlor, die des Wassers aus zwei Atomen Wasserstoff und einem Atom Sauerstoff bestehen, so müßten die beiden Reaktionen wie folgt dargestellt werden:

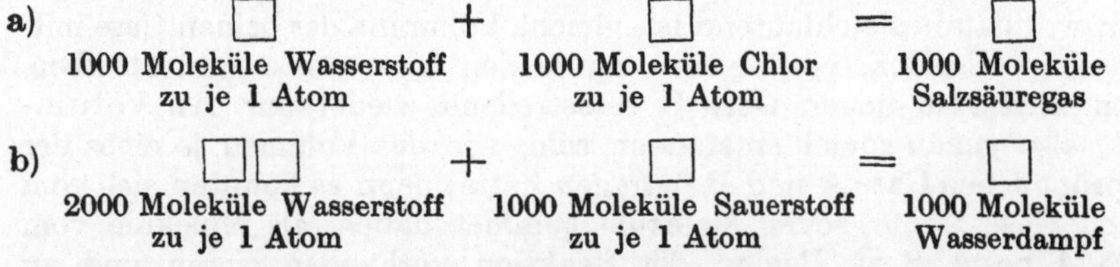

a) $\square$ + $\square$ = $\square$

1000 Moleküle Wasserstoff   1000 Moleküle Chlor   1000 Moleküle

zu je 1 Atom   zu je 1 Atom   Salzsäuregas

b) $\square\square$ + $\square$ = $\square$

2000 Moleküle Wasserstoff   1000 Moleküle Sauerstoff   1000 Moleküle

zu je 1 Atom   zu je 1 Atom   Wasserdampf

Es fällt aber sofort auf, daß obige Abbildungen mit den Tatsachen nicht im Einklange stehen. Denn im Experimente bilden sich aus je einem Vol. Wasserstoff und Chlor zwei Vol. Salzsäure, während sich nach obiger Abbildung bloß eines gebildet hat; desgleichen erhält man aus zwei Vol. Wasserstoff und einem Vol. Sauerstoff in Wirklichkeit zwei Vol. Wasserdampf, laut obiger Abbildung jedoch bloß eines.

Eben, um diesen Widerspruch zu klären, wurde von AVOGADRO die Hypothese aufgestellt, daß die Moleküle der elementaren Gase nicht aus je einem Atom, sondern aus mehreren Atomen (z. B. die des Wasserstoffs, des Chlors und des Sauerstoffs aus je zwei Atomen) bestehen.

Von dieser Hypothese ausgehend, können wir uns die Synthese des Salzsäuregases und des Wasserdampfes wie folgt vorstellen. Es sollen uns zur Verfügung stehen: 1 Vol. Wasserstoffgas, enthaltend 1000 Moleküle zu je 2 Atomen, also insgesamt 2000 Atome; ferner 1 Vol. Chlorgas, enthaltend ebenfalls 1000 Moleküle zu je 2 Atomen, also insgesamt 2000 Atome. Verbinden sich nun diese beiden Gase zu Salzsäure, von der wir nach obigem voraussetzen, daß ihre Moleküle aus je 1 Atom Wasserstoff und Chlor bestehen, so ist es ein leichtes, die Zahl der Salzsäuremoleküle zu berechnen, die entstanden sind. Es unterliegt keinem Zweifel, daß diese Zahl soviel betragen muß, als Wasserstoff- und Chloratome vorhanden waren, also 2000; und es ist auch ebenso klar, daß das Volumen von 2000 Molekülen Salzsäuregas doppelt so groß ist, als das Volumen von 1000 Wasserstoffmolekülen, mit einem Worte zwei Volumteile betragen muß. Diese Verhältnisse lassen sich wie folgt wiedergeben:

$$\square \qquad + \qquad \square \qquad = \qquad \square\square$$

| 1000 Moleküle Wasserstoff | 1000 Moleküle Chlor | 2000 Moleküle |
| zu je 2 Atomen | zu je 2 Atomen | Salzsäuregas |

Auf analoge Weise lassen sich auch die Volumverhältnisse bei der Bildung des Wasserdampfes erklären und wie folgt abbilden:

$$\square\square \qquad + \qquad \square \qquad = \qquad \square\square$$

| 2000 Moleküle Wasserstoff | 1000 Moleküle Sauerstoff | 2000 Moleküle |
| zu je 2 Atomen | zu je 2 Atomen | Wasserdampf |

Diese Ergebnisse stehen, wie zu ersehen ist, mit der Erfahrung im Einklang und sind geeignet, die Richtigkeit der AVOGADROschen Regel zu beweisen.

§ 15. Die Bestimmung des Molekulargewichtes der Gase und der Dämpfe. Auf der AVOGADROschen Regel beruht eine einfache Methode der Bestimmung des relativen Gewichtes der Gas- und Dampfmoleküle. Da nämlich in gleichen Volumina der Gase bei derselben Temperatur und demselben Drucke die gleiche Zahl von Molekülen enthalten ist, müssen auch die Gewichte der Gase, die dasselbe Volumen, dieselbe Temperatur und denselben Druck haben, sich zueinander verhalten, wie die Gewichte je eines Moleküls der betreffenden Gase. Wird demnach das Gewicht des gleichen Volumens zweier Gase (Dämpfe) bei derselben Temperatur und demselben Druck mit s bezw. s_1, und das Gewicht je eines der betreffenden Moleküle mit m bezw. m_1 bezeichnet, so besteht auch das Verhältnis

$$s : s_1 = m : m_1.$$

Dieser Zusammenhang versteht sich eigentlich von selbst, denn das Verhältnis zwischen den Gewichten zweier verschiedener Gasmoleküle ist dasselbe, ob es sich um je ein Molekül der betreffenden Gase, also um das Verhältnis $m:m_1$ handelt, oder aber um eine größere, an beiden Gasen identische Zahl von Molekülen, also um das Verhältnis $s:s_1$.

Wäre uns das Gewicht eines einzigen Moleküls irgendeines Gases hinreichend genau bekannt, so wären wir in der Lage, das Gewicht der Moleküle eines beliebigen anderen Gases festzustellen; wir müßten zu diesem Zwecke nur das Gewicht eines bestimmten Volumens des zweiten Gases mit dem Gewichte des identischen Volumens des Gases vergleichen, an dem das Gewicht eines Moleküls bereits bekannt ist.

Da uns jedoch zur Zeit das Gewicht der einzelnen Moleküle an keinem einzigen Gase genau bekannt ist (die in § 12 angeführten Daten sind für diese Zwecke nicht hinreichend genau), bleibt uns nichts anderes übrig, als von allen Gasen eines willkürlich herauszugreifen, und das Gewicht sämtlicher übriger Gasmoleküle auf jenes selbsterwählte Gas zu beziehen. Laut Übereinkommen fiel diese Wahl auf das Sauerstoffgas, und wurde laut einer weiteren Vereinbarung das Gewicht eines Sauerstoffmoleküls zu 32,00 Gewichtsteilen angenommen.

Warum gerade der Sauerstoff es war, auf den die Wahl fiel, und aus welchem Grunde das Gewicht eines Sauerstoffmoleküls gleich 32,00 gesetzt wurde, während es doch fürs erste zweckmäßiger erscheinen könnte, dieses Gewicht gleich 1 zu setzen, soll im § 20 näher erörtert werden.

Die auf das Gewicht der Sauerstoffmoleküle bezogenen Gewichte der verschiedenen Gase werden kurz als „Molekulargewichte" der betreffenden Gase bezeichnet, wobei aber immer wieder betont werden muß, daß hierunter nicht ihr tatsächliches Gewicht zu verstehen ist. Wird z. B. das Molekulargewicht des Schwefeldioxydes zu 64 angegeben, so ist hierunter nur zu verstehen, daß die Moleküle des Schwefeldioxydes doppelt so schwer sind, als die des Sauerstoffes.

Soll das Molekulargewicht M eines Gases oder eines Dampfes bestimmt werden, so wird man laut obigen Ausführungen im Prinzip wie folgt vorgehen müssen: Es wird erst das Gewicht s eines bestimmten Volumens, am besten das der Volumeinheit des betreffenden Gases, sodann das Gewicht s_1 eines identischen, bei derselben Temperatur und demselben Druck gemessenen Sauerstoffvolumens experimentell festgestellt. Da laut der AVOGADROschen Regel das Verhältnis der beiden Gewichte s und s_1 gleich ist dem Verhältnisse der beiden Molekulargewichte, so ist auch

$$s:s_1 = M:32,$$

woraus

$$M = 32\,\frac{s}{s_1}.$$

Dieser Gleichung ist zu entnehmen, daß man, um das Molekulargewicht M eines Gases zu bestimmen, nur das Gewicht der

Volumeinheit, also die Dichte s des betreffenden Gases bei einer bestimmten Temperatur und bei einem bestimmten Drucke festzustellen hat; denn die Dichte s_1 des Sauerstoffes läßt sich aus der vielfach bestätigten Beobachtung berechnen, daß 32 g Sauerstoff bei 0° C und einem Drucke von 760 mm Hg einen Raum von 22,41 l einnehmen.

Es ist noch zu bemerken, daß die Methoden, mittels denen die Gas- und Dampfdichten bestimmt werden, in den §§ 145 und 146 erörtert werden, woselbst auch einige konkrete Beispiele angeführt sind.

§ 16. **Das gramm-molekulare Volumen der Gase (und der Dämpfe).** Laut der Avogadroschen Regel ist das Gewicht von Gasen und Dämpfen, die dasselbe Volumen, dieselbe Temperatur und denselben Druck haben, ihrem Molekulargewichte proportional. Hieraus folgt aber unmittelbar, daß gramm-molekulare Mengen der verschiedenen Gase bei derselben Temperatur und bei demselben Drucke auch dasselbe Volumen haben. Ferner können wir auf Grund der Tatsache, daß das Molekulargewicht des Sauerstoffes 32, das des Kohlendioxydes 44, das des Schwefeldioxydes 64, das des Wasserstoffes 2 usw. beträgt, auch voraussagen, daß die Volumina von 32 g Sauerstoffgas, 44 g Kohlendioxyd, 64 g Schwefeldioxyd, 2 g Wasserstoff usw., gleiche Temperatur und gleichen Druck vorausgesetzt, identisch sind.

Wird das Molekulargewicht der Gase in Grammen ausgedrückt, so bezeichnet man das Volumen, das von diesen gramm-molekularen Mengen der verschiedenen Gase eingenommen wird, als ihr **Gramm-Molekularvolumen**; und zwar beträgt dieses, gleichviel um welches Gas immer es sich handle, bei 0° C und einem Drucke von 760 mm Hg (1 Atm.), wie exakte Bestimmungen ergaben, stets 22,41 l. Also kommt gramm-molekularen Mengen eines beliebigen Gases bei 0° C und einem Drucke von 760 mm Hg (1 Atm.) ein Volumen von 22,41 l zu, und haben die vorerwähnten 32 g Sauerstoff, oder 44 g Kohlendioxyd, oder 64 g Schwefeldioxyd, oder 2 g Wasserstoff bei 0° C und einem Drucke von 760 mm Hg jedesmal ein Volumen von 22,41 l.

Laut dem vorangehenden Paragraphen kann das Molekulargewicht der Gase auf Grund der Avogadroschen Regel aus ihrer Dichte bestimmt werden; ebenso läßt sich aber auch umgekehrt, auf Grund des soeben angegebenen Wertes von 22,41 l, aus ihrem Molekulargewicht ihre Dichte berechnen. Beispiele für diese Art der Berechnung sind am Ende dieses Abschnittes III in den Aufgaben 11—13 angeführt.

§ 17. **Bestimmung des Molekulargewichtes gelöster Stoffe auf Grund des osmotischen Druckes ihrer Lösungen (van 't Hoffsches Gesetz).** Es wurde im § 6 gezeigt, daß die Gasgesetze auch für Lösungen gelten, allerdings mit dem (bloß formellen, nicht wesentlichen) Unterschied, daß dem Gasdrucke hier der osmotische Druck der Lösung entspricht. Durch dieses identische Verhalten von Gasen und Lösungen wurde van 't Hoff zu der Annahme veranlaßt, daß die Avogadrosche Regel auch für Lösungen ihre Gültigkeit habe, und wurde die Richtigkeit dieser Annahme durch folgende Versuchsergebnisse bestätigt: Werden verschiedene Stoffe in Lösung gebracht und ihr osmotischer Druck bestimmt, so wird dieser Druck gleich befunden dem Drucke, den dieselbe Menge desselben Stoffes bei derselben Temperatur auf denselben Raum verteilt in gasförmigem Zustande ausüben würde. Werden z. B. gramm-molekulare Mengen, 342 g, Rohrzucker in 22,4 l Wasser gelöst, so beträgt der osmotische Druck dieser Lösung bei 0° C eine Atmosphäre, also genau so viel, als der Druck, den dieselbe Menge gasförmig gedachten Rohrzuckers bei derselben Temperatur und auf denselben Raum von 22,4 l verteilt, ausüben würde.

Da also die AVOGADROsche Regel auch für Lösungen gültig ist, läßt sie sich auch, wie folgt, ausdrücken: In gleichen Volumina der Lösungen von derselben Temperatur und von demselben osmotischen Drucke sind die Moleküle des gelösten Stoffes in identischer Zahl enthalten; und im Anschluß hieran läßt sich auch die in § 15 entwickelte Regel, wie folgt, formulieren:

Die Gewichte der Stoffe, die in gleichen Volumina der Lösungen von derselben Temperatur und vom selben osmotischen Druck enthalten sind, verhalten sich zueinander wie die Molekulargewichte der betreffenden Stoffe.

In dieser Form läßt sich der oben entwickelte Satz zur Bestimmung des Molekulargewichtes der gelösten Stoffe genau so verwenden, wie wir dies in § 15 bezüglich der Gase gesehen haben. Um also das Molekulargewicht gelöster Stoffe zu bestimmen, werden wir wie folgt vorgehen können:

Eine bestimmte Menge g des fraglichen Stoffes wird in einem bestimmten Volumen des Lösungsmittels aufgelöst und der osmotische Druck der Lösung bei einer bestimmten Temperatur festgestellt. Nun wird das Gewicht g_1 eines identischen Sauerstoffvolumens bei derselben Temperatur und demselben Druck berechnet. Da die so erhaltenen Gewichte g und g_1 sich zueinander so verhalten, wie das Molekulargewicht M des zu prüfenden Stoffes zu dem des Sauerstoffes, so ist

$$g : g_1 = M : 32,$$

woraus

$$M = 32 \frac{g}{g_1}.$$

Soll also das Molekulargewicht M eines gelösten Stoffes ermittelt werden, so hat man experimentell nur eine bestimmte Menge g des zu prüfenden Stoffes in einer bestimmten Menge des Lösungsmittels zu lösen und den osmotischen Druck dieser Lösung bei einer bestimmten Temperatur zu bestimmen; der Wert g_1 läßt sich ohne weiteres berechnen.

Zu bemerken ist noch, daß die soeben beschriebene Art der Molekulargewichtsbestimmung unmittelbar nur ausgeführt werden kann, wenn der zu prüfende Stoff sich im betreffenden Lösungsmittel löst, ohne eine Zersetzung (Dissoziation) zu erleiden.

§ 18. Die Bestimmung des Molekulargewichtes gelöster Stoffe auf Grund der Gefrierpunktserniedrigung, Siedepunktserhöhung und Tensionsverminderung ihrer Lösungen (Gesetz von Raoult und van 't Hoff). Die Bestimmung des osmotischen Druckes stößt besonders aus dem Grunde auf erhebliche Schwierigkeiten, weil es nicht leicht gelingt, semipermeable Membranen in hinreichender Vollkommenheit herzustellen; daher ist es üblich geworden, das Molekulargewicht nicht aus dem osmotischen Drucke, sondern auf Grund anderer Eigenschaften der Lösungen, und zwar auf Grund ihrer Gefrierpunktserniedrigung, ihrer Siedepunktserhöhung und ihrer Tensionsverminderung zu berechnen.

Der Begriff der Gefrierpunktserniedrigung und der Siedepunktserhöhung ist in den §§ 149 und 152 des Anhanges erörtert, woselbst auch die Methodik ihrer Bestimmung beschrieben ist.

Die Berechnung des Molekulargewichtes aus der Gefrierpunktserniedrigung und aus der Siedepunktserhöhung wird dadurch ermöglicht, daß, soweit dasselbe Lösungsmittel zur Verwendung kommt, die Größe der Gefrierpunktserniedrigung, der Siedepunktserhöhung und der Tensionsverminderung genau so, wie dies bezüglich des osmotischen Druckes der Fall ist, bloß von der Zahl der in der Volumeinheit gelösten Moleküle abhängt und dieser proportional ist; daher sich aus der Gefrierpunktserniedrigung oder Siedepunktserhöhung oder Tensionsverminderung einer Lösung ebenso auf das Molekulargewicht des gelösten Stoffes schließen läßt, wie aus ihrem osmotischen Drucke.

Wird als Lösungsmittel Wasser verwendet, so besteht zwischen der Konzentration der Lösung einerseits und dem Molekulargewicht des gelösten Stoffes, bzw. der Gefrierpunktserniedrigung und Siedepunktserhöhung der Lösung anderseits die folgende Beziehung:

Wird die gramm-molekulare Menge eines Stoffes in einem Liter Wasser gelöst, so beträgt die Gefrierpunktserniedrigung der Lösung 1,85° C, ihre Siedepunktserhöhung 0,52° C; diese Werte bezeichnet man als molekulare Gefrierpunktserniedrigung bzw. molekulare Siedepunktserhöhung.

Unter Zuhilfenahme dieser Werte läßt sich das Molekulargewicht eines gelösten Stoffes wie folgt bestimmen. Von dem zu untersuchenden Stoffe wird eine bestimmte Menge g Gramm in einem Liter Wasser gelöst, und die Gefrierpunktserniedrigung $\varDelta$ bestimmt. Da die Gefrierpunktserniedrigung einer Lösung ihrer Konzentration proportional ist, besteht zwischen der Menge g und dem Molekulargewicht M des gelösten Stoffes, der Gefrierpunktserniedrigung der Lösung und der molekularen Gefrierpunktserniedrigung, 1,85° C, die Beziehung

$$g : \varDelta = M : 1,85,$$

woraus

$$M = g \cdot \frac{1,85}{\varDelta}.$$

Dieselbe Beziehung besteht auch bezüglich der Siedepunktserhöhung. Beträgt nämlich die Siedepunktserhöhung der vorerwähnten Lösung des zu prüfenden Stoffes $\varDelta_1$, so ist

$$g : \varDelta_1 = M : 0,52 ,$$

woraus

$$M = g \cdot \frac{0,52}{\varDelta_1} .$$

(Auf die Gesetzmäßigkeiten, die sich auf die Tensionsverminderung beziehen, wird hier nicht näher eingegangen, da sie zur Bestimmung des Molekulargewichtes nur selten verwendet wird.)

Wird nicht Wasser, sondern ein anderes Lösungsmittel verwendet, so kommt der molekularen Gefrierpunktserniedrigung, bzw. der molekularen Siedepunktserhöhung ein anderer Wert zu. So beträgt, wenn Benzol das Lösungsmittel ist, die molekulare Gefrierpunktserniedrigung 4,90° C, die molekulare Siedepunktserhöhung 2,67° C; ist Essigsäure das Lösungsmittel, so beträgt die molekulare Gefrierpunktserniedrigung 3,90° C, die molekulare Siedepunktserhöhung 2,53° C.

Zu bemerken ist noch, daß Gefrierpunktserniedrigung und Siedepunktserhöhung zur Bestimmung des Molekulargewichtes unmittelbar nur verwendet werden können, wenn der Stoff, der in Lösung gebracht wurde, dabei keine Zersetzung (Dissoziation) erfährt; ferner, daß die soeben erörterten Gesetzmäßigkeiten nur für verdünnte Lösungen gelten; daher man es vermeiden muß, zur Bestimmung des Molekulargewichtes konzentrierte Lösungen zu verwenden.

§ 19. **Die Bestimmung des Molekulargewichtes an Stoffen von flüssigem Aggregatzustande (Eötvössches Gesetz).** Durch die Untersuchungen des Freiherrn ROLAND V. EÖTVÖS wurden Zusammenhänge aufgedeckt, auf Grund deren es möglich ist, auf das Molekulargewicht der Stoffe von flüssigem Aggregatzustande zu schließen. Um diese Zusammenhänge dem Verständnisse näher zu bringen, ist es nötig, zunächst den Begriff der molekularen Oberflächenenergie zu erörtern.

Die Oberfläche einer Flüssigkeit kann nur um den Preis der Arbeit vergrößert werden, die entgegen der Oberflächenspannung geleistet wird; und zwar ist diese Arbeit gleich dem Produkte aus Oberflächenspannung und der neu entstandenen Oberfläche. Dieses Produkt wird als Oberflächenenergie, und, wenn es sich um die Oberfläche der kugelförmig gedachten gramm-molekularen Menge des flüssigen Stoffes handelt, als die molekulare Oberflächenenergie der fraglichen Flüssigkeit bezeichnet.

Da die Oberflächenspannung einer Flüssigkeit mit steigender Temperatur abnimmt, muß dies auch bezüglich der molekularen Oberflächenenergie der Fall sein, und gerade diese Abnahme der molekularen Oberflächenenergie ist es, auf die sich das Eötvössche Gesetz bezieht. In diesem Gesetze wird ausgesagt, daß die pro 1° C berechnete Änderung der molekularen Oberflächenenergie (die gleich 2,2 Erg ist), von der stofflichen Qualität der Flüssigkeit unabhängig, also an allen flüssigen Stoffen (nicht Lösungen!)

die nämliche ist. Oder anders ausgedrückt: Der Temperatur-
koeffizient der molekularen Oberflächenenergie hat an allen
Flüssigkeiten denselben Wert und ist von ihrer stofflichen
Qualität unabhängig.

Auf das EÖTVÖSsche Gesetz wollen wir, da dies den Rahmen dieses
Lehrbuches überstiege, nicht weiter eingehen. Es sei eben nur erwähnt, daß das Molekulargewicht eines Stoffes von flüssigem Aggregatzustande auf Grund der geschilderten Zusammenhänge berechnet werden
kann, wenn man Oberflächenspannung und spezifisches Gewicht der
Flüssigkeit bei zwei voneinander recht weit entfernten Temperaturen
bestimmt, die jedoch nicht in der Nähe der kritischen Temperatur
gelegen sein dürfen.

Auf Grund solcher Bestimmungen hat man eine Reihe von Stoffen,
wie Wasser, Alkohol, organische Säuren usw. gefunden, deren Molekulargewicht an der Flüssigkeit bestimmt, größer ist, als wenn derselbe
Stoff in dampfförmigem oder in gelöstem Zustande untersucht wird.
Von solchen Stoffen muß vorausgesetzt werden, daß sie in flüssigem
Aggregatzustande die Moleküle zu größeren Komplexen verbunden
(assoziiert) enthalten.

Aufgaben.

6. Durch 0,1551 g einer Verbindung, die man nach der V. MEYERschen
Methode (siehe § 146) in Dampfform überführt, werden 25,1 ccm Luft von 20° C
und einem Drucke von 754,1 mm Hg verdrängt, wobei die verdrängte Luft mit
Wasserdampf gesättigt ist. Wie groß ist das Molekulargewicht dieser Verbindung?

7. Es soll das Molekulargewicht einer Verbindung berechnet werden, von
der 3 g in 100 g Wasser gelöst, eine Lösung liefern, die bei 0° C einen osmotischen Druck von 10,7 Atm. hat.

8. 24,00 g Carbamid ergeben mit 1 l Wasser eine Lösung, deren Gefrierpunktserniedrigung 0,744° C beträgt. Aus diesen Daten ist das Molekulargewicht
des Carbamides zu berechnen.

9. Wie groß ist die Siedepunktserhöhung und der osmotische Druck der
in der vorangehenden Aufgabe angeführten Carbamidlösung?

10. Gegeben ist das Molekulargewicht des Schwefelwasserstoffes in der Höhe
von 34. Wie groß ist der Druck von 34 g Schwefelwasserstoffgas, die bei 0° C
einen Raum von 1 l einnehmen? Wie groß ist der osmotische Druck einer
Lösung, die bei 0° C 34 g Schwefelwasserstoff pro Liter gelöst enthält?

11. Gegeben ist das Molekulargewicht des Kohlendioxydes in der Höhe
von 44. Zu berechnen ist das Gewicht von 1 l Kohlendioxydgas bei einer
Temperatur von 0° C und einem Drucke von 1 Atm.

12. Es wird der Einfachheit halber angenommen, daß die atmosphärische
Luft aus 80 Vol.-% Stickstoff und 20 Vol.-% Sauerstoff besteht. Zu berechnen
ist das Gewicht von 1 l Luft bei einer Temperatur von 0° C und einem Drucke
von 1 Atm.

13. Um wievieles ist Wasserstoff leichter als Luft? (Das Molekulargewicht
des Wasserstoffes beträgt 2; der Einfachheit halber sei die Zusammensetzung
der Luft, wie in der vorangehenden Aufgabe angenommen.)

IV. Die Bestimmung des Atomgewichtes.

§ 20. **Die Bestimmung des Atomgewichtes der Elemente auf
Grund des Molekulargewichtes und der Zusammensetzung ihrer
Verbindungen.** Um den Begriff des Atomgewichtes und das Prinzip

der Atomgewichtsbestimmung näher erklären zu können, wollen wir beispielsweise das Atomgewicht des Kohlenstoffes ermitteln. Zu diesem Behufe müssen wir einerseits die Molekulargewichte einer größeren Reihe von Kohlenstoffverbindungen mit Hilfe der vorangehend angeführten Methoden bestimmen, anderseits durch chemische Analyse feststellen, wieviele Gewichtsteile Kohlenstoff in molekularen Mengen jener Verbindungen enthalten sind. Die Ergebnisse einiger solcher Bestimmungen lauten wie folgt:

Die Verbindung	Molekular-gewicht	In molekularen Mengen der Verbindung an Kohlenstoff enthalten
Kohlenmonoxyd.....	28	12 Gewichtsteil
Methan	16	12 „
Äthylalkohol.......	46	24 „
Essigsäure	60	24 „
Glycerin	92	36 „
Weinsäure	150	48 „
Benzol	78	72 „
Rohrzucker........	342	144 „

Aus diesen Daten ist zu ersehen, daß der Kohlenstoff in molekularen Mengen der angeführten Verbindungen zu verschiedenen Mengen enthalten ist. So sind z. B. in molekularen Mengen von Kohlenmonoxyd oder von Methan 12 Gewichtsteile, in molekularen Mengen von Äthylalkohol 24 Gewichtsteile Kohlenstoff enthalten, usw.

Da uns keine Kohlenstoffverbindung bekannt ist, in deren molekularen Mengen weniger Kohlenstoff enthalten wäre, als in denen des Kohlenmonoxydes oder des Methans, müssen wir voraussetzen, daß die Moleküle dieser beiden Verbindungen bloß je ein Atom Kohlenstoff enthalten, woraus sich aber weiterhin ergibt, daß diejenige Menge des Kohlenstoffes, die in molekularen Mengen der beiden genannten Verbindungen enthalten ist, als das Atomgewicht des Kohlenstoffes anzusehen ist. Es ist also das Atomgewicht des Kohlenstoffes gleich 12.

Selbstredend ist das auf diese Weise berechnete Atomgewicht genau so, wie das Molekulargewicht, aus dem es abgeleitet ward, nur ein relatives, auf das Molekulargewicht des Sauerstoffes bezogenes, und nicht etwa das wahre Gewicht eines Kohlenstoffatomes (§ 15). Wir wollen mit diesem Atomgewicht bloß andeuten, daß sich das Gewicht des Kohlenstoffatomes zu dem des Sauerstoffmoleküles verhält wie 12 : 32; oder aber sagen: da ein Sauerstoffmolekül aus zwei Sauerstoffatomen besteht (§ 14), das Atomgewicht des Sauerstoffes also gleich ist seinem halben Molekulargewichte 16,00, verhält sich das Gewicht eines Kohlenstoffatomes zu dem eines Sauerstoffatomes wie 12 : 16; was wieder nichts anderes bedeutet, als, daß das auf das Atomgewicht des Sauerstoffes bezogene Atomgewicht des Kohlenstoffes 12 beträgt.

Bezüglich der soeben erörterten Art der Atomgewichtsbestimmung ist zu bemerken, daß sie meistens zu keinem exakten Ergebnis führen kann; denn die der Berechnung zugrunde liegenden Molekulargewichte sind, insbesondere, wenn sie aus der Gefrierpunktserniedrigung oder aus der Siedepunktserhöhung ermittelt wurden, schon vermöge der Natur dieser Bestimmungen nicht hinreichend genau. Will man daher zu genaueren Resultaten gelangen, so muß das oben beschriebene Verfahren mit einer exakten Analyse solcher Verbindungen kombiniert werden, in welchen das zu prüfende Element mit einem Elemente von feststehendem Atomgewichte, z. B. mit Sauerstoff verbunden ist, da eben der Sauerstoff es ist, dessen Molekulargewicht, 32,00, bzw. Atomgewicht, 16,00, zur willkürlichen Vergleichsbasis aller anderen Molekular- und Atomgewichte gewählt wurde (§ 15).

Diese Ausführungen sollen durch folgendes Beispiel ergänzt werden. Ist es der Wasserstoff, dessen Atomgewicht bestimmt werden soll, so gehen wir zunächst so vor, wie es in dem oben angeführten Beispiele am Kohlenstoff geschah. Dabei erfahren wir, daß in molekularen Mengen der verschiedenen Wasserstoffverbindungen 1, 2, 3 usw. Gewichtsteile Wasserstoff enthalten sind: die geringste dieser Mengen, also 1 Gewichtsteil, wird als Atomgewicht des Wasserstoffes anzusprechen sein. Da aber das so ermittelte Atomgewicht aus den oben angegebenen Gründen nicht hinreichend genau ist, muß es auf eine andere Weise kontrolliert werden; z. B. durch Feststellung des Verhältnisses, in dem Wasserstoff und Sauerstoff im Wasser enthalten sind. Aus solchen Untersuchungen ging es nun hervor, daß 16,00 Gewichtsteile Sauerstoff sich mit 2,016 Gewichtsteilen Wasserstoff zu Wasser verbinden. Diese Wasserstoffmenge beträgt aber beinahe genau das Doppelte davon, was sich aus der erstangeführten annähernden Atomgewichtsbestimmung ergeben hatte; woraus sich schließen läßt, daß das richtige Atomgewicht die Hälfte dieses Wertes, also 1,008, beträgt. Dieser Wert ist es, der endgültig als das Atomgewicht des Wasserstoffes angenommen wurde.

Aus diesem Beispiele geht es klar hervor, daß a) die bloß annähernd genaue Bestimmung des Molekulargewichtes und der Zusammensetzung der Verbindungen, und b) die exakte Analyse einer Verbindung des in Frage stehenden Elementes mit einem Elemente von feststehendem Atomgewichte sich bei der Bestimmung des Atomgewichtes gegenseitig ergänzen.

An Elementen, die, wie z. B. Gold, Platin, Silber, sich mit Sauerstoff nicht verbinden, oder aber mit Sauerstoff leicht zersetzliche, daher zur Analyse nicht geeignete Verbindungen liefern, muß man sich an solche Verbindungen der betreffenden Elemente halten, die ein anderes Element von genau bekanntem Atomgewichte enthalten. Da jedoch dieses Atomgewicht an sich schon mit gewissen unvermeidlichen Versuchsfehlern behaftet ist, wird der wahrscheinliche Fehler einer auf diese Weise ausgeführten Atomgewichtsbestimmung größer sein, als wenn die Bestimmung unmittelbar auf den Sauerstoff bezogen ist.

Hierin liegt auch der Grund, warum gerade der Sauerstoff es war, der zur Vergleichsbasis der Atom- und der Molekulargewichte gewählt wurde (§ 15). Unter allen Elementen ist es nämlich der Sauerstoff, der mit der großen Mehrzahl der übrigen Elemente Verbindungen eingeht, die konstant, unzersetzlich und zur Analyse geeignet sind; daher lassen sich Atom- und Molekulargewichtsbestimmung unmittelbar und mit einem relativ geringen Fehler behaftet ausführen, wenn man Atom- und Molekulargewichte auf die des Sauerstoffes bezieht.

In früheren Zeiten hatte man, da das Atomgewicht des Wasserstoffes unter allen bekannten Elementen das geringste ist, dieses gleich 1 gesetzt, und die Atomgewichte der übrigen Elemente auf das des Wasserstoffes bezogen, was jedoch, da eine große Zahl von Elementen sich mit Wasserstoff nicht verbindet, den Nachteil hatte, daß die Atomgewichte in allen diesen Fällen bloß auf einem Umwege bestimmt werden konnten. Dieser Umweg führte über den Sauerstoff und hatte eine genaue Kenntnis des auf den Wasserstoff bezogenen Atomgewichtes des Sauerstoffes zur Voraussetzung; welcher Voraussetzung jedoch insoferne nicht Genüge getan war, als dieses Atomgewicht aus verschiedenen Gründen mit nicht unerheblichen Versuchsfehlern behaftet war. Daher es auch klar ist, daß alle Atomgewichtsbestimmungen, die auf dieser Grundlage beruhen, ebenfalls ungenau sein müssen.

Mit der Vervollkommnung der Methodik konnten zwar für das auf den Wasserstoff bezogene Atomgewicht des Sauerstoffs immer bessere und bessere Werte erhalten werden, doch mußten gleichzeitig jedesmal alle anderen, auf dem Umwege über den Sauerstoff erhaltenen auf den Wasserstoff bezogenen Atomgewichte korrigiert werden.

Es hat sich also schließlich als zweckdienlich erwiesen, an Stelle des Wasserstoffes ein solches Element als Vergleichsbasis für sämtliche übrigen Elemente zu wählen, das sich mit den meisten übrigen Elementen verbindet, daher eine unmittelbare Bestimmung ihrer Atomgewichte gestattet. Wie bereits oben erwähnt, ist es der Sauerstoff, der diesen Anforderungen am meisten entspricht.

Warum es aber gerade 16,00 bezw. 32,00 Gewichtsteile des Sauerstoffes sind, die als dessen Atom- bezw. Molekulargewicht angenommen wurden, hat folgende Gründe:

1. Hätte man, nachdem man einmal das Atomgewicht des Sauerstoffes als Vergleichsbasis angenommen hatte, dieses Atomgewicht gleich 1 gesetzt, so würden sich, auf diese Basis bezogen, für das Atomgewicht zahlreicher Elemente Werte ergeben haben, die kleiner sind als 1. Daß die Rechnung mit solchen Atomgewichten recht unbequem wäre, bedarf keiner näheren Erklärung.

2. Das auf Wasserstoff bezogene Atomgewicht des Sauerstoffes beträgt 15,88. Dadurch, daß dieser Wert willkürlich auf 16,00 abgerundet und in dieser abgerundeten Form als Vergleichsbasis für die Atomgewichte der übrigen Elemente gewählt wurde, haben diese Atomgewichte annähernd den Wert beibehalten, den sie, früher auf den Wasserstoff bezogen, hatten; bezw. es bedurfte einer weit geringeren, ein für alle Male ausgeführten Korrektion, als wenn man einen beliebigen anderen Wert als Vergleichsbasis angenommen hätte.

Gegen die Art und Weise der Atomgewichtsbestimmung, die oben am Beispiele des Kohlenstoffes abgeleitet wurde, ließe sich der Einwand erheben, daß es auch Kohlenstoffverbindungen geben kann, in deren molekularen Mengen weniger als 12, also etwa 6, 3, 2 usw. Gewichtsteile Kohlenstoff enthalten wären, daher das Atomgewicht des Kohlenstoffes nicht 12, sondern bloß einen Bruchteil davon betrüge. Bedenken wir jedoch, daß unter den vielen Tausenden von Kohlenstoffverbindungen, deren Molekulargewicht und Kohlenstoffgehalt uns bekannt sind, sich bis jetzt kein einziges fand, in dessen molekularen Mengen weniger als 12 Gewichtsteile Kohlenstoff enthalten sind, so wird die Berechtigung jenes Einwandes sehr stark herabgesetzt. Hierzu kommt noch, daß man auf Grund der Gesetze der Atomwärme und des Isomorphismus, sowie auf Grund der Gesetzmäßigkeiten, die im periodischen Systeme der Elemente (§ 37) gegeben sind, für die meisten Fälle in der Lage ist, derlei Zweifel auch bezüglich der Atomgewichte anderer Elemente zu entkräften.

Die Atomgewichte der Elemente sind auf S. 31 zusammengestellt.

§ 21. Die Gesetze der Atomwärme (Gesetz von Dulong und Petit). Die Wärmemenge die erforderlich ist, um die Temperatur eines Grammes eines Körpers um 1° C zu erhöhen, wird als seine spezifische Wärme bezeichnet und als solche in Kalorien (siehe § 46) ausgedrückt; die Wärmemenge aber, die erforderlich ist, um die Temperatur eines Grammatomes eines Elementes um 1° C zu erhöhen, wird als Atomwärme des Elementes bezeichnet. Hieraus geht unmittelbar hervor, daß die Atomwärme eines Elementes gleich ist dem Produkte aus seinem Atomgewichte A und seiner spezifischen Wärme C.

Tabelle der Atomgewichte[1]). (O = 16.)

Namen	Symbol	Wertigkeit[2])	Atomgewicht	Namen	Symbol	Wertigkeit[2])	Atomgewicht
des Elementes				des Elementes			
Actinium...	Ac	3?	226?	Neodymium.	Nd	3, 4	144,3
Aluminium .	Al	3	27,1	Neon.....	Ne	0	20,2
Antimon ..	Sb	3, 5	120,2	Nickel	Ni	2, (3)	58,68
Argon	Ar	0	39,88	Niobium ...	Nb	(2,) 3, (4,) 5	93,5·
Arsen.....	As	3, 5	74,96	Osmium ...	Os	2, 3, 4, 6, 8	190,9
Barium....	Ba	2	137,37	Palladium ..	Pd	2, 4	106,7
Beryllium ..	Be	2	9,1	Phosphor ..	P	3, 5	31,04
Blei......	Pb	2, (4)	207,2	Platin	Pt	(2,) 4	195,2
Bor......	B	3	11,0	Polonium ..	Po	2, 4, 6 (?)	210,0
Brom.....	Br	·1, (3, 5, 7)	79,92	Praseodym .	Pr	3, (4)	140,9
Cadmium ..	Cd	2	112,40	Protactinium.	Pa	5 (?)	230 ?
Calcium ...	Ca	2	40,07	Quecksilber .	Hg	2	200,6
Caesium ...	Cs	1	132,81	Radium ...	Ra	2	225,97
Cerium....	Ce	3, 4	140,25	Rhodium...	Rh	2, 3, 4	102,9
Chlor	Cl	1, (3, 5, 7)	35,46	Rubidium ..	Rb	1	85,45
Chrom .. .	Cr	(2,) 3, (6)	52,0	Ruthenium..	Ru	2, 3, 4, 6, 7, 8	101,7
Cobalt . ..	Co	2, (3)	58,97	Samarium ..	Sm	3	150,4
Dysprosium .	Dy	3	162,5	Sauerstoff ..	O	2	**16,000**
Eisen.....	Fe	2, 3, (6)	55,84	Scandium ..	Sc	3	45,1
Emanation..	Em	0	222	Schwefel...	S	2, 4, 6	32,06
Erbium....	Er	3	167,7	Selen.....	Se	2, 4, 6	79,2
Europium ..	Eu	3	152,0	Silber.....	Ag	1	107,88
Fluor.....	F	1	19,0	Silicium ...	Si	4	28,3
Gadolinum .	Gd	3	157,3	Stickstoff ..	N	3, 5	14,01
Gallium ...	Ga	2, 3	69,9	Strontium ..	Sr	2	87,63
Germanium .	Ge	2, 4	72,5	Tantal	Ta	5	181,5
Gold	Au	(1,) 3	197,2	Tellur	Te	2, 4, 6	127,5
Helium....	He	0	4,00	Terbium ...	Tb	3, (4)	159,2
Holmium ..	Ho	3	163,5	Thallium...	Tl	1, 3	204,0
Indium....	In	(1, 2,) 3	114,8	Thorium ...	Th	4	232,15
Iridium....	Ir	2, 3, 4	193,1	Thulium ...	Tu	3	168,5
Jod......	J	1, (3, 5, 7)	126,92	Titan	Ti	2, 3, 4	48,1
Kalium....	K	1	39,10	Uranium ...	U	4, 6	238,2
Kohlenstoff .	C	4	12,00	Vanadium ..	V	2, 3, 4, 5	51,0
Krypton ...	Kr	0	82,92	Wasserstoff .	H	1	1,008
Kupfer....	Cu	(1,) 2	63,57	Wismut ...	Bi	3	209,0
Lanthan ...	La	3	139,0	Wolfram ...	W	2, 4, 5, 6	184,0
Lithium ...	Li	1	6,94	Xenon	X	0	130,2
Lutetium...	Lu	3	175,0	Ytterbium ..	Yb	3	173,5
Magnesium .	Mg	2	24,32	Yttrium ...	Y	3	88,7
Mangan ...	Mn	2, 3, (4, 6, 7)	54,93	Zink	Zn	2	65,37
Molybdän ..	Mo	2, 3, 4, 5, 6	96,0	Zinn	Sn	2, 4	118,7
Natrium ...	Na	1	23,00	Zirconium ..	Zr	4	90,6

[1]) Von den Radioelementen ist hier nur je ein typischer Vertreter der betreffenden Gruppe aufgenommen. (Die übrigen Radioelemente siehe in Tabelle VII auf S. 229.)

[2]) Durch die in Klammern gesetzte Zahl wird die Wertigkeit der Elemente angegeben, die ihnen in seltenen oder weniger wichtigen Verbindungen zukommt.

Aus den für die Atomwärme und für die spezifische Wärme experimentell ermittelten Werten, die in nachstehender Zusammenstellung wiedergegeben sind, läßt sich das Gesetz der Atomwärme ableiten: **Die Atomwärme der Elemente von festem Aggregatzustande ist annähernd gleich 6,4 Kalorien**, was soviel besagen will, daß an den Elementen von festem Aggregatzustande das Produkt $A \cdot C$ unabhängig von der stofflichen Qualität des Elementes 6,4 Kalorien beträgt, also

$$A \cdot C = 6{,}4 \text{ Kalorien.}$$

Symbol des Elementes	Atomgewicht (A)	Spez. Wärme (C)	Atomwärme (A·C)
Pb	207,2	0,030	6,22
Fe	55,8	0,113	6,31
Cu	63,6	0,094	5,98
Mg	24,3	0,245	5,95
Pt	195,2	0,032	6,25
Hg	200,6	0,033	6,62
Ca	40,1	0,170	6,82
Na	23,0	0,293	6,74
		Mittelwert:	6,4

Diesen Daten ist aber auch zu entnehmen, daß die genannte Gesetzmäßigkeit keine ganz strenge ist, indem das Produkt $A \cdot C$ an verschiedenen Elementen von dem Mittelwert 6,4 mehr oder minder erheblich abweicht. Es muß auch betont werden, daß das DULONG-PETITsche Gesetz bloß für Elemente von festem Aggregatzustande und auch unter diesen bloß für metallische Elemente, und bloß bei gewöhnlicher, von der Zimmertemperatur nicht weit entfernten Temperaturen gültig ist.

Wird die spezifische Wärme C eines festen (metallischen) Elementes experimentell bestimmt, so sind wir auch in der Lage, auf dessen Atomgewicht zu schließen, denn aus obiger Gleichung folgt, daß

$$A = \frac{6{,}4}{C}.$$

Angesichts des Umstandes, daß die oben erörterte Gesetzmäßigkeit, wie erwähnt, keine ganz strenge ist, sind die auf diese Weise berechneten Atomgewichte nicht hinreichend genau. Doch ist es auf diese Weise möglich, die Richtigkeit eines auf chemischem Wege festgestellten Atomgewichtes wenigstens nach der Richtung hin zu kontrollieren, ob es nicht ein Multiplum des wahren Atomgewichtes ist.

§ 22. Gesetz des Isomorphismus (Mitscherlichsches Gesetz). Als isomorph werden Stoffe bezeichnet, deren Krystalle, von geringen Abweichungen abgesehen, ihrer Form nach (Krystallsystem, Krystallwinkel usw.) sowohl, wie auch bezüglich anderer physikalischer Eigenschaften (Spaltbarkeit, optisches Verhalten usw.) mit einander übereinstimmen. Es ist für die isomorphen Verbindungen charakteristisch, daß, wenn aus einem

Gemische ihrer gesättigten Lösungen Krystalle ausfallen, diese eine innige Mischung der betreffenden vordem gelösten Stoffe darstellen; sie werden als Mischkrystalle bezeichnet. Ihre Zusammensetzung ist variabel, indem sie von demjenigen Stoffe mehr enthalten, bezüglich dessen die Lösung konzentrierter gewesen ist. Wird ein Krystall einer Verbindung in die konzentrierte Lösung einer isomorphen Verbindung eingelegt, so wächst der Krystall weiter fort, gerade so, als ob er in die eigene Lösung eingelegt worden wäre.

Zu den isomorphen Verbindungen gehören die verschiedenen Alaune (Aluminium-, Eisen-, Chrom-Alaun); kohlensaures Kalzium, Magnesium und Eisen; ferner Kaliumchlorid, -bromid, -jodid usw.

Die große Ähnlichkeit der isomorphen Verbindungen bezieht sich jedoch nicht bloß auf ihre physikalischen Eigenschaften; sie ist auch chemisch begründet. Denn die isomorphen Verbindungen enthalten mit Ausnahme eines einzigen Elementes stets dieselben Elemente, und außerdem ist auch die Anzahl der Atome in den Molekülen der isomorphen Verbindungen immer die nämliche.

Letzterer Umstand ist es, der bei der Atomgewichtsbestimmung mit verwendet werden kann, was aus nachstehendem Beispiele hervorgeht:

Um das Atomgewicht des Jodes zu bestimmen, stehen uns folgende Daten zur Verfügung: das Molekulargewicht des Kaliumjodides 166,0, das Atomgewicht des Kaliums 39,1, und endlich der Umstand, daß in einem Molekül des Kaliumjodides ein Atom Kalium, d. h. 39,1 Gewichtsteile, enthalten sind. Aus diesen Daten allein läßt sich zunächst bloß schließen, daß das Atomgewicht des Jodes 166,0 — 39,1 = 126,9, oder aber einen Bruchteil dieses Wertes beträgt. Da wir aber einerseits wissen, daß Kaliumchlorid dem Kaliumjodid isomorph ist, anderseits wissen, daß das Kaliumchloridmolekül aus je einem Atom Kalium und Chlor besteht, so läßt sich auf Grund des Gesetzes der Isomorphie schließen, daß die Kaliumjodidmoleküle in analoger Weise je ein Atom Kalium und Jod enthalten. Wenn aber in den Molekülen des Kaliumjodides bloß ein Atom Jod enthalten ist, so muß dessen Atomgewicht 126,9 betragen, nicht aber einen Bruchteil davon.

V. Die Molekularstruktur.

§ 23. Die empirischen Formeln der Verbindungen. Sind uns Molekulargewicht und chemische Zusammensetzung einer Verbindung, ferner auch die Atomgewichte der Elemente bekannt, aus denen die Verbindung besteht, so ist es ein leichtes, festzustellen, mit welcher Zahl von Atomen die einzelnen Elemente im Molekül der Verbindung vertreten sind. Dies soll an der Hand folgender zweier Beispiele erläutert werden:

Erstes Beispiel. Aus dem Umstande, daß 1. das Molekulargewicht der Kohlensäure 44 beträgt, 2. in molekularen Mengen des Kohlendioxydes 12 Gewichtsteile Kohlenstoff und 32 Gewichtsteile Sauerstoff enthalten sind, 3. das Atomgewicht des Kohlenstoffes 12, das des Sauerstoffes 16 beträgt, geht es klar hervor, daß das Kohlensäuremolekül aus 1 Atom Kohlenstoff und 2 Atomen Sauerstoff besteht.

Zweites Beispiel. Carbamid besteht aus Kohlenstoff, Sauerstoff, Stickstoff und Wasserstoff, und zwar sind diese Elemente, wie aus der chemischen Analyse hervorgeht, am Aufbau des Carbamidmoleküles mit folgenden prozentualen Mengen beteiligt:

$$C \ldots 20,0\,\%$$
$$O \ldots 26,7\,„$$
$$N \ldots 46,6\,„$$
$$H \ldots 6,7\,„\ .$$

Das Molekulargewicht des Carbamides ergibt sich aus der Gefrierpunktserniedrigung seiner Lösungen (Aufgabe 8) zu 60.

Um aus den angeführten Daten zu ermitteln, mit welcher Anzahl von Atomen jedes der betreffenden Elemente im Carbamidmoleküle vertreten ist, müssen wir vorerst berechnen, wie viel Gewichtsteile Kohlenstoff, Sauerstoff, Stickstoff und Wasserstoff in molekularen Mengen, d. h. in 60 Gewichtsteilen des Carbamides enthalten sind. Auf Grund der oben angegebenen Prozentzahlen ergeben sich

für Kohlenstoff aus $100 : 20,0 = 60 : x$, $x = 12,0$ Gewichtsteile
„ Sauerstoff   „ $100 : 26,7 = 60 : x$, $x = 16,0$ „
„ Stickstoff   „ $100 : 46,6 = 60 : x$, $x = 28,0$ „
„ Wasserstoff „ $100 : 6,7 = 60 : x$, $x = 4,0$ „   .

Also setzen sich molekulare Mengen des Carbamides zusammen aus

12 Gew.-T. Kohlenstoff, die seinem einfachen Atomgew. entsprechen
16   „   Sauerstoff,   „   „   „   „   „
28   „   Stickstoff,   „   „   doppelten   „   „
4   „   Wasserstoff,   „   „   vierfachen   „   „   .

Dies heißt aber nichts anderes, als daß das **Carbamidmolekül aus 1 Atom Kohlenstoff, 1 Atom Sauerstoff, 2 Atomen Stickstoff und 4 Atomen Wasserstoff besteht.**

Welche Elemente es sind, die in einer Verbindung enthalten, und mit welcher Zahl von Atomen die einzelnen Elemente im Molekül vertreten sind, wird durch die sogenannten **empirischen Formeln** zum Ausdruck gebracht, in denen die Art der betreffenden Elemente durch ihr Symbol (s. Tabelle S. 31), die Zahl der Atome aber, mit der je ein Element im Molekül vertreten ist, durch eine kleine arabische Ziffer, rechts unten neben dem Symbol des Elementes angedeutet ist. (Beträgt die Atomzahl 1, so wird dies nicht vermerkt.) Es lautet daher die empirische Formel des Kohlendioxydes CO_2, die des Carbamides CON_2H_4.

Auf dieselbe Weise, wie in den beiden oben angeführten Beispielen, kann die empirische Formel jeder anderen Verbindung festgestellt werden. So erhält man z. B. für

Schwefelwasserstoff	H_2S	Schwefelsäure	H_2SO_4
Methan	CH_4	Natriumhydroxyd	$NaOH$
Salzsäure	HCl	Ammoniak	NH_3.
Salpetersäure	HNO_3		

§ 24. Was ist aus den empirischen Formeln herauszulesen? Die empirischen Formeln enthalten, wie aus § 23 hervorgeht, eine ganze Reihe von Daten, die bezüglich der betreffenden Verbindung experimentell ermittelt wurden. Daher läßt sich selbstredend auch umgekehrt aus der gegebenen empirischen Formel einer Verbindung eine ganze Reihe von Daten ableiten, die sich auf diese Verbindung beziehen.

Wird z. B. für Methan die Formel CH_4 angegeben, und halten wir vor Augen, daß das Atomgewicht des Kohlenstoffes 12, das des Wasserstoffes 1 beträgt, so läßt sich aus der genannten Formel folgendes ableiten: 1. Methan besteht aus Kohlenstoff und Wasserstoff; 2. das Methanmolekül besteht aus 1 Atom Kohlenstoff und 4 Atomen Wasserstoff; 3. im Methan verhält sich das Gewicht des Kohlenstoffes zu dem des Wasserstoffes wie 12 : 4 (hieraus läßt sich die prozentuale Zusammensetzung des Methans leicht berechnen); 4. das Molekulargewicht des Methans beträgt $12 + 4 = 16$; 5. gramm-molekulare Mengen, d. h. 16 g Methan haben bei 0° C und 760 mm Hg das Volumen von 22,41 l (hieraus läßt sich auch die Dichte des Methangases berechnen).

§ 25. Die Wertigkeit der Elemente. Bei näherer Betrachtung der empirischen Formeln der Verbindungen, die die verschiedenen Elemente mit Wasserstoff bilden, muß es sofort auffallen, daß sich von manchen Elementen ein Atom mit einem Atom Wasserstoff, von anderen Elementen aber ein Atom mit zwei, drei, vier Atomen Wasserstoff verbindet. So verbindet sich

1 Atom Chlor	...	mit 1 Atom Wasserstoff	zu	Salzsäure,	HCl
1 „	Sauerstoff	„ 2 Atomen	„	„	Wasser,	H_2O
1 „	Stickstoff	„ 3 „	„	„	Ammoniak,	NH_3
1 „	Kohlenstoff	„ 4 „	„	„	Methan,	CH_4

Je nachdem sich die Elemente mit einem Atome, oder mit zwei, drei, vier Atomen Wasserstoff zu verbinden vermögen, werden sie als ein-, zwei-, drei-, vierwertig bezeichnet. Es sind daher: Chlor einwertig, Sauerstoff zweiwertig, Stickstoff dreiwertig, Kohlenstoff vierwertig; und wird man im allgemeinen sagen können, daß die Wertigkeit eines Elementes nach der Zahl der Wasserstoffatome beurteilt wird, mit denen sich je ein Atom des betreffenden Elementes zu verbinden vermag. Diese Wertigkeit wird durch römische Zahlen ausgedrückt, die rechts oben neben den Symbolen der Elemente angebracht werden, wie z. B.: Cl^I, O^{II}, N^{III}, C^{IV}.

An solchen Elementen, die, wie z. B. die Mehrzahl der Metalle, sich mit Wasserstoff überhaupt nicht verbinden, wird die Wertigkeit auf Umwegen festgestellt. Da wir z. B. wissen, daß Chlor einwertig, Sauerstoff aber zweiwertig ist, sind wir in der Lage, die Wertigkeit eines jedweden Metalles aus der empirischen Formel seiner mit Chlor oder mit Sauerstoff gebildeten Verbindung festzustellen. So folgt z. B. aus dem Umstande, daß die empirische Formel des Bariumchlorides zu $BaCl_2$, die des Bariumoxydes zu BaO festgestellt wurde, unmittelbar, daß Barium **zweiwertig ist**; denn je **eines** seiner Atome verbindet sich mit je **zwei** Atomen des einwertigen Elementes Chlor, bezw. mit je **einem** Atome des zweiwertigen Elementes Sauerstoff.

Es gibt auch Elemente, die sich mit Wasserstoff, oder mit einem anderen Elemente nach verschiedenen Proportionen verbinden können. So sind z. B. zwei Chloride des Phosphors, PCl_3 und PCl_5, zwei Oxyde des Zinns, SnO und SnO_2, usw. bekannt. Von diesen Elementen sagen wir, daß sie verschiedenwertig sind; so ist z. B. Phosphor drei- und fünfwertig, Zinn zwei- und vierwertig.

Ist ein Element verschiedenwertig, so ändert sich seine Wertigkeit im allgemeinen um je zwei Einheiten; d. h., die Zahlen, durch die seine verschiedenen Wertigkeiten ausgedrückt werden, sind an einem Elemente alle **gerade** Zahlen, an einem **anderen** Elemente alle **ungerade** Zahlen. So ist z. B. Phosphor drei- und fünfwertig; Chlor ein-, drei-, fünf- und siebenwertig; Zinn zwei- und vierwertig; Schwefel zwei-, vier- und sechswertig. Doch gibt es hiervon auch Ausnahmen; so ist z. B. Kupfer ein- und zweiwertig, Eisen zwei- und dreiwertig.

In der Atomgewichtstabelle auf S. 31 ist bei jedem Elemente auch seine Wertigkeit angegeben; bei den Elementen von verschiedener Wertigkeit sind die Wertigkeiten, mit denen das Element in selteneren oder weniger wichtigen Verbindungen figuriert, eingeklammert.

§ 26. Die Verbindung der Atome untereinander; die Strukturformeln. Die Wertigkeit eines Elementes kann an seinem Symbole durch eine entsprechende Zahl von Strichen angegeben werden. So schreibt man z. B.:

$$H-\qquad O=\qquad N\equiv\qquad C\!\equiv\!\equiv$$

und es können die so dargestellten Wertigkeiten auch als Klammern aufgefaßt werden, mittels deren die Atome innerhalb eines Moleküles miteinander verbunden sind; daher man die im vorangehenden Paragraphen behandelten Verbindungen auch wie folgt darstellen kann:

$$H-Cl \qquad H-O-H \qquad N\!\!\begin{matrix}H\\-H\\H\end{matrix} \qquad C\!\!\begin{matrix}H\\H\\H\\H\end{matrix}$$

Chlorwasserstoff   Wasser   Ammoniak   Methan.

Auf dieselbe Weise läßt sich auch die Struktur anderer Verbindungen darstellen:

$$O=C=O \qquad\qquad \underset{O}{\overset{O}{\diagup}}S\underset{OH}{\overset{OH}{\diagdown}} \qquad\qquad \underset{O}{\overset{O}{\diagup}}N-O-H$$

Kohlendioxyd   Schwefelsäure   Salpetersäure.

$$\begin{matrix}H\\H\\H\end{matrix}C-C\begin{matrix}H\\H\\H\end{matrix} \qquad \begin{matrix}H\\H\end{matrix}C=C\begin{matrix}H\\H\end{matrix} \qquad H-C\equiv C-H$$

Äthan   Äthylen   Acetylen.

Diese Formeln, in denen nebst der Wertigkeit der Atome auch die
Art ihrer gegenseitigen Bindung dargestellt ist, werden als **Strukturformeln** bezeichnet, weil sie im Gegensatz zu den empirischen Formeln auch über die Struktur der Verbindungen Aufschluß geben. Die
Kenntnis dieser Strukturformeln ist aus dem Grunde äußerst nutz-
bringend, weil wir aus ihnen in gewissem Sinne auch auf die Eigenschaften und auf das Verhalten der Verbindungen schließen können.
So ist z. B. aus der Strukturformel des Äthylalkohols

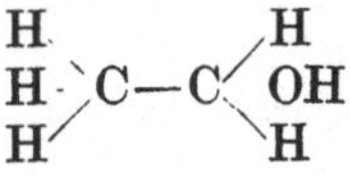

$$\begin{array}{c} H \qquad\quad H \\ H-C-C-OH \\ H \qquad\quad H \end{array}$$

herauszulesen, daß von den darin enthaltenen sechs Wasserstoffatomen
eines im Gegensatz zu den übrigen nicht unmittelbar mit einem
Kohlenstoffatom verbunden ist, daher von diesem Wasserstoffatom
vorausgesetzt werden kann, daß es sich in den chemischen Reaktionen
des Äthylalkohols von den übrigen Wasserstoffatomen verschieden verhält. Das ist auch in der Tat der Fall, denn dieses Wasserstoffatom
läßt sich z. B. leicht durch Natrium ersetzen, während dies an den
anderen Wasserstoffatomen nicht gelingt.

An der Hand der Strukturformeln läßt sich auch die Erscheinung
der **Isomerie** erklären. Diese Erscheinung besteht darin, daß es
Verbindungen gibt, die bezüglich ihrer prozentualen Zusammensetzung, ihres Molekulargewichtes, daher auch bezüglich ihrer empirischen Formeln keine Unterschiede aufweisen, in ihren Eigenschaften
aber voneinander ganz verschieden sind. So sind z. B. Äthylalkohol
und Methyläther einander isomer, da die empirische Formel beider
C_2H_6O lautet; wenn sie also in ihren physikalischen und chemischen
Eigenschaften voneinander trotzdem verschieden sind, so kann dies
nur durch die Verschiedenheit ihrer Struktur bedingt sein.

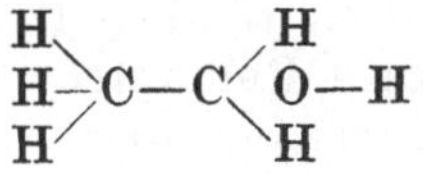

$$\begin{array}{c} H \qquad\quad H \\ H-C-C-O-H \\ H \qquad\quad H \end{array} \qquad\qquad \begin{array}{c} H \qquad\qquad\quad H \\ H-C-O-C-H \\ H \qquad\qquad\quad H \end{array}$$

Äthylalkohol 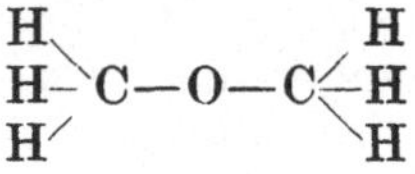 $\qquad\qquad\qquad$ Methyläther.

Zu bemerken ist jedoch, daß die Struktur der Moleküle durch solche
Strukturformeln aus dem Grunde nicht hinreichend genau wiedergegeben
wird, weil diese nur in einer **Ebene** (in der des Papieres) dargestellt
sind, daher über die Anordnung der Elemente im **Raume** keinerlei
Aufklärung geben können. Allerdings wird man in den meisten Fällen
auch mit solchen Strukturformeln sein Auskommen finden; und nur,
wenn es nicht möglich ist, die Verschiedenheiten im Verhalten zweier
oder mehrerer Isomeren durch die Darstellung in der Ebene zu erklären, wird es nötig sein, eine andere Art der Darstellung zu versuchen: die Darstellung der Struktur im **Raume**. Die letzterwähnten
Fälle der Isomerie, denen in der organischen Chemie eine wichtige
Rolle zukommt, bezeichnet man als **Isomerie im Raume** oder als
Stereoisomerie.

Eine allgemeingültige Regel, wie man die Struktur einer Verbindung festzustellen hat, gibt es nicht; jedenfalls kann man hierbei eines gründlichen Studiums der Bildung (Synthese) der betreffenden Verbindung, sowie ihres Abbaues (Analyse) nicht entraten.

Bei der Betrachtung der Strukturformeln verschiedener Verbindungen muß es auffallen, daß gewisse Atompaare in einer dieser Verbindungen mit je einer, in einer anderen Verbindung mit je zwei, oder gar mit je drei Valenzen verbunden sind. So sind z. B. in den auf S. 36 angeführten Beispielen die Kohlenstoffatome im Äthan mit je einer Valenz, im Äthylen mit je zwei, und im Acetylen gar mit je drei Valenzen verbunden. |Verbindungen, in denen jedes Atom im Molekül bloß mit einer Valenz an ein anderes Atom gebunden ist, werden als gesättigte, solche, in denen zwischen den benachbarten Atomen mehrfache Bindungen vorkommen, als ungesättigte bezeichnet; [wobei aber zu bemerken ist, daß aus der Zahl der gegenseitig gebundenen Valenzen auf die Festigkeit der Verbindung nicht geschlossen werden kann]. Also ist das Äthan eine gesättigte Verbindung, Äthylen und Acetylen sind ungesättigte Verbindungen.

Ausnahmsweise gibt es auch Verbindungen, in denen nicht alle Valenzen eines Atomes durch die Valenzen anderer Atome gebunden sind. Dies ist z. B. in folgenden Verbindungen der Fall:

$$O{=}C{=} \qquad O{=}N{-} \qquad {\overset{O}{\underset{O}{>}}}N{-} \qquad {\overset{O}{\underset{O}{>}}}Cl{-}$$

Kohlenoxyd   Stickstoffoxyd   Stickstoffdioxyd   Chlordioxyd.

Unter diesen Verbindungen kann von dem Kohlenoxyd angenommen werden, daß die beiden überzähligen Valenzen sich gegenseitig, wie etwa folgt:

$$O{=}C{>}$$

binden; während bezüglich der übrigen drei Verbindungen angenommen werden muß, daß die überflüssigen Valenzen wirklich frei sind.

§ 27. Einfache und zusammengesetzte Radikale. Wirken zwei oder mehrere Verbindungen aufeinander ein, so wird man meistens beobachten können, daß die neue Verbindung in ihrer Struktur vielfache Ähnlichkeit mit den Verbindungen aufweist, aus denen sie entstanden ist; und zwar besteht diese Ähnlichkeit darin, daß gewisse Atomgruppen unverändert in das Molekül der neuen Verbindung übergegangen sind. Wirken z. B. Bariumchlorid, $BaCl_2$, und Schwefelsäure, H_2SO_4, aufeinander ein, so entstehen Salzsäure, HCl, und Bariumsulfat, $BaSO_4$; es ist also ein Teil der Schwefelsäure, und zwar die Atomgruppe SO_4, unverändert in das Bariumsulfat übergegangen. Noch anschaulicher geht dies aus den nachfolgenden Strukturformeln beider Verbindungen hervor:

$$\overset{O}{\underset{O}{}}{>}S{<}\overset{O\,H}{\underset{O\,H}{}} \qquad\qquad \overset{O}{\underset{O}{}}{>}S{<}\overset{O}{\underset{O}{}}{>}Ba$$

Schwefelsäure   Bariumsulfat.

Dieselbe Atomgruppe SO_4 wird aber auch in einer großen Anzahl anderer Verbindungen, wie $CuSO_4$, K_2SO_4, $ZnSO_4$ usw. angetroffen. Andere Atomgruppen, denen man ebenfalls häufig begegnet, sind z. B. die Gruppen NH_4, OH, NO_3, CH_3 usw., die u. a. in folgenden Verbindungen enthalten sind: NH_4Cl, NH_4OH, NH_4NO_3, HNO_3, CH_3Cl, CH_3OH.

Atomgruppen, die unverändert aus einer Verbindung in eine andere übertragbar sind, werden als zusammengesetzte Radikale bezeichnet und mit besonderen Namen belegt; so wird z. B. NH_4 als Ammonium-, OH als Hydroxyl-, NO_3 als Nitrat-, CH_3 als Methylradikal bezeichnet.

Nun sind es aber nicht nur Atomgruppen, sondern auch einzelne Atome, die aus einer Verbindung in eine andere übertreten können, und es ist selbstverständlich, daß ein solches Atom in der neuen Verbindung unverändert angetroffen wird, daher es gerechtfertigt ist, die Atome, insofern, als sie in eine Verbindung einzutreten vermögen, ebenfalls als Radikale, und ·zwar im Gegensatz zu den oben behandelten zusammengesetzten Radikalen, als einfache Radikale zu bezeichnen.

Um anzudeuten, daß eine Atomgruppe den Charakter eines zusammengesetzten Radikales hat, ist es üblich geworden, die Symbole der Atomgruppe zwischen Klammern zu setzen; daher obige Formeln wie folgt geschrieben werden: $(NH_4)Cl$, $(NH_4)OH$, $(NH_4)NO_3$, $(CH_3)Cl$ usw.

Ist im Moleküle einer Verbindung ein Radikal zwei- oder mehrmals enthalten, so wird nicht angegeben, wieviel von je einem Atome insgesamt vorhanden sind, sondern die Zahl der Radikale in der Formel des Moleküles durch eine rechts unten neben die Formel des Radikales angebrachte Ziffer angedeutet. Es wird also $(NH_4)_2SO_4$ statt $N_2H_8SO_4$, ferner $Ba(NO_3)_2$ statt BaN_2O_6, endlich $Ca(OH)_2$ statt CaO_2H_2 geschrieben, da die Strukturformeln dieser Verbindungen wie folgt lauten:

$$\begin{matrix} O \diagdown & & \diagup O-N\equiv H_4 \\ & S & \\ O \diagup & & \diagdown O-N\equiv H_4 \end{matrix} \qquad \begin{matrix} O\diagdown & & & & \diagup O \\ & N-O-Ba-O-N & \\ O\diagup & & & & \diagdown O \end{matrix} \qquad \begin{matrix} & \diagup O-H \\ Ca & \\ & \diagdown O-H \end{matrix}$$

Ammoniumsulfat   Bariumnitrat   Calciumhydroxyd.

Da die zusammengesetzten Radikale, gleich den einfachen, unbesetzte Valenzen enthalten, können sie bloß in Verbindung mit anderen Radikalen, jedoch nicht selbständig, frei bestehen; sie werden je nach der Zahl dieser freien Valenzen als ein-, zwei- oder dreiwertige Radikale usw. bezeichnet. Wieviel freie Valenzen die zusammengesetzten Radikale haben, ob sie also ein-, zwei-, dreiwertig usw. sind, läßt sich aus ihren Strukturformeln sofort herauslesen. So ist es z. B. klar, daß das Radikal SO_4 zweiwertig, die Radikale NH_4, NO_3 und OH aber einwertig sind.

Es läßt sich aber auf die Wertigkeit eines zusammengesetzten Radikales auch aus seiner empirischen Formel schließen, wenn es mit solchen einfachen oder zusammengesetzten Radikalen verbunden ist, deren Wertigkeit bereits bekannt ist. Da z. B. die Radikale Na, H und OH einwertig sind, geht aus nachfolgenden Formeln

$$HNO_3, \quad (NH_4)OH, \quad (C_2H_5)OH, \quad Na_2CO_3, \quad H_3PO_4$$

klar hervor, daß die Radikale NO_3, NH_4 und C_2H_5 einwertig sind, das Radikal CO_3 zweiwertig, das Radikal PO_4 aber dreiwertig ist.

§ 28. **Das Äquivalentgewicht der Radikale.** a) Das Äquivalentgewicht der einfachen Radikale (Elemente). Nachfolgend sind die empirischen Formeln einiger Verbindungen des Wasserstoffes aufgeschrieben und unter jeder Formel berechnet, in welchen Gewichtsverhältnissen die Elemente in den betreffenden Verbindungen enthalten sind.

HCl	H_2O	H_3As	H_4C
Chlorwasserstoff	Wasser	Arsenwasserstoff	Methan
$1:35,5$ [1])	$2:16$	$3:75$	$4:12$
	oder $1:\ 8$	oder $1:25$	oder $1:\ 3$.

Aus den zu unterst stehenden vereinfachten Zahlen ist ersichtlich, daß es verschiedene Mengen der verschiedenen Elemente sind, die sich mit einer bestimmten Menge, z. B. mit einem Gewichtsteile Wasserstoff verbinden; und zwar 35,5 Gewichtsteile Chlor, 8 Gewichtsteile Sauerstoff, 25 Gewichtsteile Arsen und 3 Gewichtsteile Kohlenstoff. Von diesen Mengen sagen wir ganz kurz, daß sie **einem Gewichtsteile Wasserstoff gleichwertig, äquivalent sind**; des weiteren aber auch, daß sie **einander äquivalent sind**. Es sind also 35,5 Gewichtsteile Chlor äquivalent 8 Gewichtsteilen Sauerstoff, 25 Gewichtsteilen Arsen und 3 Gewichtsteilen Kohlenstoff; oder aber 3 Gewichtsteile Kohlenstoff sind äquivalent 35,5 Gewichtsteilen Chlor, 8 Gewichtsteilen Sauerstoff und 25 Gewichtsteilen Arsen usw.

Alles dies läßt sich wie folgt zusammenfassen: **Diejenigen Mengen der Elemente, die sich miteinander zu verbinden, oder einander in den Verbindungen zu vertreten vermögen, werden als gleichwertig, einander äquivalent bezeichnet.**

Wird eine beliebige Menge eines Elementes als Ausgangsbasis gewählt, und berechnet, welche Mengen der **anderen** Elemente es sind, die sich mit jener verbinden, oder aber jene in den Verbindungen vertreten können, so haben wir damit auch das Äquivalentgewicht der betreffenden Elemente berechnet. Laut Vereinbarung ist es der Wasserstoff, von dem 1 Gewichtsteil (genauer 1,008 Gewichtsteile) als Grundlage aller Äquivalentgewichte gilt. Es wird also **diejenige Menge eines Elementes, die sich mit einem Gewichtteile des Wasserstoffes verbindet, oder aber dieses zu vertreten vermag, als das Äquivalentgewicht des betreffenden Elementes bezeichnet.**

---

[1]) **Die Atomgewichte sind hier und weiter unten der Einfachheit halber abgerundet wiedergegeben, also nicht mit ihren genauen Werten, wie in der Tabelle auf S. 31.**

Es ist daher das Äquivalentgewicht des Chlors 35,5, das des Sauerstoffes 8, das des Arsens 25 und das des Kohlenstoffes 3.

Vergleicht man an den genannten Elementen die Atom- und Äquivalentgewichte, so ist es ein leichtes zu konstatieren, daß das Äquivalentgewicht entweder dem Atomgewichte oder aber den sovielten Teil des Atomgewichtes gleich ist, als die Wertigkeit des Elementes beträgt. Mit anderen Worten: **Das Äquivalentgewicht eines Elementes ist gleich seinem Atomgewicht, dividiert durch seine Wertigkeit;** wird daher das Äquivalentgewicht mit Ae, die Wertigkeit des Elementes mit W und sein Atomgewicht mit A bezeichnet, so besteht die Beziehung

$$Ae = \frac{A}{W}.$$

Die Elemente mit verschiedener Wertigkeit (§ 25) haben selbstredend mehrere Äquivalentgewichte; so ist z. B. am Eisen, das sowohl zwei- als auch dreiwertig sein kann,

$$Ae_1 = \frac{56}{2} = 28 \quad \text{und} \quad Ae_2 = \frac{56}{3} = 18,7.$$

Davon, daß die so ermittelten Äquivalentgewichte auch richtig sind, kann man sich unmittelbar überzeugen, wenn man analog der am Eingang dieses Paragraphen ausgeführten Berechnung einerseits am Chlorwasserstoff das Verhältnis zwischen Wasserstoff und Chlor, anderseits an den beiden mit Chlor gebildeten Verbindungen des Eisens, am Ferrochlorid und am Ferrichlorid, das Verhältnis zwischen Eisen und Chlor ermittelt, und diese Verhältniszahlen untereinander vergleicht:

HCl	$FeCl_2$	$FeCl_3$
Chlorwasserstoff	Ferrochlorid	Ferrichlorid
$1 : 35,5$	$56 : 2 \times 35,5$	$56 : 3 \times 35,5$
	oder $28 : 35,5$	oder $18,7 : 35,5$.

Wie zu ersehen, wird 1 Gewichtsteil Wasserstoff im Ferrochlorid durch 28 Gewichtsteile, im Ferrichlorid durch 18,7 Gewichtsteile Eisen vertreten. Es ist also gerechtfertigt, beide Werte als Äquivalentgewichte des Eisens anzusprechen.

b) Bezüglich der Äquivalentgewichte der zusammengesetzten Radikale gelten im allgemeinen die an den einfachen Radikalen sub a) entwickelten Gesichtspunkte. Wird also das Radikalgewicht mit R, Äquivalentgewicht und Wertigkeit wieder mit Ae bezw. W bezeichnet, so ist

$$Ae = \frac{R}{W}.$$

Da z. B. das Radikalgewicht von NO_3 gleich ist 62, und das genannte Radikal einwertig ist, beträgt sein Äquivalentgewicht

$$Ae = \frac{62}{1} = 62.$$

Hingegen ist am zweiwertigen Radikale SO_4

$$Ae = \frac{96}{2} = 48\,.$$

§ 29. Charakter der Radikale. Unter den Radikalen unterscheidet man, je nachdem wie sie sich anderen Radikalen gegenüber verhalten, also je nach ihrem Charakter, positive und negative Radikale (worüber weiteres in §§ 77 und 78 folgt).

A. Charakter der einfachen Radikale.

1. Als positive einfache Radikale werden diejenigen bezeichnet, die anläßlich der Elektrolyse ihrer Verbindungen zum negativen Pole wandern. Mit dem Hydroxylradikale liefern sie Basen, also Verbindungen, die a) sich mit Säuren zu Salzen verbinden, b) sofern sie wasserlöslich und nicht allzu schwach sind, rotes Lackmus bläuen (siehe auch §§ 40 und 76).

Solche positive Radikale sind im allgemeinen die Metalle, z. B. K, Mg, Fe, Cu usw.; indem ihre Hydroxyde, z. B. KOH, $Mg(OH)_2$, $Fe(OH)_2$, $Cu(OH)_2$ mit Säuren Salze bilden, und, sofern sie löslich sind, rotes Lackmus blau färben. Außer den Metallen im gewöhnlichen Sinne des Wortes wird auch der Wasserstoff zu den positiven Radikalen gezählt.

Die positiven einfachen Radikale werden je nach der Stärke der Basen, die sie mit dem Hydroxylradikale bilden, als mehr oder weniger stark positiv bezeichnet; so werden K, Na, Ca, Ba stark positiv genannt, weil die aus ihnen hervorgegangenen KOH, NaOH, $Ca(OH)_2$, $Ba(OH)_2$ starke Basen sind; während man Mg, Zn, Fe, Pb usw. in der angeführten Reihenfolge als weniger und weniger positiv bezeichnet, da ihre Hydroxyde in derselben Reihenfolge immer schwächere Basen sind.

2. Als negative einfache Radikale werden diejenigen bezeichnet, die anläßlich der Elektrolyse ihrer Verbindungen zum positiven Pole wandern. Mit Wasserstoff oder aber mit Wasserstoff und Sauerstoff verbinden sie sich zu Säuren, also zu Verbindungen, die a) mit Basen Salze bilden, b) sofern sie nicht allzu schwach sind blaues Lackmus röten (siehe auch §§ 41 und 76).

Negative einfache Radikale sind die Nichtmetalle, z. B. Cl, Br, S, P, Si usw., indem ihre mit Wasserstoff gebildeten Verbindungen (HCl, HBr usw.) bezw. ihre mit Wasserstoff und Sauerstoff gebildeten Verbindungen (H_2SO_4, H_3PO_4, H_2SiO_3 usw.) den Charakter einer Säure haben, d. h. mit Basen Salze bilden und blaues Lackmus röten. Zu den negativen einfachen Radikalen wird auch der Sauerstoff gezählt.

Auch die negativen einfachen Radikale bilden eine Reihe von abnehmend negativem Charakter, und zwar wird auf die Stärke ihres negativen Charakters aus der Stärke der Säuren gefolgert, die sie zu bilden vermögen. So sind z. B. Cl, Br, S stark negative Radikale, da ihre mit Wasserstoff bezw. mit Wasserstoff und Sauerstoff gebildeten Verbindungen (HCl, HBr, H_2SO_4) starke Säuren sind; hingegen gehören C, Si, B, As usw. zu den schwach negativen Radikalen, da die aus ihnen entstehenden Säuren (H_2CO_3, H_2SiO_3, H_3BO_3, H_3AsO_3 usw.) schwache Säuren sind.

Bezüglich der Stärke von Basen und Säuren siehe weiteres in §§ 76, 114 und 115; hier sei nur noch bemerkt, daß Basen und Säuren als um so stärker gelten, je stärker ihre ätzende Wirkung bezw. ihre chemische Wirkung überhaupt ist.

Unter den schwach positiven und schwach negativen Radikalen gibt es auch solche (z. B. Pb, Sn, Sb usw.) die einen förmlichen Übergang zwischen positiven und negativen Radikalen bilden, indem sie sowohl das Verhalten eines schwach positiven, als auch das eines schwach negativen Radikales zeigen. So bilden z. B. die Oxyde bezw. die Hydroxyde des Bleies, des Zinnes und des Antimons Salze sowohl mit Säuren, wie auch mit Basen, daher sie sowohl zu den positiven wie auch zu den negativen Radikalen gezählt werden können.

B. Charakter der zusammengesetzten Radikale.

Der Charakter der zusammengesetzten Radikale wird durch den Charakter der einfachen Radikale bestimmt, aus denen sich erstere zusammensetzen. Diesbezüglich gibt es folgende Möglichkeiten:

1. Besteht das zusammengesetzte Radikal bloß aus positiven einfachen Radikalen, so ist es auch selbst positiv; so z. B. das Radikal $-Hg-Hg-$.

2. Besteht das zusammengesetzte Radikal bloß aus negativen einfachen Radikalen, so ist es auch selbst negativ; so z. B. die Radikale $-NO_3$, $=SO_4$, $-CN$ usw.

3. Besteht das zusammengesetzte Radikal aus positiven und negativen einfachen Radikalen, so wird sein Charakter durch die Mehrheit der in ihnen enthaltenen einfachen Radikale bestimmt. So ist z. B. das Radikal NH_4 positiv, da es weit mehr positive (H), als negative einfache Radikale (N) enthält.

4. Sind in einem zusammengesetzten Radikale positive und negative einfache Radikale in gleicher Zahl enthalten, so hängt sein Charakter davon ab, an welchem einfachen Radikale sich die freie Valenz des zusammengesetzten Radikales befindet. So ist z. B. das Radikal $--OH$ negativ, weil sich dessen einzige freie Valenz am negativen O befindet.

Bezüglich der Stärke des Charakters der zusammengesetzten Radikale gibt es dieselben Abstufungen wie bezüglich der Stärke der einfachen Radikale.

Aufgaben.

14. Essigsäure besteht aus 40,0 % Kohlenstoff, 6,7 % Wasserstoff und 53,3 % Sauerstoff; ihr Molekulargewicht beträgt 60. Wie lautet die aus diesen Daten berechnete empirische Formel der Essigsäure?

15. Die empirische Formel des Carbamides lautet CON_2H_4. Hieraus ist zu berechnen a) seine prozentuale Zusammensetzung, b) der osmotische Druck, die Gefrierpunktserniedrigung und die Siedepunktserhöhung einer Lösung, die bereitet wurde, indem 2 g Carbamid in 100 g Wasser gelöst wurden.

16. a) Wieviel wiegt 1 l Acetylen (C_2H_2) bei 0° C und einem Druck von 760 mm Hg? b) Wieviel Gramm Wasserstoff sind darin enthalten?

17. Wieviel Valenzen hat das Eisen im Ferrooxyd (FeO) bezw. im Ferrioxyd (Fe_2O_3)? Wie lautet die Strukturformel dieser beiden Verbindungen?

18. Phosphor kann drei- jedoch auch fünfwertig sein; wie lautet die empirische und die Strukturformel der beiden Sauerstoffverbindungen des Phosphors?

19. Eisen kann zwei- jedoch auch dreiwertig sein. Wie lautet die empirische und die Strukturformel der Verbindungen des Eisens mit dem Radikal SO_4?

20. Wie lautet die empirische und die Strukturformel der Verbindung, die sich aus dem zweiwertigen Calcium, Ca =, und dem dreiwertigen Radikale $O{=}P{\scriptstyle\diagdown}^{\textstyle O-}_{\textstyle O-}$ zusammensetzt?

21. Wieviel beträgt das Äquivalentgewicht des Calciumradikales und des PO_4-Radikales?

VI. Die chemischen Umsetzungen.

§ 30. **Die Ursache der chemischen Umsetzungen.** Treten die Atome zu Verbindungen zusammen, so wird dies durch ihre gegenseitige Anziehung veranlaßt, die man auch als **chemische Verwandtschaft** oder als **chemische Affinität** bezeichnet. Die zwischen verschiedenen Atomen und Atomgruppen bestehende Affinität ist eine verschiedene; sie ist im allgemeinen um so größer, je ausgesprochener der Gegensatz im Charakter der betreffenden Atome, bezw. Atomgruppen ist, was wieder zur Folge hat, daß ihre Vereinigung unter umso stürmischeren Erscheinungen erfolgt und sie um so schwerer zersetzliche Verbindungen liefern. So ist z. B. die Affinität zwischen dem stark positiven Kalium und dem stark negativen Chlor größer, als zwischen dem schwach positiven Quecksilber und dem schwach negativen Radikal CO_3; und ist auch die Verbindung Kaliumchlorid (KCl) konstanter, d. h. weniger zersetzlich, als das Quecksilberkarbonat ($HgCO_3$).

Doch ist zu bemerken, daß diese Regel durchaus nicht allgemein gültig ist, denn es gibt zahlreiche Verbindungen, die aus Elementen von gleichem Charakter bestehen und trotzdem konstant, d. h. wenig zersetzlich sind, wie z. B. Kohlendioxyd CO_2, Kohlenstofftetrachlorid CCl_4.

§ 31. **Die chemischen Gleichungen.** Die chemischen Umsetzungen werden durch Gleichungen ausgedrückt, bei deren Aufstellung folgende Gesichtspunkte maßgebend sind:

1. Auf die linke Seite der Gleichung kommen die Formeln der Verbindungen zu stehen, die aufeinander einwirken; auf die rechte Seite die der neu entstehenden Verbindungen.

2. Nehmen an der Reaktion von einer Verbindung mehrere Moleküle teil, so wird dies durch eine der betreffenden Formel als Faktor vorangeschriebene Zahl angedeutet.

3. Es muß die Zahl der Atome, die an der Reaktion beteiligt sind, links und rechts die gleiche sein.

4. Geht eine Reaktion nicht vollständig, sondern bloß teilweise vor sich, so wird das Gleichheitszeichen durch einen Doppelpfeil $\rightleftarrows$ ersetzt.

Durch solche Gleichungen kommen nicht nur die qualitativen, sondern auch die quantitativen Verhältnisse der betreffenden Reaktion zum Ausdruck. So wird z. B. durch die Gleichung

$$H_2SO_4 + 2\,KOH = K_2SO_4 + 2\,H_2O$$

nicht nur ausgedrückt, daß Schwefelsäure und Kaliumhydroxyd miteinander Kaliumsulfat und Wasser bilden, sondern auch, daß, wenn molekulare Mengen von Schwefelsäure auf doppelt molekulare Mengen von Kaliumhydroxyd einwirken, molekulare Mengen von Kaliumsulfat und doppelt-molekulare Mengen von Wasser entstehen. Da wir aber ferner auch wissen, daß das Molekulargewicht von

$$H_2SO_4 \ldots 2 \times 1 + 32 + 4 \times 16 = 98 \text{ beträgt,}$$
$$KOH \ldots 39 + 16 + 1 = 56 \quad \text{,,}$$
$$K_2SO_4 \ldots 2 \times 39 + 32 + 4 \times 16 = 174 \quad \text{,,}$$
$$H_2O \ldots 2 \times 1 + 16 = 18 \quad \text{,,}$$

ist es auch klar, daß die Gewichtsverhältnisse in dieser Reaktion die folgenden sein müssen:

$$98 \text{G.-T.} H_2SO_4 + 2 \times 56 \text{G.-T.} KOH = 174 \text{G.-T.} K_2SO_4 + 2 \times 18 \text{G.-T.} H_2O,$$

d. h.: Schwefelsäure und Kaliumhydroxyd wirken im Verhältnisse von 98 : 112 Gewichtsteilen aufeinander ein, wobei Kaliumsulfat und Wasser im Verhältnis von 174 : 36 Gewichtsteilen entstehen.

Es versteht sich auch von selbst, daß die Summe der Molekulargewichte links und rechts dieselbe sein muß:

$$98 + 2 \times 56 = 174 + 2 \times 18$$
$$210 = 210.$$

Sind die an der Reaktion beteiligten Verbindungen gas- oder dampfförmig, so ergibt uns die Reaktionsgleichung auch genauen Aufschluß über die Volumverhältnisse im betreffenden Prozesse. So geht nämlich aus der Gleichung

$$C + O_2 = CO_2$$

nicht nur hervor, daß die Gewichtsverhältnisse der beteiligten Verbindungen wie folgt lauten:

$$(12) + (2 \times 16) = (12 + 2 \times 16); \quad \text{oder} \quad 12 + 32 = 44;$$

daß also zur Verbrennung von 12 Gewichtsteilen Kohlenstoff 32 Gewichtsteile Sauerstoff erforderlich sind, und hierbei 44 Gewichtsteile Kohlendioxyd entstehen; sondern auch, daß zur Verbrennung von 12 g Kohlenstoff 22,41 l Sauerstoff von $0°$ C und einem Drucke von 1 Atm. erforderlich sind, und, daß das Volumen der Kohlendioxyd, das hierbei entsteht, ebenfalls 22,41 l (bei $0°$ C und einem Drucke von 1 Atm. gemessen) beträgt. Denn wie uns bereits von früher her bekannt ist, haben gramm-molekulare Mengen, d. h. 32 g Sauerstoff und gramm-molekulare Mengen, d. h. 44 g Kohlendioxyd bei $0°$ C und einem Drucke von 1 Atm. das gleiche Volumen, und zwar von 22,41 l.

In analoger Weise lassen sich aus der Gleichung

$$CH_4 + 2 O_2 = CO_2 + 2 H_2O$$

die folgenden Gewichts- und Volumenverhältnisse ableiten:

Gewichtsverhältnisse:

$$(12 + 4 \times 1) + (4 \times 16) = (12 + 2 \times 16) + (4 \times 1 + 2 \times 16)$$
in g-Einheiten ausgedrückt: $16 \text{ g} + 64 \text{ g} = 44 \text{ g} + 36 \text{ g}.$

Volumverhältnisse (auf $0°$ C und 1 Atm. berechnet):

$$22{,}41 + 2 \times 22{,}41 = 22{,}41 + 2 \times 22{,}41\,^1)$$

in Litern ausgedrückt: $1\,l + 2\,l = 1\,l + 2\,l$.

§ 32. Die verschiedenen Arten der chemischen Umwandlung.
A. Vereinigung. Die chemische Vereinigung besteht darin, daß aus zwei oder mehreren einfachen oder zusammengesetzten Körpern eine neue Verbindung entsteht. Dies ist z. B. der Fall, wenn Kohle in einer Sauerstoffatmosphäre verbrennt, wobei Kohlenstoffatome sich mit Sauerstoffmolekülen zu Kohlendioxydmolekülen verbinden:

$$C + O_2 = CO_2.$$

Desgleichen auch, wenn Calciumoxyd durch Wasser in Calciumhydroxyd verwandelt wird:

$$CaO + H_2O = Ca(OH)_2.$$

Gewisse Fälle der Vereinigung werden mit besonderen Namen belegt, die nachstehend erörtert werden sollen:

1. Von einer **allotropen Umwandlung** spricht man, wenn Moleküle eines und desselben **Elementes** zu größeren Molekülen zusammentreten; wird z. B. aus gasförmigem Sauerstoff O_2 durch ein entsprechendes Verfahren Ozon O_3 bereitet, so hat das Sauerstoffgas eine Umwandlung erfahren, indem 3 Moleküle Sauerstoff sich zu 2 Molekülen Ozon verbinden:

$$3\,O_2 = 2\,O_3.$$

Kurz wird dies so ausgedrückt, daß das Ozon eine allotrope Modifikation des Sauerstoffs ist (wie überhaupt von allotropen Modifikationen gesprochen wird, wenn ein und dasselbe Element in mehreren Formen vorkommt. So sagen wir z. B., daß der amorphe, der rhombische und der monokline Schwefel allotrope Modifikationen des Schwefels darstellen).

2. Als **Polymerisation** wird der Vorgang bezeichnet, wenn zwei oder mehrere Moleküle einer und derselben **Verbindung** zu einem größeren Moleküle zusammentreten; wenn z. B. Acetylen C_2H_2 durch ein glühendes Rohr geleitet wird, treten 3 Moleküle zu einem Molekül Benzol C_6H_6 zusammen, daher Benzol ein Polymerisationsprodukt des Acetylens darstellt.

$$3\,C_2H_2 = C_6H_6.$$

2. Als **Addition** wird der Vorgang bezeichnet, wenn sich die Moleküle einer Verbindung mit den Molekülen eines Elementes oder einer Verbindung derart verbinden, daß in der neu entstandenen Verbindung alle Bestandteile der Körper, die aufeinander eingewirkt hatten, enthalten sind. Dies ist z. B. der Fall, wenn Äthylen, C_2H_4, sich mit Brom zu Äthylenbromid, $C_2H_4Br_2$, verbindet

$$C_2H_4 + Br_2 = C_2H_4Br_2.$$

B. Spaltung. Die Prozesse, in denen das genaue Gegenteil dessen vor sich geht, was sub A. beschrieben wurde, bezeichnet man als Spaltungen. Um eine solche handelt es sich z. B., wenn Quecksilber-

---

^{1}) Wasserdampf bei $0°$ C und 1 Atm. gedacht!

oxyd erhitzt wird, und man auf diese Weise Quecksilber und Sauerstoff
erhält:
$$2\,HgO = 2\,Hg + O_2.$$

Eine Spaltung findet auch statt, wenn Ozon erhitzt wird:
$$2\,O_3 = 3\,O_2.$$

Mit einem speziellen Falle der Spaltung, mit der sogenannten
Dissoziation hat man es zu tun, wenn mit dem Schwinden der
Ursache, die zur Spaltung geführt hatte, eine spontane Rückverwandlung
der Spaltprodukte in den Ausgangskörper erfolgt. Wird z. B. Ammoniumchlorid, $(NH_4)Cl$, in einem geschlossenen Raume erhitzt, so dissoziert
es in Ammoniak, NH_3, und in Chlorwasserstoff, HCl:
$$(NH_4)Cl \rightleftarrows NH_3 + HCl.$$

Sobald man aber das Erhitzen, das zur Dissoziation führte, abstellt,
wird auch die Dissoziation wieder rückgängig: Ammoniak und Chlorwasserstoff verbinden sich wieder spontan zu Ammoniumchlorid.

Eine der häufigsten Fälle der Dissoziation ist die **elektrolytische
Dissoziation**, von der in § 55 noch ausführlich die Rede sein wird.

C. Als **isomere Umlagerung** wird die chemische Umsetzung
bezeichnet, bei der die Moleküle einer Verbindung weder mit anderen
Molekülen zusammentreten, noch aber in andere Moleküle zerfallen,
und eine chemische Umsetzung bloß im Sinne einer Änderung der
räumlichen Anordnung ihrer Atome erfolgt. So wird z. B. cyansaures
Ammonium durch Erhitzen in Carbamid verwandelt:

$$H_4{\equiv}N{-}O{-}C{\equiv}N \;=\; C\!\begin{array}{l} \diagup N{=}H_2 \\[-2pt] {-}O \\[-2pt] \diagdown N{=}H_2 \end{array}$$

Cyansaures Ammonium   Carbamid.

Wie zu ersehen, sind im cyansauren Ammonium und im Carbamide
dieselben Atome in derselben Zahl, jedoch in einer anderen räumlichen Anordnung enthalten; es sind daher diese beiden Verbindungen
einander isomer (§ 26). Das ist der Grund, warum diese Art der Umsetzung als **isomere Umlagerung** bezeichnet wird.

D. **Zweifacher Umsatz.** Wirken zwei Verbindungen derart aufeinander ein, daß dabei zwei neue Verbindungen entstehen, so wird
dies als zweifacher Umsatz bezeichnet. Dies ist z. B. der Fall, wenn
eine Lösung von Silbernitrat, $AgNO_3$, mit Salzsäure, HCl, versetzt
wird, und dabei Silberchlorid, $AgCl$, und Salpetersäure, HNO_3, entstehen:
$$AgNO_3 + HCl = AgCl + HNO_3.$$

Dieser Vorgang kann so aufgefaßt werden, daß die an der Reaktion
beteiligten Verbindungen in ihre Radikale zerfallen (so z. B. das $AgNO_3$
in das positive Ag-, und in das negative NO_3-Radikal, die Salzsäure
aber in das positive H-, und in das negative Cl-Radikal), und die
Radikale von demselben Vorzeichen einfach ihre Plätze vertauschen:

$$\overset{+}{Ag}\,|\,\overset{-}{NO_3} + \overset{+}{H}\,|\,\overset{-}{Cl} = \overset{+}{Ag}\,|\,\overset{-}{Cl} + \overset{+}{H}\,|\,\overset{-}{NO_3}.$$

Analoge Fälle des zweifachen Umsatzes sind:

$$Ba\,|\,Cl_2 + H_2\,SO_4 = Ba\,|\,SO_4 + 2\,H\,|\,Cl$$

$$Cu\,|\,SO_4 + 2\,Na\,|\,OH = Cu\,|\,(OH)_2 + Na_2\,|\,SO_4\,.$$

Wenn man im Falle eines zweifachen Umsatzes bloß die Veränderung vor Augen hält, von der eine der beiden Verbindungen betroffen wird, so kann der Vorgang des zweifachen Umsatzes auch als der einer Substitution aufgefaßt werden; betrachtet man z. B. den obigen Vorgang bloß aus dem Gesichtspunkte des Silbernitrat-Moleküles, so läßt sich einfach sagen, daß sein Silberatom durch das Wasserstoffatom ersetzt, substituiert wurde. Desgleichen können wir auch von einer Substitution sprechen, wenn aus Methan unter Einwirkung von Chlor Methylchlorid entsteht:

$$CH_4 + Cl_2 = CH_3Cl + HCl\,.$$

Wir sagen in diesem Falle ganz kurz, daß ein Wasserstoffatom durch Chlor substituiert wurde, und lassen es aus dem Gesichtspunkte der Substitution ganz unbeachtet, daß gleichzeitig auch Chlorwasserstoff entstanden ist.

§ 33. **Oxydation und Reduktion.** Vermöge der großen Bedeutung, die der Oxydation und der Reduktion zukommt, müssen diese beiden Prozesse gesondert behandelt werden, obzwar sie füglich in die eine oder in die andere Gruppe der oben angeführten Prozesse eingereiht werden könnten. Sie werden wie folgt definiert: Als Oxydation wird ein Vorgang bezeichnet, bei dem ein Element oder eine Verbindung Sauerstoff aufnimmt; umgekehrt, als Reduktion ein Vorgang, bei dem eine Verbindung ihren Sauerstoff ganz oder teilweise abgibt. (Der Begriff der Oxydation und der Reduktion wird auf viele solche Vorgänge übertragen, in denen dem Sauerstoff überhaupt keine Rolle zukommt; hierüber siehe weiteres in § 80).

Als Beispiele eines Oxydations- und eines Reduktionsvorganges seien die folgenden angeführt:

$$PbO + C = Pb + CO$$

$$3\,H_2S + 2\,HNO_3 = 4\,H_2O + 3\,S + 2\,NO\,.$$

Im ersten dieser beiden Beispiele wird das Bleioxyd im Verlaufe des Prozesses reduziert, gibt also Sauerstoff ab, während umgekehrt der Kohlenstoff oxydiert wird, also Sauerstoff aufnimmt. Im zweiten Beispiele wird der Schwefelwasserstoff oxydiert, indem die darin enthaltenen Wasserstoffatome sich mit Sauerstoff zu Wasser verbinden, während die Salpetersäure reduziert wird, indem sie unter teilweisem Verluste ihres Sauerstoffes in NO verwandelt wird.

Aus diesen Beispielen ist zu ersehen, daß Oxydation und Reduktion Vorgänge sind, die einander gegenseitig ergänzen; denn, wenn von zwei Verbindungen die eine Sauerstoff an die andere abgibt, so erfolgt gleichzeitig eine Oxydation und auch eine Reduktion: die Verbindung, die den Sauerstoff an die andere abgibt, wird reduziert; die, die den Sauerstoff aufnimmt, wird oxydiert.

Verbindungen, die leicht Sauerstoff an andere Verbindungen abgeben, werden als Oxydationsmittel, solche die leicht Sauerstoff aufnehmen, als Reduktionsmittel bezeichnet.

Das einfachste Oxydationsmittel ist das Sauerstoffgas selbst; doch wird es an Wirksamkeit übertroffen durch gewisse Verbindungen, bezw. Elemente, wie Ozon, O_3, Salpetersäure, HNO_3, Kaliumhypermanganat, $KMnO_4$, Hydrogenhyperoxyd, H_2O_2, usw.

Von Reduktionsmitteln ist ebenfalls eine große Anzahl bekannt; solche sind z. B. Wasserstoff, H_2, Kohlenstoff, C, die verschiedenen Metalle, wie z. B. K, Na, Al usw.; weiterhin zahlreiche organische Verbindungen, wie z. B. Methylalkohol, Formaldehyd, Oxalsäure, usw.

§ 34. **Das Äquivalentgewicht der Verbindungen.** Um diesen Begriff näher zu erläutern, wollen wir zunächst eine Aufstellung darüber machen, a) welche Mengen der verschiedenen Basen es sind, die sich mit molekularen Mengen, 36,5 Gewichtsteilen Salzsäure, HCl, verbinden; b) welche neuen Verbindungen und c) zu welchen Gewichtsteilen sie entstehen. Wir kommen dabei zu folgendem Ergebnisse:

$$HCl \quad + \quad KOH \quad = \quad KCl \quad + \quad H_2O$$

Salzsäure	Kaliumhydroxyd	Kaliumchlorid	Wasser
36,5	56	74,5	18

$$2\,HCl \quad + \quad Ca(OH)_2 \quad = \quad CaCl_2 \quad + \quad 2\,H_2O$$

Salzsäure	Calciumhydroxyd	Calciumchlorid	Wasser
$2\times 36,5$	74	111	2×18
bezw. 36,5	37	55,5	18

$$3\,HCl \quad + \quad Fe(OH)_3 \quad = \quad FeCl_3 \quad + \quad 3\,H_2O$$

Salzsäure	Ferrihydroxyd	Ferrichlorid	Wasser
$3\times 36,5$	107	162	3×18
bezw. 36,5	35,7	54	18.

Nun wollen wir dieselbe Berechnung für den Fall ausführen, wenn sich Natriumhydroxyd, NaOH, mit verschiedenen Säuren verbindet:

$$NaOH \quad + \quad HCl \quad = \quad NaCl \quad + \quad H_2O$$

Natriumhydroxyd	Salzsäure	Natriumchlorid	Wasser
40	36,5	58,5	18

$$2\,NaOH \quad + \quad H_2SO_4 \quad = \quad Na_2SO_4 \quad + \quad 2\,H_2O$$

Natriumhydroxyd	Schwefelsäure	Natriumsulfat	Wasser
2×40	98	142	2×18
bezw. 40	49	71	18

$$3\,NaOH \quad + \quad H_3PO_4 \quad = \quad Na_3PO_4 \quad + \quad 3\,H_2O$$

Natriumhydroxyd	Phosphorsäure	Natriumphosphat	Wasser
3×40	98	164	3×18
bezw. 40	32,7	54,7	18.

Betrachtet man die Mengen der aufeinander einwirkenden Verbindungen der ersten Zusammenstellung, so wird man leicht ersehen, daß sich mit molekularen Mengen, 36,5 Gewichtsteilen, Salzsäure verschiedene Mengen der Basen verbinden, und zwar 56 Gewichtsteile KOH, 37 Gewichtsteile $Ca(OH)_2$, 35,7 Gewichtsteile $Fe(OH)_3$. Von diesen Mengen der Basen sagen wir, daß sie molekularen Mengen der Salzsäure äquivalent sind; desgleichen aber auch, daß sie einander äquivalent sind, da sie einander bei der Verbindung mit 36,5 Gewichtsteilen Salzsäure gegenseitig vertreten können.

Dasselbe ergibt sich auch aus der zweiten Zusammenstellung, aus der hervorgeht, daß molekularen Mengen, 40 Gewichtsteilen, Natriumhydroxyd äquivalent sind 36,5 Gewichtsteile Salzsäure, bezw. 49 Gewichtsteile Schwefelsäure, bezw. 32,7 Gewichtsteile Phosphorsäure, demzufolge aber diese Säuremengen auch einander äquivalent sind.

Wir kommen also zum Schluß, daß bezüglich der Verbindungen dieselben Gesetzmäßigkeiten bestehen, die wir in § 28 bezüglich der Radikale festgestellt hatten; wir also aussagen können, daß diejenigen Mengen der Verbindungen, die miteinander neue Verbindungen zu bilden, oder einander in chemischen Vorgängen zu vertreten vermögen, einander äquivalent sind.

Um das Äquivalentgewicht einer Verbindung festzustellen, muß vor allem die Reaktionsgleichung aufgestellt werden, auf die das betreffende Äquivalentgewicht bezogen werden soll; und zwar sind diesbezüglich zwei Fälle möglich:

1. Geht aus der Reaktionsgleichung hervor, daß es sich um einen zweifachen Umsatz handelt, so erhält man das gesuchte Äquivalentgewicht, indem man das Molekulargewicht der Verbindung mit der Zahl der Valenzpaare dividiert, die anläßlich des zweifachen Umsatzes frei werden, um jedoch beim Entstehen der neuen Verbindung sofort wieder in Anspruch genommen zu werden. Da es sich in jeder der am Eingang dieses Paragraphen angeführten Gleichungen um einen zweifachen Umsatz handelt, lassen sich auf Grund jener Gleichungen die Äquivalentgewichte sämtlicher dort vorkommender Verbindungen berechnen, So beträgt z. B. das Äquivalentgewicht der Salzsäure $\dfrac{36,5}{1}$, weil, wenn die Salzsäure in Kaliumchlorid, in Calciumchlorid oder in Ferrichlorid verwandelt wird, das einzige Valenzenpaar des Salzsäuremoleküles — das zwischen dem Wasserstoff- und dem Chloratom — frei wird (allerdings auch sofort wieder zur Herstellung der neuen Verbindung des Chlors mit Kalium, bezw. mit Calcium, bezw. mit Eisen verwendet wird).

Aus demselben Grunde beträgt das Äquivalentgewicht des Calciumhydroxydes $\dfrac{74}{2} = 37$, weil, wenn sich Calciumhydroxyd mit Salzsäure verbindet, an seinem Moleküle zwei Valenzenpaare — die zwischen Calcium und den beiden Hydroxylradikalen — frei werden.

Aus demselben Grunde ist auch das Äquivalentgewicht

$$\text{der KOH} \quad = \frac{56}{1} = 56,$$

$$\text{des Fe(OH)}_3 \; = \frac{107}{3} = 35{,}7,$$

$$\text{der H}_2\text{SO}_4 \quad = \frac{98}{2} = 49,$$

$$\text{,, H}_3\text{PO}_4 \; = \frac{98}{3} = 32{,}7.$$

2. Geht aus der Reaktionsgleichung hervor, daß die fragliche Verbindung nicht an einem zweifachen Umsatz, sondern an einem komplizierteren Vorgang beteiligt ist, so muß es ausdrücklich angegeben werden, auf welche Mengen eines Elementes oder einer Verbindung das gesuchte Äquivalentgewicht bezogen werden soll.

Als orientierende Beispiele seien die folgenden angeführt:

a) Es soll aus der Reaktionsgleichung

$$KH(JO_3)_2 + 10\,KJ + 11\,HCl = 11\,KCl + 6\,H_2O + 6\,J_2$$
$$390 \qquad\qquad\qquad\qquad\qquad\qquad\qquad 12 \times 127$$

das auf das Äquivalentgewicht des Jodes bezogene Äquivalentgewicht des Kaliumbijodates, also diejenige Menge des Kaliumbijodates berechnet werden, die im Vereine mit dem Kaliumjodid 1 Äquivalentgewicht (127 Gewichtsteile) Jod zu liefern imstande ist. Da nun laut obiger Gleichung molekulare Mengen (390 Gewichtsteile) des Kaliumbijodates im Vereine mit Kaliumjodid das 12-fache des Äquivalentgewichtes des Jodes zu liefern vermögen, beträgt das gesuchte Äquivalentgewicht des Kaliumbijodates den 12-ten Teil seines Molekulargewichtes, ist also gleich $\dfrac{390}{12} = 32{,}5$.

b) Es soll aus der Reaktionsgleichung

$$2\,KMnO_4 + 3\,H_2SO_4 = K_2SO_4 + 2\,MnSO_4 + 3\,H_2O + 5\,O$$
$$2 \times 158 \qquad\qquad\qquad\qquad\qquad\qquad\qquad\qquad 5 \times 16$$

das auf das Äquivalentgewicht des Sauerstoffs bezogene Äquivalentgewicht des Kaliumhypermanganates, $KMnO_4$, berechnet werden. Da laut obiger Gleichung 316 Gewichtsteile Kaliumhypermanganat, die das Doppelte seiner molekularen Menge (158 Gewichtsteile) ausmachen, 80 Gewichtsteile Sauerstoff, also das 10-fache des Äquivalentgewichtes (8 Gewichtsteile) des Sauerstoffes liefern, ist das gesuchte Äquivalentgewicht des Kaliumhypermanganates gleich $\dfrac{316}{10} = 31{,}6$, also gleich dem fünften Teil seines Molekulargewichtes.

§ 35. **Normallösungen.** Eine besonders wichtige Rolle kommt den Äquivalentgewichten in den sog. Normallösungen zu. Bei volumetrischen (titrimetrischen) Bestimmungen bedient man sich solcher Lösungen, die in 1 l das Gramm-Äquivalentgewicht oder aber den 10-ten, 100-sten, 1000-sten Teil usw. des Gramm-Äquivalentgewichtes des betreffenden Stoffes gelöst enthalten; sie werden als Normal-, 0,1-Normal-, 0,01-Normal-, 0,001-Normallösungen usw. bezeichnet.

Da z. B. das Äquivalentgewicht des Chlorwasserstoffes 36,5 beträgt, sind in 1 l der Normalsalzsäure 36,5 g, in 1 l der 0,1-Normalsalzsäure 3,65 g Chlorwasserstoff gelöst enthalten.

Zu bemerken ist, daß die Konzentration einer Lösung häufig nicht auf das Äquivalentgewicht des gelösten Stoffes, sondern auf dessen Molekulargewicht bezogen angegeben wird: Lösungen, die in 1 l gramm-molekulare Mengen des Stoffes enthalten, haben die molare Konzentration 1; solche, die den zehnten, hundertsten Teil usw. der gramm-molekularen Menge im Liter enthalten, haben die molare Konzentration 0,1, 0,01 usw. Da z. B. das Molekulargewicht der Schwefelsäure 98 beträgt, sind in 1 l Schwefelsäure von der molaren Konzentration 1 selbstverständlich 98, in einer Schwefelsäure von der molaren Konzentration 0,1 aber 9,8 g enthalten.

Aufgaben.

22. Wieviel Silberchlorid läßt sich aus 100 g Silbernitrat auf Grund der folgenden Gleichung herstellen?

$$AgNO_3 + HCl = AgCl + HNO_3.$$

23. Auf Grund der nachfolgenden Gleichung ist zu berechnen, wieviel Liter Kohlendioxyd (bei $0°$ C und einem Drucke von 1 Atm. gemessen) durch 1 kg gebrannten Kalkes, CaO, absorbiert werden?

$$CaO + CO_2 = CaCO_3.$$

Welches ist das Gewicht des hierbei entstehenden $CaCO_3$?

24. Wieviel Liter Acetylengas (bei $0°$ C und einem Drucke von 1 Atm. gemessen) C_2H_2, lassen sich auf Grund der nachfolgenden Reaktionsgleichung aus 1 kg Calciumkarbid herstellen?

$$CaC_2 + 2H_2O = Ca(OH)_2 + C_2H_2.$$

25. Wieviel Schwefel muß in einem verschlossenen Fasse verbrannt werden, wenn der 10-te Teil des im Fasse enthaltenen Sauerstoffes zur Bildung von Schwefeldioxyd, SO_2, verbraucht werden soll? (Der Einfachheit halber sei vorausgesetzt, daß die Luft im Fasse die Temperatur von $0°$ C und einen Druck von 1 Atm. habe, und daß ihr Sauerstoffgehalt 20% betrage.)

26. a) Wieviel Liter Luft (bei $0°$ C und einem Drucke von 1 Atm. gemessen) sind erforderlich, um 100 kg reine Kohle zu verbrennen? (Der Sauerstoffgehalt der Luft sei zu 20% angenommen.) b) Welches ist das bei $0°$ C und einem Drucke von 1 Atm. gemessene Volumen des hierbei verbrauchten Sauerstoffs und c) des entstandenen Kohlendioxydes?

27. Es ist auf Grund der nachfolgenden Reaktionsgleichung das auf das Äquivalentgewicht des Sauerstoffs bezogene Äquivalentgewicht des Kaliumhypermanganates zu berechnen:

$$2KMnO_4 + H_2O = 2KOH + 2MnO_2 + 3O.$$

28. Es ist auf Grund der nachfolgenden Reaktionsgleichung das auf das Äquivalentgewicht des Jodes bezogene Äquivalentgewicht des Natriumthiosulfates, $Na_2S_2O_3$, zu berechnen:

$$2Na_2S_2O_3 + J_2 = Na_2S_4O_6 + 2NaJ.$$

29. Wieviel Gramm Natriumhydroxyd sind in 1 *l* einer Normal-Natriumhydroxydlösung enthalten?

30. Wieviel Kubikzentimeter einer Normal-Natriumhydroxydlösung müssen zu 10 ccm einer Normalsalzsäure hinzugefügt werden, damit die Salzsäure vollständig in Natriumchlorid verwandelt werde?

31. Wieviel Gramm Schwefelsäure sind in 1000 ccm einer Schwefelsäurelösung von der molaren Konzentration 0,05 enthalten?

VII. Die Einteilung der Elemente.

§ 36. Das periodische System der Elemente (Mendelejeffsches System). Zwischen den Eigenschaften der Elemente und ihren Atomgewichten gibt es verschiedene Zusammenhänge, die am besten zu überblicken sind, wenn man die Elemente nach ihren Atomgewichten gruppiert aufschreibt. Eine solche Zusammenstellung ist in der Tabelle auf S. 54 gegeben und läßt sich wie folgt herstellen.

Wird der Wasserstoff, das Element mit dem kleinsten Atomgewicht ($= 1$), weggelassen und werden die übrigen Elemente nach **wachsenden Atomgewichten** geordnet in eine horizontale Linie aufgeschrieben, so ergibt sich zunächst eine **erste Reihe** mit den Elementen

$$He = 4, \ Li = 7, \ Be = 9, \ B = 11, \ C = 12, \ N = 14, \ O = 16, \ F = 19.$$

Fährt man im selben Sinne fort, so stellt sich nicht nur heraus, daß das neunte Element, das $Ne = 20$, in seinen Eigenschaften dem ersten Glied der oben angeführten Reihe, dem $He = 4$, in hohem Grade ähnlich ist, sondern auch, daß das zehnte Element, $Na = 23$, dem zweiten Gliede der oben angeführten Reihe, dem $Li = 7$, ähnlich ist usw. Es erscheint daher gerechtfertigt, die Elemente, vom Ne angefangen, in eine **zweite Reihe** zu gruppieren, und diese zweite Reihe unter die erstangeführte zu schreiben. Indem man auch die übrigen Elemente nach wachsenden Atomgewichten ordnet, so zwar, daß Elemente mit ähnlichen Eigenschaften, die sog. **homologen** Elemente, soweit als möglich untereinander zu stehen kommen, entsteht eine **dritte, vierte Reihe** usw. von Elementen, die dann zu einer Tabelle vereinigt die Tabelle des periodischen Systems der Elemente darstellen. (Über die Einreihung der sog. Radioelemente siehe weiteres in § 134.) Es muß jedoch bezüglich gewisser Unstimmigkeiten in der Tabelle folgendes bemerkt werden:

a) Da die in der dritten Horizontalreihe befindlichen Elemente von Calcium bis Mangan in ihren Eigenschaften mit den Gliedern der darüber befindlichen Reihe weniger übereinstimmen, werden sie nicht direkt unter je ein oberhalb befindliches Element, sondern innerhalb der betreffenden Rubrik etwas nach links verschoben, aufgeschrieben. Dasselbe ist auch bezüglich mancher übrigen Reihen der Fall.

b) Die dem Mangan folgenden drei Elemente, Eisen, Kobalt und Nickel, werden, da sie weder dem Argon, noch aber dem Kalium ähnlich sind, in eine neue vertikale Reihe geschrieben. Dasselbe ist auch bezüglich einiger anderer Elemente der Fall, die ebenfalls in die achte Vertikalreihe eingereiht wurden.

Das periodische System der Elemente[1].

(Die Atomgewichte sind abgerundet wiedergegeben.)

0	1	2	3	4	5	6	7	8
E^0	$E^I Cl$ $E^I_2 O$	$E^{II} Cl_2$ $E^{II} O$	$E^{III} Cl_3$ $E^{III}_2 O_3$	$E^{IV} H_4$ $E^{IV} O_2$	$E^{III} H_3$ $E^V_2 O_5$	$E^{II} H_2$ $E^{VI} O_3$	$E^I H$ $E^{VII}_2 O_7$	$E^{VIII} O_4$
He = 4 Ne = 20	Li = 7 Na = 23	Be = 9 Mg = 24,3	B = 11 Al = 27	C' = 12 Si = 28,3	N = 14 P = 31	O = 16 S = 32	F = 19 Cl = 35,5	
A = 39,9	K = 39 Cu = 63,6	Ca = 40,1 Zn = 65,4	Sc = 45,1 Ga = 70	Ti = 48 Ge = 72,5	V = 51 As = 75	Cr = 52 Se = 79,2	Mn = 55 Br = 80	Fe=56, Co=59, Ni=58,7
Kr = 82,9	Rb = 85,5 Ag = 108	Sr = 87,6 Cd = 112,4	Y = 89 In = 115	Zr = 90,6 Sn = 119	Nb = 93,5 Sb = 120	Mo = 96 Te = 127,5	. . . J = 127	Ru = 101,7, Rh = 103 Pd = 106,7
X = 130	Cs = 133 Au = 197	Ba = 137,4 Hg = 200	La = 139 Tl = 204	Ce usw. 140-175 Pb = 207	Ta = 181 Bi = 208	W = 184 Po = 210	. . . . . .	Os=191, Ir=193, Pt=195
Em = 222	. . . . . .	Ra = 226,0	Ac = 226	Th = 223,1	Pa = 230	U = 238,2	. . .	

[1] Von den sog. Radioelementen (vergl. § 134) ist hier nur je ein Vertreter der verschiedenen Gruppen derselben aufgenommen.

c) In der dritten Reihe muß die durch ihre Atomgewichte gebotene Stellung von Kalium = 39 und Argon = 39,9 vertauscht werden, damit das Argon unter He und Ne, Kalium aber unter Li und Na, also unter Elemente zu stehen kommen, denen sie in hohem Grade ähnlich sind. Dasselbe ist der Fall bezüglich des Jodes = 126,9 und Tellurs = 127,5, weiterhin auch bezüglich des Nickels = 58,7 und Kobalts = 59,0.

d) Einzelne der Rubriken mußten, damit Elemente von ähnlichen Eigenschaften untereinander zu stehen kommen, übergangen werden, ferner mußten in der Rubrik neben Ce = 140 noch die folgenden Elemente untergebracht werden:

Pr = 140,9, Nd = 144,3, Sm = 150,4, Eu = 152,0, Gd = 157,3, Tb = 159,2, Dy = 162,5, Ho = 163,5, Er = 167,7, Tu = 168,5, Yb = 173,5, Lu = 175,0.

§ 37. Über die Gesetzmäßigkeiten, die sich aus dem periodischen System der Elemente ableiten lassen.

1. **Physikalische Gesetzmäßigkeiten.** Vergleicht man die innerhalb einer horizontalen oder einer vertikalen Reihe des periodischen Systems befindlichen Elemente bezüglich ihrer physikalischen Eigenschaften, so ist es das spezifische Gewicht, das die auffallendste Gesetzmäßigkeit aufweist, insbesondere, wenn man nebst dem Verhalten des spezifischen Gewichtes auch noch das der Atomvolumina betrachtet. (Als Atomvolumen bezeichnet man das Volumen, das von einer dem Atomgewichte entsprechenden Menge eines Elementes eingenommen wird. Man erhält das Atomvolumen, wenn man das Atomgewicht durch das spezifische Gewicht dividiert.)

Wie aus nachfolgender Aufstellung zu ersehen ist, nimmt z. B. in der zweiten Horizontalreihe des periodischen Systems der Elemente das spezifische Gewicht bis etwa zur Mitte der Reihe zu, dann bis zum Ende der Reihe wieder ab; während die Atomvolumina umgekehrt an beiden Enden der Reihe am größten sind, und von beiden Enden her gegen die Mitte hin abnehmen:

	Na	Mg	Al	Si	P	S	Cl
Spezifisches Gewicht .	0,98	1,74	2,60	2,35	2,20	2,07	1,43
Atomvolumina....	23,5	14,0	10,4	12,0	14,1	15,5	24,8 .

Längs der Vertikalreihen des periodischen Systems erfolgt eine regelmäßige Zunahme des spezifischen Gewichtes sowohl, wie auch des Atomvolumens; in nachstehender Zusammenstellung, die die nach links verschobenen Glieder der Vertikalreihe 1 und einige der rechts stehenden Glieder der Vertikalreihe 6 enthält, ist dies klar zu ersehen.

	Spez. Gew.	Atom- vol.		Spez. Gew.	Atom- vol.
Li	0,59	11,9	S	2,07	16,0
Na..............	0,98	23,5	Se..............	4,47	17,7
K	0,87	45,0	Te	6,02	21,2
Rb..............	1,52	56,2			
Cs	1,88	70,7			

Derlei, wenn auch nicht streng gesetzmäßige Zusammenhänge bestehen auch bezüglich anderer physikalischer Eigenschaften, z. B. bezüglich des Schmelzpunktes, des Siedepunktes usw. So ist von den Elementen Chlor, Brom und Jod das Chlor am flüchtigsten (bei gewöhnlicher Temperatur gasförmig); Brom weniger flüchtig (bei gewöhnlicher Temperatur flüssig); Jod am wenigsten flüchtig (bei gewöhnlicher Temperatur fest).

2. Chemische Gesetzmäßigkeiten. Die Gesetzmäßigkeiten, die sich an den Elementen bezüglich ihrer chemischen Eigenschaften innerhalb des periodischen Systems nachweisen lassen, sind weit auffallender:

In der mit 0 bezeichneten Vertikalreihe befinden sich diejenigen Elemente eingereiht, die chemisch völlig indifferent sind, indem sich ihre Atome weder miteinander, noch mit denen anderer Elemente verbinden, daher ihnen weder eine Affinität noch eine Wertigkeit zukommt.

Die übrigen Elemente, die in den mit 1—7 bezeichneten Vertikalreihen enthalten sind, weisen folgende chemische Gesetzmäßigkeiten auf: Verbindet man in der Tabelle das Symbol des Bor, B, mit dem des Wolfram, W, durch eine schräg verlaufende Linie, so kommen im allgemeinen rechts von dieser Linie Elemente von negativem Charakter, links aber solche von positivem Charakter zu stehen. Im großen und ganzen — wenn auch nicht für alle Fälle — gilt die Regel, daß der negative bezw. positive Charakter eines Elementes um so stärker ausgeprägt ist, je entfernter es sich von der genannten Linie befindet. Es nimmt daher innerhalb einer Vertikalreihe der positive Charakter der Metalle in der Richtung von oben nach unten zu, weil ihr Abstand von der schrägen Linie von oben nach unten zusehends größer wird; der negative Charakter der Nichtmetalle wird aber zusehends schwächer, weil sie sich von oben nach unten der schrägen Linie immer mehr nähern. In der Tat ist von den Metallen der nach links verschobenen Gruppe der Vertikalreihe 1 das Caesium am stärksten, das Lithium am schwächsten positiv; von den Nichtmetallen der rechts stehenden Gruppe der Vertikalreihe 7 ist das Fluor am stärksten, das Jod am schwächsten negativ.

Es läßt sich hieraus weiterhin folgern und wird auch durch die Erfahrung bestätigt, daß man in der Nähe der schrägen Linie Elementen von Doppelcharakter begegnet, also solchen, deren Hydroxyde oder Oxyde sich sowohl als Säuren, als auch als Basen verhalten; es sind dies die Elemente Al, Ti, Sb usw.

Längs der einzelnen Horizontalreihen wird man, wenn man jeweils vom ersten, der Vertikalreihe 0 angehörenden Elemente absieht, konstatieren können, daß die dem Wasserstoff, bezw. dem Chlor gegenüber bezeugte Wertigkeit des Elementes zuerst gleichmäßig bis zur Vierwertigkeit ansteigt (z. B. in der ersten Horizontalreihe bis C), um dann weiterhin wieder gleichmäßig bis zur Einwertigkeit abzunehmen (z. B. in der ersten Horizontalreihe bis F). Im Gegensatz hierzu nimmt die auf den Sauerstoff bezogene höchste Wertigkeit vom Beginne der Reihe an immerfort bis zur Achtwertigkeit zu. Da diese Beziehungen im großen und ganzen für jede Horizontalreihe Geltung haben, lassen sich die Wasserstoff-, bezw. Sauerstoffverbindungen der in einer Vertikalreihe enthaltenen Elemente durch je eine gemeinsame Formel ausdrücken. In diesen allgemeinen Formeln, die in der Tabelle des periodischen Systems am Kopfende je einer Vertikalreihe angeschrieben stehen, ist unter E ein beliebiges in der betreffenden Vertikalreihe befindliches Element zu verstehen; mit der rechts oben befindlichen römischen Zahl ist seine Wertigkeit angedeutet. So ist z. B. die über der Vertikalreihe 1 befindliche Formel E_2^IO die allgemeine Formel der Oxyde der in diese Vertikalreihe gehörenden Elemente: Li_2O, Na_2O, K_2O usw.

Durch E^0 am Kopfe der mit 0 bezeichneten Vertikalreihe wird angedeutet, daß die in dieser Vertikalreihe befindlichen Elemente keine Affinität, keine Wertigkeit haben.

Es werden in den Vertikalreihen des periodischen Systems aus je drei Gliedern bestehende Gruppen angetroffen, in denen bezüglich des Atomgewichtes zwischen dem oberen und mittleren Elemente annähernd derselbe Unterschied besteht, wie zwischen dem mittleren und unteren Elemente. Als Beispiele solcher aus drei Gliedern bestehenden Gruppen, die auch als Triaden bezeichnet werden, seien die nachfolgenden angeführt:

$$
\begin{array}{ll}
Li = 6{,}94 & \\
& \text{Unterschied} = 16{,}06 \\
Na = 23{,}00 & \\
& \text{Unterschied} = 16{,}10 \\
K = 39{,}10 &
\end{array}
\qquad
\begin{array}{ll}
Ca = 40{,}07 & \\
& \text{Unterschied} = 47{,}56 \\
Sr = 87{,}63 & \\
& \text{Unterschied} = 49{,}74 \\
Ba = 137{,}37 &
\end{array}
$$

$$
\begin{array}{ll}
Cl = 35{,}46 & \\
& \text{Unterschied} = 44{,}46 \\
Br = 79{,}92 & \\
& \text{Unterschied} = 47{,}00\,. \\
J = 126{,}92 &
\end{array}
$$

Die zu den einzelnen Triaden gehörenden Elemente stimmen in ihren physikalischen Eigenschaften sowohl wie auch in ihren chemischen Eigenschaften in hohem Grade überein; und es hat das mittlere Glied solcher Triaden Eigenschaften, denen zufolge es den Übergang von dem (in der betreffenden Vertikalreihe) darüber befindlichen Elemente zu dem darunter befindlichen vermittelt.

§ 38. **Die Mängel des periodischen Systems der Elemente.** Das periodische System weist an so manchen Stellen Unstimmigkeiten auf, daher man sich hüten muß, den vorangehend geschilderten Gesetzmäßigkeiten eine allgemeine, ausnahmslose Gültigkeit zuzuerkennen. Manche dieser Unstimmigkeiten konnten dadurch behoben werden, daß man, um den bewußten Zusammenhängen zwischen Atomgewicht und Eigenschaften der Elemente Rechnung zu tragen, bei der Einreihung der Elemente in das periodische System mehr oder minder willkürlich vorging, wie dies im § 36 bereits erwähnt wurde.

An anderen Stellen des periodischen Systems konnten solche „Verbesserungen" nicht ausgeführt werden, daher man z. B. einerseits Mangan in einer Vertikalreihe mit Fluor, Chlor, Brom und Jod unterbringen mußte, also mit Elementen, denen es nicht im mindesten gleicht; andererseits Elemente von vielfach übereinstimmenden Eigenschaften, wie z. B. Mangan und Chrom nicht in einer Vertikalreihe unterbringen konnte.

Diese Unstimmigkeiten, die dem periodischen System in seiner uns heute bekannten Form anhaften, sind jedoch offenbar nicht prinzipieller Natur, sondern bloß dadurch veranlaßt, daß das periodische System bloß einen Teil einer uns zurzeit noch nicht vollkommen bekannten allgemeinen Gesetzmäßigkeit darstellt. Auch ist zu erhoffen, daß wir mit dem weiteren Ausbau unserer Kenntnisse, insbesondere der der Atomstrukturen, einen tieferen Einblick in alle diese Gesetzmäßigkeiten gewinnen werden, und die zurzeit noch bestehenden Unstimmigkeiten von selbst schwinden dürften.

§ 39. **Bedeutung des periodischen Systems der Elemente.** Daß das periodische System, seitdem es bekannt geworden ist, jederzeit befruchtend auf die Entwicklung der Chemie eingewirkt hatte, geht auch aus folgendem hervor: Als MENDELEJEFF das periodische System im Jahre 1869 aufgestellt hatte, waren die Elemente Scandium, Gallium und Germanium noch unbekannt, und mußte MENDELEJEFF, damit in je eine Vertikalreihe nur Elemente von möglichst ähnlichen Eigenschaften zu stehen kommen, die Rubriken, die heute von den drei oben erwähnten Elementen eingenommen werden, leer lassen. Er vermutete aber ganz richtig, daß in die von ihm leer gelassenen Rubriken Elemente hineingehören, die wohl existieren, zu jener Zeit aber unbekannt waren. Ja, er konnte sogar aus der Lage der leer gebliebenen Rubriken, und aus dem Atomgewicht und den Eigenschaften der Elemente der benachbarten Rubriken auf das Atomgewicht und auf die Eigenschaften jener damals noch unbekannten Elemente, sowie auch auf die Eigenschaften ihrer Verbindungen schließen! Alle diese „Prophezeiungen" MENDELEJEFFs haben sich vollauf bewahrheitet; die von ihm angekündigten Elemente wurden später tatsächlich aufgefunden und auch ihre Eigenschaften hatten der Voraussage vollständig entsprochen. Es waren dies die oben angeführten Elemente Scandium, Gallium und Germanium.

Auch jüngst hat das periodische System der Elemente ein wirksames Hilfsmittel im Studium der Eigenschaften der sog. Radioelemente (§ 134) abgegeben und dürften von ihm ähnliche Dienste auch in zukünftigen Forschungen zu erwarten sein. Ja, es läßt sich sogar sagen, daß gerade die anscheinenden Unstimmigkeiten im periodischen Systeme es sind, die zu weiteren Untersuchungen aneifern, und in einem gewissen Sinne auch die Richtung der Forschung bestimmen.

VIII. Die Einteilung der Verbindungen.

Die Verbindungen werden auf Grund ihrer chemischen Natur in drei Gruppen geteilt; in die der Säuren, der Basen und der Salze[1]).

---

[1]) Außer diesen gibt es noch eine Unzahl von Verbindungen, die, wie z. B. Methan, CH_4, Chloroform, $CHCl_3$, Benzol, C_6H_6 usw., in keine jener Gruppen eingereiht werden können und als sog. indifferente Verbindungen bezeichnet werden. Diesbezüglich ist zu bemerken, daß die Bezeichnung „indifferent" hier eigentlich nicht am Platze ist, da ja hieraus auf eine „chemische Indifferenz", Unwirksamkeit geschlossen werden könnte, was jedoch bezüglich keines der drei beispielsweise angeführten Verbindungen der Fall ist.

§ 40. Die Säuren. Als Säuren werden Verbindungen bezeichnet, die sich mit Basen zu Salzen verbinden. (Eine exaktere Definition der Säuren findet sich in § 76.) Als Beispiele von Säuren seien die folgenden angeführt:

HCl, Salzsäure $\qquad$ H_2SO_4, Schwefelsäure $\qquad$ H_3BO_3, Borsäure
HNO_3, Salpetersäure $\qquad$ H_2CO_3, Kohlensäure $\qquad$ H_3PO_4, Phosphorsäure.

Wie zu ersehen, ist in jeder Säure Wasserstoff enthalten; dieser wird, wenn die Säuren mit Basen Salze bilden, ganz oder teilweise durch Metall ersetzt. Denkt man sich den durch Metall ersetzbaren Wasserstoff einer Säure entzogen, so erhält man den sog. Säurerest:

$$- \text{Cl} \qquad \text{Salzsäurerest}$$
$$- NO_3 \quad \text{Salpetersäurerest}$$
$$= SO_4 \quad \text{Schwefelsäurerest}$$
$$= CO_3 \quad \text{Kohlensäurerest}$$
$$\equiv BO_3 \quad \text{Borsäurerest}$$
$$\equiv PO_4 \quad \text{Phosphorsäurerest}.$$

Kommt es zur Bildung von Salzen, so geht dieser Säurerest unverändert in das Salz über.

Aus obigem ist auch zu ersehen, daß die Säuren aus **Wasserstoff und Säurerest** bestehen.

Die Säuren sind 1-, 2-, 3-wertig usw. bezw. 1-, 2-, 3-basisch usw. je nach der Zahl der in ihnen enthaltenen, durch Metall ersetzbaren Wasserstoffatome; oder aber, was auf dasselbe hinauskommt, je nach der Wertigkeit des betreffenden Säurerestes. Nach obigem sind Salzsäure und Salpetersäure einwertig, Schwefelsäure und Kohlensäure zweiwertig, Borsäure und Phosphorsäure dreiwertig.

Die Säuren werden je nach ihrer Stärke eingeteilt in starke, mittelstarke und in schwache Säuren, worüber näheres in § 76 zu ersehen ist. Hier nur soviel, daß die Säuren um so stärker sind, je stärker negativ das ʼin dem betreffenden Säurerest enthaltene Element ist, bezw. je wirksamer sich die Säure gegenüber anderen Verbindungen erweist.

Durch Säuren wird, sofern sie nicht sehr schwach sind, blaues Lackmus rot gefärbt: **saure Reaktion.**

Werden den (sauerstoffhaltigen) Säuren die Elemente des Wassers entzogen, so erhält man die sog. **Anhydrosäuren** oder **Säureanhydride**, die mit Basen ebenfalls Salze bilden. Beispiele von Anhydrosäuren sind:

N_2O_5 Anhydro-Salpetersäure oder Salpetersäure-Anhydrid
SO_3 $\quad$ „ $\quad$ Schwefelsäure $\quad$ „ $\quad$ Schwefelsäure $\quad$ „
CO_2 $\quad$ „ $\quad$ Kohlensäure $\quad$ „ $\quad$ Kohlensäure $\quad$ „
B_2O_3 $\quad$ „ $\quad$ Borsäure $\quad$ „ $\quad$ Borsäure $\quad$ „
P_2O_5 $\quad$ „ $\quad$ Phosphorsäure $\quad$ „ $\quad$ Phosphorsäure $\quad$ „

Es versteht sich von selbst, daß sauerstofffreie Säuren, wie z. B. Cyanwasserstoff (HCN), Salzsäure (HCl) usw. keine Anhydrosäure liefern können.

Stellt man sich die Säuren ohne das Hydroxylradikal bezw. ohne Hydroxylradikale vor, so wird der Rest der Säure als Säureradikal bezeichnet. So ist z. B.

$$-NO_2 \text{ das Salpetersäure- oder Nitryl-Radikal}$$
$$=SO_2 \quad \text{„ Schwefelsäure-} \quad \text{„ Sulfuryl-} \quad \text{„}$$
$$=CO \quad \text{„ Kohlensäure-} \quad \text{„ Carbonyl-} \quad \text{„}$$

§ 41. Die Basen. Als Basen werden die Verbindungen bezeichnet, die mit Säuren Salze bilden. (Eine exaktere Definition der Basen findet sich in § 76.) Als Beispiele von Basen seien angeführt:

NaOH	Natriumhydroxyd	$Ca(OH)_2$	Calciumhydroxyd
$(NH_4)OH$	Ammoniumhydroxyd	$Mg(OH)_2$	Magnesiumhydroxyd
KOH	Kaliumhydroxyd	$Pb(OH)_2$	Bleihydroxyd
	$Fe(OH)_3$ Ferrihydroxyd		
	$Al(OH)_3$ Aluminiumhydroxyd		
	$Bi(OH)_3$ Wismuthydroxyd.		

Wie zu ersehen, enthält jede Base Hydroxylradikal und Metall, wobei sich das Radikal NH_4 hier, wie auch in anderen Verbindungen, wie ein Metallatom verhält. Wenn die Basen sich mit Säuren zu Salzen verbinden, so wird eigentlich das Hydroxylradikal der ersteren durch einen Säurerest ersetzt.

Man bezeichnet die Basen als 1-, 2-, 3-wertig usw. oder als 1-, 2-, 3-säuerig usw. je nach der Zahl der in ihnen enthaltenen Hydroxylradikale, bezw., was auf dasselbe hinauskommt, je nach der Wertigkeit des in der Base enthaltenen Metalles. Demzufolge sind z. B. Natrium-, Ammonium- und Kaliumhydroxyd einwertige, Calcium-, Magnesium- und Bleihydroxyd zweiwertige, Ferri-, Aluminium- und Wismuthydroxyd dreiwertige Basen.

Die Basen werden in starke, mittelstarke und schwache Basen eingeteilt, worüber näheres in § 76 zu ersehen ist; hier sei nur soviel bemerkt, daß die Basen um so stärker sind, je stärker positiv das in ihnen enthaltene Metall ist. Im allgemeinen läßt sich auch sagen, daß die in Wasser löslichen Basen stark, die in Wasser wenig oder (praktisch) nicht löslichen schwach sind. Außerdem gilt auch hier, wie bei den Säuren, die Regel, daß eine Base um so stärker ist, je wirksamer sie sich anderen Verbindungen gegenüber erweist.

Die stärksten Basen, die sich in Wasser leicht lösen, von ätzender Wirkung und chemisch auch sonst besonders wirksam sind, werden als Ätzalkalien, ihre Lösungen als Laugen bezeichnet.

Durch stärkere Basen wird rotes Lackmus blau gefärbt: alkalische Reaktion.

Werden den Basen die Elemente des Wassers entzogen, so erhält man die sog. Anhydrobasen oder Basenanhydride, die so, wie die Basen, mit Säuren Salze bilden. Beispiele von Basenanhydriden sind:

Na_2O	Natriumoxyd	CaO	Calciumoxyd	Fe_2O_3	Ferrioxyd
NH_3	Ammoniak	MgO	Magnesiumoxyd	Al_2O_3	Aluminiumoxyd
K_2O	Kaliumoxyd	PbO	Bleioxyd	Bi_2O_3	Wismutoxyd.

§ 42. Verbindungen von amphoterem Charakter. Es gibt Verbindungen, die sowohl mit Säuren als auch mit Basen Salze zu bilden vermögen, daher bald den Charakter einer Base, bald den einer Säure aufweisen; sie haben also einen sog. **amphoteren Charakter.** So verhält sich z. B. Aluminiumhydroxyd (siehe oben) starken Basen gegenüber wie eine Säure, indem seine Wasserstoffatome durch Metall ersetzt werden; diesem Umstande wird auch dadurch Rechnung getragen, daß man die Wasserstoffatome in der an anderen Säuren üblichen Weise voranschreibt, also H_3AlO_3. Säuren gegenüber verhält sich das Aluminiumhydroxyd wie eine Base, indem seine Hydroxylradikale gegen Säurereste eingetauscht werden; in diesem Falle wird der Wasserstoff wie an anderen Basen aufgeschrieben, also: $Al(OH)_3$.

Den soeben beschriebenen amphoteren Charakter haben die Hydroxyde derjenigen Elemente, die laut § 29 einen Übergang zwischen positiven und negativen Radikalen bilden.

§ 43. Salze. Als Salze werden Verbindungen bezeichnet, die bei der gegenseitigen Einwirkung von Basen und Säuren entstehen (doch wird sich aus § 45 ergeben, daß es hierfür auch eine andere Möglichkeit gibt).

Als Beispiele seien hier die folgenden Salze angeführt:

$NaCl$ Natriumchlorid $CaCl_2$ Calciumchlorid
$(NH_4)NO_3$ Ammoniumnitrat $MgCO_3$ Magnesiumcarbonat
$FePO_4$ Ferriphosphat
$Al_2(SO_4)_3$ Aluminiumsulfat.

Aus diesen Beispielen ist zu ersehen, daß die Salze aus Metall und Säurerest bestehen.

Im allgemeinen läßt sich auch sagen, daß die Salze weder auf blaues, noch auf rotes Lackmus einwirken, also eine sog. **neutrale Reaktion** zeigen; doch gibt es, wie § 117 zu entnehmen ist, zahlreiche Ausnahmen von dieser Regel.

Aus den vorangehenden Paragraphen geht es hervor, daß man sich die Salze auf zweierlei Wegen entstanden denken kann; und zwar entweder so, daß der Wasserstoff der Säure durch Metall, oder aber so, daß das Hydroxylradikal der Base durch den Säurerest ersetzt wird.

Je nachdem in welchem Ausmaße obige Substitutionen erfolgen, unterscheidet man zwischen 1. normalen oder neutralen, 2. sauren und 3. basischen Salzen.

1. **Normale oder neutrale Salze** entstehen, wenn man alle substituierbaren Wasserstoffatome einer Säure durch Metall, oder alle Hydroxylradikale einer Base durch Säurereste ersetzt; auf diese Weise sind auch die am Eingang dieses Paragraphen beispielsweise angeführten Salze entstanden. Aus obiger Definition geht auch hervor, daß die normalen Salze bloß aus Metall und Säurerest bestehen.

2. **Saure Salze** entstehen, wenn die substituierbaren Wasserstoffatome einer Säure bloß teilweise durch Metall ersetzt werden. Saure Salze sind z. B.

NaHSO₄ Natriumhydrosulfat   NaH₂PO₄ Natriumdihydrophosphat
NaHCO₃ Natriumhydrocarbonat   Na₂HPO₄ Dinatriumhydrophosphat.

Aus diesen Beispielen ist zu ersehen, daß die sauren Salze dreierlei Bestandteile enthalten: Metall, Wasserstoff und Säurerest, woraus auch hervorgeht, daß die sauren Salze die Eigenschaften von Säuren sowohl, als auch von Salzen aufweisen. Mit Basen verbinden sich die sauren Salze zu normalen Salzen.

Im allgemeinen sind es die mehrwertigen Säuren, die saure Salze liefern können, doch können solche auch aus einwertigen Säuren entstehen, und zwar so, daß sich ein Molekül einer einwertigen Säure mit einem Molekül ihres Salzes verbindet. So entsteht z. B. das saure jodsaure Kalium, $KH(JO_3)_2$, durch den Zusammentritt von je einem Molekül des jodsauren Kalium, KJO_3, und der Jodsäure, HJO_3. Auf ähnliche Weise entsteht auch das saure Salz Kaliumhydrofluorid, KHF_2.

3. Basische Salze entstehen, wenn die Hydroxylradikale einer Base bloß teilweise durch Säurereste ersetzt werden. Als Beispiele seien die folgenden angeführt:

$Bi(OH)_2NO_3$ Dihydroxylwismutnitrat
$Pb(OH)NO_3$ Basisches Bleinitrat.

Wie zu ersehen, enthalten die basischen Salze dreierlei Bestandteile: Metall, Hydroxylradikal und Säurerest; mit Säuren verbinden sie sich zu normalen Salzen.

Außer den oben beschriebenen Salzarten gibt es auch sog. Doppelsalze und komplexe Salze; ihre Definition und Beschreibung folgt in § 75.

§ 44. Thiosäuren, Thiobasen und Thiosalze. Der Sauerstoff der sauerstoffhaltigen Säuren, Basen und Salze läßt sich ganz oder teilweise durch Schwefel ersetzen; die so entstehenden Verbindungen werden als Thiosäuren, Thiobasen und Thiosalze, oder auch als Sulfosäuren, Sulfobasen und Sulfosalze bezeichnet, im Gegensatz zu den betreffenden sauerstoffhaltigen Verbindungen, den sog. Oxysäuren, Oxybasen und Oxysalzen. (In der organischen Chemie hat das Wort „Oxysäuren" eine andere Bedeutung.)

Als Beispiele von Oxyverbindungen und den entsprechenden Thioverbindungen seien die folgenden angeführt:

Oxyverbindungen:	Thioverbindungen:
H_2SO_4 Schwefelsäure	$H_2S_2O_3$ Thioschwefelsäure
HOCN Cyansäure	HSCN Thiocyansäure
H_3AsO_3 Arsenige Säure	H_3AsS_3 Thioarsenige Säure
NaOH Natriumhydroxyd	NaSH Natriumhydrosulfid
$Ca(OH)_2$ Calciumhydroxyd	$Ca(SH)_2$ Calciumhydrosulfid
Na_2SO_4 Natriumsulfat	$Na_2S_2O_3$ Natriumthiosulfat
KOCN Kaliumcyanat	KSCN Kaliumthiocyanat.

§ 45. Über die gegenseitige Einwirkung von Säuren, Basen und Salzen. In der großen Mehrzahl der in der anorganischen Chemie beschriebenen Vorgänge wirken Säuren, Basen und Salze gegenseitig aufeinander ein, und zwar handelt es sich dabei meistens um einen zweifachen Umsatz. Für derlei Reaktionsgleichungen seien nachfolgende Beispiele angeführt:

A. Einwirkung von Säuren auf Basen.

$$1. \quad NaOH + HCl = NaCl + H_2O$$
$$2. \quad 3\,NaOH + H_3PO_4 = Na_3PO_4 + 3\,H_2O$$
$$3. \quad 2\,NaOH + H_3PO_4 = Na_2HPO_4 + 2\,H_2O$$
$$4. \quad NaOH + H_3PO_4 = NaH_2PO_4 + H_2O$$
$$5. \quad Ca(OH)_2 + H_2SO_4 = CaSO_4 + 2\,H_2O$$
$$6. \quad K_2O + H_2SO_4 = K_2SO_4 + H_2O$$
$$7. \quad K_2O + SO_3 = K_2SO_4.$$

Die Schlüsse, die aus diesen Beispielen gezogen werden können, lauten wie folgt:

a) Wirken Säuren und Basen aufeinander ein, so werden Salz und Wasser gebildet, wie z. B. in den Beispielen 1, 2 und 5. Dieser in der Chemie besonders häufige Vorgang wird als Sättigung oder Neutralisation bezeichnet. So sagen wir z. B. bezüglich des Beispieles 1, daß durch die Salzsäure das Natriumhydroxyd, oder umgekehrt durch das Natriumhydroxyd die Salzsäure gesättigt oder neutralisiert wird.

Die Bezeichnung „Neutralisation" rührt davon her, daß bei diesen Vorgängen aus zwei Verbindungen (Basen und Säuren), die rotes Lackmus blau, bezw. blaues Lackmus rot färben, eine neue Verbindung entsteht, die, wenigstens in einer großen Zahl der Fälle, sich sowohl dem roten als auch dem blauen Lackmus gegenüber indifferent, „neutral" verhält.

b) Wirkt auf eine Base mehr von der Säure ein, als zur Neutralisation erforderlich ist, oder wird, was auf dasselbe hinauskommt, zu einer Säure weniger von der Base hinzugefügt, als zur Neutralisation erforderlich ist, so kommt es zur Bildung von sauren Salzen (Beispiele 3 und 4).

c) Wirkt auf ein Basenanhydrid eine Säure (Beispiel 6) bezw. ein Säureanhydrid ein (Beispiel 7), so wird ebenfalls ein Salz gebildet, doch weniger, bezw. kein Wasser.

B. Einwirkung von Säuren auf Salze.

$$1. \quad 2\,NaCl + H_2SO_4 = Na_2SO_4 + 2\,HCl$$
$$2. \quad NaCl + H_2SO_4 = NaHSO_4 + HCl$$
$$3. \quad Na_2CO_3 + 2\,HNO_3 = 2\,NaNO_3 + H_2CO_3$$
$$4. \quad Pb(OH)NO_3 + HNO_3 = Pb(NO_3)_2 + H_2O$$
$$5. \quad Na_3AsO_3 + 3\,HCl = 3\,NaCl + H_3AsO_3.$$

Aus diesen Beispielen lassen sich folgende Schlüsse ziehen:

a) Wirkt eine Säure auf ein Salz ein, so wird ein neues Salz und eine neue Säure gebildet (Beispiele 1, 3 und 5).

b) Wirkt auf ein Salz mehr von der Säure ein, als zu dessen Zersetzung erforderlich ist, so entsteht ein saures Salz (Beispiel 2).

c) Wirkt Säure auf ein basisches Salz ein, so kommt es zur Bildung eines normalen Salzes (Beispiel 4).

Es ist jedoch zu bemerken, daß nicht jede Säure auf jedes Salz einwirkt; damit es (praktisch) zu einer Reaktion komme, ist es erforderlich, daß die zugesetzte Säure stärker sei als die Säure, deren Säurerest im Salze enthalten war. Hierüber ist weiteres in § 114 zu ersehen.

C. Einwirkung von Basen auf Salze.

$$1. \qquad NH_4Cl + NaOH = NaCl + NH_4OH$$
$$2. \qquad FeCl_3 + 3(NH_4)OH = 3(NH_4)Cl + Fe(OH)_3$$
$$3. \qquad Na_2HPO_4 + NaOH = Na_3PO_4 + H_2O$$
$$4. \qquad Pb(NO_3)_2 + 2NaOH = 2NaNO_3 + Pb(OH)_2$$
$$5. \qquad Pb(NO_3)_2 + NaOH = NaNO_3 + Pb(OH)NO_3$$
$$6. \quad Pb(OH)NO_3 + NaOH = NaNO_3 + Pb(OH)_2.$$

Aus diesen Beispielen ergibt sich folgendes:

a) Wirkt eine Base auf ein Salz ein, so kommt es zur Bildung eines neuen Salzes und einer neuen Base (Beispiele 1, 2 und 4).

b) Wirkt eine Base auf ein saures Salz ein, so entsteht das normale Salz und Wasser (Beispiel 3).

c) Wirkt eine Base auf ein Salz ein, doch in einer geringeren Menge als zur Zersetzung des Salzes erforderlich ist, so kann es zur Bildung eines basischen Salzes kommen (Beispiel 5).

d) Wirkt eine Base auf ein basisches Salz ein, so entsteht neben dem Salze auch eine neue Base (Beispiel 6).

Es ist jedoch auch hier zu bemerken, daß nicht jede Base auf jedes Salz einwirkt, und daß eine Wirkung (praktisch) nur eintritt, wenn die zugesetzte Base stärker ist, als das Hydroxyd des Metalles, das in dem Salze enthalten ist. Weiteres hierüber ist in § 115 zu ersehen.

D. Wirkung von Salzen auf Salze.

$$1. \qquad CuSO_4 + BaCl_2 = CuCl_2 + BaSO_4$$
$$2. \qquad FeCl_3 + Na_3PO_4 = FePO_4 + 3NaCl$$
$$3. \quad (NH_4)_2CO_3 + CaCl_2 = 2(NH_4)Cl + CaCO_3.$$

Es ist aus diesen Beispielen zu ersehen, daß bei der gegenseitigen Einwirkung von Salzen sich wieder Salze bilden; doch wirkt nicht jedes Salz auf jedes andere Salz ein. Auf die Bedingungen, von denen es abhängt, ob es in einem solchen Falle (praktisch) zu einer chemischen Umsetzung kommt oder nicht, wird in § 109 näher eingegangen.

Drittes Kapitel.

Thermochemie.

§ 46. **Aufgaben der Thermochemie.** Die Thermochemie hat das Studium der Bildung und des Verschwindens von Wärme im Laufe der chemischen Umsetzungen, d. h. der Reaktionswärme chemischer

Umsetzungen zur Aufgabe und sucht auch nach Zusammenhängen zwischen thermo-chemischen Daten und chemischen Eigenschaften der Stoffe.

In nachstehendem soll in erster Linie die Reaktionswärme chemischer Vorgänge berücksichtigt werden, doch läßt sich dabei einer Besprechung der Reaktionswärme so mancher physikalischer Vorgänge nicht entraten.

Jede chemische Umsetzung ist mit einer Temperaturveränderung verbunden; und zwar kommt es in der Mehrzahl dieser Vorgänge zu einer Temperaturerhöhung durch Wärmebildung: diese werden als **exothermische Reaktionen** bezeichnet. Andere Vorgänge gehen mit einer Herabsetzung der Temperatur infolge Wärmeabsorption einher: es sind dies die **endothermischen Reaktionen**.

Die Einheit, in der die Menge der gebildeten, bezw. verschwundenen (absorbierten) Wärme ausgedrückt wird, ist die Calorie; und zwar werden kleinere Wärmemengen in Gramm-Calorien, kurz cal., größere in Kilogramm-Calorien, kurz Cal., ausgedrückt. Eine Gramm-Calorie ist gleich der Wärmemenge, durch die die Temperatur von 1 g Wasser von 15° C auf 16° C, also um 1° C erhöht wird; die Kilogramm-Calorie ist das Tausendfache der Gramm-Calorie, also die Wärmemenge, durch die die Temperatur von 1 kg Wasser von 15° C auf 16° C erhöht wird.

Zur Bestimmung der Wärmemengen, die anläßlich physikalischer oder chemischer Vorgänge gebildet werden, dienen die sog. Calorimeter, die in den §§ 153 und 154 des Anhanges beschrieben sind.

§ 47. Die äußere Arbeit. Ist eine Reaktion, die in einem offenen, mit der äußeren Luft kommunizierenden Gefäß eines Calorimeters vor sich geht, mit einer wesentlichen Volumveränderung verbunden, so wird die Reaktionswärme, die zur Beobachtung kommt, durch die Summe, bezw. Differenz zweier Komponenten dargestellt. Es sind dies 1. die wirkliche Reaktionswärme und 2. die sog. äußere Arbeit, die entweder durch das System entgegen dem Druck der äußeren Luft, oder durch die äußere Luft entgegen dem Systeme geleistet wird.

Um den Begriff der „äußeren Arbeit" dem Verständnis näher zu bringen, wollen wir annehmen. daß die Reaktionswärme des durch nachfolgende Gleichung ausgedrückten Vorganges

$$Zn + H_2SO_4 = ZnSO_4 + H_2$$

im Calorimeter bestimmt wurde, und zwar unter Verwendung von 65,4 g d. h. 1 Gramm-Atom Zink, und 98 g d. h. 1 Gramm-Molekül Schwefelsäure, wobei 2 g d. h. 1 Gramm-Molekül Wasserstoff entstehen, die bei 0° C und einem Drucke von 1 Atm. das Volumen von $22,4\ l$ haben. Der Einfachheit halber sei vorausgesetzt, daß auch das Calorimeter eine Temperatur von 0° C habe, und daß der Barometerstand 760 mm betrage.

Wir wollen uns ferner vorstellen, daß die Reaktion in einem Zylindergefäße mit dem Querschnitt von 1 dm² vor sich geht, in dem ein gewichtloser Stempel sich luftdicht und ohne Reibung auf- und ab-

wärts bewegen läßt (Abb. 3). Am Beginn des Versuches liegt der
Stempel mit seiner unteren Fläche der Flüssigkeit (Säure) genau auf;
auf seiner nach oben gekehrten Fläche lastet ein Druck von 1 Atm.
(= 1033 g pro cm²), also von insgesamt 100×1033 g = 103,3 kg.

Kommt die Reaktion in Gang, so wird, da das Zylindergefäß einen
Querschnitt von 1 dm² hat, der Stempel durch die 22,41 l des neugebildeten Gases, 22,41 dm, d. i. 2,24 m hoch gehoben (wenn wir
der Einfachheit halber die Tension des Wasserdampfes über der verdünnten Schwefelsäure vernachlässigen). Also hat unser System entgegen
dem äußeren Luftdruck eine Arbeit von $103,3 \times 2,24$ = 231,5 kgm
geleistet, wobei die dieser Arbeit äquivalente Wärmemenge selbstverständlich dem Calorimeter entnommen wurde. Da
427 kgm äquivalent sind 1 Cal., entspricht obige Arbeit $\dfrac{231,5}{427} = 0,542$ Cal.; die im Calorimeter durch
Temperaturmessung beobachtete Wärmebildung ist
also zweifellos um 0,542 Cal. niedriger ausgefallen,
als wenn das neugebildete Gas entgegen dem äußeren
Luftdruck keine Arbeit hätte leisten müssen. Will
man daher die Reaktionswärme des Vorganges richtig
wiedergeben, so muß man zu der aus der direkten
Beobachtung berechneten Wärmemenge noch die der
äußeren Arbeit entsprechende, oben berechnete Wärmemenge von 0,542 Cal. hinzuaddieren.

Ist, umgekehrt, der im Calorimeter verlaufende
Prozeß mit einer Volumverringerung verbunden, so
wird durch den Druck der äußeren Luft entgegen
dem Systeme Arbeit geleistet. Diese Arbeit wird in
Wärme verwandelt, und durch sie die Temperatur
im Calorimeter, die durch die Reaktion an sich
bereits erhöht wurde, noch weiter gesteigert. Das
Wärmeäquivalent dieser Arbeit muß — im Gegen-

Abb. 3.

satz zu dem oben erörterten Falle — von der aus der Temperatur-
ablesung berechneten Wärmebildung abgezogen werden.

Die Größe der äußeren Arbeit ist selbstverständlich verschieden
je nach der Temperatur des in Freiheit gesetzten bezw. verschwinden-
den Gases.

An der Gültigkeit obiger Ausführungen wird selbstverständlich auch
dann nichts geändert, wenn man die Reaktionswärme nicht in dem
geschlossenen, mit einem Stempel versehenen Zylindergefäße bestimmt,
das wir im oben erörterten schematischen Versuche bloß des besseren
Verständnisses halber angenommen hatten. Auch, wenn ein solcher
Stempel nicht vorhanden ist, wird Arbeit geleistet, und zwar genau
wie oben, entweder auf Kosten oder zugunsten der Wärme, die sich
aus der chemischen Reaktion selbst ergibt.

Sind an der Reaktion bloß flüssige oder feste Stoffe beteiligt, so ist die
Volumveränderung eine so geringe, daß die der geleisteten äußeren Arbeit entsprechende Korrektion füglich vernachlässigt werden kann.

§ 48. Zahlenmäßige Angaben über die Reaktionswärme physikalischer Vorgänge. Nachfolgend seien einige Daten über die Reaktionswärme physikalischer Vorgänge angeführt, wobei es durch ein Plus- bezw. Minuszeichen angedeutet ist, ob die Reaktion exothermisch bezw. endothermisch verläuft.

1. Schmelzwärme. Unter Schmelzwärme wird die Wärmemenge verstanden, die 1 g der Substanz mitgeteilt werden muß, um sie bei der Temperatur des Schmelzpunktes zum Schmelzen zu bringen. So beträgt die Schmelzwärme von

Schwefel . .	$-$ 9,4 cal.	Eis	$-$ 79,2 cal.
Quecksilber .	$-$ 2,8 „	$Na_2S_2O_3$, $5\,H_2O$	$-$ 25,7 „
Kupfer . . .	$-$ 43,0 „	Naphthalin . . .	$-$ 35,6 „

Die Schmelzwärme ist immer negativ, was so viel besagen will, daß beim Schmelzen immer Wärme absorbiert wird. Es ist also z. B., um 1 g Eis von $0°$ C zum Schmelzen zu bringen, so viel Wärme erforderlich, die genügen würde, um die Temperatur von 79,2 g Wasser um $1°$ C zu erhöhen.

Unter den leicht zugänglichen (weil billigen) Stoffen, deren Schmelzpunkt unterhalb der gewöhnlichen (Zimmer-) Temperatur liegt, ist es das Eis, dessen Schmelzwärme am größten ist; dieser Umstand ist es, der dem Eis die Eigenschaften eines idealen Kühlmittels verleiht, indem es während des Schmelzens seiner Umgebung am meisten Wärme entzieht. Hierzu kommt noch, daß bei der Temperatur, bei der das Eis schmilzt, die Bakterien sich nur äußerst langsam entwickeln, daher das Eis auch als ideales Konservierungsmittel dient.

Der umgekehrte Vorgang, das Gefrieren, ist stets mit Wärmebildung verbunden. Soll daher z. B. 1 g Wasser, dessen Temperatur $0°$ C beträgt, zu Eis gefrieren, so muß man dem Wasser Wärme in der Höhe von 79,2 cal., die beim Gefrieren in Freiheit gesetzt werden (Gefrierwärme), auf irgendeine Weise entziehen.

Daß beim Gefrieren tatsächlich Wärme in Freiheit gesetzt wird, läßt sich an folgendem Beispiele nachweisen: Bringt man krystallisiertes Natriumthiosulfat, $Na_2S_2O_3$, $5\,H_2O$, zum Schmelzen (Schmelzpunkt $+\,48°$ C), und läßt es dann bei Zimmertemperatur langsam abkühlen, so bleibt die geschmolzene Masse, wenn sie vor Erschütterung und vor dem Einfall von Staubpartikelchen bewahrt wird, flüssig, auch wenn man sie tief unter ihren Gefrierpunkt kühlt. Wird jedoch ein Kryställchen des Salzes hinzugefügt, oder wird heftig geschüttelt, so setzt das Gefrieren (Krystallisieren) sofort ein; und daß hierbei Wärme in Freiheit gesetzt wird, läßt sich durch einfaches Befühlen des Gefäßes, genauer durch ein eingesetztes Thermometer nachweisen.

Das soeben beschriebene Verhalten jenes Salzes macht es zur Herstellung von Wärmflaschen (Thermophoren) geeignet; es sind dies Blechgefäße, die mit dem oben genannten oder einem anderen, stark unterkühlbaren Salze angefüllt, und vor dem Gebrauch für einige Zeit in siedendes Wasser getaucht werden. Das Salz schmilzt und verbleibt auch nach dem Abkühlen in geschmolzenem Zustande. Soll die Wärmflasche später gebraucht werden, so hat man sie bloß stark zu schütteln, worauf die Krystallisation sofort beginnt und Wärme in Freiheit gesetzt wird.

2. Verdampfungswärme. Wird eine Flüssigkeit in Dampfform überführt, so verschwindet hierbei eine gewisse Menge von Wärme die man als die Verdampfungswärme des betreffenden Stoffes bezeichnet. Die diesbezüglich experimentell ermittelten Daten stellen das Ergebnis

der unmittelbaren kalorimetrischen Beobachtung dar, bestehen also im Sinne unserer Ausführungen am Eingang des § 47 aus zwei Komponenten. Die eine Komponente, die eigentliche Reaktionswärme, entspricht der Arbeit, die geleistet wird, um die gegenseitige Anziehung der Moleküle des flüssigen Stoffes zu überwinden, wenn er in Dampfform übergeht; die andere Komponente ist die äußere Arbeit, die zur Überwindung des äußeren Luftdruckes erforderlich ist. Selbstredend haben die Werte der Verdampfungswärme ein negatives Vorzeichen. Nachstehend sei die Verdampfungswärme einiger Stoffe für den Fall angegeben, wenn 1 g des auf den Siedepunkt erhitzten flüssigen Stoffes in Dampf, der den Druck von 1 Atm. hat, verwandelt wird.

Brom . . .	— 43 cal.	Wasser . . .	— 536 cal.
Quecksilber	— 68 „	Äthylalkohol	— 216 „
Sauerstoff .	— 61 „	Äthyläther .	— 90 „

3. **Umwandlungswärme.** Wird ein Element in eine allotrope Modifikation überführt, so wird hierbei **Wärme in Freiheit gesetzt** oder aber es wird **Wärme gebunden.** Die nachstehend angeführten Daten sind auf das Gramm-Atomgewicht des betreffenden Stoffes bezogen:

Monokliner Schwefel ⟶ rhombischer Schwefel + 0,08 Cal.
Roter Phosphor ⟶ gelber Phosphor . . . . . . — 3,7 „

Also werden z. B., wenn 32 g des monoklinen Schwefels in rhombischen Schwefel verwandelt werden, 0,08 Cal. (= 80 cal.) Wärme frei.

Die verschiedenen allotropen Modifikationen eines Elementes hat man sich so vorzustellen, daß sie sich voneinander bloß in der jeweiligen Anordnung der Atome bzw. Moleküle unterscheiden (siehe auch § 32). Bei der Umgruppierung, auf der der Übergang in eine andere allotrope Modifikation beruht, gibt es zwei Möglichkeiten: Entweder verschwindet von außen eingeführte Wärme, indem ein entsprechendes Arbeitsäquivalent entgegen der gegenseitigen Anziehung der Atome (Moleküle) geleistet wird; in diesem Falle ist die Umwandlungswärme negativ. Oder aber, es wird, umgekehrt, durch die gegenseitige Anziehung der Atome (Moleküle) Arbeit geleistet, dann kommt diese als Wärme zum Vorschein und ist die Umwandlungswärme positiv.

4. **Lösungswärme.** Die Wärme, die in Freiheit gesetzt wird, oder aber verschwindet, wenn ein Stoff in Lösung geht, wird als Lösungswärme bezeichnet, und hängt außer von der Qualität des Stoffes auch von der Menge des Lösungsmittels ab, in der der Stoff gelöst wird. Wird jedoch das Lösungsmittel — wir denken hierbei immer an Wasser — in relativ großen Mengen verwendet, so ist die Lösungswärme von der Wassermenge (praktisch) unabhängig. Nachstehende Daten bilden das Ergebnis von Versuchen, in denen gramm-molekulare Mengen der angeführten Substanzen in Wassermengen gelöst wurden, die das Vielhundertfache ihrer molekularen Menge ausmachen:

HCl	$+ 17,3$ Cal.	KNO_3	$- 8,3$ Cal.
HJ	$+ 19,2$ „	$(NH_4)Cl$	$- 3,9$ „
H_2SO_4	$+ 17,9$ „	$(NH_4)NO_3$	$- 6,2$ „
NaOH	$+ 9,9$ „	$BaCl_2\ 2\ H_2O$	$- 4,9$ „
CaO	$+ 18,3$ „	$ZnSO_4$	$+ 18,4$ „
H_3N	$+ 8,4$ „	$ZnSO_4\ 7\ H_2O$	$- 5,0$ „
NaCl	$- 1,0$ „	$FeCl_2$	$+ 17,8$ „
Na_2SO_4	$+ 0,46$ „	$FeSO_4\ 7\ H_2O$	$- 4,5$ „
$Na_2SO_4\ 10\ H_2O$	$- 18,8$ „	$CuSO_4$	$+ 15,8$ „

Löst man also 58,5 Natriumchlorid in viel Wasser, so verschwindet Wärme in der Höhe von 1 Cal.; werden hingegen 159,7 g wasserfreies Kupfersulfat in viel Wasser gelöst, so werden 15,8 Cal. Wärme frei.

Der Vorgang, der dem Lösungsprozesse zugrunde liegt, läßt sich sehr einfach deuten, wenn man ihn als ein Analogon des Verdampfungsprozesses auffaßt und annimmt, daß der gelöste Stoff im Lösungsmittel quasi verdampft. Gleichwie beim Verdampfen, muß auch beim Lösungsprozeß zur Überwindung der gegenseitigen Anziehung der Moleküle Arbeit geleistet werden, die eben dem Wärmevorrat der Umgebung entnommen wird. Daher ist der Lösungsprozeß stets mit einer Abkühlung verbunden, und ist die Menge der verschwundenen Wärme äquivalent der Arbeit, die entgegen der gegenseitigen Anziehung der Moleküle geleistet wird.

Wenn es unter obigen Daten trotzdem zahlreiche gibt, die mit einem Pluszeichen versehen sind — was soviel besagen will, daß in diesen Fällen Wärme in Freiheit gesetzt wird —, so ist dies so zu deuten, daß sich dem Prozesse der Lösung ein zweiter zugesellt hat, darin bestehend, daß der betreffende Stoff a) nach erfolgter Lösung sich mit dem Lösungsmittel chemisch verbunden, oder b) unter der Einwirkung des Lösungsmittels eine Zersetzung erfahren hat, welche Vorgänge beide mit Wärmebildung einhergehen. Ist aber die auf diese Weise zustande gekommene Wärmebildung größer, als die dem Lösungsvorgang eigentümliche Abkühlung, so muß selbstredend der ganze Prozeß in Wärmebildung ausgehen.

a) Um eine chemische Verbindung zwischen gelöstem Stoff und Lösungsmittel handelt es sich z. B., wenn Calciumoxyd, CaO, oder Salzsäure, HCl, in Wasser gelöst werden, was auch daraus hervorgeht, daß die Hydrate beider Verbindungen rein dargestellt werden können. Doch ist an einer Hydratbildung auch in den Fällen nicht zu zweifeln, in denen die Darstellung des betreffenden Hydrates zurzeit noch nicht gelungen ist.

Sehr lehrreich sind auch die Daten, die sich auf die Lösungswärme des Natriumsulfates, Na_2SO_4, und des Natriumsulfat-Dekahydrates, Na_2SO_4, $10\,H_2O$, beziehen. Die Lösungswärme des letzteren ist negativ, wie dies unserer obigen Annahme über die Analogie zwischen dem Lösungs- und Verdampfungsvorgang entspricht, hingegen ist die Lösungswärme des wasserfreien Natriumsulfates positiv, offenbar, weil, wenn dieses Salz in Lösung geht, sich vorübergehend das feste Dekahydrat bildet, und dabei mehr Wärme frei wird, als Wärme verschwindet, wenn das neugebildete Dekahydrat sofort wieder in Lösung geht.

b. Der gewöhnlichste Fall einer Zersetzung, von der der Lösungsprozeß begleitet wird, ist der der elektrolytischen Dissoziation, derzufolge, wie aus § 55 zu ersehen sein wird, die in Lösung gehende Verbindung in elektrisch geladene Teilchen, Ionen, zerfällt. Dieser Zerfall kann ebenfalls mit Wärmebildung verbunden sein, durch die die anläßlich des Lösungsprozesses erfolgende Abkühlung verringert, aufgehoben oder gar überkompensiert werden kann.

§ 49. Zahlenmäßige Angaben über die Reaktionswärme chemischer Vorgänge. Nachstehend sollen die Reaktionswärmen verschiedener chemischer Vorgänge besprochen werden.

1. Bildungswärme. Die Wärme, die in Freiheit gesetzt wird, oder verschwindet, wenn sich eine Verbindung aus ihren Elementen aufbaut, wird als die Bildungswärme der betreffenden Verbindung bezeichnet und gewöhnlich auf deren gramm-molekulare Mengen bezogen. Dabei muß aber auch der Aggregatzustand bezw. die Modifikation sowohl der neu entstandenen Verbindung, wie auch der Elemente angegeben werden, aus denen die fragliche Verbindung entstanden ist.

War bei der Bildung der neuen Verbindung auch Wasser zugegen, so daß eine verdünnt-wäßrige Lösung des neuen Stoffes entstanden ist, so wird dies durch das abgekürzte Wort „Aq“ (Aqua) bezeichnet, das auf die linke Seite der Gleichung als Summand, auf die rechte Seite aber neben die Formel der neu entstandenen Verbindung aufgeschrieben wird.

Die Bildungswärme eines gelösten Stoffes ist gleich der Bildungswärme desselben Stoffes in festem und wasserfreiem Zustande, der noch die Lösungswärme mit dem entsprechenden Vorzeichen hinzuaddiert wird; was übrigens auch aus dem weiter unten zu erörternden HESSschen Gesetze folgt.

Nachfolgend seien einige Daten über die Bildungswärmen verschiedener Körper mitgeteilt, welche Daten teils durch direkte calorimetrische Bestimmung, teils aber durch Berechnung (nach § 52) erhalten wurden.

$$2\,H_{(gasf.)} + O_{(gasf.)} = H_2O_{(dampff.)} + 58{,}1 \text{ Cal.}$$
$$2\,H_{(gasf.)} + O_{(gasf.)} = H_2O_{(flüss.)} + 68{,}5 \text{ Cal.}$$
$$2\,H_{(gasf.)} + O_{(gasf.)} = H_2O_{(fest)} + 70{,}4 \text{ Cal.}$$
$$S_{(rhomb.)} + 4\,O_{(gasf.)} + 2\,H_{(gasf.)} = H_2SO_4{}_{(flüss.)} + 192{,}9 \text{ Cal.}$$
$$S_{(rhomb.)} + 4\,O_{(gasf.)} + 2\,H_{(gasf.)} + Aq = H_2SO_4Aq + 210{,}8 \text{ Cal.}$$
$$Ca_{(fest)} + C_{(fest)} + 3\,O_{(gasf.)} = CaCO_3{}_{(amorph)} + 269{,}1 \text{ Cal.}$$
$$Ca_{(fest)} + C_{(fest)} + 3\,O_{(gasf.)} = CaCO_3{}_{(rhomb.)} + 270{,}8 \text{ Cal.}$$

Diesen Daten ist unter anderem folgendes zu entnehmen: Wenn 2 g Wasserstoffgas sich mit 16 g Sauerstoffgas zu Wasserdampf verbinden, wird Wärme in der Höhe von 58,1 Cal. frei. Oder: wenn 32 g rhombischer Schwefel sich mit 64 g Sauerstoffgas und 2 g Wasserstoffgas in Gegenwart von Wasser zu verdünnter Schwefelsäure verbinden, so werden 210,8 Cal. Wärme frei.

Auch ist aus obiger Zusammenstellung klar ersichtlich, daß es in der Tat notwendig ist, bei derlei Berechnungen den Aggregatzustand und die etwa vorliegende Modifikation anzugeben, denn die Reaktionswärme ist je nach dem Aggregatzustande und der Modifikation der betreffenden Verbindung eine verschiedene.

Als weitere Beispiele seien noch die folgenden Reaktionsgleichungen angeführt:

$$H_{(gasf.)} + Cl_{(gasf.)} = HCl_{(gasf.)} + 22,0 \ Cal.$$
$$H_{(gasf.)} + Cl_{(gasf.)} + Aq = HClAq + 39,3 \ Cal.$$
$$H_{(gasf.)} + J_{(fest)} = HJ_{(gasf.)} - 6,2 \ Cal.$$
$$H_{(gasf.)} + J_{(fest)} + Aq = HJAq + 13,0 \ Cal.$$
$$N_{(gasf.)} + 3\,H_{(gasf.)} + Aq = NH_3Aq + 20,3 \ Cal.$$
$$2\,N_{(gasf.)} + O_{(gasf.)} = N_2O_{(gasf.)} - 17,7 \ Cal.$$
$$N_{(gasf.)} + 3\,O_{(gasf.)} + H_{(gasf.)} + Aq = HNO_3Aq + 48,8 \ Cal.$$
$$Na_{(fest)} + O_{(gasf.)} + H_{(gasf.)} + Aq = NaOHAq + 112,1 \ Cal.$$
$$Na_{(fest)} + J_{(fest)} + Aq = NaJAq + 70,3 \ Cal.$$
$$Ba_{(fest)} + S_{(fest)} + 4\,O_{(gasf.)} = BaSO_{4\,(fest)} + 339,8 \ Cal.$$
$$Ba_{(fest)} + 2\,Cl_{(gasf.)} + Aq = BaCl_2Aq + 88,0 \ Cal.$$
$$Zn_{(fest)} + S_{(rhomb.)} + 4\,O_{(gasf)} + Aq = ZnSO_4Aq + 248,0 \ Cal.$$
$$Cu_{(fest)} + S_{(rhomb.)} + 4\,O_{(gasf.)} + Aq = CuSO_4Aq + 198,4 \ Cal.$$
$$Ag_{(fest)} + N_{(gasf.)} + 3\,O_{(gasf.)} + Aq = AgNO_3Aq + 23,0 \ Cal.$$
$$Ag_{(fest)} + Cl_{(gasf.)} = AgCl_{(fest)} + 29,4 \ Cal.$$
$$C_{(amorph)} + 2\,O_{(gasf.)} = CO_{2\,(gasf.)} + 97,0 \ Cal.$$
$$S_{(rhomb.)} + 2\,O_{(gasf.)} = SO_{2\,(gasf.)} + 71,1 \ Cal.$$

Verbindungen, deren Bildungswärme positiv ist, werden als exothermische, die mit negativer Bildungswärme als endothermische bezeichnet; unter den oben angeführten sind es bloß zwei, HJ und N_2O, die endothermisch sind.

2. Neutralisations- oder Sättigungswärme. Die Wärme, die in Freiheit gesetzt wird, wenn sich eine Säure mit einer Base in verdünnt-wäßriger Lösung zu einem Salze verbindet, wird als Neutralisations- oder Sättigungswärme der betreffenden Säure bezw. Base bezeichnet. Die in nachstehender Zusammenstellung mitgeteilten Daten beziehen sich auf deren Gramm-Äquivalentgewicht, sind in kg-Calorien angegeben, und haben sämtlich ein positives Vorzeichen.

	HCl	HBr	HNO_3	HCN	H_2SO_4
NaOH	13,70	13,75	13,70	2,77	15,70
KOH	13,75	13,75	13,77	2,77	15,65
$(NH_4)OH$. . .	12,30	12,30	12,30	1,30	14,10
$Ca(OH)_2$ . . .	13,95	13,85	13,90	3,20	15,57
$Zn(OH)_2$ . . .	9,95	10,05	9,95	8,15	11,70

Vermischt man z. B. verdünnt-wäßrige Lösungen von 49 g Schwefelsäure und 40 gr Natriumhydroxyd, so werden 15,70 Cal. Wärme in Freiheit gesetzt.

Aus obiger Tabelle geht die bemerkenswerte Tatsache hervor, daß die Neutralisationswärme aller einwertiger starker Säuren, wie HCl, HBr, HNO_3, bezw. einwertiger starker Basen, wie NaOH, KOH, von geringen Abweichungen abgesehen, denselben Wert von etwa 13,7 Cal. hat, während die Neutralisationswärme schwacher Säuren, wie HCN, und schwacher Basen, wie $(NH_4)OH$, sowie auch der mehrwertigen Säuren, wie H_2SO_4 und mehrwertigen Basen, wie $Ca(OH)_2$, $Zn(OH)_2$ zwischen weiten Grenzen schwankt. (Über die Ursachen dieser Erscheinung siehe weiteres in § 74.)

3. **Verbrennungswärme.** Wird ein Stoff in überschüssigem Sauerstoff verbrannt, so wird dabei eine bestimmte Menge von Wärme in Freiheit gesetzt; dies ist die sog. Verbrennungswärme des Stoffes, die, wie auch in nachstehender Zusammenstellung, gewöhnlich auf 1 g des Stoffes bezogen wird (bloß die Verbrennungswärme des Leuchtgases ist hier auf 1 m³ bezogen angegeben):

Methan (CH_4)	13,25 Cal.
Äthan (C_2H_6)	12,35 „
Benzol (C_6H_6)	10,00 „
Äthylalkohol (C_2H_6O)	7,09 „
Rohrzucker ($C_{12}H_{22}O_{11}$)	3,96 „
Stärke ($C_6H_{10}O_5$)	4,20 „
Stearinsäure ($C_{18}H_{36}O_2$)	9,53 „
Schweinefett	9,50 „
Speiseöl	9,47 „
Eiweiß (Durchschnittswert)	5,70 „
Brennholz (Durchschnittswert)	4,50 „
Steinkohle	6,8—8,0 „
Benzin u. Petroleum (Durchschnittswert)	10,3 „
Leuchtgas (pro 1 m³)	5600—6200 „

Von den oben angeführten Angaben ist z. B. die vierte so zu deuten, daß, wenn 1 g Äthylalkohol bei Sauerstoffüberschuß im Sinne der Reaktionsgleichung

$$C_2H_6O + 3\,O_2 = 2\,CO_2 + 3\,H_2O$$

vollständig verbrennt, 7,09 Cal. Wärme in Freiheit gesetzt werden.

Der Verbrennungswärme verschiedener Stoffe kommt in der Physiologie und in der Feuerungstechnik eine große Bedeutung zu, worüber weiteres in § 53 zu ersehen ist.

§ 50. **Der thermochemische Hauptsatz (das G. H. Hess'sche Gesetz).** Um den hier zu behandelnden Hauptsatz dem Verständnis näher zu bringen, wollen wir uns vorstellen, daß aus gramm-molekularen Mengen Salzsäure (36,5 g), und Ammoniak (17 g) Ammoniumchlorid nach den folgenden zwei Verfahren hergestellt würde.

Im ersteren der beiden Verfahren wird a) das Ammoniakgas in Wasser gelöst, b) das Salzsäuregas in Wasser gelöst, c) die Lösungen vermischt, wodurch Ammoniumchlorid in wäßriger Lösung entsteht. In jedem dieser drei Abschnitte des Verfahrens wird Wärme, und zwar in Mengen frei, die aus der Zusammenstellung in § 49 zu ersehen sind:

$$\text{a)} \quad NH_{3\,(gasf.)} + Aq = NH_3Aq \quad + \; 8{,}4 \; \text{Cal.}$$
$$\text{b)} \quad HCl_{(gasf.)} + Aq = HClAq \quad + 17{,}3 \; \text{„}$$
$$\text{c)} \quad NH_3Aq + HClAq = (NH_4)ClAq + 12{,}3 \; \text{„}$$
$$\text{Insgesamt} = + 38{,}0 \; \text{Cal.}$$

Im zweiten Verfahren werden a) Ammoniakgas und Salzsäuregas vermischt, wobei sich festes Ammoniumchlorid bildet; b) das so entstandene Salz löst sich im Wasser. In diesem Falle handelt es sich um folgende Reaktionswärmen:

$$\text{a) } NH_{3\,(gasf.)} + HCl_{(gasf.)} = (NH_4)Cl_{(fest)} = + 42{,}1 \; \text{Cal.}$$
$$\text{b)} \quad (NH_4)Cl_{(fest)} + Aq = (NH_4)ClAq \quad = - \; 3{,}9 \; \text{„}$$
$$\text{Insgesamt } + 38{,}2 \; \text{Cal.}$$

Es ist klar ersichtlich, daß Qualität und Quantität der Gase, NH_3-Gas und HCl-Gas, von denen wir in beiden Verfahren ausgegangen sind, identisch waren, und daß wir in beiden Verfahren denselben Stoff, $(NH_4)Cl$, zum Schlusse in derselben Menge und in demselben Zustande, d. h. in verdünnt-wäßriger Lösung erhalten haben; desgleichen auch, daß die Menge der in Freiheit gesetzten Wärme in beiden Verfahren dieselbe war, denn der geringe Unterschied in der Höhe von 0,2 Cal. rührt offenbar von unvermeidlichen Versuchsfehlern her.

Die thermochemische Untersuchung anderer Reaktionen hat zum selben Ergebnis geführt, indem in allen Fällen, wo Menge und Zustand der Ausgangssubstanzen dieselbe war, und man zu einem Endprodukte von identischer Zusammensetzung und Menge kam, die Reaktionswärme sich davon unabhängig erwiesen hat, auf welchem Wege und in welche Abschnitte geteilt die Reaktion vor sich gegangen ist. Diese Erscheinung ist also eine ganz allgemeine und läßt sich durch die folgende Regel ausdrücken:

Die Reaktionswärme eines Gesamtvorganges wird durch den Anfangs- und Endzustand eindeutig bestimmt, ist daher unabhängig von der Qualität und von der Reihenfolge der Teilvorgänge (G. H. Hessches Gesetz).

Dieses Gesetz ergibt sich aus dem Gesetze der Erhaltung der Energie eigentlich von selbst; nur ist zu bemerken, daß zur Zeit, da es von Hess aufgestellt wurde, das Gesetz der Erhaltung der Energie noch nicht als allgemein gültiges Naturgesetz formuliert war.

Aus dem Gesetze der Erhaltung der Energie folgt aber auch, daß sich aus der Reaktionswärme irgendeines Vorganges die Reaktionswärme des entgegengesetzt gerichteten Vorganges ergibt, und zwar einfach so, daß man die Reaktionswärme des erstgenannten Vorganges mit dem entgegengesetzten Vorzeichen aufschreibt. Wenn sich daher z. B. 2 g Wasserstoff und 16 g Sauerstoff zu 18 g Wasserdampf verbinden und dabei 58,1 Cal. Wärme in Freiheit gesetzt werden, so folgt hieraus, daß, wenn umgekehrt 18 g Wasserdampf in 2 g Wasserstoff und 16 g Sauerstoff zerfallen, Wärme in einer Menge von 58,1 Cal.

verschwinden muß. (Auf diesen Umstand werden wir weiter unten noch zurückkommen müssen.)

§ 51. Berechnung der Reaktionswärme chemischer Umsetzungen aus der Bildungswärme der beteiligten Verbindungen. Ist bezüglich eines chemischen Vorganges die Bildungswärme der an dem Vorgange beteiligten und dabei entstehenden Verbindungen bekannt, so läßt sich die Reaktionswärme des betreffenden Vorganges auch ohne direkte calorimetrische Bestimmung berechnen. Der Gedankengang, der dieser Berechnung zugrunde liegt, soll durch nachfolgendes Beispiel erläutert werden:

Es soll 1 Gramm-Atom Zink, 65,4 g, in verdünnter Schwefelsäure gelöst werden, wobei 2 g Wasserstoff gebildet werden und eine verdünnte Lösung der gramm-molekularen Menge des Zinksulfates, d. i. 161,5 g, entsteht. Der chemische Vorgang, der sich dabei abspielt, ist der folgende:

$$Zn_{(fest)} + H_2SO_4Aq = ZnSO_4Aq + H_{2\,(gasf.)} + Q\ Cal.$$

Um die Reaktionswärme Q dieses Vorganges zu bestimmen, müssen wir folgendes vor Augen halten: es ist ein Anfangszustand gegeben, in dem Zink und Schwefelsäure, und ein Endzustand, in dem Wasserstoffgas und verdünnte Zinksulfatlösung vorhanden sind. Um nun die Reaktionswärme zu berechnen, haben wir, da es laut dem HESSschen Gesetze irrelevant ist, auf welchem Wege der Endzustand erreicht worden ist, nur den genannten Anfangs- und Endzustand zu berücksichtigen. Wir werden also nach unserem freien Ermessen den ganzen Vorgang in solche Teilvorgänge zerlegen, deren Reaktionswärmen uns bereits bekannt sind. Ein (theoretisch, wenn auch nicht praktisch) gangbarer Weg ist z. B. der folgende:

Wir stellen uns zunächst vor, daß die verdünnte Schwefelsäure in ihre Bestandteile, Wasser und Schwefelsäure, und auch letztere weiter in Wasserstoff, rhombischen Schwefel und Sauerstoff zerfällt, wobei (da laut Absatz 1 des § 49 die Bildungswärme der verdünnten Schwefelsäure $+$ 210,8 Cal. beträgt) 210,8 Cal. Wärme verschwinden müssen. Weiterhin werden laut § 49, wenn elementares Zink sich mit den genannten (wenigstens in unserer Vorstellung) freien Elementen und mit Wasser zu einer verdünnten Zinksulfatlösung verbindet, 248,0 Cal. Wärme frei (wobei der Wasserstoff auch weiterhin in gasförmigem Zustande verbleibt).

Hiermit sind wir aber bereits vom Anfangszustande zum Endzustande gelangt, wie dies in der Reaktionsgleichung angegeben ist; und ziehen wir von den 248,0 Cal. in Freiheit gesetzter Wärme die verschwundenen 210,8 Cal. ab, so erhalten wir $+$ 37,2 Cal. als Reaktionswärme des ganzen Vorganges, der also durch folgende Reaktionsgleichung ausgedrückt werden kann:

$$Zn_{(fest)} + H_2SO_4Aq = ZnSO_4Aq + H_{2\,(gasf.)} + 37{,}2\ Cal.$$

Verallgemeinert man den in diesen Beispielen verfolgten Gedankengang, so ergibt sich für die Berechnung der Reaktionswärme eines beliebigen Vorganges die folgende Regel:

Wir zerlegen (in unserer Vorstellung) die auf der linken Seite der Reaktionsgleichung befindlichen Verbindungen in ihre Elemente und bauen dieselben Elemente (wieder in unserer Vorstellung) zu den auf der rechten Seite der Gleichung befindlichen Verbindungen auf. Die Reaktionswärme des Zersetzungsvorganges ist gleich der mit dem entgegengesetzten Vorzeichen aufgeschriebenen Summe der Bildungswärmen der zersetzten Verbindungen; die Reaktionswärme des Aufbauvorganges ist aber nichts anderes, als die Summe der Bildungswärmen der entstehenden Verbindungen; die mathematische Summe beider Reaktionswärmen ist die gesuchte Reaktionswärme des ganzen Vorganges. Werden also die Bildungswärmen der Verbindungen, die aufeinander einwirken, mit w_1 und w_2, die Bildungswärmen der neu entstehenden Verbindungen mit W_1 und W_2, und die Reaktionswärme des ganzen Vorganges mit Q bezeichnet, so ist

$$Q = (W_1 + W_2) - (w_1 + w_2).$$

In nachfolgendem wollen wir auf Grund obiger Überlegungen beispielshalber die Reaktionswärme des Vorganges berechnen, der sich beim Vermischen der wäßrigen Lösungen von je 1 Gramm-Molekül Jodwasserstoffsäure und Natriumhydroxyd abspielt, und der durch die folgende Reaktionsgleichung ausgedrückt wird:

$$HJAq + NaOHAq = NaJAq + H_2O\,_{(flüss.)}.$$

Die zur Berechnung erforderlichen Daten sind der Zusammenstellung in § 49 entnommen und lauten:

w_1 (Bildungswärme der HJ-Lösung) $= +\ \ 13{,}0$ Cal.
w_2 („   „ NaOH- „) $= + 112{,}1$ „
W_1 („   „ NaJ- „) $= +\ \ 70{,}3$ „
W_2 („ des flüssigen Wassers) $= +\ \ 68{,}5$ „

Gesucht ist Q, die Reaktionswärme des ganzen Vorganges.

Werden diese Daten in obige allgemeine Gleichung eingesetzt, so erhält man

$$Q = (70{,}3 + 68{,}5) - (13{,}0 + 112{,}1) = + 13{,}7 \text{ Cal.};$$

daher der ganze Vorgang wie folgt aufgeschrieben werden kann:

$$HJAq + NaOHAq = NaJAq + H_2O + 13{,}7 \text{ Cal.}$$

Hierüber siehe auch Punkt 2 des § 49.

§ 52. **Berechnung der Bildungswärme der Verbindungen aus der Reaktionswärme.** Im vorangehenden Paragraphen wurde gezeigt, daß aus den Bildungswärmen sämtlicher an einem Vorgange beteiligter Verbindungen die Reaktionswärme des ganzen Vorganges berechnet werden kann. Auf Grund desselben Gedankenganges ist es auch umgekehrt möglich, die Bildungswärme einer einzigen Verbindung zu berechnen, wenn einerseits die Bildungswärmen der übrigen an der Reaktion beteiligten Verbindungen, anderseits die Reaktionswärme des ganzen Vorganges bekannt sind, oder aber eigens zu diesem Zweck calorimetrisch bestimmt werden. Dies soll an der Hand der nachfolgenden Beispiele gezeigt werden.

Es soll die Bildungswärme des flüssigen Äthylalkohols aus den folgenden uns bereits von früher her bekannten Daten berechnet werden: Bildungswärme des Kohlendioxydes und des Wassers, und Verbrennungswärme des flüssigen Äthylalkohols. Die Reaktionsgleichung lautet:

$$C_2H_6O_{(flüss.)} + 6\,O_{(gasf.)} = 2\,CO_{2\,(gasf.)} + 3\,H_2O_{(flüss.)} + Q.$$

Bekannt sind:

w_2 (Bildungswärme des gasförmigen Sauerstoffs) $= 0$
W_1 („ „ „ Kohlendioxydes) $= 2 \times 97{,}0 = 194{,}0$ Cal.
W_2 („ „ flüssigen Wassers) $= 3 \times 68{,}5 = 205{,}5$ „
Q (die Reaktionswärme des ganzen Vorganges) $= 326{,}6$ Cal.

Gesucht ist w_1, d. i. die Bildungswärme des flüssigen Alkohols.

Setzen wir diese Werte in die in § 51 abgeleitete Gleichung

$$Q = W_1 + W_2 - (w_1 + w_2)$$

ein, so erhalten wir:

$$326{,}6 = (194 + 205{,}5) - (w_1 + 0);$$

woraus

$$w_1 = + 72{,}9 \text{ Cal.}$$

Es ist von weittragender Bedeutung, daß die Bildungswärme einer Verbindung auf dem oben beschriebenen Umwege, also ohne den entsprechenden calorimetrischen Versuch berechnet werden kann, denn

a) es gibt zahlreiche Verbindungen, die, wie z. B. die Mehrzahl der organischen Stoffe, aus ihren Elementen nicht unmittelbar aufgebaut werden können;

b) ein solcher Aufbau ist, wenn auch möglich, viel zu kompliziert, und sind die dabei auftretenden störenden Nebenprozesse viel zu mannigfaltig, als daß an eine direkte calorimetrische Beobachtung gedacht werden könnte.

Im Gegensatze zu dieser meist undurchführbaren direkten Methode ist die oben beschriebene, die auf Berechnung beruht, einfach und genau, und ist auch ein großer Teil der in § 49 angeführten Daten auf diesem Wege erhalten worden.

§ 53. Die physiologische und technische Bedeutung thermochemischer Daten. Den vorangehend angeführten thermochemischen Daten und dem thermochemischen Hauptsatze selbst kommt nicht nur eine theoretisch-chemische, sondern auch eine physiologische und technische Bedeutung zu, da die Arbeitsleistung des tierischen und des menschlichen Organismus, wie auch der mit Brennstoffen betriebenen Kraftmaschinen im Endergebnisse auf thermochemischen Vorgängen beruht.

Die Nahrung des tierischen und des menschlichen Organismus besteht aus Kohlenhydrat, Fett und Eiweiß, die im Darmkanal zum größten Teile resorbiert werden, zum kleineren Anteile mehr oder weniger verändert den Organismus in Form von Kot verlassen. Die resorbierten Nährstoffe werden im Organismus verbrannt, oxydiert und hierbei in einfachere, an Sauerstoff reichere Verbindungen überführt, wodurch im Endergebnisse — abgesehen von gewissen Bestandteilen, die im Harne entleert werden — bloß Kohlensäure und Wasser entstehen, genau, wie wenn die Nährstoffe bei Sauerstoffüberschuß unter Licht-(Flammen-)Erscheinungen verbrannt würden.

Anläßlich der soeben beschriebenen Oxydation der Nährstoffe wird eine beträchtliche Menge von Energie verfügbar, die a) teils zur Deckung des Energiebedarfs bei den sog. Organarbeiten (Arbeit des Verdauungsapparates, des Herzens, Atmungsarbeit, Sekretionsarbeit der Nieren usw.) dient; b) teils in Wärme umgewandelt wird und so die Temperatur des Warmblüterkörpers konstant erhält; c) teils aber in Muskelarbeit, mechanische Arbeit verwandelt wird, die beim Gehen, beim Heben von Lasten usw., mit einem Worte bei der „körperlichen Arbeit" geleistet wird.

Nach allem dem ist es selbstverständlich, daß der physiologische Wert der Nahrung proportional ist der Menge der Energie, die im Verlaufe der stufenweisen Oxydation der resorbierten Nährstoffe in Freiheit gesetzt wird, wobei aber die zahllosen Teilvorgänge — die sich an den Nährstoffen abspielen, ehe sie endlich zu Kohlensäure und Wasser verbrannt in den Ausscheidungen erscheinen — uns zurzeit noch nicht bekannt sind, daher auch ihre Reaktionswärme nicht bestimmt werden kann. Doch setzt uns das HESSsche Gesetz in den Stand, den physiologischen Wert der Nahrung genau zu bestimmen; denn laut diesem Gesetze ist die Reaktionswärme eines Gesamtvorganges von der Art der Einzelvorgänge unabhängig und wird bloß durch den Anfangs- und Endzustand bestimmt. Und, da Anfangs- und Endzustand eines Nährstoffes dieselben sind, ob er im lebenden Tierkörper nach Absolvierung einer Reihe von Zwischenstufen, oder aber außerhalb des Tierkörpers etwa im BERTHELOTschen Calorimeter verbrannt wird, müssen auch die Energiemengen, die in beiden Fällen — inner- und außerhalb des Tierkörpers — in Freiheit gesetzt werden, identisch sein. Es liefern daher die im Calorimeter ermittelten Verbrennungswärmen der Nährstoffe ein genaues Maß ihres physiologischen Wertes. (Dies gilt für Kohlehydrate und Fette, jedoch nicht für Eiweiß, da letzteres im Tierkörper nicht so vollkommen, wie im Calorimeter, verbrennt.)

Was soeben über den Energiebedarf des tierischen Organismus erörtert wurde, gilt im wesentlichen auch für die thermodynamischen Kraftmaschinen (Dampfmaschinen, Gas-, Benzin-, Rohölmotoren), die alle aus den Brennstoffen, mittels deren sie angetrieben werden, mechanische Energie erzeugen. Der wahre Wert der Brennstoffe wird also durch diejenige Energiemenge ausgedrückt, die durch diese Stoffe in Form von Wärme geliefert werden kann, und, da — wieder im Sinne des HESSschen Gesetzes — die wärmeerzeugende Fähigkeit der Brennstoffe von der Art der Verbrennung und von der Heizvorrichtung unabhängig ist, und nur vom Anfangs- und Endzustande abhängt, wird die im Calorimeter ermittelte Verbrennungswärme der Brennstoffe ein genaues Maß ihres technischen Wertes abgeben können.

Aufgaben.

32. Wie groß ist die der geleisteten „äußeren Arbeit" entsprechende Korrektion, wenn in einem offenen Calorimeter, dessen Temperatur 18° C beträgt, 2 g Wasserstoff bei Sauerstoffüberschuß verbrannt werden?

33. Wie groß ist die der äußeren Arbeit entsprechende Korrektion, wenn 100 g Eis von 0° C im offenen Calorimeter zu Wasser von 0° C geschmolzen werden? (Das spezifische Gewicht des Eises von 0° C beträgt 0,9168, das des Wassers von 0° C 0,9999.)

34. Wieviel entfällt von der Verdampfungswärme des Wassers a) auf die Überwindung der molekularen Anziehung und b) wieviel auf die „äußere Arbeit"?

35. Wieviel a) Kohle, b) bezw. Äthylalkohol, c) bezw. Leuchtgas sind (in Theorie) erforderlich, um 1 m³ Wasser von 0° C auf 100° C zu erwärmen? Ferner, wieviel d) Kohle, e) bezw. Äthylalkohol, f) bezw. Leuchtgas sind erforderlich, um 1 m³ Wasser von 100° C im offenen Gefäße in Dampf von 100° C zu verwandeln? (Die Verbrennungswärme der Kohle sei zu 7,4 Cal., die des Leuchtgases pro 1 m³ zu 5900 Cal. angenommen.)

36. Es ist die Reaktionswärme des nachfolgenden Prozesses zu berechnen:

$$CuSO_4 Aq + Zn_{(fest)} = ZnSO_4 Aq + Cu_{(fest)}.$$

37. Aus der nachfolgenden Reaktionsgleichung ist die Bildungswärme des Kohlenoxydes zu berechnen:

$$CO_{(gasf.)} + O_{(gasf.)} = CO_{2\,(gasf.)} + 68,0\ Cal.$$

Viertes Kapitel.

Elektrochemie.

I. Elektrolytische Dissoziation.

§ 54. Einleitung. Um die Theorie der elektrolytischen Dissoziation begreiflich machen zu können, müssen vor allem zwei Tatsachen erläutert werden: 1. die Abweichungen von den Lösungsgesetzen; 2. die mit der Elektrolyse einhergehende Fortbewegung der gelösten Teilchen.

1. Abweichungen von den Lösungsgesetzen. Laut der Avogadroschen Regel (§ 14) ist in gleichen Volumina der verschiedenen Gase von derselben Temperatur und vom selben Drucke die Zahl der Moleküle stets dieselbe, woraus unmittelbar folgt, daß der Druck der Gase bei derselben Temperatur bloß von der Zahl der in der Volumeinheit enthaltenen Moleküle abhängt.

Die Gasgesetze gelten jedoch auch für Lösungen; es läßt sich daher obiger Satz auch so formulieren, daß der osmotische Druck verschiedener Lösungen bei derselben Temperatur bloß von der Zahl der in der Volumeinheit gelösten Moleküle, also von ihrer Konzentration abhängt. Da aber weiterhin die Gefrierpunktserniedrigung und die Siedepunktserhöhung einer Lösung ihrem osmotischen Druck proportional ist (§ 18), läßt sich auch sagen, daß osmotischer Druck, Gefrierpunktserniedrigung und Siedepunktserhöhung einer Lösung der Zahl der in der Volumeinheit gelösten Moleküle proportional ist.

Aus § 18 wissen wir aber auch, daß Lösungen, die in 1 l Wasser gramm-molekulare Mengen der verschiedenen Stoffe gelöst enthalten, einen osmotischen Druck von 22,41 Atmosphären, eine Gefrierpunktserniedrigung von 1,85° C und eine Siedepunktserhöhung von 0,52° C haben; bezw., wenn die gramm-molekulare Menge nicht in einem, sondern in 10 l Wasser gelöst enthalten ist, der osmotische Druck der Lösung bloß den zehnten Teil des obigen Wertes, also 2,24 Atmosphären, die Gefrierpunktserniedrigung bloß 0,185° C und die Siedepunktserhöhung bloß 0,052° C betragen wird.

Von den soeben beschriebenen Gesetzmäßigkeiten gibt es aber auch scheinbare Abweichungen, indem z. B. an der Mehrzahl der anorganischen Verbindungen der osmotische Druck, die Gefrierpunktserniedrigung und die Siedepunktserhöhung größer ist, als laut Obigem zu erwarten wäre. Wird z. B. die gramm-molekulare Menge, 36,5 g Salzsäure in 10 l Wasser gelöst, so beträgt die Gefrierpunktserniedrigung nicht 0,185° C, sondern nahezu das Doppelte: 0,355° C; desgleichen ist die Gefrierpunktserniedrigung der Lösungen von Natriumchlorid, $NaCl$, Kaliumhydroxyd, KOH, Silbernitrat, $AgNO_3$ usw. nahezu doppelt so groß, in den Lösungen von Bariumnitrat, $Ba(NO_3)_2$, Calciumchlorid, $CaCl_2$, Schwefelsäure, H_2SO_4, nahezu dreimal so groß, in der Lösung von Aluminiumchlorid, $AlCl_3$, nahezu viermal so groß, als zu erwarten wäre.

Ist es aber richtig, daß, wie am Eingang dieses Paragraphen ausgeführt wurde, die Gefrierpunktserniedrigung einer Lösung der Zahl der in der Volumeinheit gelösten Moleküle proportional ist, so können die soeben angeführten Abweichungen von den Lösungsgesetzen nicht anders gedeutet werden, als wenn man annimmt, daß die genannten Stoffe, wenn sie in Lösung gehen, eine Zersetzung erleiden, durch die die Zahl der in der Lösung befindlichen Teilchen von der ursprünglichen auf das Doppelte, bezw. Dreifache, bezw. Vierfache erhöht wird. Zu bemerken ist noch, daß die Lösungen, die von den Lösungsgesetzen in dem dargetanen Sinne abweichen, die Elektrizität gut leiten, während die Lösungen der Stoffe, die den Lösungsgesetzen genau folgen, den elektrischen Strom nicht oder nur in sehr geringem Grade leiten. Hieraus läßt sich mit Recht auf einen kausalen Zusammenhang zwischen den beschriebenen Abweichungen von den Lösungsgesetzen und der elektrischen Leitfähigkeit folgern.

Man bezeichnet die Verbindungen, deren wäßrige Lösungen ein von den Lösungsgesetzen abweichendes Verhalten. zeigen und den elektrischen Strom gut leiten, als Elektrolyte; zu diesen gehören die meisten anorganischen Verbindungen, wie Säuren, Basen, Salze. Eine andere Gruppe der Verbindungen, die in ihren wäßrigen Lösungen den Lösungsgesetzen genau huldigen und den elektrischen Strom nicht leiten, wird als die der Nichtelektrolyte bezeichnet; zu dieser gehören die meisten organischen Verbindungen, wie Alkohole, Aldehyde, Ketone, Zuckerarten, Carbamid usw.

2. Die bei der Elektrolyse zu beobachtenden Bewegungserscheinungen der gelösten Elektrolytbestandteile. Ein zweites Moment, das zum Verständnis der elektrolytischen Dissoziation notwendig ist, soll in nachstehendem erörtert werden.

Wir wollen das mit entsprechenden Hahnverschlüssen versehene U-Rohr der nachstehenden Abb. 4 mit der grünen Lösung von Kupferpyrochromat, $CuCr_2O_7$, anfüllen, sodann die Hähne schließen, die oberhalb je eines Hahnes verbliebene Flüssigkeit abgießen und durch verdünnte Schwefelsäure ersetzen, so zwar, daß diese in beiden Schenkeln des Rohres gleich hoch stehe. (Das spezifische Gewicht der Schwefelsäure hat geringer zu sein als das der Kupferpyrochromatlösung, damit die beiden Flüssigkeiten sich später, wenn man die Hähne öffnet, nicht vermischen, sondern die schwerere Salzlösung unten, die leichtere Säure oben verbleibe.)

Nun wird der Apparat in einem Stativ befestigt, in die beiden Flüssigkeiten oberhalb der Hähne je eine Platinelektrode getaucht, die Hähne geöffnet und die Elektroden mit den Polen einer Stromquelle von entsprechender Spannung verbunden. Sobald der Strom geschlossen wird, steigen an beiden Elektroden Gasblasen auf (wovon jedoch zunächst abgesehen werden soll), und man sieht, daß sich die früher farblose Schwefelsäure, von ihrer Berührungsstelle mit der Kupferlösung an gerechnet, in beiden Schenkeln verfärbt: im Schenkel, der mit dem negativen Pole (Kathode) verbunden ist, wird sie lebhaft blau, im anderen, mit dem positiven Pole (Anode) verbundenen Schenkel lebhaft gelb. Die Höhe der gefärbten Schichte nimmt, solange der Strom geschlossen bleibt, beiderseits immerfort zu, und ihr oberer Rand nähert sich zusehends den Elektroden. Werden diese gefärbten Schichten von der übrigen Flüssigkeit abgesondert und jede für sich untersucht, so wird man finden, daß die blau verfärbte Schichte außer Schwefelsäure noch Cuprisulfat, $CuSO_4$, die gelbverfärbte außer Schwefelsäure noch Pyrochromsäure, $H_2Cr_2O_7$, enthält, was sich übrigens bereits durch die Färbung der betreffendenn Schwefelsäureschichten verraten hatte.

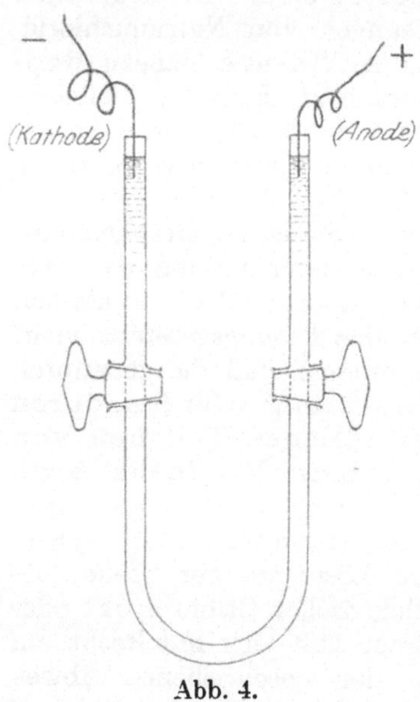

Abb. 4.

Ohne auf die Einzelheiten dieser Erscheinungen einzugehen, läßt sich aus obigen Versuchen bereits feststellen, daß, wenn eine Lösung von Kupferpyrochromat vom elektrischen Strome durchflossen wird, seine Bestandteile sich gegen die Elektroden hin fortbewegen, und zwar das Kupfer gegen den negativen Pol, der Pyrochromsäurerest, Cr_2O_7, gegen den positiven Pol.

Dasselbe ist jedoch auch an anderen Elektrolytlösungen der Fall. Die Fortbewegung der Elektrolytbestandteile läßt sich zwar an den meisten Verbindungen nicht so klar, wie oben an der Kupferpyrochromatlösung, vor Augen führen, da ja die Mehrzahl der Elektrolytbestandteile farblos ist; doch läßt sich durch entsprechend eingerichtete Versuche nachweisen, daß in jeder Lösung, die den elektrischen Strom leitet, die Bestandteile unter Einwirkung des elektrischen Stromes gegen die Elektroden wandern. Und zwar wandert in der wäßrigen Lösung von Säuren der Wasserstoff zum negativen Pol (Kathode), der Säurerest zum positiven Pol (Anode); in der wäßrigen Lösung einer Base wandert das Metall zum negativen, das Hydroxylradikal zum positiven Pol; in wäßrigen Lösungen von Salzen wandert das Metall zum negativen, der Säurerest zum positiven Pol.

§ 55. **Theorie der elektrolytischen Dissoziation (Theorie von Arrhenius).** Eine zusammenfassende Betrachtung der im vorangehenden Paragraphen erörterten Erscheinungen — Abweichung von den Lösungsgesetzen einerseits, die Wanderung der Elektrolytbestandteile andererseits — führt zu sehr wichtigen Schlüssen, die an der Hand der vorangehend angeführten Beispiele erörtert werden sollen.

Aus den in § 54 angeführten Gründen hatten wir annehmen müssen, daß, wenn Salzsäure in viel Wasser gelöst wird, sich die Zahl der gelösten Teilchen (Moleküle) nahezu verdoppelt. Da aber die Salzsäuremoleküle bloß aus je einem Wasserstoff- und Chloratom bestehen, läßt sich die erwähnte Verdoppelung zunächst nur so deuten, daß es in seine Atome, in das Wasserstoff- und Chloratom, zerfällt, wobei jedes derselben zu einem selbständigen Teilchen wird. Dieser Annahme widerspricht aber unter anderem auch der Umstand, daß in der wäßrigen Lösung der Salzsäure weder Wasserstoff, noch aber Chlor mit ihren charakteristischen Eigenschaften nachzuweisen sind: elementarer Wasserstoff hätte, wenn er entstanden wäre, als beinahe wasserunlöslich, die Flüssigkeit in Gasform verlassen müssen; elementares Chlor würde aber, wenn es entstanden wäre, sich durch seine gelbgrüne Farbe, durch seinen stechenden Geruch, seine bleichende Wirkung verraten.

Es läßt sich daher nicht daran zweifeln, daß die Teilchen, die beim Lösen der Salzsäure in Wasser entstehen, mit elementarem Wasserstoff und elementarem Chlor nicht identisch, vielmehr von diesen verschieden sind; worin der Unterschied besteht, geht aus dem Verhalten der wäßrigen Lösung der Salzsäure hervor, die durch einen elektrischen Strom durchflossen wird.

Hierbei wandert nämlich, wie im vorangehenden Paragraphen gezeigt wurde, der Wasserstoff der Salzsäure zum negativen, ihr Chlor zum positiven Pol, was einfach so erklärt werden kann, daß die wandernden Teilchen elektrische Ladungen besitzen, und zwar jeweils eine entgegengesetzt gerichtete Ladung, als die Elektrode, zu der sie sich hinbewegen. Wir nehmen also an, daß in der wäßrigen Lösung der Salzsäure der Wasserstoff eine positive, das Chlor hingegen eine negative Ladung mit sich führt. Hiermit ist aber auch der gesuchte Unterschied erklärt: die sich beim Lösen der Salzsäure bildenden selbständigen Teilchen führen elektrische Ladungen mit sich, während die Atome des elementaren Wasserstoffbezw. Chlorgases keine freien elektrischen Ladungen besitzen.

Dieselbe Erklärungsart läßt sich auch auf andere Fälle, so z. B. auf den Fall des Bariumnitrates, $Ba(NO_3)_2$, anwenden, nur muß angenommen werden, daß, wenn dieses Salz in viel Wasser gelöst wird, sich die Zahl der Teilchen verdreifacht, weil jedes einzelne $Ba(NO_3)_2$-Molekül in drei Teile zerfällt. Auskunft über die Natur der Zerfallsprodukte erhalten wir auch hier aus dem Verhalten der Lösung, wenn sie vom elektrischen Strom durchflossen wird. Wie in § 54 ausgeführt war, wandert das Metall, Ba, zum negativen, der Säurerest, NO_3 zum positiven Pole, woraus wieder unmittelbar gefolgert werden kann, daß das $Ba(NO_3)_2$-Molekül in das positiv geladene Ba-Radikal und in negativ geladene NO_3-Radikale zerfällt. Diese Annahme steht mit den Versuchsergebnissen in Einklang: da nämlich das $Ba(NO_3)_2$-Molekül aus einem Ba-Atom und aus zwei NO_3-Radikalen besteht, müssen aus seinem Zerfall drei neue selbständige Bestandteile entstehen, es muß also zu einer Verdreifachung der Teilchenzahl in der Lösung kommen.

Die in § 54 angeführten Versuchsergebnisse lassen den allgemeinen Schluß zu, daß es — genau wie in den beiden soeben erörterten Beispielen — jedesmal, wenn ein Elektrolyt in Lösung geht, zu einem Zerfalle, zu einer Dissoziation seiner Moleküle in zwei oder mehrere einfache oder zusammengesetzte Radikale kommt, die positive, bezw. negative elektrische Ladungen führen. Diese Art des Zerfalles wird als elektrolytische Dissoziation, die Zerfallsprodukte werden als Ionen bezeichnet. Insbesondere werden die positiv geladenen Ionen, die zum negativen Pol, zur Kathode wandern, Kationen, die negativ geladenen, die zum positiven Pol, zur Anode, wandern, Anionen genannt.

Die vorangehend beschriebenen Versuchsergebnisse, sowie die Schlüsse, die aus ihnen gezogen werden können, lassen sich wie folgt zusammenfassen:

1. Die in Wasser löslichen Verbindungen werden aus dem Gesichtspunkte der Elektrochemie in zwei Gruppen geteilt, in die der Nichtelektrolyte und in die der Elektrolyte.

2. An Nichtelektrolyten entspricht der osmotische Druck, die Gefrierpunktserniedrigung und die Siedepunktserhöhung der verdünnt-wäßrigen Lösungen dem Molekulargewichte, das sich aus der empirischen Formel der Verbindung berechnen läßt. Für Nichtelektrolyte sind also die Lösungsgesetze unmittelbar gültig. Ihre Lösungen leiten den elektrischen Strom nicht, bezw. nicht besser, oder kaum besser als reines Wasser. Zu den Nichtelektrolyten gehört die Mehrzahl der organischen Verbindungen, wie Alkohole, Aldehyde, Ketone, Zuckerarten usw.

3. An Elektrolyten sind der osmotische Druck, die Gefrierpunktserniedrigung und die Siedepunktserhöhung der verdünnt-wäßrigen Lösungen größer, als dem Molekulargewicht entspricht, das sich aus der Formel der Verbindung berechnen läßt. Für Elektrolyte sind also die Lösungsgesetze nicht (unmittelbar) gültig. Ihre Lösungen leiten den

elektrischen Strom gut. Zu ihnen gehören die meisten anorganischen Verbindungen, wie anorganische Säuren, Basen, Salze.

4. Werden Elektrolyte in Wasser gelöst, so erleiden sie eine elektrolytische Dissoziation, d. h. sie zerfallen in ihre Ionen (Kationen und Anionen). Die Ionen sind nichts anderes, als Atome bezw. Atomgruppen (einfache oder zusammengesetzte Radikale), die elektrisch geladen sind; und zwar führen die Kationen positive, die Anionen negative Ladungen.

5. Die Säuren dissoziieren zu Wasserstoffionen (Kationen) und Säurerestionen (Anionen); so z. B.:

HCl in H-Ionen (Kationen) und Cl-Ionen (Anionen)
HNO_3 „ „ „ „ NO_3- „ „
H_2SO_4 „ „ „ „ SO_4- „ „ .

6. Die Basen dissoziieren zu Metallionen (Kationen) und Hydroxylionen (Anionen); so z. B.:

$NaOH$ in Na-Ionen (Kationen) und OH-Ionen (Anionen)
$(NH_4)OH$ „ NH_4- „ „ „ „ „
$Ba(OH)_2$ „ Ba- „ „ „ „ „ .

7. Salze dissoziieren zu Metallionen (Kationen) und Säurerestionen (Anionen); so z. B.:

$NaCl$ in Na-Ionen (Kationen) und Cl-Ionen (Anionen)
$Ba(NO_3)_2$ „ Ba- „ „ „ NO_3- „ „
$Fe_2(SO_4)_3$ „ Fe- „ „ „ SO_4- „ „
$CuCr_2O_7$ „ Cu- „ „ „ Cr_2O_7- „ „ .

8. Unter Einwirkung des elektrischen Stromes wandern die Ionen zu den entgegengesetzt geladenen Elektroden, also die Kationen zum negativen Pol (Kathode), die Anionen zum positiven Pol (Anode).

§ 56. **Der Grad der elektrolytischen Dissoziation.** In § 54 wurde gezeigt, daß der osmotische Druck, die Gefrierpunktserniedrigung und die Siedepunktserhöhung verdünnt-wäßriger Elektrolytlösungen nahezu zwei-, dreimal usw. größer ist, als auf Grund des Lösungsgesetzes aus ihrem Molekulargewichte zu berechnen ist; hieraus hatten wir geschlossen, daß sich in verdünnt-wäßrigen Elektrolytlösungen die Zahl der gelösten Teilchen nahezu verdoppelt, verdreifacht usw. Doch gerade der Umstand, daß die Gefrierpunktserniedrigung solcher Lösungen, insbesondere, wenn sie nicht allzu verdünnt sind, stets geringer ist, als das Doppelte, Dreifache usw. der berechneten Gefrierpunktserniedrigung beträgt, weist darauf hin, daß die Verdoppelung, Verdreifachung usw. der Teilchenzahl keine vollständige ist, d. h. in nicht allzu verdünnten Lösungen sind nicht alle Moleküle zu Ionen dissoziiert, sondern bloß ein Teil derselben.

So sahen wir z. B. in § 54, daß in einer Salzsäurelösung von der molaren Konzentration 0,1 die Gefrierpunktserniedrigung 0,355° C beträgt; laut dem Lösungsgesetze müßte aber dieser Wert 0,185° C, bezw., wenn die elektrolytische Dissoziation vollständig wäre, $2 \times 0,185^{0}$ $= 0,370^{\circ}$ C betragen. Daraus, daß der im Versuche ermittelte Wert ein geringerer ist, also statt 0,370 bloß 0,355° C beträgt, folgt, daß nicht alle Salzsäuremoleküle in ihre Ionen dissoziiert sind, sondern bloß ein Teil derselben.

Welcher Bruchteil der Moleküle zu Ionen zerfällt, wird zahlenmäßig durch den Grad der elektrolytischen Dissoziation ausgedrückt.

Dieser Dissoziationsgrad, der gewöhnlich mit δ bezeichnet wird, ist also ein wahrer Bruch, dessen Wert zwischen 0 und 1 schwankt: er beträgt 0, wenn der gelöste Stoff überhaupt nicht dissoziiert ist, und er beträgt 1, wenn die Dissoziation eine vollständige ist, d. h. wenn alle Moleküle in ihre Ionen zerfallen sind.

Diesen Ausführungen ist zu entnehmen, daß zwischen dem Dissoziationsgrad und der Gefrierpunktserniedrigung einer Lösung ein enger Zusammenhang besteht, auf Grund dessen man aus der experimentell ermittelten Gefrierpunktserniedrigung den Dissoziationsgrad berechnen kann. Der Gang einer derartigen Berechnung sei am obigen Beispiele der Salzsäure von der molaren Konzentration 0,1 nachfolgend erläutert:

Eine Salzsäurelösung von der molaren Konzentration 0,1 wird bekanntlich so hergestellt, daß man die gramm-molekulare Menge, d. h. 36,5 g Salzsäure in 10 l Wasser löst. Bezeichnet man den Dissoziationsgrad der Salzsäure in dieser Lösung mit δ, so will dies besagen, daß ein Bruchteil δ sämtlicher Salzsäuremoleküle, also δ Gramm-Moleküle Salzsäure in Ionenform, $1 - \delta$ Gramm-Moleküle aber in Form unzersetzter Salzsäuremoleküle vorhanden sind. Und nun wollen wir die Gefrierpunktserniedrigung, die auf den nichtdissoziierten Anteil, und die, die auf den dissoziierten Anteil entfällt, gesondert berechnen.

Die $1 - \delta$ Gramm-Moleküle unzersetzter Säure verursachen nach dem Lösungsgesetze eine Gefrierpunktserniedrigung von $(1 - \delta)\,0,185^{\circ}$C; die δ Gramm-Moleküle der vollständig in Ionen zerfallenen Säure verursachen eine Gefrierpunktserniedrigung von $2\,\delta \cdot 0,185^{\circ}$C. Die Summe dieser beiden Werte ist aber nichts anderes, als die Gefrierpunktserniedrigung der untersuchten Säure von der molaren Konzentration 0,1, die, wie oben erwähnt, im Versuche zu 0,355° C ermittelt wurde. Es besteht daher die Gleichung

$$0,185\,(1 - \delta) + 0,370\,\delta = 0,355;$$

woraus
$$\delta = 0,92.$$

Der Dissoziationsgrad einer Salzsäurelösung von der molaren Konzentration 0,1 ist also gleich 0,92, was soviel besagen will, daß in dieser Salzsäure 92 von 100 Salzsäuremolekülen (92%) in Ionen dissoziiert, 8 von 100 (8%) jedoch unzersetzt enthalten sind.

Auf analoge Weise läßt sich z. B. auch der Dissoziationsgrad einer $Ba(NO_3)_2$-Lösung von der molaren Konzentration 0,01 aus ihrer Gefrierpunktserniedrigung, die zu 0,050° C ermittelt wurde, berechnen. Der Dissoziationsgrad wird auch hier mit δ bezeichnet, und damit angedeutet, daß von gramm-molekularen Mengen des Salzes, die in 100 l Wasser gelöst wurden, δ Moleküle in je drei Ionen (ein Ba- und zwei NO_3-Ionen) zerfallen, $1 - \delta$ Gramm-Moleküle undissoziiert enthalten sind. Die auf den dissoziierten Anteil entfallende Gefrierpunktserniedrigung ist, da diese Moleküle in je drei Ionen zerfallen sind, dreimal so groß, als sich durch die Berechnung auf Grund des Lösungsgesetzes ergeben würde, sie beträgt also $3 \times 0{,}0185\,\delta = 0{,}0555\,\delta$; die auf den nichtdissoziierten Anteil entfallende Gefrierpunktserniedrigung aber beträgt $(1 - \delta)\,0{,}0185$. Die Summe beider ist gleich der experimentell ermittelten Gefrierpunktserniedrigung der Lösung, also ist

$$0{,}0555\,\delta + 0{,}0185\,(1 - \delta) = 0{,}050;$$

woraus
$$\delta = 0{,}85.$$

Also beträgt in einer Bariumnitratlösung von der molaren Konzentration 0,01 der Dissoziationsgrad 0,85.

Auf dieselbe Weise läßt sich der Dissoziationsgrad zahlreicher anderer Elektrolyte berechnen. Als besonders wichtig sei noch hervorgehoben, daß mit zunehmender Verdünnung der Elektrolytlösung auch der Dissoziationsgrad zunimmt, welcher Natur immer der gelöste Elektrolyt sei. Dies geht aus nachstehenden Daten hervor, die sich auf Salzsäure von verschiedener Konzentration beziehen:

Molare Konzentration:	1	0,1	0,01	0,001
Dissoziationsgrad:	0,79	0,92	0,97	0,99 .

Zu bemerken ist noch, daß der Dissoziationsgrad nicht nur aus der Gefrierpunktserniedrigung, sondern in analoger Weise auch aus dem osmotischen Drucke, aus der Siedepunktserhöhung, aus der Tensionsverminderung, und — hiervon ganz unabhängig — aus der elektrischen Leitfähigkeit der Lösungen ermittelt werden kann. Da das letzterwähnte Verfahren gewisse Vorteile bietet, daher auch zur Bestimmung des Dissoziationsgrades am meisten verwendet wird, sollen die auf die Dissoziation verschiedener Verbindungen bezüglichen Daten im § 64, bei der Besprechung jenes Verfahrens angeführt werden.

Aufgaben.

38. Die Gefrierpunktserniedrigung einer 0,9%igen (physiologischen) Kochsalzlösung beträgt 0,56° C. Wie groß ist ihr osmotischer Druck?

39. Aus der Gefrierpunktserniedrigung einer 0,9%igen (physiologischen) Kochsalzlösung ist der Dissoziationsgrad des in dieser Lösung enthaltenen Kochsalzes zu berechnen.

40. Wieviel a) Rohrzucker-, bezw. b) Traubenzucker muß in 100 g Wasser gelöst werden, um Lösungen zu erhalten vom selben osmotischen Druck, wie eine 0,9%ige (physiologische) Kochsalzlösung? (Die Formel des Rohrzuckers lautet $C_{12}H_{22}O_{11}$, die des Traubenzuckers $C_6H_{12}O_6$.)

II. Die Elektrolyse.

§ 57. Die sekundären Vorgänge bei der Elektrolyse. Werden in die Lösung eines Elektrolyten zwei miteinander metallisch nicht verbundene Elektroden getaucht, und mit den Polen einer Stromquelle von entsprechender Spannung verbunden, so setzt der Vorgang der Elektrolyse ein, in deren Verlaufe an den Elektroden elektrisch neutrale Bestandteile des gelösten Stoffes ausgeschieden werden.

Auf Grund der Ionentheorie werden die Erscheinungen der Elektrolyse wie folgt gedeutet: Wird der elektrische Strom geschlossen, so wandern die positiv geladenen Ionen (Kationen) zur negativen Elektrode (Kathode), die negativ geladenen Ionen (Anionen) zur positiven Elektrode (Anode). An der entgegengesetzt geladenen Elektrode angelangt, verliert jedes Ion seine elektrische Ladung, da diese durch die entgegengesetzte Ladung der Elektrode neutralisiert wird. Die Ionen hören daher auf, als Ionen weiter zu bestehen, und werden entweder, ohne eine weitere wesentliche Veränderung zu erleiden, an der Elektrode ausgeschieden, und sammeln sich dort an; oder aber sie treten „in statu nascendi" entweder mit der Lösung oder aber mit der Elektrode in Reaktion und geben dadurch zu Vorgängen Veranlassung, die man als die die Elektrolyse begleitenden sekundären Vorgänge bezeichnet. (Will man verhüten, daß sich die Elektroden an solchen Vorgängen beteiligen, so muß man sog. indifferente Elektroden, und zwar aus Platin, Kohle usw. verwenden, die weder mit der Lösung, noch aber mit den Elektrolysenprodukten in Reaktion treten.)

Nun wollen wir an der Hand einiger konkreter Beispiele sehen, zu welchen Ergebnissen die Elektrolyse einiger wichtigerer Verbindungen führt.

a) Wird die wäßrige Lösung von Salzsäure, HCl, der Elektrolyse zwischen Platinelektroden unterworfen, so wandern die Wasserstoffionen der Salzsäure zur negativen, die Chlorionen zur positiven Elektrode; beide verlieren an den Elektroden ihre elektrischen Ladungen und es kommt an der negativen Elektrode zur Ausscheidung von Wasserstoffgas (H_2), an der positiven zur Ausscheidung von Chlorgas (Cl_2). Der sekundäre Vorgang beschränkt sich also hier darauf, daß je zwei ihrer elektrischen Ladungen beraubten Wasserstoffatome zu Wasserstoffmolekülen, und je zwei Chloratome auf analoge Weise zu Chlormolekülen zusammentreten.

b) Wird die wäßrige Lösung von Kupfersulfat, $CuSO_4$, der Elektrolyse zwischen Platinelektroden unterworfen, so wandern die Kupferionen zur negativen, die Sulfationen (SO_4) zur positiven Elektrode. An der negativen Elektrode werden die Kupferionen in metallisches Kupfer verwandelt, das sich an der Oberfläche der Elektrode in Form einer zusammenhängenden Schicht ansammelt; die an der positiven Elektrode ihrer elektrischen Ladungen beraubten SO_4-Ionen sammeln sich nicht an, sondern verbinden sich im Augenblicke ihres Entstehens mit dem vorhandenen Wasser zu Schwefelsäure, wobei Sauerstoff in Freiheit gesetzt wird:

$$2\,SO_4 + 2\,H_2O = 2\,H_2SO_4 + O_2.$$

Der sekundäre Vorgang, von dem die Elektrolyse hier begleitet wird, besteht also in der Bildung von Sauerstoff an der positiven Elektrode, und zwar in einer Menge, die äquivalent ist der Menge der zur positiven Elektrode gelangten SO_4-Ionen.

c) Wird die wäßrige Lösung von Kupfersulfat der Elektrolyse zwischen Kupferelektroden unterworfen, so ist der primäre Vorgang, der sich hierbei abspielt, mit dem vorangehend beschriebenen durchaus identisch; hingegen besteht ein Unterschied bezüglich des sekundären Vorganges. Es wird zwar an der negativen Elektrode wie oben metallisches Kupfer abgeschieden, die Sulfationen aber, die an der positiven Elektrode ihre Ladung verloren haben, bilden nicht mit Wasser Schwefelsäure, sondern mit dem Kupfer der positiven Elektrode Kupfersulfat, das sich selbstredend im vorhandenen Wasser löst. Also muß, wenn eine Elektrolyse des Kupfersulfats zwischen Kupferelektroden vorgenommen wird, die Masse der negativen Elektrode durch Auflagerung von metallischem Kupfer ständig zunehmen, die der positiven Elektrode hingegen, da von hieraus Kupfer in Lösung geht, ständig abnehmen.

d) Wird die wäßrige Lösung von Natriumsulfat, Na_2SO_4, der Elektrolyse zwischen Platinelektroden unterworfen, so wird an der negativen Elektrode Wasserstoffgas, an der positiven Sauerstoffgas gebildet, indem die Natriumionen, die zur Kathode gelangen, und die Sulfationen, die zur Anode gelangen, im Augenblicke ihrer Abscheidung mit dem vorhandenen Wasser wie folgt reagieren:

$$2\,Na + 2\,H_2O = 2\,NaOH + H_2$$
$$2\,SO_4 + 2\,H_2O = 2\,H_2SO_4 + O_2\,.$$

Es entsteht also bei dieser Elektrolyse infolge der sekundären Vorgänge an der positiven Elektrode die Säure H_2SO_4, an der negativen Elektrode die Base NaOH; dies läßt sich mit Hilfe von Indikatoren leicht nachweisen, wenn die Elektrolyse in einem U-Rohre ausgeführt wird, deren beide Schenkel, um eine rasche Vermischung bezw. Vereinigung der Base und der Säure zu verhüten, voneinander durch Pergamentpapier geschieden werden.

Wird bei der Elektrolyse einer Natriumsulfatlösung Quecksilber als Kathode verwendet, so wird das zur Abscheidung kommende Natrium vom Quecksilber gelöst, ehe es in NaOH umgewandelt würde, wovon man sich leicht überzeugen kann, wenn man nach Abschluß des Versuches das Quecksilber mit Salzsäure übergießt: durch die heftige Wasserstoffbildung, die auf Grund der nachfolgenden Reaktionsgleichung zustande kommt, wird die Anwesenheit des Natrium im Quecksilber bewiesen:
$$2\,Na + 2\,HCl = 2\,NaCl + H_2\,.$$

Wasserstoff und Sauerstoff, die sich anläßlich der Elektrolyse entwickeln, eignen sich vorzüglich, um gewisse Verbindungen zu reduzieren bezw. zu oxydieren, da Wasserstoff und Sauerstoff im Augenblicke, wo sie zur Abscheidung kommen, also „in statu nascendi" weit reaktionsfähiger sind, als in fertiger Gasform. Man spricht in solchen Fällen von einer sog. elektrolytischen Reduktion und Oxydation.

§ 58. **Die quantitativen Gesetze der Elektrolyse (Faradays Gesetze).** Werden die an den Elektroden zur Abscheidung gelangenden Elektrolytbestandteile quantitativ bestimmt, so ergeben sich hierbei folgende Gesetzmäßigkeiten:

1. **Die Menge der aus einem und demselben Elektrolyten abgeschiedenen Bestandteile ist der Dauer der Elektrolyse und der Intensität des Stromes, d. h. der Menge der Elektrizität, von der die Lösung durchströmt wird, proportional** (Erstes FARADAYsches Gesetz). Wird daher in einem Versuche eine Stunde hindurch mit einem 1 Ampere starken Strome elektrolysiert, so ist die Menge der durch die Elektrolyse abgeschiedenen Produkte dieselbe, wie, wenn durch eine halbe Stunde ein 2 Ampere starker Strom verwendet worden wäre.

Es wurde durch exakte Versuche festgestellt, daß durch einen 1 Ampere starken Strom während einer Zeitdauer von 1 Sekunde aus einer Lösung von Silbernitrat 1,1175 mg Silber, oder aus einer Lösung von Kupfersulfat 0,3292 mg Kupfer, oder aus verdünnter Schwefelsäure 0,1740 Normal-ccm Knallgas (Gemisch von Wasserstoff- und Sauerstoffgas) abgeschieden werden. Da es anderseits bekannt ist, daß die Elektrizitätsmenge, die bei Verwendung eines 1 Ampere starken Stromes während der Zeitdauer von 1 Sekunde durch die Lösung geht, 1 Coulomb beträgt, so läßt sich auch sagen, daß durch die Elektrizitätsmenge von 1 Coulomb aus einer Lösung von

$$AgNO_3 \qquad 1,1175 \text{ mg Silber}$$
$$CuSO_4 \qquad 0,3292 \text{ mg Kupfer}$$
$$H_2SO_4 \qquad 0,1740 \text{ Normal-ccm Knallgas}$$

abgeschieden werden.

Es läßt sich jedoch auch umgekehrt schließen: ist in einem gegebenen Falle die Menge des abgeschiedenen Silbers oder Kupfers oder Knallgases bekannt, so läßt sich hieraus auch die Menge der Elektrizität berechnen, die durch die Lösung gegangen war; ist auch die Zeitdauer des Stromdurchganges bekannt, so kann man auch die Intensität des Stromes berechnen.

Die Apparate, mittels deren man auf Grund der oben beschriebenen Gesetzmäßigkeiten die Elektrizitätsmengen bezw. die Stromstärken bestimmt, werden als Voltameter oder Coulometer bezeichnet. Sie sind in § 156 des Anhanges beschrieben.

2. **Die Mengen der verschiedenen Elektrolytbestandteile, die durch dieselbe Elektrizitätsmenge abgeschieden werden, sind einander chemisch äquivalent.** (Zweites FARADAYsches Gesetz.) Dieses Gesetz soll an der Hand folgender Versuchsdaten erläutert werden: Wird verdünnte Schwefelsäure der Elektrolyse zwischen Platinelektroden unterworfen, und wird hierzu so viel Elektrizität verwendet, daß sich an der Kathode ein Äquivalent Wasserstoff, d. h. 1,008 g [1]), ansammelt, so werden sich, wie man sich leicht überzeugen kann, während derselben Zeit an der Anode 8,0 g Sauerstoff abgeschieden haben.

Nun wollen wir in je einem Versuche, doch jedesmal unter Verwendung der obigen Elektrizitätsmenge die Lösungen von Salz-

---

[1]) Hier sind die Atomgewichte nicht wie in den vorangehenden Paragraphen abgerundet, sondern mit ihren genauen Werten angegeben.

säure, Silbernitrat, Kupfersulfat und Wismutbromid elektrolysieren.
Die Menge der abgeschiedenen Elektrolytbestandteile wird alsdann
folgende Werte haben: bei der Elektrolyse von

HCl	erhalten wir	1,008 g Wasserstoff	und	35,46 g Chlor	
AgNO$_3$	„	„ 107,88 g Silber	„	8,0 g Sauerstoff	
CuSO$_4$	„	„ 31,79 g Kupfer	„	8,0 g „	
BiBr	„	„ 69,66 g Wismut	„	79,92 g Brom.	

Da wir aber wissen, daß das Äquivalentgewicht des Wasserstoffs 1,008,
das des Silbers 107,88, das des Kupfers $\dfrac{63,57}{2} = 31,79$, das des Wismutes $\dfrac{209,0}{3} = 69,66$, das des Chlors 35,46, das des Sauerstoffs
$\dfrac{16,0}{2} = 8,0$, das des Broms 79,92 beträgt, geht aus obigen Versuchen
auch hervor, daß die durch dieselbe Elektrizitätsmenge abgeschiedenen
Elektrolytbestandteile einander in der Tat äquivalent sind.

Es läßt sich aber auch das zweite FARADAYsche Gesetz umkehren:
sollen einander äquivalente Mengen verschiedener Elektrolytbestandteile abgeschieden werden, so bedarf es hierzu der
gleichen Elektrizitätsmengen. Wie groß die Elektrizitätsmenge
ist, die erforderlich ist, um das Gramm-Äquivalentgewicht eines Elek-
trolytbestandteiles zur Abscheidung zu bringen, läßt sich aus den
sub 1. angeführten Daten berechnen. Dort ist nämlich angegeben, daß
durch die Elektrizitätsmenge von 1 Coulomb 1,1175 mg = 0,0011175 g
Silber abgeschieden werden; dann bedarf es aber zur Abscheidung von
1 Gramm-Äquivalentgewicht (107,88 g) des Silbers laut nachfolgender
Gleichung einer Elektrizitätsmenge von 96540 Coulomb, da

$$1 : 0,0011175 = x : 107,88;$$

woraus
$$x = 96540.$$

Da wir aber auch wissen, daß zur Abscheidung äquivalenter Mengen
der verschiedenen Elektrolytbestandteile dieselben Elektrizitätsmengen
erforderlich sind, ist es auch klar, daß es zur Abscheidung äquivalenter Mengen beliebiger Elektrolytbestandteile einer
Elektrizitätsmenge von 96540 Coulomb bedarf. Es lassen
sich daher durch eine Elektrizitätsmenge von 96540 Coulomb 1,008 g
Wasserstoff, oder 107,88 g Silber, oder 35,46 g Chlor usw. zur Abscheidung bringen.

Da es aber weiterhin auch feststeht, daß die Menge der Bestandteile, die infolge der sekundären Vorgänge entstehen, stets äquivalent
ist der Menge der Ionen, die ihre elektrischen Ladungen an den Elektroden abgegeben hatten, läßt sich der zuletzt ausgesprochene Satz
auch wie folgt formulieren:

Um von einem beliebigen Ion seinem Gramm-Äquivalentgewicht entsprechende Mengen in elektrisch neutraler Form
zur Abscheidung zu bringen, bedarf es einer Elektrizitätsmenge von 96540 Coulomb.

§ 59. Die relative Größe der elektrischen Ladung der Ionen.
Aus dem Umstande, daß es zur Abscheidung von Gramm-Äquivalent-
mengen der Ionen ungeachtet ihrer stofflichen Qualität stets einer
Elektrizitätsmenge von 96540 Coulomb bedarf, geht unmittelbar hervor, daß die Gramm-Äquivalentmenge eines jeden Iones eine
Ladung von 96540 Coulomb mit sich führt. Da aber das
Äquivalentgewicht mit dem Atomgewicht bezw. (an den zusammengesetzten Radikalen) mit dem Radikalgewichte entweder identisch ist,
oder je nachdem das betreffende Element oder zusammengesetzte
Radikal zwei- oder dreiwertig ist usw. (§ 28), die Hälfte oder den dritten
Teil desselben usw. beträgt, führen die dem Atomgewichte bezw.
dem Radikalgewichte entsprechende Mengen eines in Ionenform anwesenden einfachen oder zusammengesetzten Radikales je nach dessen Wertigkeit elektrische Ladungen in
der Höhe von 96540 oder 2×96540 oder 3×96540 Coulomb usw. mit sich; also führt z. B.

1 Gramm-Atom	Ag	eine positive	Ladung von		96540	Coul.
1 ,, ,,	Ba	,, ,,	,,	,,	2×96540	,,
1 ., ,,	Bi	,, ,,	,,	,,	3×96540	,,
1 ,, ,,	Cl	,, negative	,,	,.	96540	,,
1 Gramm-Radikal	SO_4	,, ,,	,,	,,	2×96540	,,
1 ,, ,,	PO_4	,, ,,	,,	,,	3×96540	,, .

Hat ein Element verschiedene Wertigkeiten (§ 28), so ist je nach
seiner Wertigkeit in der betreffenden Verbindung auch die Ladung der
Ionen eine verschiedene; sie beträgt z. B. pro Gramm-Atom Eisen
2×96540 bezw. 3×96540 Coulomb, je nachdem die Eisenionen aus
der Dissoziation eines Ferro- oder eines Ferrisalzes hervorgegangen sind.

Da nun weiterhin in solchen Mengen der verschiedenen Elemente
bezw. Radikale, die ihrem Atomgewichte bezw. Radikalgewichte
entsprechen, die Zahl der Atome bezw. der Radikale im Sinne der
AVOGADROschen Regel stets dieselbe ist, folgt, daß die zweiwertigen
Ionen Ba, SO_4 usw. doppelt so große, die dreiwertigen Ionen Bi, PO_4 usw.
dreimal so große Ladungen besitzen als die einwertigen Ionen Ag,
Cl usw.

Diese relative Größe der elektrischen Ladungen der Ionen wird
dadurch angedeutet, daß man rechts oben neben das Symbol des
betreffenden Iones soviel kleine „Plus"- bezw. „Minus"-Zeichen an-
schreibt, als der Wertigkeit des Iones entspricht. So schreibt man z. B.

das Silberion als Ag+   das Bariumion als Ba++ | das Wismution als Bi+++
,, Chlorion ,, Cl−   ,, Sulfation ,, SO_4−− | ,, Phosphation ,, PO_4−−−.

Oder aber es wird an Stelle eines „Plus"-Zeichens ein Punkt, an
Stelle eines „Minus"-Zeichens ein Strich gesetzt; man schreibt z. B.

$$\text{Ag}^{\cdot},\ \text{Ba}^{\cdot\cdot},\ \text{Cl}',\ \text{SO}_4''.$$

Soll der Vorgang der elektrolytischen Dissoziation in Form einer
Gleichung aufgeschrieben werden, so ist es üblich, sich stets solcher
Zeichen zu bedienen. So wird z. B. die Dissoziation der Säuren, Basen

und Salze, die in Punkt 5, 6 und 7 des § 55 beschrieben sind, durch folgende Gleichungen ausgedrückt:

$$HCl \rightleftarrows H^+ + Cl^-$$
$$HNO_3 \rightleftarrows H^+ + NO_3^-$$
$$H_2SO_4 \rightleftarrows 2H^+ + SO_4^{--}$$

$$NaOH \rightleftarrows Na^+ + OH^-$$
$$(NH_4)OH \rightleftarrows NH_4^+ + OH^-$$
$$Ba(OH)_2 \rightleftarrows Ba^{++} + 2OH^-$$

$$NaCl \rightleftarrows Na^+ + Cl^-$$
$$Ba(NO_3)_2 \rightleftarrows Ba^{++} + 2NO_3^-$$
$$Fe_2(SO_4)_3 \rightleftarrows 2Fe^{+++} + 3SO_4^{--}$$
$$CuCr_2O_7 \rightleftarrows Cu^{++} + Cr_2O_7^{--}.$$

Auch geht es aus obigen Ausführungen als selbstverständlich hervor, daß, wenn ein Elektrolyt in Wasser gelöst wird, die Summe der positiven Ladungen der Kationen gleich ist der Summe der negativen Ladungen der Anionen, daher die Lösung selbst keine freie Elektrizität enthält.

§ 60. **Die Wanderungsgeschwindigkeit der Ionen während der Elektrolyse.** Bei der Elektrolyse des pyrochromsauren Kupfers kann man, wie in § 54 erörtert wurde, sich von der Wanderung der blauen Kupferionen, Cu^{++}, und der gelben Pyrochromationen, $Cr_2O_7^{--}$, unmittelbar überzeugen, und läßt sich eine solche Wanderung an jedwedem anderen Ion, allerdings nur mittels komplizierter Verfahren, nachweisen, da die meisten Ionen farblos sind.

Ohne auf die Einrichtung dieser Versuche hier einzugehen, sei bloß soviel bemerkt, daß man sich in entsprechenden Versuchen auch von der Geschwindigkeit der Ionenwanderung überzeugen kann. Es ergab sich aus solchen Versuchen, daß die Wanderungsgeschwindigkeit einer Ionenart in erster Linie von dem Potentialgefälle zwischen beiden Elektroden abhängt und demselben proportional ist. Wenn also stets ein Apparat von denselben Dimensionen verwendet wird, ist die Wanderungsgeschwindigkeit um so größer, je größer das Potentialgefälle zwischen den Elektroden ist.

Die Wanderungsgeschwindigkeit verschiedener Ionen ist eine verschiedene, wie aus nachfolgenden Daten zu ersehen ist; diese Daten beziehen sich auf den Fall, daß das Potentialgefälle zwischen den Elektroden pro 1 cm ihrer Entfernung 1 Volt beträgt, und als Lösungsmittel Wasser von 18° C verwendet wird.

H^+-Ion	0,0033	cm/sec		OH^--Ion	0,00182	cm/sec
Na^+	„	0,00045	„	Cl^-	„	0,00069	„
K^+	„	0,00068	„	J^-	.,	0,00068	„
Ag^+	.,	0,00057	„	NO_3^-	„	0,00064	„
Cu^{++}	„	0,00048	„	CH_3COO^-	„	0,00037	„

Wird demnach eine Salzsäurelösung bei 18° C elektrolysiert, und beträgt die Entfernung zwischen den Elektroden längs der leitenden Salzsäure gemessen 100 cm, das Potentialgefälle jedoch 100 Volt, so hinterlegt ein Wasserstoffion, da pro 1 cm der Entfernung ein Potentialgefälle von 1 Volt besteht, eine Strecke von 0,0033 cm pro Sekunde, oder abgerundet 1 cm pro 5 Minuten; das Chlorion hingegen bloß eine Strecke von 2 mm pro 5 Minuten.

Es muß noch hervorgehoben werden, daß, wie aus obiger Zusammenstellung hervorgeht, die Wanderungsgeschwindigkeit der Wasserstoff- und der Hydroxylionen unter allen Ionen weitaus am größten ist; die der übrigen Ionen ist geringer und weist keine größeren Unterschiede auf.

Endlich muß noch bemerkt werden, daß die Wanderungsgeschwindigkeit der Ionen nicht nur von dem Potentialgefälle zwischen den Elektroden, sondern auch von der inneren Reibung des Lösungsmittels abhängt, und zwar derselben umgekehrt proportional ist. Da aber die innere Reibung der Flüssigkeiten bei verschiedenen Temperaturen eine verschiedene ist, so muß die Wanderungsgeschwindigkeit der Ionen auch von der Temperatur abhängen; sie nimmt, da im Falle einer Temperatursteigerung von $1\,^\circ$ C die innere Reibung um etwa 2 % abnimmt, im selben Verhältnisse zu.

Aufgaben.

41. Was geschieht, wenn eine Lösung von Natriumhydroxyd zwischen Platinelektroden der Elektrolyse unterworfen wird?

42. Nach einer 20 Minuten andauernden Elektrolyse hat im Silbercoulometer eine Abscheidung von 0,953 g Silber stattgefunden. a) Wie groß war die in Coulomb ausgedrückte Elektrizitätsmenge, die durch das Coulometer gegangen ist? b) Welche Intensität hatte dieser Strom?

43. Wieviel a) Kupfer, b) bezw. Knallgas wäre im vorangehenden Versuche zur Abscheidung gekommen, wenn an Stelle des Silbercoulometers ein Kupfer-, bezw. ein Knallgascoulometer angewendet worden wäre?

44. Welche Stromstärke ist erforderlich, um in einem Kupfercoulometer binnen 24 Stunden 1 kg Kupfer zur Abscheidung zu bringen?

45. Welche Elektrizitätsmenge ist es, die verwendet werden muß, um 10 g Quecksilber a) aus Merkuronitrat, $Hg_2(NO_3)_2$, oder b) aus Merkurinitrat, $Hg(NO_3)_2$, zur Abscheidung zu bringen? Bemerkt sei, daß die beiden genannten Verbindungen nach den folgenden Gleichungen dissoziieren:

$$Hg_2(NO_3)_2 \rightleftarrows Hg_2{+}{+} + 2NO_3{-}$$
$$Hg(NO_3)_2 \rightleftarrows Hg{+}{+} + 2NO_3{-}.$$

III. Elektrische Leitfähigkeit der Elektrolytlösungen[1]).

§ 61. Spezifische Leitfähigkeit der Elektrolytlösungen. Es geht aus den Ausführungen in den vorangehenden Paragraphen hervor, daß nur solche Lösungen Leiter der Elektrizität sind, die Ionen enthalten; denn nur diese sind Träger der Elektrizität in den Lösungen, und es kann durch eine Lösung nur soviel Elektrizität durchströmen, wie durch die Ionen befördert wird.

Geht man von dieser Auffassung der elektrischen Leitfähigkeit aus, so ergibt es sich von selbst, daß die spezifische Leitfähigkeit einer

---

[1]) Als Einführung zu diesen Erörterungen dienen die Paragraphen 157 und 158 des Anhanges.

Lösung, also der reziproke Wert des Widerstandes einer Lösung, die den Umfang eines Würfels von 1 cm Seitenlänge hat (Abb. 5), um so größer ist, je größer die Zahl der in der Lösung enthaltenen Ionen, und je größer die Wanderungsgeschwindigkeit der betreffenden Ionen ist. Da ferner die Wanderungsgeschwindigkeit der Ionen, wie in § 60 gezeigt wurde, im Falle einer Temperatursteigerung um etwa 2% pro 1° C zunimmt, muß in diesem Falle auch die elektrische Leitfähigkeit eine entsprechende Zunahme erfahren.

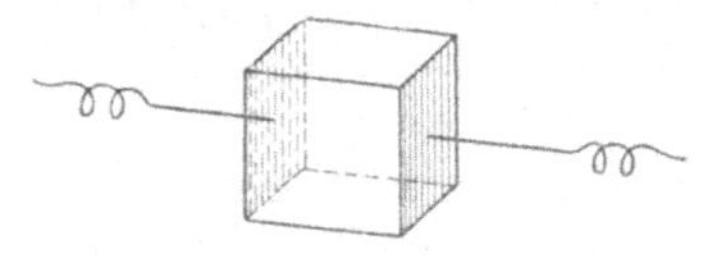

Abb. 5.

Vergleicht man die spezifische Leitfähigkeit verschieden konzentrierter Lösungen der verschiedenen Verbindungen, so wird sich im allgemeinen folgendes ergeben:

1. Die spezifische Leitfähigkeit der Lösung einer und derselben Verbindung ist im allgemeinen um so größer, je konzentrierter die Lösung ist.

2. Die spezifische Leitfähigkeit gleich konzentrierter Lösungen verschiedener Verbindungen ist eine verschiedene.

Diesbezüglich seien die folgenden für 18° C gültigen Daten mitgeteilt:

Art und Konzentration der Lösung	Spezifischer Widerstand r (Widerstand eines Würfels von 1 cm Seitenlänge) der Lösung; Ohm	Spezifische Leitfähigkeit, $\left(\varkappa = \dfrac{1}{r}\right)$ der Lösung; rezipr. Ohm
1 normal Salzsäure .	3,32	0,301
0,1 ,, ,, . .	28,5	0,0351
0,01 ,, ,, . .	270	0,00370
1 ,, Essigsäure .	758	0,00132
0,1 ,, ,, . .	2170	0,000460
0,01 ,, ,, . .	6990	0,000143

Aus diesen Daten können weitere Schlüsse am besten gezogen werden, wenn man zunächst die äquivalente Leitfähigkeit der Lösungen berechnet, worüber weiteres im nächsten Paragraphen zu ersehen ist.

§ 62. **Äquivalente Leitfähigkeit der Elektrolytlösungen.** Um den Begriff der äquivalenten Leitfähigkeit zu präzisieren, wollen wir uns zunächst ein sehr hohes wannenartiges Gefäß mit dem Querschnitt eines langgestreckten schmalen Vierecks vorstellen (Abb. 6). Zwei der einander gegenüberliegenden vier Wände sind breit, voneinander genau 1 cm weit entfernt, und aus Platin angefertigt; sie dienen, indem sie je einen angelöteten Draht tragen, als Elektroden. Die beiden anderen Seitenwände sind 1 cm breit, und gleich dem Boden des Gefäßes aus isolierendem Material (Glas) angefertigt.

In dieses Gefäß wollen wir 1 l Normalsalzsäure, die 36,5 g Salzsäure, also das Äquivalentgewicht, pro Liter gelöst enthält, einfüllen und den Widerstand der Lösung mittels der WHEATSTONEschen Einrichtung (§ 157) bestimmen. **Der reziproke Wert dieses Wider-**

standes wird als äquivalente Leitfähigkeit der Normalsalzsäure, oder als äquivalente Leitfähigkeit der Salzsäure bei
der Verdünnung von 1 *l* bezeichnet.

Fügt man der im Gefäße befindlichen Flüssigkeit 9 *l* Wasser hinzu
und erhöht dadurch ihr Volumen auf 10 *l*, so wird die Normalsalzsäure zu einer 0,1-Normalsalzsäure verdünnt; bestimmt man nun ihren
Widerstand, so ist der reziproke Wert dieses Widerstandes
nichts anderes, als die äquivalente Leitfähigkeit der 0,1-Normalsalzsäure, bezw. die äquivalente Leitfähigkeit der Salzsäure bei der Verdünnung von 10 *l*.

In analogem Sinne sprechen wir auch von der äquivalenten Leitfähigkeit einer 0,01-, 0,001-, 0,0001-Normalsalzsäure usw., oder, was
auf dasselbe hinauskommt, von der äquivalenten Leitfähigkeit der Salzsäure bei einer
Verdünnung von 100, 1000, 10000 *l* usw.

Aus alle dem ergibt sich, daß unter
äquivalenter Leitfähigkeit die Leitfähigkeit der Lösung zu verstehen
ist, wenn zwischen den Elektroden,
die sich voneinander in einem Abstande von 1 cm befinden, das Gramm-
Äquivalentgewicht des betreffenden
Stoffes gelöst enthalten ist.

Zur Bestimmung der äquivalenten Leitfähigkeit ist es aber nicht nötig, sich des
oben beschriebenen großen Gefäßes zu bedienen; denn die äquivalente Leitfähigkeit
läßt sich aus der leicht zu bestimmenden
spezifischen Leitfähigkeit in einfacher Weise
wie folgt berechnen. Laut § 61 ist nämlich
die spezifische Leitfähigkeit der Nor

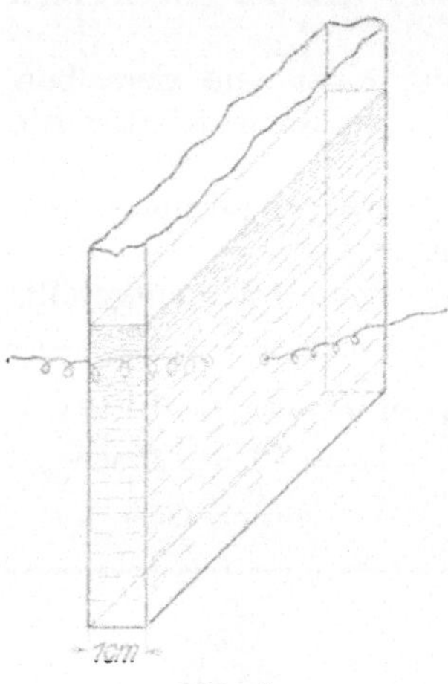

Abb. 6.

malsalzsäure, d. h. einer Salzsäurelösung, die das Gramm-Äquivalentgewicht in 1000 ccm gelöst enthält, gleich der Leitfähigkeit eines Würfels
der Lösung von 1 cm Seitenlänge; die äquivalente Leitfähigkeit ist aber
gleich der Leitfähigkeit dieser ganzen 1000 ccm, wenn sie eine 1 cm dicke
Schichte zwischen zwei Elektroden (Metallwänden des Gefäßes in Abb. 6,
das sie enthält), bilden. Nun sind aber 1000 ccm in einer Schichtendicke von 1 cm nichts anderes, als 1000 Würfel von 1 cm Seitenlänge,
die zu einer 1 cm dicken Wand aufgebaut sind; wenn daher laut der
Zusammenstellung in § 61 an der Normalsalzsäure die Leitfähigkeit
eines Würfels, d. i. die spezifische Leitfähigkeit, 0,301 rezipr.
Ohm beträgt, so ist hieraus die Leitfähigkeit von 1000 Würfeln,
d. i. die äquivalente Leitfähigkeit, das 1000fache davon, also
301 rezipr. Ohm.

Würde es sich um eine 0,1-Normalsalzsäure handeln, die also das
Gramm-Äquivalentgewicht in 10000 ccm der Lösung enthält, so würde
die äquivalente Leitfähigkeit das 10000fache der spezifischen Leitfähigkeit betragen usw.

Im allgemeinen kann man also sagen, daß die äquivalente Leitfähigkeit λ einer Lösung gleich ist dem Produkte aus der spezifischen Leitfähigkeit $\varkappa$ und der Zahl n, die angibt, in wieviel Kubikzentimeter das Gramm-Äquivalentgewicht des Stoffes gelöst enthalten ist. Also $\lambda = n\varkappa$.

In nachstehender Tabelle ist die äquivalente Leitfähigkeit verschieden konzentrierter Lösungen einiger Verbindungen bei 18° C zusammengestellt. Aus diesen Daten, sowie aus den Daten der Zusammenstellung in § 61, die sich auf Salzsäure und Essigsäure beziehen, geht der durch die Gleichung $\lambda = n\varkappa$ ausgedrückte Zusammenhang bezüglich verschieden konzentrierter Lösungen dieser beiden Säuren klar hervor.

Konzentration der Lösung	HCl	H_2SO_4	CH_3COOH	NaOH	$(NH_4)OH$	NaCl	$(NH_4)Cl$	CH_3COONa
				Äquivalente Leitfähigkeit in reciprok. Ohm				
$10 \times$ normal	64	70	0,049	21	0,054	—	—	—
1 „	301	198	1,32	157	0,89	74,4	97	41
0,1 „	351	225	4,60	195	3,3	92,0	111	61
0,01 „	370	308	14,3	203	9,6	102	122	70
0,001 „	377	361	41	—	28,0	106	127	75
0,0001 „	—	—	107	—	66	108	129	77
Maximalwert der äquivalenten Leitfähigkeit, im Falle „unendlicher" Verdünnung	380	383	350	217	238	109	129,5	78,5

Einige der in vorangehender Tabelle angeführten Daten sind des besseren Verständnisses halber auch in Form der Kurven in Abb. 7

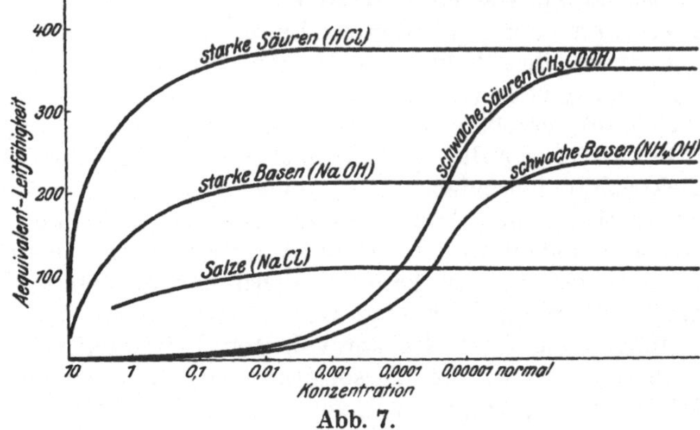

Abb. 7.

dargestellt, wobei jedoch bemerkt werden muß, daß die Daten, die sich auf Lösungen von einer Konzentration von weniger als 0,001-, bezw. 0,0001-Normalität beziehen, nicht aus unmittelbarer Beobachtung hervorgegangen sind, sondern auf Grund des Massenwirkungsgesetzes (§ 112) berechnet wurden.

§ 63. Die Deutung der äquivalenten Leitfähigkeit der Lösungen. Aus einer genauen Betrachtung der Daten am Ende des vorangehenden Paragraphen geht folgendes hervor:

1. Die äquivalente Leitfähigkeit nimmt mit zunehmender Verdünnung d. h. abnehmender Konzentration der Lösung ohne Ausnahme an jeder Verbindung zu, doch nur bis zu einem maximalen Wert; wird dann noch weiter verdünnt, so findet eine weitere Zunahme der äquivalenten Leitfähigkeit nicht mehr statt.

2. An starken Säuren, Basen und an Salzen, wie HCl, H_2SO_4, $NaOH$, $NaCl$, $(NH_4)Cl$, CH_3COONa usw., nimmt die äquivalente Leitfähigkeit beim Verdünnen anfangs sehr stark, bei weiterer Verdünnung nur mehr wenig zu, und erreicht ihren maximalen Wert, ehe noch die Verdünnung eine übergroße ist. (Siehe auch die Kurve in Abb. 7.)

3. An schwachen Säuren und Basen, wie CH_3COOH, $(NH_4)OH$, usw. ist die äquivalente Leitfähigkeit konzentrierter Lösungen unverhältnismäßig geringer als an ähnlich konzentrierten starken Säuren, Basen und Salzen; sie nimmt beim weiteren Verdünnen immerfort zu, und zwar auch noch bei Verdünnungen, bei der sich die äquivalente Leitfähigkeit starker Säuren, Basen und Salze kaum mehr ändert. Ihren maximalen Wert erlangt sie erst bei äußerst starken Verdünnungen. (Siehe auch die Kurve in Abb. 7.)

4. Vergleicht man die äquivalente Leitfähigkeit „unendlich" verdünnter Lösungen verschiedener Verbindungen, so findet man sie am größten an den Säuren, geringer an den Basen, und noch geringer an den Salzen.

Diese Ergebnisse lassen sich auf Grund der Theorie der elektrolytischen Dissoziation, wie folgt, deuten:

1. Die Zunahme der äquivalenten Leitfähigkeit bei zunehmender Verdünnung findet ihre Erklärung in der Zunahme des elektrolytischen Dissoziationsgrades (wie dies sich schon aus der Gefrierpunktserniedrigung [§ 56] ergeben hatte), da ja die Zunahme des elektrolytischen Dissoziationsgrades gleichbedeutend ist mit der Zunahme der die Elektrizität leitenden Ionen, daher aber auch mit der der elektrischen Leitfähigkeit. Anderseits ist es aber auch klar, daß die äquivalente Leitfähigkeit mit zunehmender Verdünnung nicht bis ins Unendliche gesteigert werden kann, sondern nur insolange, als durch eine weitere Verdünnung noch eine weitere Dissoziation herbeigeführt wird. Den maximalen Wert der äquivalenten Leitfähigkeit wird man demnach erhalten, wenn die Dissoziation zu einer vollkommenen, also der Dissoziationsgrad gleich 1 geworden ist. Wird noch weiterhin verdünnt, so kann es zu keiner weiteren Zunahme der äquivalenten Leitfähigkeit mehr kommen, da eine weitere Zunahme der Dissoziation, daher auch eine weitere Zunahme der Ionenzahl nicht

mehr erfolgen kann. Eine solche Lösung wird, aus dem Gesichtspunkte der elektrolytischen Dissoziation betrachtet, als „unendlich" verdünnt bezeichnet.

2. Das Verhalten der starken Säuren, der starken Basen und der Salze findet seine Erklärung in dem Umstande, daß diese Verbindungen, wie wir es im § 56 am Beispiele der Salzsäure gesehen hatten, in 0,1-Normallösungen bereits zum größten Teile, in 0,01-Normallösungen aber beinahe vollkommen dissoziiert sind. Es ist daher begreiflich, daß durch eine weitere Verdünnung die Zahl der Ionen, daher auch die äquivalente Leitfähigkeit, nur mehr in sehr geringem Grade zunehmen kann.

3. Schwache Säuren und schwache Basen sind, wie die Erfahrung lehrt, verhältnismäßig weit weniger dissoziiert als starke Säuren, starke Basen und als die Salze, demzufolge bei zunehmender Verdünnung die Zahl der Ionen, daher auch die äquivalente Leitfähigkeit noch eine starke Zunahme erfahren kann. Auch ist, da diese Verbindungen sogar in sehr verdünnten (0,0001-Normal-)Lösungen nur zu einem kleineren Anteile dissoziiert sind, begreiflich, daß sich ihre äquivalente Leitfähigkeit dem maximalen (der unendlichen Verdünnung entsprechenden) Wert weit langsamer als an starken Säuren, starken Basen und an den Salzen nähert.

4. Der Umstand, daß die äquivalente Leitfähigkeit unendlich verdünnter Lösungen verschiedener Verbindungen verschieden groß ist, findet seine Erklärung in der verschiedenen Wanderungsgeschwindigkeit der verschiedenen Ionen (§ 60). Da nämlich unter allen Ionen die H^+-Ionen die größte Wanderungsgeschwindigkeit haben, ist die äquivalente Leitfähigkeit unendlich verdünnter Säurelösungen am größten; da ferner dem OH^--Ion die nächstgrößte Wanderungsgeschwindigkeit zukommt, haben unendlich verdünnte Lösungen von Basen die nächstgrößte äquivalente Leitfähigkeit; da endlich die Wanderungsgeschwindigkeit der Ionen, die beim Lösen von Salzen entstehen, geringer ist als die der H^+- und der OH^--Ionen, ist auch die äquivalente Leitfähigkeit „unendlich" verdünnter Salzlösungen wesentlich geringer als die der Säuren und der Basen.

§ 64. **Zusammenhang zwischen äquivalenter Leitfähigkeit und Grad der elektrolytischen Dissoziation.** Nach den Ausführungen im vorangehenden Paragraphen wird die äquivalente Leitfähigkeit einer Lösung durch die Zahl und Wanderungsgeschwindigkeit der in der Lösung enthaltenen Ionen, sowie durch die innere Reibung, bezw. hiermit im Zusammenhang durch die Temperatur der Lösung bestimmt. Vergleichen wir nun die äquivalente Leitfähigkeit zweier verschieden konzentrierter Lösungen einer und derselben Verbindung bei derselben Temperatur, so wird — da innere Reibung und Temperatur, daher auch die Wanderungsgeschwindigkeit der Ionen in beiden Versuchen dieselbe ist — das Verhältnis der äquivalenten Leitfähigkeit der beiden Lösungen bloß durch die Zahl der Ionen bestimmt. Wird daher an zwei Lösungen, deren jede das Äquivalentgewicht der betreffenden Verbindung, jedoch in ungleich großen Mengen des Lösungsmittels gelöst enthält, die Zahl der Ionen mit n bezw. mit n_1, die äquivalente Leitfähigkeit mit λ bezw. λ_1 bezeichnet, so besteht die Beziehung:

$$\lambda : \lambda_1 = n : n_1.$$

Da ferner in zwei Lösungen desselben Stoffes, deren jede das Äquivalentgewicht desselben, jedoch in verschiedenen Voll. des Lösungsmittels gelöst enthält, die Zahl der Ionen dem Dissoziationsgrade proportional ist, besteht auch, wenn der Dissoziationsgrad mit δ bezw. mit δ_1 bezeichnet wird, die Beziehung:

$$n : n_1 = \delta : \delta_1.$$

Aus diesen beiden Gleichungen folgt aber auch, daß

$$\lambda : \lambda_1 = \delta : \delta_1.$$

Ist weiterhin die eine der beiden Lösungen, und zwar die mit der äquivalenten Leitfähigkeit λ_1 und dem Dissoziationsgrade δ_1 unendlich verdünnt, so ist infolge der unendlichen Verdünnung der Dissoziationsgrad der Lösung gleich 1; wird nun ihre äquivalente Leitfähigkeit mit λ_∞ bezeichnet, so ist

$$\lambda : \lambda_\infty = \delta : 1,$$

woraus endlich

$$\delta = \frac{\lambda}{\lambda_\infty}.$$

Aus allem dem geht hervor, daß man den Grad δ der elektrolytischen Dissoziation eines Stoffes in seiner beliebig konzentrierten Lösung erhalten kann, wenn man die äquivalente Leitfähigkeit λ der betreffenden Lösung durch die äquivalente Leitfähigkeit der unendlich verdünnten Lösung des Stoffes, also durch λ_∞ dividiert.

Auf Grund dieser Überlegung läßt sich z. B. aus den Daten der Tabelle in § 62 der Dissoziationsgrad der 0,1-Normalsalzsäure wie folgt berechnen:

$$\delta = \frac{\lambda}{\lambda_\infty} = \frac{351}{380} = 0{,}92.$$

Den Dissoziationsgrad der 0,1-Normalsalzsäure hatten wir bereits in § 56 aus der Gefrierpunktserniedrigung berechnet und zu 0,92 gefunden; die beiden gänzlich verschiedenen Berechnungsarten haben also zu demselben Ergebnis geführt. Dieselbe Übereinstimmung hatte sich auch für andere Fälle ergeben, welchem Umstande eine um so größere Bedeutung zukommt, da sich auf diese Weise auch die Voraussetzungen, die unserer Berechnung zugrunde liegen, als richtig und den Tatsachen entsprechend erweisen. Auf Grund solcher Leitfähigkeitsbestimmungen wurde der Dissoziationsgrad verschieden konzentrierter Lösungen der verschiedensten Verbindungen bestimmt. Einige der so erhaltenen Werte sind in nachstehender Tabelle zusammengestellt.

Namen und Formel der Verbindung	Dissoziationsgrad der Verbindung in		
	normal	0,1 normal	0,01 normal
	Lösungen		
Salzsäure HCl	0,79	0,92	0,97
Salpetersäure HNO_3	0,82	0,93	0,98
Essigsäure CH_3COOH	0,0038	0,013	0,041
Kaliumhydroxyd KOH	0,77	0,89	0,96
Natriumhydroxyd NaOH	0,72	0,90	0,94
Ammoniumhydroxyd $(NH_4)OH$ . . .	0,0037	0,014	0,040
Natriumchlorid NaCl	0,68	0,84	0,94
Ammoniumchlorid $(NH_4)Cl$	0,75	0,86	0,94
Natriumacetat CH_3COONa	0,52	0,78	0,89

Dieser Tabelle ist folgendes zu entnehmen:

a) Starke Säuren, wie z. B. HCl, HNO_3, und starke Basen, wie z. B. KOH, NaOH usw. sind in Normallösungen zu rund 80%, in 0,01-Normallösungen zu etwa 94—98%, d. h. praktisch vollkommen dissoziiert.

b) Schwache Säuren, wie z. B. CH_3COOH, und schwache Basen, wie z. B. $(NH_4)OH$, sind in ihren Normallösungen bloß in verschwindend geringem Grade, und auch in 0,01-Normallösungen bloß sehr wenig, zu etwa 4%, dissoziiert.

c) Salze sind in ihren Lösungen stark dissoziiert, und zwar ungeachtet dessen, ob sie, wie z. B. NaCl, aus einer starken Säure und einer starken Base, oder, wie z. B. $(NH_4)Cl$, aus einer starken Säure und einer schwachen Base, oder, wie z. B. CH_3COONa, aus einer schwachen Säure und einer starken Base entstanden sind.

§ 65. Dissoziation mehrwertiger Säuren. Nicht so einfach wie an obigen Verbindungen, die bloß einwertige Ionen liefern, gestalten sich die Dissoziationsverhältnisse an den Verbindungen, die mehrwertige Ionen abzuspalten vermögen. So kann z. B. die Dissoziation der mehrwertigen Säuren in soviel Abstufungen erfolgen, als der Wertigkeit der Ionen entspricht. Dies geht auch aus nachstehenden Beispielen hervor:

Schwefelsäure dissoziiert in konzentrierten Lösungen wie folgt:

$$H_2SO_4 \rightleftarrows H^+ + HSO_4^-;$$

wird die Lösung weiter verdünnt, so dissoziieren auch die HSO_4^--Ionen:

$$HSO_4^- \rightleftarrows H^+ + SO_4^{--}.$$

Also ist die Dissoziation bloß in verdünnten Lösungen eine vollkommene und verläuft dann wie folgt:

$$H_2SO_4 \rightleftarrows 2H^+ + SO_4^{--}.$$

Die Phosphorsäure (H_3PO_4) dissoziiert in drei Abstufungen, und zwar in konzentrierten Lösungen hauptsächlich nur in folgendem Sinne:

$$H_3PO_4 \rightleftarrows H^+ + H_2PO_4^-;$$

bei weiterer Verdünnung gibt das $H_2PO_4^-$-Ion noch ein H^+-Ion ab:

$$H_2PO_4^- \rightleftarrows H^+ + HPO_4^{--};$$

die Abspaltung des letzten H-Atomes in Ionenform geht bloß bei sehr starker Verdünnung vor sich:

$$HPO_4^{--} \rightleftarrows H^+ + PO_4^{---}.$$

Es kommt also bloß im Falle einer sehr großen Verdünnung zur vollkommenen Dissoziation im Sinne der nachfolgenden Gleichung:

$$H_3PO_4 \rightleftarrows 3H^+ + PO_4^{---}.$$

Aufgaben.

46. Der spezifische Widerstand einer 0,02-Normallösung von $Ba(NO_3)_2$ beträgt 521 Ohm; hieraus ist die äquivalente Leitfähigkeit der Lösung zu berechnen. Aus dem so erhaltenen Werte und aus der äquivalenten Leitfähigkeit einer unendlich verdünnten Lösung des $Ba(NO_3)_2$, die 116,7 rezipr. Ohm beträgt, ist der Dissoziationsgrad des $Ba(NO_3)_2$ in der genannten Lösung zu berechnen[1]. Endlich ist der so berechnete Dissoziationsgrad mit dem aus der Gefrierpunktserniedrigung nach § 56 erhaltene Dissoziationsgrad zu vergleichen, wobei beachtet werden muß, daß die molare Konzentration einer 0,02-Normallösung dieses Salzes 0,01 beträgt.

47. Es soll die stufenweise Dissoziation der Kohlensäure, H_2CO_3, aufgeschrieben werden.

IV. Galvanische Elemente.

§ 66. **Das Verhalten der Metalle gegenüber den Lösungen, in denen ihre eigenen Ionen enthalten sind (Nernstsche Theorie).** Um Art und Ursache des Entstehens des elektrischen Stromes in den galvanischen Elementen begreifen zu können, müssen wir vor allem darüber ins reine kommen, wie sich die Metalle gegenüber den Lösungen verhalten, in denen ihre eigenen Ionen enthalten sind. Diesbezüglich wollen wir uns zunächst an folgende in einem gewissen Sinne analoge Vorgänge halten.

Wird ein Stück Zucker in eine Zuckerlösung eingelegt, so kann dreierlei geschehen:

1. Ist die Konzentration der Zuckerlösung eine geringere, als der Löslichkeit des Zuckers entspricht, so wird vom eingelegten Stück soviel in Lösung gehen, bis die Lösung mit Zucker gesättigt ist.

2. Ist die Konzentration der Zuckerlösung größer als der Löslichkeit des Zuckers entspricht, ist also die Lösung übersättigt, so wird sich auf das eingelegte Stück so lange Zucker auflagern, bis die übersättigte Lösung zu einer gesättigten geworden ist.

---

[1] Die Dissoziation des $Ba(NO_3)_2$, läßt sich, da es sich um eine sehr verdünnte Lösung handelt, wie folgt auffassen:

$$Ba(NO_3)_2 \rightleftarrows Ba^{++} + 2NO_3^-;$$

während an konzentrierten Lösungen auf Grund der Ausführungen in § 65 auch $BaNO_3^+$-Ionen entstehen können:

$$Ba(NO_3)_2 \rightleftarrows BaNO_3^+ + NO_3^-.$$

3. Entspricht endlich die Konzentration der Zuckerlösung der Löslichkeit des Zuckers, ist also die Zuckerlösung von vornherein gesättigt, so wird an dem eingelegten Stück festen Zuckers praktisch keinerlei Änderung eintreten: es wird davon nichts in Lösung gehen, und es wird auch seiner Masse nach nicht zunehmen.

Ähnlich, wie im obigen Beispiele der Zucker oder andere Nichtmetalle, verhalten sich auch die Metalle, indem sie in ein Lösungsmittel, z. B. in Wasser, eingelegt, die Tendenz zeigen, in Lösung zu gehen; allerdings mit dem Unterschiede, daß die Moleküle der Nichtmetalle, z. B. des Zuckers, sich, ohne eine besondere Veränderung zu erleiden, im Lösungsmittel verteilen, während die Metallatome bloß in Ionenform, also mit positiver Elektrizität beladen in Lösung gehen können.

Eine weitere Analogie besteht darin, daß, wie die Löslichkeit der verschiedenen Nichtmetalle, so auch die Tendenz der verschiedenen Metalle, in Lösung zu gehen, eine verschiedene ist. Wir sagen: die elektrolytische Lösungstension der verschiedenen Metalle ist eine verschiedene.

Auf dieser Grundlage lassen sich die Vorgänge, die sich abspielen, wenn ein Metall in eine Lösung getaucht wird, in der seine eigenen Ionen gelöst enthalten sind, leicht voraussehen:

1. Ist die Konzentration der Lösung an Metallionen geringer, als der elektrolytischen Lösungstension des betreffenden Metalles entspricht, so werden auf Grund der erwähnten Analogie Metallionen in Lösung gehen, doch, im Gegensatz zu dem oben erwähnten Verhalten des Zuckers, nicht so viel, bis der Gehalt der Lösung an Metallionen der Lösungstension des Metalles gleich geworden ist. Und zwar aus folgenden Gründen nicht: Die Metallatome, die in Form von Ionen in Lösung gehen, entnehmen die hierzu nötige positive Elektrizität der Metallelektrode, wobei an dieser genau dieselbe Menge negativer Elektrizität zurückbleibt, als positive Elektrizität mit den Ionen abgegangen ist. Es kommt also zu einer Potentialdifferenz zwischen der negativ geladenen Elektrode und der durch das Hineingelangen der neugebildeten positiven Ionen positiv geladenen Lösung. Hat aber einmal diese Potentialdifferenz einen gewissen Grad erreicht, so können keine weiteren Metallionen mehr in die Lösung gelangen, denn die positiv geladenen Ionen werden durch die negativ geladene Elektrode elektrostatisch angezogen, sammeln sich auf der Oberfläche der Elektrode an, und leisten hierdurch der elektrolytischen Lösungstension gleichsam Widerstand.

Das ist z. B. der Fall, wenn eine Zinkplatte in eine Lösung, die Zn^{++}-Ionen enthält, getaucht wird, also z. B. in eine Lösung von $ZnSO_4$. Die Lösungstension des Zinks ist so groß, daß aus der Zn-Platte Zn^{++}-Ionen auch dann in Lösung gehen, wenn die $ZnSO_4$-Lösung in bezug auf $ZnSO_4$ gesättigt, also auch ihre Zn^{++}-Ionenkonzentration eine hohe ist. Die Zn-Menge, die in Lösung geht, ist jedoch eine sehr geringe, weil die Bildung weiterer Zn^{++}-Ionen durch die genannte elektrostatische Anziehung verhindert wird.

2. Ist die Konzentration der Lösung an Metallionen größer als der elektrolytischen Lösungstension des Metalles entspricht, so wird ein Teil der Metallionen sich an der Elektrodenoberfläche in elektrisch neutraler Form abscheiden. Dies hat aber zur Folge, daß die betreffende Elektrode, die die positiven Ladungen der sich abscheidenden Ionen aufnimmt, positiv geladen wird, die Lösung hingegen, in der nun die negativ geladenen Anionen das Übergewicht haben, negativ geladen ist. Also kommt es auch hier zu einer Potentialdifferenz zwischen Metall und Lösung. Da jedoch die positiv geladenen Ionen von der gleichfalls positiv geladenen Elektrode abgestoßen werden, wird eine weitere Abscheidung von Metall in elektrisch neutraler Form hintangehalten, sowie auch verhindert, daß die Metallionenkonzentration der Lösung soweit absinke, als dies der elektrolytischen Lösungstension des betreffenden Metalls entspräche.

Dies ist z. B. der Fall, wenn eine Kupferplatte in eine Lösung, die Cu^{++}-Ionen enthält, getaucht wird, also z. B. in eine Lösung von $CuSO_4$. Die elektrolytische Lösungstension des Kupfers ist nämlich eine geringe; es werden daher Cu^{++}-Ionen das Bestreben haben, sich an der Kupferplatte abzuscheiden, und die Platte wird positiv geladen. Eine weitere Abscheidung von Cu^{++}-Ionen wird jedoch durch die obengenannte elektrostatische Wirkung hintangehalten.

3. Entspricht endlich die Konzentration der Lösung an Metallionen der Lösungstension des betreffenden Metalles, so kommt es weder zu einer Abscheidung von Ionen in elektrisch neutraler Form an den Elektroden, noch aber gehen neue Ionen in Lösung; oder richtiger: es werden in diesem Falle in der Zeiteinheit genau so viel Ionen in elektrisch neutraler Form an der Elektrode abgeschieden, als neue Ionen in Lösung gehen, daher praktisch keine Veränderung vor sich geht. Auch ist es natürlich, daß es in diesem Falle zu keiner Potentialdifferenz zwischen Metall und Lösung kommt.

§ 67. Das absolute Potential der Elemente. In nachfolgender Zusammenstellung ist bezüglich einiger Metalle und auch einiger Nichtmetalle die Potentialdifferenz angegeben, die zwischen dem Elemente und der wäßrigen Lösung einer gut dissoziierenden Verbindung desselben Elementes besteht, wenn die Flüssigkeit das Gramm-Molekulargewicht des Elementes in 1 l gelöst enthält, und das Element als Elektrode in die Lösung taucht. Die Potentialdifferenz, die unter solchen Umständen entsteht, wird als das absolute Potential des Elements bezeichnet.

Aus einem Nichtmetalle werden Elektroden angefertigt, indem man das Element mit einer indifferenten Elektrode, z. B. aus Platin oder Kohle, und diese mit der Normallösung einer Verbindung des betreffenden Nichtmetalles in Berührung bringt. Hierbei löst sich nämlich das Nichtmetall in der indifferenten Elektrode und sucht — entsprechend seiner Lösungstension — mit geringerer oder größerer Intensität in Form von negativ geladenen Ionen in Lösung zu gehen. Die indifferente Platin- oder Kohlenelektrode wird, wenn die Anionen in Lösung gehen, positiv, die Lösung aber negativ geladen; die indifferente Elektrode verhält sich also, wie wenn sie eine aus dem betreffenden Nichtmetalle angefertigte Elektrode wäre.

Nach ihrer Größe geordnet, betragen die absoluten Potentiale

an den Metallen:

K/K^+	$- 2{,}92$ Volt	Ni/Ni^{++}	$+ 0{,}06$ Volt
Na/Na^+	$- 2{,}54$ „	Pb/Pb^{++}	$+ 0{,}16$ „
Ba/Ba^{++}	$- 2{,}54$ „	Sn/Sn^{++}	$+ 0{,}18$ „
Sr/Sr^{++}	$- 2{,}44$ „	H_2/H^+	$+ 0{,}28$ „
Ca/Ca^{++}	$- 2{,}24$ „	Sb/Sb^{+++}	$+ 0{,}36$ „
Mg/Mg^{++}	$- 1{,}27$ „	Bi/Bi^{+++}	$+ 0{,}46$ „
Mn/Mn^{++}	$- 0{,}94$ „	Cu/Cu^{++}	$+ 0{,}62$ „
Zn/Zn^{++}	$- 0{,}48$ „	Ag/Ag^+	$+ 1{,}08$ „
Fe/Fe^{++}	$- 0{,}15$ „	Hg/Hg_2^{++}	$+ 1{,}08$ „
Cd/Cd^{++}	$- 0{,}12$ „	Hg/Hg^{++}	$+ 1{,}14$ „
Co/Co^{++}	$- 0{,}01$ „	Au/Au^{+++}	$+ 1{,}56$ „ ,

an Nichtmetallen:

$J_{2\,(fest)}/J^-$	$+ 0{,}82$ Volt	$Cl_{2\,(gasf.)}/Cl^-$ . . .	$+ 1{,}63$ Volt
$Br_{2\,(flüss.)}/Br^-$ . . .	$+ 1{,}36$ „	$F_{2\,(gasf.)}/F^-$ . . .	$+ 2{,}16$ „ .

Den angeführten Daten ist z. B. zu entnehmen, daß das absolute Potential des Zinks $- 0{,}48$ Volt beträgt, was so viel sagen will, daß, wenn metallisches Zink mit der Lösung eines gut dissoziierenden Zinksalzes (z. B. $ZnSO_4$), von der molaren Konzentration 1 in Berührung kommt, Zn^{++}-Ionen in Lösung gehen, und eine Potentialdifferenz in der Höhe von 0,48 Volt entsteht, wobei das metallische Zn negativ, die Lösung hingegen positiv geladen ist.

Oder aber: das absolute Potential des Chlors beträgt laut obigen Daten $+ 1{,}63$ Volt; hierunter ist zu verstehen, daß, wenn Chlorgas bei einem Drucke von 1 Atm. unter Vermittlung einer indifferenten Elektrode (z. B. Platin oder Kohle) mit Salzsäure oder mit einer Kochsalzlösung von der molaren Konzentration 1 in Berührung kommt, Cl^--Ionen in Lösung gehen, und zwischen der Chlorelektrode und der Lösung eine Potentialdifferenz in der Höhe von 1,63 Volt entsteht, wobei die Elektrode positiv, die Lösung aber negativ geladen ist.

Oder endlich: Das absolute Potential des Kupfers beträgt laut den Daten der Zusammenstellung $+ 0{,}62$ Volt. Dies will besagen, daß, wenn metallisches Kupfer mit der Lösung eines gut dissoziierenden Kupfersalzes (z. B. von $CuSO_4$) von der molekularen Konzentration 1 in Berührung kommt, und aus der $CuSO_4$-Lösung Cu^{++}-Ionen an der Elektrode in Form elektrisch neutralen Kupfers abgeschieden werden, zwischen Metall und Lösung eine Potentialdifferenz in der Höhe von 0,62 Volt entsteht, wobei das metallische Kupfer positiv, die Lösung aber, in der die SO_4^{--}-Ionen das Übergewicht erlangt haben, negativ geladen sein wird.

§ 68. **Galvanische Elemente.** Auf Grund der absoluten Potentiale der Elemente ist es ein leichtes, die Wirkungsweise der ver-

schiedenen galvanischen Elemente zu erklären; in nachstehendem soll
dies an einigen derselben versucht werden.

1. Das DANIELLsche Element (Abb. 8) besteht bekanntlich aus einer
Zn-Platte, die in eine Lösung von $ZnSO_4$, und aus einer Cu-Platte,
die in eine Lösung von $CuSO_4$ taucht, wobei die zwei Lösungen voneinander durch ein poröses Diaphragma geschieden sind. Das Element
kann symbolisch wie folgt dargestellt werden:

$$-Zn \mid ZnSO_4\text{-Lösung} \mid CuSO_4\text{-Lösung} \mid Cu +.$$

Werden die Zn- und die Kupferplatte in die betreffenden Lösungen
getaucht, so gelangen, wie aus § 66 hervorgeht, von der Zn-Platte
Zn^{++}-Ionen in die $ZnSO_4$-Lösung, daher diese Platte sich negativ lädt;
anderseits scheiden sich aus der $CuSO_4$-Lösung Cu^{++}-Ionen in elektrisch
neutralem Zustande auf der Kupferplatte aus, daher sich diese Platte
positiv lädt. Aus § 66 wissen wir aber auch, daß dieser Prozeß alsbald
zum Stillstand kommt, weil die Zn^{++}-Ionen durch die negativ geladene

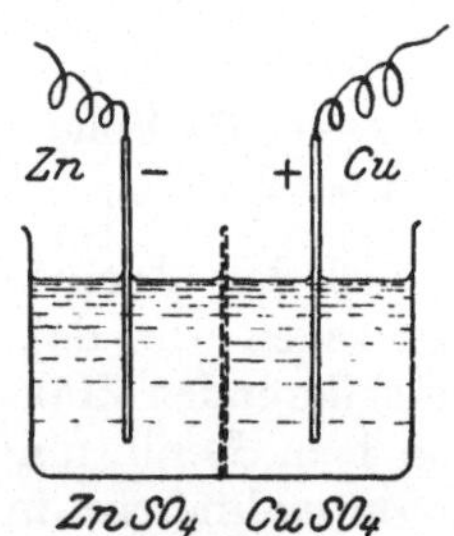
Abb. 8. DANIELLsches
Element.

Zn-Platte elektrostatisch angezogen, die Cu^{++}-
Ionen aber durch die positiv geladene Cu-Platte
elektrostatisch abgestoßen werden, daher ein
weiterer Abgang von Zink in Ionenform und
eine weitere Abscheidung von Cu^{++}-Ionen in
elektrisch neutraler Form hintangehalten werden.

Wenn man aber die beiden Elektroden durch
einen Metalldraht leitend verbindet, also das
Element „schließt", so gestaltet sich die Sache
anders: die positiven Ladungen der ausgeschiedenen Cu^{++}-Ionen verbleiben nicht mehr an der
Cu-Platte, denn die Elektrizität strömt durch den
Verbindungsdraht in die Zn-Platte und wird dort
von den Zn-Atomen aufgenommen, wenn diese in Ionenform in Lösung
gehen. Das Hindernis, das in der oben genannten elektrostatischen
Anziehung und Abstoßung bestanden hatte, ist also nicht mehr vorhanden, und es kann Zink, sobald das Element einmal geschlossen
ist, ununterbrochen in Ionenform in Lösung gehen, und es können
Cu^{++}-Ionen ununterbrochen sich an der Cu-Platte in elektrisch neutraler Form abscheiden.

Es handelt sich also hierbei eigentlich bloß darum, daß die Cu^{++}-
Ionen ihre Ladungen den Zn-Atomen übergeben:

$$Cu^{++} + Zn = Cu + Zn^{++};$$

der elektrische Strom kommt aber dadurch zustande, daß der Austausch der elektrischen Ladungen durch den Verbindungsdraht hindurch vor sich geht.

Die elektromotorische Kraft des DANIELLschen Elementes setzt
sich zusammen aus den Potentialdifferenzen, die einerseits zwischen
Zn und der $ZnSO_4$-Lösung, anderseits zwischen Cu und $CuSO_4$-Lösung
bestehen. Haben die Lösungen des $ZnSO_4$ und des $CuSO_4$ die molare
Konzentration 1, so wird nach den Daten der Zusammenstellung in

§ 67 das Zn gegenüber der $ZnSO_4$-Lösung negativ geladen, und zwar mit einer Spannung von 0,48 Volt, das Cu hingegen gegenüber der $CuSO_4$-Lösung positiv geladen, und zwar mit einer Spannung von 0,62 Volt. Daher ist die elektromotorische Kraft des DANIELLschen Elementes, d. i. die Potentialdifferenz zwischen ihren beiden Elektroden, gleich dem Unterschiede ihrer absoluten Potentiale, also $+ 0,62 - (- 0,48) = 1,10$ Volt.

Die Größe der Potentialdifferenz zwischen Metall und Lösung, damit aber auch die Größe der elektromotorischen Kraft des Elementes hängt auch von der Ionenkonzentration in beiden Lösungen ab. Denn einerseits ist das Bestreben der Zn^{++}-Ionen, in Ionenform in Lösung zu gehen, ein um so heftigeres, und die negative Ladung, die die Zn-Platte gegenüber der Lösung annimmt, eine um so größere, je geringer die Konzentration der Zn^{++}-Ionen in der Lösung ist, in die die Zn-Elektrode taucht; anderseits ist das Bestreben der Cu^{++}-Ionen, sich in metallischer Form auszuscheiden, daher auch die positive Ladung der Cu-Platte um so größer, je größer die Konzentration der Cu^{++}-Ionen in der $CuSO_4$-Lösung ist. Es läßt sich also die elektromotorische Kraft eines DANIELLschen Elementes entweder dadurch steigern, daß man die $ZnSO_4$-Lösung verdünnter, oder die $CuSO_4$-Lösung konzentrierter nimmt.

In vollkommener Analogie mit dem DANIELLschen Elemente lassen sich die beiden folgenden Elemente zusammenstellen, und läßt sich ihre elektromotorische Kraft aus den betreffenden absoluten Potentialen berechnen:

$$- \text{Zn} \,|\, ZnSO_4\text{-Lösung} \,\|\, AgNO_3\text{-Lösung} \,|\, \text{Ag} \,+$$
$$- \text{Mg} \,|\, MgSO_4\text{-Lösung} \,\|\, NiSO_4\text{-Lösung} \,|\, \text{Ni} \,+ .$$

2. Ein weiteres Element ist folgendermaßen zusammengestellt:

$$- \text{Zn} \,|\, ZnSO_4\text{-Lösung [mol. Konz.} = 1] \,\|\, \text{Normal } H_2SO_4 \,|\, H_2\text{-Gas [Platin]} \,+ .$$

Ist dieses Element, dessen Einrichtung aus Abb. 9 zu ersehen ist, offen, so gehen, wie sub 1. ausgeführt wurde, Zn^{++}-Ionen zunächst nur in ganz geringer Zahl in Lösung, und scheiden sich H^+-Ionen nur in einer geringen Zahl in elektrisch neutraler Form an der Platinelektrode ab, wobei es zu einer Potentialdifferenz zwischen je einer Elektrode und Lösung kommt. Und zwar nimmt laut der Tabelle in § 67 das Zn der Lösung gegenüber negative Ladung mit einer Spannung von 0,48 Volt an, während die Platinelektrode, die eigentlich eine Wasserstoffelektrode darstellt, der Lösung gegenüber positive Ladung mit einer Spannung von 0,28 Volt erhält. Infolge der oben erwähnten elektrostatischen Anziehung bzw. Abstoßung steht dieser Vorgang alsbald still. Verbindet man aber die beiden

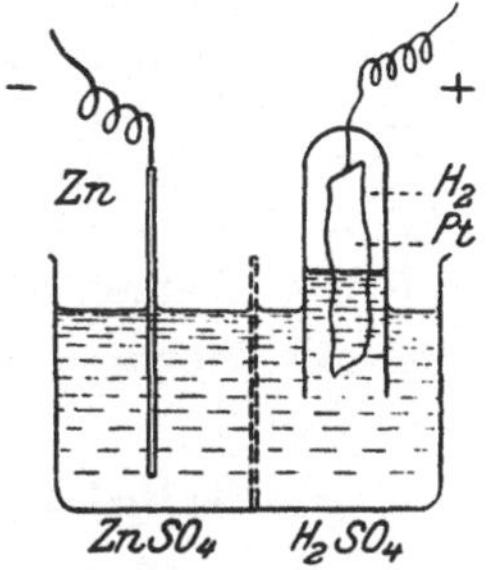

Abb. 9. Galvanisches Element aus einer Zn- und einer H-Elektrode.

Elektroden miteinander metallisch, so werden weder die Zn^{++}-Ionen daran verhindert, in Lösung zu gehen, noch aber die H^+-Ionen daran verhindert, sich in elektrisch neutraler Form an der Platinelektrode abzuscheiden; denn die von letzterer abgegebene positive Elektrizität strömt von der Elektrode durch den Verbindungsdraht zur Zn-Elektrode und liefert die positive Ladung für die in Lösung gehenden Zn^{++}-Ionen.

Werden Lösungen von der molaren Konzentration 1 verwendet, so ist die elektromotorische Kraft des Elementes gleich dem Unterschiede zwischen den absoluten Potentialen, d. h. $0,28 — (— 0,48) = 0,76$ Volt. Die elektromotorische Kraft wird größer, wenn die $ZnSO_4$-Lösung verdünnter, und die Schwefelsäure konzentrierter genommen wird.

3. Ein anderes Element ist wie folgt aufgebaut:

$— Mg\ MgSO_4$-Lösung [mol. Konz. $= 1$] $||$ $CdSO_4$-Lösung [mol. Konz. $= 1$] $|$ $Cd +$.

Man hat es in diesem Falle, wie aus der Tabelle in § 67 zu ersehen ist, mit zwei Metallen zu tun, an denen beiden die Lösungstension größer ist als das Bestreben, sich in elektrisch neutralem Zustande abzuscheiden, daher beide Elektroden gegenüber den Lösungen ihrer Sulfate negativ geladen sein werden, und zwar die Mg-Elektrode mit einer Spannung von 1,27, die Cd-Elektrode aber mit einer solchen von 0,12 Volt. Solange das Element offen ist, kommt es aus den bekannten Gründen zu keiner weiteren Veränderung; werden aber die beiden Elektroden durch einen Leitungsdraht verbunden, so strömt die Elektrizität von der Stelle des höheren Potentials, von Mg, gegen den Ort des niedrigeren Potentials, zum Cd, woraus natürlicherweise folgt, daß der negative Pol des Elementes vom Mg, der positive vom Cd gebildet wird. Die Veränderung, die im Elemente vor sich geht, besteht darin, daß sich an der Cd-Elektrode Cd^{++}-Ionen in elektrisch neutralem Zustande abscheiden und dort auflagern; ihre positiven Ladungen strömen durch den Verbindungsdraht zur Mg-Elektrode, und werden dort an die Mg-Atome abgegeben, die nun in Form von Mg^{++}-Ionen in Lösung gehen.

Es kann aber der ganze Vorgang auch so aufgefaßt werden, daß durch das Mg, dessen Lösungstension die größere ist, das Cd aus der Lösung verdrängt wird.

Die elektromotorische Kraft des Elementes beträgt: $— 0,12 — (— 1,27) = 1,15$ Volt. Wird die $MgSO_4$-Lösung verdünnter, oder die $CdSO_4$-Lösung konzentrierter genommen, so wird die elektromotorische Kraft des Elementes eine größere.

4. Als viertes Beispiel folge ein Element, das wie folgt aufgebaut ist (Abb. 10).

$— [Pt]\ H_2$-Gas Salzsäure [mol. Konz. $= 1$] $|$ Cl_2-Gas $[Pt] +$.

Solange das Element offen ist, scheiden sich H^+-Ionen in geringer Menge in elektrisch neutralem Zustande an derjenigen Platinelektrode ab, die hier als H-Elektrode fungiert, und übergeben ihr ihre positive Ladung mit einer Spannung von 0,28 Volt. Von der anderen Platinelektrode, die als Chlorelektrode fungiert, gehen Cl-Ionen in geringer Menge in Lösung, nehmen negative Ladungen auf, wobei an dieser Elektrode positive Ladung mit einer Spannung von 1,63 Volt zurückbleibt. Also haben die H^+-Ionen das Bestreben, ihre positiven Ladungen abzugeben, die Chloratome hingegen das Bestreben, negative Ladungen aufzunehmen; doch ist an der Größe der absoluten Potentiale zu erkennen, daß das Bestreben der Chloratome, negative Ladungen aufzunehmen, stärker ist als das entgegengesetzte Bestreben der H^+-Ionen, positive Elektrizität abzugeben. Wird also das Element geschlossen, so muß die Elektrizität von der Stelle des höheren Potentials, von der Cl-Elektrode gegen die Stelle des niedrigeren Potentials, gegen die H-Elektrode strömen, also wird erstere den positiven, letztere den negativen Pol des Elementes bilden.

Ist das Element in Funktion, so geht das im Platin gelöste Chlor in Form von Cl^--Ionen in Lösung, während die an der Elektrode hinterbliebene positive Elektrizität durch den Verbindungsdraht gegen die H-Elektrode abströmt, und auf die in der Platinelektrode gelösten H-Atome übergeht, wodurch diese zu H^+-Ionen werden und als solche in Lösung gehen.

Im Endergebnis nimmt daher, wenn das Element sich in Funktion befindet, die Menge sowohl des Chlor-, als auch des Wasserstoffgases ab; es entstehen Cl^- und H^+-Ionen, die miteinander Salzsäure bilden, wodurch die Konzentration der von Anfang her vorhandenen Salzsäure eine Erhöhung erfährt.

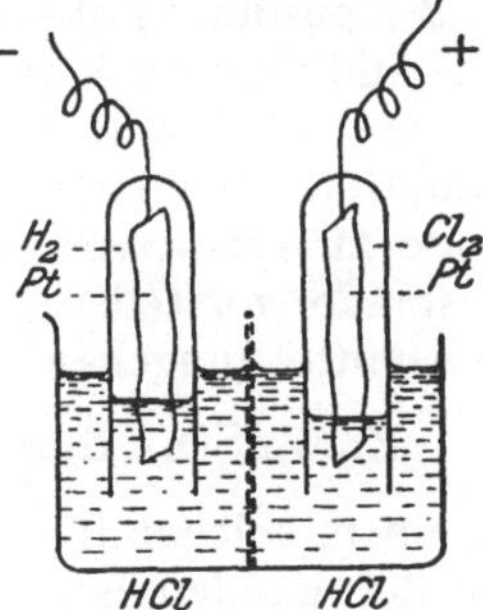

Abb. 10. Galvanisches Element aus einer H- und einer Cl-Elektrode.

Die Wirkungsweise des Elementes kann aber auch wie folgt aufgefaßt werden: Da die Intensität, mit der die Chlormoleküle sich in Cl^--Ionen verwandeln, größer ist als die Intensität, mit der die H^+-Ionen bestrebt sind, sich in elektrisch neutralem Zustande abzuscheiden, wird diese Abscheidung der H^+-Ionen durch die Chlormoleküle nicht nur nicht verhindert, sondern es werden auch weiterhin Wasserstoffmoleküle in H^+-Ionen verwandelt.

Aus den absoluten Potentialen berechnet, beträgt die elektromotorische Kraft des Elementes $1,63 - 0,28 = 1,35$ Volt.

§ 69. **Die zur Stromerzeugung gewöhnlich verwendeten Elemente.** Den Ausführungen im vorangehenden Paragraphen ist zwar zu entnehmen, daß elektrische Energie auf Kosten verschiedenartiger chemischer Vorgänge erhalten werden kann; doch ist es klar, daß man hierzu nicht welche immer der erwähnten Kombinationen verwenden, sondern eine entsprechende Auswahl, und zwar auf Grund folgender Überlegungen treffen wird:

a) Man wird Elektroden aus leicht zugänglichem (billigem) und solchem Material wählen, dessen Handhabung möglichst geringe technische Schwierigkeiten bereitet.

b) Die beiden Elektroden werden so kombiniert, daß die elektromotorische Kraft des Elementes eine möglichst große sei.

c) Das Element wird so aufgebaut, daß sein innerer Widerstand möglichst gering sei; was dadurch erreicht wird, daß man den Elektroden eine möglichst große Oberfläche (Plattenform) gibt, sie je näher zueinander heranbringt, und als Elektrolytlösungen möglichst konzentrierte, daher gut leitende Lösungen verwendet.

Die meisten der wegen ihrer geringen Anschaffungskosten und ihrer technischen Vorteile halber verwendeten galvanischen Elemente sind solche, an denen der negative Pol aus Zn besteht, da von allen billigen und leicht zu handhabenden Metallen das Zn es ist, das das größte absolute Potential aufweist. Als positive Elektrode wird meistens eine indifferente Kohlenelektrode (in Plattenform) verwendet, die man mit einem festen oder gelösten Oxydationsmittel umgibt. Um die Funktion einer von einem Oxydationsmittel umgebenen Kohlenelektrode zu erläutern, wollen wir uns ein solches Element zunächst im Zustande vorstellen, wenn die Kohlenelektrode von keinem Oxydationsmittel umgeben ist. Es handle sich z. B. um folgende Kombination:

$$\text{Zn} \,|\, \text{ZnSO}_4\text{-Lösung [mol. Konz.} = 1] \,\|\, \text{Normal-Schwefelsäure} \,|\, \text{C.}$$

In einem solchen Elemente geben die H^+-Ionen ihre positiven Ladungen an der Kohlenplatte ab, scheiden also in Gasform aus der Lösung; die positive Elektrizität strömt durch den Verbindungsdraht gegen die Zn-Platte, wird dort von den Zn-Atomen aufgenommen, wodurch diesen die Möglichkeit gegeben ist, in Form von Zn^{++}-Ionen in Lösung zu gehen. Aus den Daten der Tabelle in § 67 folgt aber, daß die elektromotorische Kraft eines solchen Elementes eine recht geringe ist, indem sie bloß $0,28 - (-0,48) = 0,76$ Volt beträgt. Wird jedoch die Kohlenplatte mit einem Oxydationsmittel umgeben und hierdurch in eine Sauerstoffelektrode verwandelt, so tritt der Sauerstoff mit dem Wasser der verwendeten Lösung nach folgender Gleichung in Reaktion:

$$H_2O + O = 2\,OH.$$

Das so entstandene OH strebt mit großer Intensität als OH^--Ion in Lösung zu gehen, wobei an der Kohlen-(Sauerstoff-)Platte positive Ladungen hinterbleiben, deren Stärke allerdings mit der Art des Oxydationsmittels wechselt. Auch können die H^+-Ionen in diesem Falle nicht in Gasform aus der Lösung scheiden, da sie sich mit den OH^--Ionen, die sich in Lösung begeben, zu Wasser verbinden:

$$H^+ + OH^- = H_2O.$$

Es ergibt sich also, daß, wenn man die Kohlenplatte mit einem Oxydationsmittel umgibt, die elektromotorische Kraft des Elementes wesentlich zunimmt, denn die positive Ladung, die beim Hinaussenden von OH^--Ionen an der Kohlen-(Sauerstoff-)Platte zurückbleibt, ist weit stärker, als die positive Ladung, die die H^+-Ionen der Elektrode übergeben würden, wenn sie in Abwesenheit eines Oxydationsmittels sich dort in elektrisch neutraler Form abscheiden würden.

Dies alles vorausgeschickt, werden uns die Vorgänge in den folgenden, am meisten gebrauchten Elementen verständlich sein.

1. **Das Element von** LECLANCHÉ (Abb. 11), das besonders zum Betriebe von Klingelanlagen verwendet wird, besteht aus folgenden Bestandteilen: Der eine Pol wird durch einen Zn-Stab gebildet, der andere besteht aus einer Kohlenplatte, die von Kohlen- und Braunstein- [MnO_2, Mangandioxyd-] Stückchen umgeben, in einem porösen Zylinder untergebracht ist. Beide Elektroden tauchen in eine gemeinsame Lösung, die $10-20\%$ Ammoniumchlorid (NH_4Cl, „Salmiaksalz") gelöst enthält. Ist das Element in Funktion, so reagiert das Mangandioxyd, das hier das Oxydationsmittel bildet, mit dem Wasser der Lösung im Sinne obiger Gleichung:

$$H_2O + O = 2\,OH.$$

Es wird also OH abgespalten, das sich als OH^--Ion mit dem anwesenden $(NH_4)^+$-Ion zu $(NH_4)OH$ verbindet. Dadurch aber, daß OH^--Ionen in Lösung gehen, wird die Kohlenelektrode positiv geladen, ihre Elektrizität strömt durch den Verbindungsdraht zur Zn-Platte und wird dort von den Zn-Atomen, die sich hierbei in Zn^{++}-Ionen verwandeln, aufgenommen; die Zn^{++}-Ionen verbinden sich aber mit den Cl^--Ionen der Lösung teilweise zu $ZnCl_2$; und, befindet sich das Element längere Zeit hindurch in

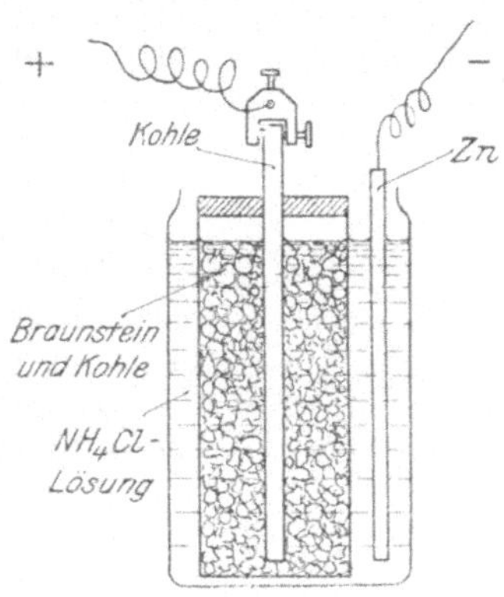

Abb. 11. Element von LECLANCHÉ.

Funktion, so können sich $(NH_4)OH$ und $ZnCl_2$ in größeren Mengen ansammeln, und sich zu $Zn(NH_3)_2Cl_2$ verbinden, das sich krystallinisch ausscheidet. Der Vorgang ist der folgende:

$$ZnCl_2 + 2(NH_4)OH = Zn(NH_3)_2\,Cl_2 + 2\,H_2O.$$

Die sehr verbreiteten „Trockenelemente", die zum Betriebe von Taschenlampen vielfach verwendet werden, sind dem Wesen nach ebenfalls LECLANCHÉsche Elemente, jedoch mit dem Unterschiede, daß hier die Ammoniumchloridlösung nicht frei, sondern von einer porösen Substanz (Sägemehl, Infusorienerde usw.) aufgenommen ist. Auch ist es gebräuchlich, um das Eintrocknen der Ammoniumchloridlösung hintanzuhalten, diese mit Glycerin oder einer anderen hygroskopischen Substanz zu vermischen. Als Zn-Elektrode figuriert an diesen Elementen meistens Zinkblech, das in Form eines Gehäuses gleichzeitig zur Aufnahme der übrigen Bestandteile des Elementes dient.

2. **Die Chromsäureelemente** (Abb. 12) bestehen aus einer Zn-Platte, zwei Kohlenplatten und aus einer Lösung, die 10% Schwefelsäure und 10% Kaliumbichromat, $K_2Cr_2O_7$, enthält. Letzteres bildet hier das Oxydationsmittel, indem es mit der anwesenden Schwefelsäure Sauerstoff nach folgender Gleichung zu bilden vermag:

$$K_2Cr_2O_7 + 4\,H_2SO_4 = K_2SO_4 + Cr_2(SO_4)_3 + 4\,H_2O + 3\,O.$$

Die Kohlenplatte wirkt auch hier, wie oben, eigentlich als eine Sauer-

stoffelektrode, und ihr Sauerstoff reagiert mit dem anwesenden Wasser
wie folgt:
$$H_2O + O = 2OH.$$

OH wird von der Kohlenplatte aus als OH^--Ion in die Lösung ge-
sandt, wobei die Platte selbst positiv geladen wird. Ist das Element
geschlossen, so strömt die Elektrizität gegen die Zn-Platte, die den
negativen Pol des Elementes bildet, und wird von den Zn-Atomen,
die nunmehr als Zn^{++}-Ionen in Lösung gehen, aufgenommen. Die

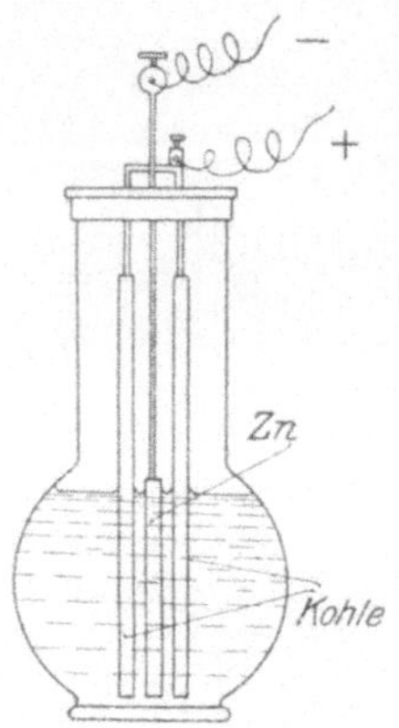

Abb. 12. Chromsäure-
element.

OH^--Ionen, die von der Kohlen-(Sauerstoff-)Elek-
trode aus in Lösung gehen, verbinden sich mit
den H^+-Ionen der Schwefelsäure zu Wasser.

Die Veränderungen, die im Elemente vor sich
gehen, bestehen also darin, daß Zn in Lösung geht,
Kaliumbichromat zu Chromisulfat reduziert wird,
und die H^+-Ionen der Schwefelsäure in Wasser
verwandelt werden.

Im übrigen kann die Wirksamkeit der Chromsäureelemente auch so aufgefaßt werden, wie die
des Elementes im Absatz 2 des vorangehenden
Paragraphen, allerdings mit dem Unterschiede,
daß hier die ihrer Ladungen beraubten H^+-Ionen
nicht in Gasform entweichen, sondern durch das
Kaliumbichromat zu Wasser oxydiert werden.

Die elektromotorische Kraft des Elementes beträgt 2 Volt, nimmt aber während der Stromliefe-
rung ab, indem das Kaliumbichromat, wie oben bereits erwähnt, eine
teilweise Reduktion erfährt. Wird das Element nicht gebraucht, so
muß die Zn-Platte aus der Flüssigkeit gehoben werden, da das Zink,
wenn auch langsam, auch dann in Lösung geht, wenn die beiden
Pole des Elementes miteinander nicht metallisch verbunden sind.

3. Das BUNSENsche Element enthält eine Zinkelektrode, die in
10%ige Schwefelsäure, und eine Kohlenelektrode, die in konzentrierte
Salpetersäure taucht; die beiden Flüssigkeiten sind, um ihre Vermischung zu verhindern, durch ein poröses Diaphragma voneinander
geschieden. Das Element ist also wie folgt aufgebaut:

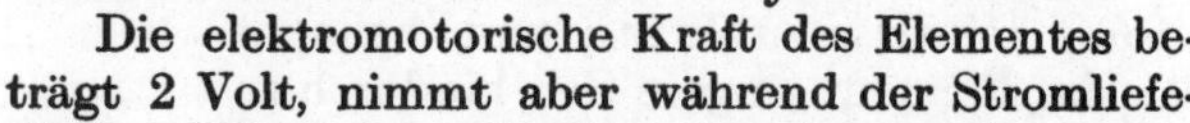

$-$ Zn $|$ 10%ige Schwefelsäure $\|$ konzentrierte Salpetersäure $|$ Kohle $+$.

Die Vorgänge, die sich in diesem Elemente abspielen, sind dieselben,
wie in den LECLANCHÉschen, bezw. im Chromsäure-Elemente, mit dem
Unterschiede, daß hier Salpetersäure als Oxydationsmittel verwendet
wird, die, sobald das Element in Funktion tritt, Sauerstoff im Sinne
der nachfolgenden Gleichung abgibt:
$$2HNO_3 = H_2O + 3O + 2NO.$$

Der Sauerstoff tritt mit dem anwesenden Wasser in Reaktion:
$$H_2O + O = 2OH,$$

OH geht als OH^--Ion von der Kohlenelektrode aus in Lösung,
wodurch die Kohlenelektrode positiv geladen wird; die positive Elek-

trizität strömt durch den Verbindungsdraht zur Zn-Platte, wo sie an die in Lösung gehenden Zn^{++}-Ionen abgegeben wird. Die in Lösung gegangenen OH^--Ionen verbinden sich mit den H^+-Ionen der Lösung zu Wasser, daher auch hier kein Wasserstoff entweicht.

Die elektromotorische Kraft des BUNSENschen Elementes beträgt 1,9 Volt.

4. Das CUPRON-Element ist wie folgt zusammengestellt:

$$- \text{Zn} \,|\, 15\%\text{ige Natronlauge} \,|\, \text{CuO} +.$$

Ist das Element in Funktion, so wird aus dem Kupferoxyd Sauerstoff abgespalten, durch den Sauerstoff wird Wasser, wie an den vorangehenden Elementen beschrieben, in OH umgewandelt. Wenn dieses OH als OH^--Ion von der Kupferoxydplatte aus in Lösung geht, wird die Platte positiv geladen; die positive Elektrizität strömt durch den Verbindungsdraht zum Zink und liefert die positive Ladung für die Zn-Atome, wenn diese in Form von Zn^{++}-Ionen in Lösung gehen. Es geht daher, wenn das Element sich in Funktion befindet, Zink in Lösung, während das Kupferoxyd zu metallischem Kupfer reduziert wird. Die elektromotorische Kraft dieses Elementes beträgt 1,0 Volt.

§ 70. **Konzentrationselemente.** Wird eine Silberplatte in eine Normallösung von Silbernitrat, eine zweite Silberplatte in eine 0,1-Normallösung von Silbernitrat getaucht, und werden die beiden Lösungen miteinander durch eine mit Flüssigkeit angefüllte Kapillare verbunden (Abb. 13), so erhält man ein Element mit der wohldefinierten elektromotorischen Kraft von 0,058 Volt. Die Elektrode, die in die Normallösung taucht, bildet den positiven, die in die 0,1-Normallösung tauchende Elektrode den negativen Pol. Die elektromotorische Kraft dieses Elementes entsteht wie folgt: Da die elektrolytische Lösungstension des Silbers eine sehr geringe ist, so ist die Konzentration der Ag^+-Ionen sowohl in der Normal-, wie auch in der 0,1-Normalsilberlösung größer als der Lösungstension des Silbers entspricht. Auf Grund unserer Ausführungen in § 66 werden also aus beiden Lösungen Ag^+-Ionen in elektrisch neutraler Form auf der Oberfläche der Silberelektroden ausgeschieden, daher beide Elektroden den

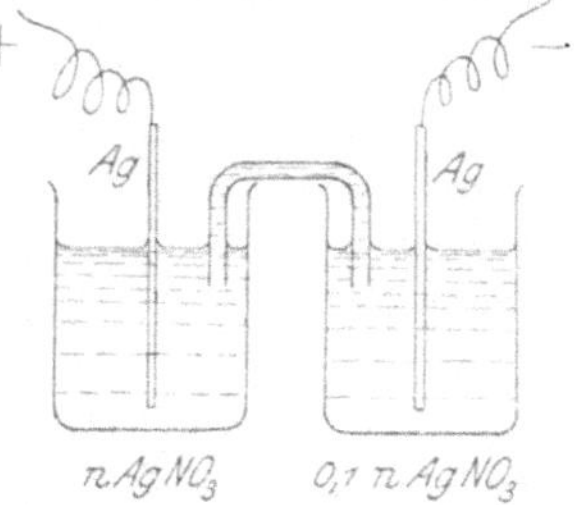

Abb. 13. Konzentrationselement aus Ag-Elektroden.

Lösungen gegenüber positiv geladen sein werden; und zwar die in die Normallösung tauchende Elektrode stärker, als die in die 0,1-Normallösung tauchende.

Werden aber die beiden Elektroden miteinander metallisch verbunden, so strömt positive Elektrizität von der Elektrode in der konzentrierteren Lösung gegen die Elektrode in der weniger konzentrierten; es bildet daher erstere den positiven, letztere den negativen Pol des Elementes.

Die Veränderung, die im Elemente vor sich geht, besteht darin, daß an der Elektrode, die in die konzentriertere Lösung taucht, Ag^+-Ionen in elektrisch neutralem Zustande ausgeschieden werden; von der Elektrode aber, die in die verdünntere Lösung taucht, Ag^+-Ionen in Lösung gehen. Dieser Vorgang und damit auch die Stromlieferung dauert so lange an, bis die Ag^+-Ionenkonzentration in beiden Lösungen die gleiche geworden ist.

Bei der oben beschriebenen Einrichtung wird die elektromotorische Kraft E des Elementes bei 18° C durch folgende theoretisch abgeleitete Gleichung bestimmt:

$$E = 0,058 \log \frac{C_{Ag^+}}{c_{Ag^+}},$$

wobei mit C_{Ag^+} die Ag^+-Ionenkonzentration der konzentrierteren, mit c_{Ag^+} die der weniger konzentrierten bezeichnet wird. Es läßt sich daher, wenn die Ag^+-Ionenkonzentration der beiden Lösungen bekannt ist, die elektromotorische Kraft auf Grund obiger Gleichung einfach durch Berechnung ermitteln, braucht also nicht direkt bestimmt zu werden. Wird umgekehrt die elektromotorische Kraft des Elementes direkt bestimmt, und ist die eine der beiden Ag^+-Ionenkonzentrationen bekannt, so läßt sich die Ag^+-Ionenkonzentration der anderen Lösung berechnen.

Ganz analog verhält sich das in Abb. 14 abgebildete Element, das wie folgt aufgebaut ist:

$$+ [Pt]H_2\text{-Gas Normalsalzsäure} \,\|\, 0,1\text{-Normalsalzsäure} \,|\, H_2\text{-Gas}[Pt] \,-.$$

Ein Unterschied besteht darin, daß hier an Stelle der Ag^+-Ionen überall H^+-Ionen figurieren. Die elektromotorische Kraft dieses Elementes wird durch das Verhältnis der H^+-Ionenkonzentration bestimmt, und zwar auf Grund nachfolgender Gleichung, die der oben angeführten ganz analog ist:

$$E = 0,058 \log \frac{C_{H^+}}{c_{H^+}}.$$

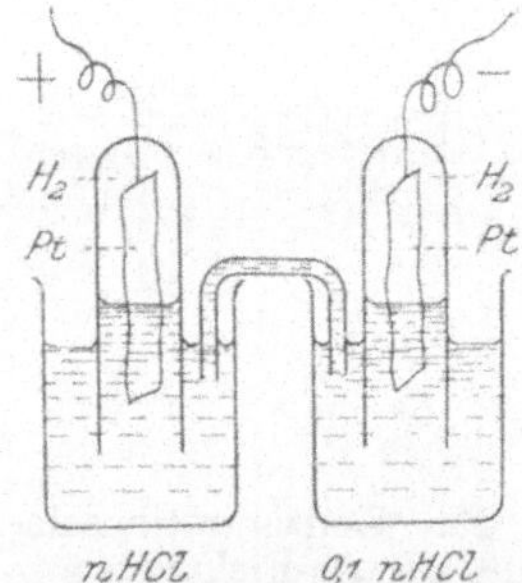

Abb. 14. Konzentrationselement aus H-Elektroden.

Diesem Konzentrationselemente kommt eine große Bedeutung aus dem Grunde zu, weil mit seiner Hilfe die chemisch und physiologisch, wie auch technisch wichtige exakte Bestimmung der H^+-Ionenkonzentration ermöglicht wird. Stellt man nämlich ein Konzentrationselement aus der Lösung mit der zu bestimmenden, und aus einer anderen Lösung von bekannter H^+-Ionenkonzentration zusammen, und bestimmt die elektromotorische Kraft E dieses Elementes, so läßt sich auf Grund obiger Gleichung auch die gesuchte Ionenkonzentration berechnen.

Mittelst dieser Methode konnte festgestellt werden, daß auch reinstes destilliertes Wasser H^+-Ionen, und zwar bei 18° C in einer Menge von $0,76 \times 10^{-7}$ Gramm-Atom pro Liter enthält, ein Ergebnis, das auch auf mehreren anderen Wegen bestätigt werden konnte. Hieraus geht aber hervor, daß auch reinstes Wasser, wenn auch in einem sehr geringen Grade dissoziiert, und zwar im Sinne der Gleichung:

$$H_2O \rightleftarrows H^+ + OH^-.$$

§ 71. Elektrische Polarisation. Unterwirft man konzentrierte Salzsäure der Elektrolyse zwischen Platinelektroden in dem in Abb. 15 abgebildeten Apparate, so bildet sich während der Dauer der Elektrolyse am positiven Pol (in der zur rechten Seite befindlichen Hälfte des Gefäßes) Chlorgas, am negativen Pol (in der zur linken Seite befindlichen Hälfte) Wasserstoffgas. Unterbricht man, nachdem sich bereits einige Kubikzentimeter der Gase angesammelt haben, den Stromkreis, löst die Verbindungen mit der bisher zur Elektrolyse ver-

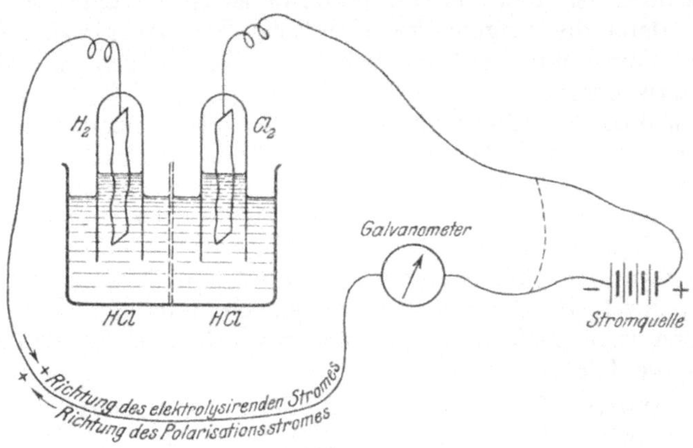

Abb. 15.

wendeten Stromquelle und verbindet die beiden Zuleitungsdrähte der Elektroden längs der punktierten Linie der Abb. 15, so zeigt das Galvanometer, das nach der Ausschaltung des elektrolysierenden Stromes auf den Nullpunkt zurückgekehrt war, wieder einen Ausschlag, jedoch in einer der früheren entgegengesetzten Richtung; zum Zeichen dessen, daß die oben abgebildete Einrichtung, nachdem sie eine Zeitlang vom elektrischen Strome durchströmt war, nun selbst zu einer Stromquelle geworden ist. Nur ist die Richtung dieses Stromes der des ursprünglich verwendeten Stromes entgegengesetzt.

Der auf diese Weise entstandene Strom wird als **Polarisationsstrom**, die ganze Erscheinung als die der **elektrischen Polarisation** bezeichnet. Die Polarisation erklärt sich von selbst, wenn man bedenkt, daß man es in der beschriebenen Einrichtung nach Abbruch des elektrolysierenden Stromes eigentlich mit einem galvanischen Elemente zu tun hat, dessen Aufbau und Funktion genau dem in Punkt 4 des § 68 beschriebenen Elemente entspricht.

Die Erscheinung der Polarisation ist eine ganz allgemeine und tritt stets ein, wenn eine Lösung der Elektrolyse unterworfen wird.

Da die Richtung des Polarisationsstromes der des elektrolysierenden stets entgegengesetzt ist, widersetzt sich der Polarisationsstrom gleichsam dem elektrolysierenden, so, daß dieser nur in dem Falle durch eine Lösung strömen kann, wenn seine elektromotorische Kraft größer ist, als die des Polarisationselementes.

§ 72. **Akkumulatoren.** Die Akkumulatoren, die ausgebreitete Verwendung finden, beruhen ebenfalls auf der Erscheinung der Polarisation, und können als Einrichtungen angesehen werden, in denen man elektrische Energie aufhäuft, bezw. einlagert. Wird nämlich einem Akkumulator aus einer Stromquelle, z. B. aus einer Dynamomaschine Elektrizität zugeführt — man nennt dies den Akkumulator „laden“ — so geht im Akkumulator eine Veränderung vor sich, indem elektrische Energie in chemische Energie verwandelt und als solche aufgestapelt wird. Dadurch ist aber der Akkumulator selbst zu einer Stromquelle geworden, denn die aufgehäufte chemische Energie läßt sich zu einem beliebigen Zeitpunkte und zu beliebigen Teilmengen in elektrische Energie verwandeln.

Ein ungeladener Akkumulator besteht — den einfachsten Fall angenommen — aus zwei Bleiplatten, die mit einer Schichte von schwammigem Bleisulfat, $PbSO_4$, überzogen sind, und in verdünnte Schwefelsäure tauchen. Soll der Akkumulator geladen werden, so wird die eine Platte mit dem positiven Pole einer äußeren Stromquelle, die andere mit dem negativen Pole verbunden, worauf eine Elektrolyse der verdünnten Schwefelsäure einsetzt, ohne jedoch, daß hierbei Wasserstoff oder Sauerstoff in Gasform ausgeschieden würden, da sie sich mit dem Bleisulfat wie folgt umsetzen:

$$\text{am negativen Pole: } PbSO_4 + 2H = Pb + H_2SO_4;$$
$$\text{am positiven Pole: } PbSO_4 + H_2O + O = PbO_2 + H_2SO_4.$$

Es wird also, während der Akkumulator geladen wird, am negativen Pole Bleisulfat zu metallischem Blei reduziert, am positiven Pole aber Bleisulfat zu Bleidioxyd oxydiert. Sobald das gesamte Bleisulfat an beiden Platten im Sinne obiger Gleichungen umgewandelt wurde, ist der Akkumulator geladen; worauf der Ladestrom unterbrochen wird.

Der so geladene Akkumulator wirkt nach Art eines galvanischen Elementes: zwischen seinen beiden Polen besteht eine Spannungsdifferenz von etwa 2 Volt; werden die beiden Pole miteinander durch einen metallischen Leiter verbunden, so kommt ein elektrischer Strom in Gang: der Akkumulator wird „entladen“. Die Potentialdifferenz zwischen beiden Polen kommt wie folgt zustande:

Die eine der beiden Bleiplatten wird durch das aufgelagerte Bleidioxyd, dem hier die Rolle eines Oxydationsmittels zukommt, und das Sauerstoffatome abzugeben bestrebt ist, in eine Sauerstoffelektrode verwandelt; der abgegebene Sauerstoff reagiert jedoch mit dem Wasser im Sinne der uns bereits bekannten Gleichung:

$$H_2O + O = 2OH^-.$$

Die so entstandenen OH-Radikale suchen von der Bleidioxydplatte aus als OH^--Ionen in Lösung zu gehen, wobei die Platte positiv geladen wird. Von der anderen Bleiplatte aus, an der metallisches Blei entstanden ist, suchen die Bleiatome als Pb^{++}-Ionen in Lösung zu gehen, daher diese Platte negativ geladen wird, und den negativen Pol des Akkumulators bildet. Doch können, solange die beiden Pole nicht metallisch miteinander verbunden sind, die genannten Vorgänge nicht über den ersten Anfang hinauskommen, da durch die in § 66 erwähnten elektrostatischen Wirkungen der weitere Abgang sowohl von OH^--, als auch von Pb^{++}-Ionen verhindert wird. Werden aber die beiden Pole metallisch verbunden, also der Akkumulator „entladen", so können die genannten Prozesse ungehindert vor sich gehen: An der einen Bleiplatte wird das Bleidioxyd seinen Sauerstoff teilweise abgeben, es werden OH^--Ionen gebildet, die in Lösung gehen und sich mit den daselbst befindlichen H^+-Ionen zu Wasser verbinden. Dabei wird das Bleidioxyd in Bleioxyd, PbO, verwandelt, das sich mit der anwesenden Schwefelsäure zu Bleisulfat verbindet:

$$PbO + H_2SO_4 = PbSO_4 + H_2O.$$

Das so entstandene, in Wasser bezw. in Schwefelsäure kaum lösliche Bleisulfat lagert sich in Form einer festen zusammenhängenden Schichte an der Bleiplatte auf.

Zur selben Zeit treten von der anderen Bleiplatte Pb^{++}-Ionen in die Lösung, verbinden sich mit den anwesenden SO_4^{--}-Ionen zu Bleisulfat, so daß sich auch diese Platte mit einer festen, zusammenhängenden Schichte von Bleisulfat überzieht.

Sobald alles Bleidixoyd verbraucht, d. h. in Bleisulfat verwandelt ist, liefert der Akkumulator keinen elektrischen Strom mehr und muß neuerdings geladen werden.

Auf Grund der oben entwickelten Prinzipien lassen sich auch anders eingerichtete Akkumulatoren konstruieren, die aber hier unerörtert bleiben sollen, ebenso wie die praktischen Maßregeln, die man bei der Handhabung der Akkumulatoren — sollen sie möglichst lange gebrauchsfähig bleiben — vor Augen halten muß.

§ 73. Das Diffusions-Potential. Wird destilliertes Wasser vorsichtig über verdünnte Salzsäure geschichtet, so kommt es zwischen Salzsäure und Wasser zu einer Potentialdifferenz, und zwar in dem Sinne, daß das Wasser gegenüber der Salzsäure positiv geladen wird. Diese Erscheinung wird nach NERNST wie folgt erklärt:

Aus der unten befindlichen Salzsäure diffundieren (nach §§ 7 und 95) H^+- und Cl^--Ionen in das darüber befindliche Wasser. Da jedoch die Diffusionsgeschwindigkeit der H^+-Ionen größer ist als die der Cl^--Ionen, bleiben letztere gegenüber den H^+-Ionen zurück. Es wird daher die obere Schichte an H^+-Ionen relativ reicher als an Cl^--Ionen, also positiv geladen; umgekehrt wird die untere Schichte an Cl^--Ionen reicher, also negativ geladen. Allerdings kann diese Trennung der Ionen voneinander bloß einen sehr geringen Grad erreichen, denn die vorauseilenden H^+-Ionen werden durch die untere, negativ geladene Flüssigkeit gleichsam zurückgehalten, während umgekehrt, den aus der unteren Schichte langsamer emporstrebenden Cl^--Ionen durch die positiv geladene obere Schichte zu einer rascheren Diffusion nach oben verholfen wird.

Ein dem soeben beschriebenen analoger Vorgang findet statt, wenn destilliertes Wasser über eine verdünnte Lösung von Kaliumhydroxyd geschichtet wird, allerdings mit dem Unterschiede, daß hier die OH^--Ionen es sind, die rascher diffundieren, daher die obere Schichte negativ und die untere positiv geladen wird.

Die Potentialdifferenzen, die auf die soeben beschriebene Weise entstehen, werden als **Diffusionspotentiale** bezeichnet, eben weil es Diffusionsvorgänge sind, denen sie ihr Entstehen zu verdanken haben. Ihre Größe läßt sich aus der relativen Wanderungsgeschwindigkeit der beteiligten Ionen (§ 60) berechnen.

Aufgaben.

48. Auf Grund der absoluten Potentiale ist der Vorgang zu ermitteln, der sich abspielt a) wenn Eisen mit einer Lösung von Eisensulfat, $FeSO_4$, von der molaren Konzentration 1, oder aber b) wenn Nickel mit einer Lösung von Nickelsulfat, $NiSO_4$, von der molaren Konzentration 1 in Berührung kommt.

49. Welchen Wert hat die elektromotorische Kraft der nachfolgend zusammengesetzten Elemente:

a)   Fe | $FeSO_4$-Lösung [mol. Konz. = 1] || $NiSO_4$-Lösung [mol. Konz. = 1] | Ni

b)   (Pt)Cl_2 | NaCl-Lösung [mol. Konz. = 1] || NaBr-Lösung [mol. Konz. = 1] | Br_2(Pt).

Welche Vorgänge sind es, die während der Stromlieferung dieser Elemente vor sich gehen?

50. Warum läßt sich am DANIELLschen Elemente eine sehr verdünnte Lösung von $ZnSO_4$ oder gar destilliertes Wasser in der Praxis **nicht** verwenden, wo doch laut Theorie die elektromotorische Kraft des Elementes auf diese Art eine wesentliche Steigerung erfahren müßte?

51. Wie groß ist die elektromotorische Kraft des folgendermaßen zusammengesetzten Konzentrationselementes?

$$(Pt)H_2 \mid 0{,}01\text{-Normalsalzsäure} \parallel 0{,}0001\text{-Normalsalzsäure} \mid H_2(Pt).$$

Welcher ist der positive, welcher der negative Pol des Elementes?

52. Die elektromotorische Kraft des nachfolgend zusammengesetzten Elementes beträgt 0,0244 Volt:

$$(Pt)H_2 \mid 0{,}01\text{-Normalsalzsäure} \parallel \text{Normalessigsäure} \mid H_2(Pt),$$

wobei die Salzsäureelektrode den positiven, die Essigsäureelektrode den negativen Pol des Elementes bildet. An diesem Elemente ist zu berechnen die H^+-Ionenkonzentration der Normalessigsäure, und aus dem so erhaltenen Wert der Dissoziationsgrad der Normalessigsäure. Die Essigsäure dissoziiert, wie folgt:

$$CH_3COOH \rightleftarrows CH_3COO^- + H^+.$$

Endlich soll der so erhaltene Dissoziationsgrad mit dem in § 64 angeführten Wert verglichen werden.

53. Man stelle sich ein Gefäß vor, das durch ein poröses Diaphragma in zwei Abteilungen geteilt ist; in die eine Abteilung wird eine Zinkchloridlösung von der molaren Konzentration 1, in die andere eine Salzsäurelösung von der molaren Konzentration 1 eingefüllt, und in beide Lösungen je eine Platinelektrode getaucht. Der negative Pol einer Stromquelle wird mit der Elektrode, die in die $ZnCl_2$-Lösung taucht, verbunden, der positive Pol mit der in der Salzsäure befindlichen. Es fragt sich: a) Worin wird in diesem Falle die Polarisation bestehen? b) Wie groß ist die elektromotorische Kraft des Polarisationselementes? c) Auf welche Art wirkt das Polarisationselement? d) Welche Spannung muß dem elektrolysierenden Strome gegeben werden, damit die Elektrolyse weiter vor sich gehen könne?

V. Elektrochemische Deutung der chemischen Erscheinungen.

§ 74. Die Ionenreaktionen. Ehe die Theorie der elektrolytischen Dissoziation aufgestellt ward, ist man bei der Deutung der chemischen Umsetzungen von der Ansicht ausgegangen, daß die Moleküle in den Lösungen in dem Zustande enthalten sind, wie die durch die betreffenden Formeln ausgedrückt erscheint. Es wurde in vorangehendem der Verlauf der Reaktionen auch von uns in diesem Sinne gedeutet (§ 45). Nun gibt es aber eine ganze Anzahl von Erscheinungen, aus denen es zweifelsohne hervorgeht, daß die Verbindungen (und zwar hauptsächlich die anorganischen) in ihren Lösungen wenigstens teilweise in Ionen zerfallen sind, welcher Umstand bei der Deutung der chemischen Umsetzungen nicht außer acht gelassen werden kann. Durch die Einbeziehung der Dissoziationsverhältnisse wird jedoch die oben aufgeworfene Frage nicht nur nicht kompliziert, sondern im Gegenteil in den meisten Fällen zu einer höchst einfachen gestaltet; ja, es lassen sich auf diese Weise auch solche Erscheinungen leicht erklären, für die es, ehe die Theorie der elektrolytischen Dissoziation bekannt war, keine Erklärungsmöglichkeit gegeben hatte. Dies geht aus nachfolgendem und aus den Ausführungen in den folgenden Paragraphen klar hervor.

Es soll zunächst an der Hand einiger Beispiele gezeigt werden, wie die Reaktionen, die in den Lösungen von sich gehen, auf Grund der Theorie der elektrolytischen Dissoziationen zu deuten sind.

Beispiel 1. Für einen großen Teil der wasserlöslichen chlorhaltigen Verbindungen ist es charakteristisch, daß sie mit einer Lösung von salpetersaurem Silber, $AgNO_3$, versetzt, einen aus Silberchlorid, $AgCl$, bestehenden, in Wasser unlöslichen, weißen Niederschlag bilden. Dieser Vorgang läßt sich, wenn es sich um Kaliumchlorid, KCl, oder Bariumchlorid, $BaCl_2$, handelt, in Form der folgenden Gleichungen aufschreiben:

$$KCl + AgNO_3 = AgCl + KNO_3$$
$$BaCl_2 + 2\,AgNO_3 = 2\,AgCl + Ba(NO_3)_2 .$$

Da jedoch die Verbindungen KCl, $AgNO_3$, KNO_3, $BaCl_2$, $Ba(NO_3)_2$ in viel Wasser gelöst im Sinne der §§ 55 und 56 beinahe vollkommen in Ionen zerfallen, folgt, daß obige Gleichungen einer Modifikation bedürfen; denn es ist richtiger, an Stelle der Formel der unzersetzten Moleküle die Symbole der aus ihnen hervorgegangenen Ionen, also K^+ und Cl^- statt KCl, dann Ag^+ und NO_3^- statt $AgNO_3$, endlich Ba^{++} und $2\,Cl^-$ statt $BaCl_2$ usw. aufzuschreiben; während für das wasserunlösliche, daher nicht dissoziierende Silberchlorid die Formel $AgCl$ unverändert beibehalten wird. Die obigen Gleichungen werden also die folgende Form annehmen:

$$K^+ + Cl^- + Ag^+ + NO_3^- = AgCl + K^+ + NO_3^-$$
$$Ba^{++} + 2\,Cl^- + 2\,Ag^+ + 2\,NO_3^- = 2\,AgCl + Ba^{++} + 2\,NO_3^- .$$

Daraus, daß in diesen Gleichungen die Symbole gewisser Ionen auf beiden Seiten vorkommen, folgt, daß diese Ionen an den chemischen Umsetzungen überhaupt nicht beteiligt sind; läßt man sie daher mit voller Berechtigung ganz weg, so erhalten die Gleichungen die Form:

$$Cl^- + Ag^+ = AgCl$$
$$2\,Cl^- + 2\,Ag^+ = 2\,AgCl.$$

Daß diese beiden Gleichungen identisch sind, bedarf wohl keiner näheren Erklärung. Zu denselben Gleichungen kommen wir jedoch auch, wenn es sich nicht um KCl oder $BaCl_2$, sondern um Salzsäure, HCl, oder Calciumchlorid, $CaCl_2$, oder Ferrichlorid, $FeCl_3$, handelt; daher es klar ist, daß wir es in allen diesen Vorgängen stets mit einer und derselben chemischen Umsetzung zu tun haben, die wie folgt ausgedrückt werden kann: die negativ geladenen Cl^--Ionen verbinden sich mit den positiv geladenen Ag^+-Ionen zu dem wasserunlöslichen Silberchlorid.

Hiermit sind jedoch bereits die Bedingungen angegeben, unter denen ein Niederschlag von Silberchlorid entstehen kann: es müssen in einer Lösung Cl^--Ionen und Ag^+-Ionen aufeinander treffen.

Ehe die Theorie der elektrolytischen Dissoziation aufgestellt war, hatte man, da die meisten chlorhaltigen Verbindungen mit Silbernitrat einen Niederschlag von Silberchlorid geben, einfach angenommen, daß es chlor- und silberhaltige Moleküle sind, die in der Lösung vorhanden sein müssen, um einen Niederschlag von Silberchlorid zu geben; daß es jedoch auch chlorhaltige Verbindungen gibt, die, wie z. B. Kaliumchlorat, $KClO_3$, mit Silbernitrat keinen aus Silberchlorid bestehenden Niederschlag liefern, konnte zu jener Zeit nicht erklärt werden.

Eine plausible Erklärung ergibt sich aber auf Grund der Ionentheorie von selbst, indem wir einfach sagen: $KClO_3$ gibt mit $AgNO_3$ keinen Niederschlag, weil, wie uns aus § 55 bekannt ist, $KClO_3$ in die Ionen K^+ und ClO_3^- zerfällt, also keine Cl^--Ionen liefert; das Vorhandensein von Cl^--Ionen aber eine unerläßliche Bedingung im Entstehen des Silberchloridniederschlages ist.

be Beispiel 2: In analoger Weise läßt sich auch die gegenseitige Einwirkung von Säuren und Basen deuten. Die Vorgänge, die sich abspielen, wenn z. B. Salpetersäure, HNO_3, und Kaliumhydroxyd, KOH, oder aber Bromwasserstoffsäure, HBr, und Natriumhydroxyd, NaOH, in verdünnt-wäßrigen Lösungen aufeinander einwirken, werden gewöhnlich wie folgt dargestellt:

$$HNO_3 + KOH = KNO_3 + H_2O$$
$$HBr + NaOH = NaBr + H_2O.$$

Da mit Ausnahme des Wassers alle an obigen Reaktionen beteiligten Verbindungen in den verdünnt-wäßrigen Lösungen praktisch als vollkommen dissoziiert angesehen werden können, ist es richtiger, den Gleichungen die folgende Form zu geben:

$$H^+ + NO_3^- + K^+ + OH^- = K^+ + NO_3^- + H_2O$$
$$H^+ + Br^- + Na^+ + OH^- = Na^+ + Br^- + H_2O.$$

Läßt man in diesen Gleichungen die Symbole derjenigen Ionen, die auf beiden Seiten vorkommen, daher an den Reaktionen überhaupt nicht beteiligt sind, einfach weg, so erhält man in beiden Fällen:

$$H^+ + OH^- = H_2O.$$

Nun erhält man aber bezüglich beliebiger anderer Säuren und Basen stets diese letztangeführte Gleichung, also handelt es sich jedesmal stets um dieselbe chemische Umsetzung: **die H^+-Ionen der Säure und die OH^--Ionen der Base verbinden sich zu elektrisch neutralen Wassermolekülen.**

Dieser Satz findet eine augenfällige Bestätigung in Absatz 2) des § 49, wo dargelegt wurde, daß man für die auf das Gramm-Äquivalentgewicht bezogenen Neutralisationswärmen der in verdünnt-wäßrigen Lösungen aufeinander einwirkenden einwertigen starken Säuren, HCl, HBr, HNO_3, und einwertigen starken Basen, NaOH, KOH, stets denselben Wert, etwa 13,7 Cal. erhält. Auch für diese Erscheinung konnte, ehe die Theorie der elektrolytischen Dissoziation aufgestellt war, keine Erklärung gefunden werden, während sie sich auf Grund dieser Theorie beinahe von selbst ergibt: Bei der gegenseitigen Neutralisation der verdünnt-wäßrigen Lösungen starker Säuren und Basen, die als vollkommen dissoziiert angesehen werden können, handelt es sich stets bloß um einen, an allen diesen Säuren und Basen identischen Prozeß: um die Vereinigung von H^+- und OH^--Ionen; daher auch die Menge der dabei gebildeten Wärme stets dieselbe ist.

An schwachen, bezw. auch an den mehrwertigen Säuren und Basen ist, im Gegensatze hierzu, die bei der Neutralisation in Freiheit gesetzte Wärme, wie dies aus der betreffenden Zusammenstellung in § 49 zu ersehen, eine von Fall zu Fall verschiedene. Dies hat unter anderem auch den folgenden Grund: Diese Säuren und Basen sind auch in verdünnt-wäßrigen Lösungen nur in einem geringeren, und zwar von Fall zu Fall verschiedenen Grade dissoziiert. Wird daher die verdünnte Säure und Base vermischt, so treten zunächst bloß die bereits von vorneherein freien H^+- und OH^--Ionen zu Wassermolekülen zusammen, und erst in dem Maße, wie der bis dahin unzersetzt gebliebene Anteil der Säure und der Base nach und nach in Ionen zerfällt, verbinden sich auch diese Ionen zu Wasser; und zwar dauert dieser Prozeß solange an, bis sich alle überhaupt abspaltbaren H^+- und OH^--Ionen zu Wasser verbunden haben.

Während wir es demnach bei der gegenseitigen Neutralisation von starken einwertigen Säuren und Basen bloß mit einem Prozesse, mit der Vereinigung von H^+- und OH^--Ionen, die alle von Anfang her frei waren, zu tun hatten, haben wir es bezüglich der schwachen und mehrwertigen Säuren und Basen mit zwei Prozessen zu tun: a) mit der allmählichen Dissoziation des von Anfang her nicht dissoziierten Anteiles der Säuren und der Basen, b) mit dem Zusammentritt aller nach und nach abgespalteten H^+- und OH-Ionen zu Wasser. Vorgang b ist mit genau derselben Wärmebildung verbunden, wie an den starken Basen und Säuren; Vorgang a jedoch, die Abdissoziation der H^+- und der OH^--Ionen, — die an den starken Säuren und Basen sofort nach erfolgter Lösung, an den schwachen Säuren jedoch erst im Verlaufe der Neutralisation vor sich geht — ist in Abhängigkeit von der stofflichen Qualität der betreffenden Säure und Base mit einer von Fall zu Fall verschiedenen Wärmetönung verbunden. Es ist daher begreiflich, daß die Neutralisationswärme der schwachen, bezw. mehrwertigen Säuren und Basen im Endergebnisse verschieden groß ausfallen muß.

Im Falle sehr verdünnter Lösungen sehr schwacher Säuren und Basen muß die Neutralisationswärme, die zur Beobachtung kommt, bereits aus dem Grunde weniger als 13,7 Cal. (das ist die an allen starken einwertigen Säuren, bezw. Basen konstatierte Neutralisationswärme) betragen, da ja bloß eine teilweise Neutralisation zustande kommt; denn in sehr verdünnten Lösungen verbinden sich sehr schwache Säuren und sehr schwache Basen nicht vollkommen zu Salzen; ein Teil derselben bleibt unverändert in der Lösung zurück. (Siehe hierüber auch unter Hydrolyse in § 117.)

§ 75. **Doppelsalze und komplexe Salze.** Außer den uns von § 43 her bekannten Salzen sind auch sog. Doppelsalze und komplexe Salze bekannt.

1. **Doppelsalze.** Werden aus verschiedensten Salzen wäßrige Lösungen bereitet, je zwei dieser Lösungen zusammengegossen und zur Krystallisation hingestellt, so wird man mitunter finden, daß die beiden Salze nicht voneinander gesondert, sondern zu sog. Doppelsalzen vereinigt auskrystallisieren; in diesen Doppelsalzen sind die beiden Komponenten jedesmal in demselben molekularen Verhältnisse enthalten. Stellt man z. B. ein Gemisch der gesättigten Lösungen von Kaliumsulfat, K_2SO_4, und Aluminiumsulfat, $Al_2(SO_4)_3$, zur Krystallisation hin, so erhält man ein Doppelsalz, das stets die Zusammensetzung $KAl(SO_4)_2, 12\,H_2O$ hat und Alaun genannt wird. Andere Doppelsalze sind $KCl, MgCl_2, 6\,H_2O$ (Carnallit), ferner $KCl, MgSO_4, 8\,H_2O$ (Kainit) usw.

Charakteristisch für Doppelsalze ist, daß ihre Lösungen sich in jeder Hinsicht so verhalten, wie Gemische: **in der Lösung verbleiben die beiden Komponenten im Vollbesitze ihrer ursprünglichen Eigenschaften.** So findet man z. B. in einer Lösung von Alaun die Eigenschaften des Kaliumsulfates sowohl, wie auch die des Aluminiumsulfates wieder.

Elektrochemisch kann dies Verhalten der Doppelsalze dahin erklärt werden, daß, wenn das Doppelsalz in Lösung geht, beide Komponenten voneinander unabhängig der elektrolytischen Dissoziation unterliegen. So dissoziiert z. B. Alaun, wenn er in Wasser gelöst wird, wie folgt:

$$KAl(SO_4)_2 \rightleftarrows K^+ + Al^{+++} + 2\,SO_4^{--}.$$

Werden andererseits die beiden Komponenten K_2SO_4 und $Al_2(SO_4)_3$, jedes für sich in Wasser gelöst, so erfolgt die Dissoziation entsprechend der nachfolgenden Gleichungen

$$K_2SO_4 \rightleftarrows 2\,K^+ + SO_4^{--}$$

$$Al_2(SO_4)_3 \rightleftarrows 2\,Al^{+++} + 3\,SO_4^{--}.$$

Also entstehen bei der Dissoziation des Doppelsalzes dieselben Ionen, wie bei der Dissoziation der einzelnen Komponenten.

2. **Komplexe Salze.** Die komplexen Salze werden wie die Doppelsalze so hergestellt, daß man die Lösungen beider Komponenten vermischt, und das Gemisch zur Krystallisation hinstellt; worauf Krystalle ausfallen, die die beiden Komponenten stets im selben molekularen Verhältnisse enthalten. So erhält man z. B. aus einem Gemisch der Lösungen von Kaliumcyanid, KCN, und Ferrocyanid, $Fe(CN)_2$, die Krystalle des komplexen Salzes $K_4Fe(CN)_6$.

Ähnliche komplexe Salze sind

$KAg(CN)_2$ Kaliumsilbercyanid $(AgCN + KCN)$,
K_2PtCl_6 Kaliumplatinchlorid $(2KCl + PtCl_4)$,
Na_2HgJ_4 Natriummercurijodid $(HgJ_2 + 2NaJ)$, usw.

Charakteristisch für komplexe Salze ist, daß ihre Lösungen, im Gegensatze zu denen der Doppelsalze, andere Eigenschaften aufweisen, als die Komponenten, aus denen sie entstanden sind. So unterscheidet sich z. B. eine Lösung von Kaliumsilbercyanid in ihren Eigenschaften von einer Kaliumcyanidlösung sowohl, als auch von einer Silbercyanidlösung.

Dieses Verhalten der komplexen Salze wird dadurch verursacht, daß das komplexe Salz in seiner Lösung nicht zu denselben Ionen dissoziiert, wie wenn man die beiden Komponenten, jede für sich, in Wasser löst. Während z. B. Kaliumcyanid, KCN, und Silbercyanid, $AgCN$, in ihren wäßrigen Lösungen in die Ionen K^+ und CN^-, bezw. Ag^+ und CN^- dissoziieren:

$$KCN \rightleftarrows K^+ + CN^-$$
$$AgCN \rightleftarrows Ag^+ + CN^-,$$

liefert das aus den beiden Salzen hervorgehende komplexe Kaliumsilbercyanid, $KAg(CN)_2$, ein K^+-Ion und das komplexe $Ag(CN)_2{}^-$-Ion (welch letzteres allerdings in sehr geringem Grade wieder in ein Ag^+ und zwei CN^--Ionen dissoziiert), daher seine Dissoziation wie folgt dargestellt werden kann:

$$KAg(CN)_2 \rightleftarrows K^+ + Ag(CN)_2{}^-.$$

Daß das Silber tatsächlich in einem **negativ** geladenen Ion enthalten ist, geht aus dem Elektrolysenversuche hervor, in dem das Silber in Form des komplexen Iones $Ag(CN)_2{}^-$-Ion gegen den positiven Pol wandert.

Ganz ähnlich verhalten sich andere komplexe Salze. So dissoziiert z. B. Kaliumplatinchlorid, wie folgt:

$$K_2PtCl_6 \rightleftarrows 2K^+ + PtCl_6{}^{--},$$

während die beiden Salze KCl und $PtCl_4$, aus denen obiges komplexes Salz entsteht, in ihren Lösungen in K^+- und Cl^--, bezw. Pt^{++++}- und Cl^--Ionen liefern.

Andere komplexe Salze dissoziieren, wie folgt:

$$K_4Fe(CN)_6 \rightleftarrows 4K^+ + Fe(CN)_6{}^{----}$$
$$K_3Fe(CN)_6 \rightleftarrows 3K^+ + Fe(CN)_6{}^{---}$$
$$Na_2HgJ_4 \rightleftarrows 2Na^+ + HgJ_4{}^{--}.$$

Aus der Art und Weise, wie in den angeführten Beispielen die komplexen Salze dissoziieren, wird es erklärlich, warum die beiden Komponenten in der Lösung des betreffenden komplexen Salzes ihre ursprünglichen Eigenschaften nicht beibehalten, bezw. warum die Lösung eines komplexen Salzes Eigenschaften aufweist, die in der Lösung je einer Komponente vermißt werden.

Ganz analog den komplexen Salzen verhalten sich auch andere komplexe Verbindungen, wie z. B. die aus Salzsäure und Platinchlorid entstehende Platinchlorwasserstoffsäure, die beim Lösen, wie folgt, dissoziiert:

$$H_2PtCl_6 \rightleftarrows 2H^+ + PtCl_6^{--};$$

oder das aus Kupfersulfat und Ammoniak entstehende Cupriamminsulfat, das wie folgt dissoziiert:

$$Cu(NH_3)_4SO_4 \rightleftarrows Cu(NH_3)_4^{++} + SO_4^{--}.$$

§ 76. Definition der Säuren und der Basen. In den §§ 40 und 41 wurden die Säuren und die Basen wie folgt definiert: Säuren sind Verbindungen, die sich mit Basen zu Salzen verbinden, und Basen solche, die sich mit Säuren zu Salzen verbinden. Auf Grund unserer Ausführungen in § 74 läßt sich diese Definition mit Hilfe der elektrolytischen Dissoziationstheorie genauer fassen. Denn laut § 74 besteht die gegenseitige Einwirkung von Säuren und Basen im wesentlichen darin, daß die auf dem Wege der Dissoziation aus der Säure bezw. aus der Base entstehenden H^+- und OH^--Ionen sich miteinander zu Wasser verbinden, und zwar unabhängig davon, welche Säuren, bezw. Basen es sind, aus deren Dissoziation die genannten Ionen hervorgegangen sind.

Es enthalten daher die Säuren den Charakter einer Säure dadurch, daß sie bei ihrer Dissoziation H^+-Ionen liefern; und die Basen den Charakter einer Base dadurch, daß sie bei ihrer Dissoziation OH^--Ionen liefern, woraus aber folgende Definition der Säuren und der Basen als selbstverständlich hervorgeht:

Säuren sind Verbindungen, bei deren Dissoziation H^+-Ionen entstehen; Basen sind Verbindungen, bei deren Dissoziation OH^--Ionen entstehen; wobei allerdings bemerkt werden muß, daß auf sekundärem Wege (durch Hydrolyse) auch solche Verbindungen H^+- bezw. OH^+-Ionen liefern können, die vermöge ihrer Zusammensetzung und ihrer Struktur zu den Salzen gehören (s. § 117).

In den §§ 40 und 41 ist auch die Stärke der Säuren und der Basen zur Sprache gekommen, und wurde dort ausgeführt, daß man eine Säure bezw. eine Base als um so stärker bezeichnet, je wirksamer sie sich anderen Verbindungen gegenüber erweist. Nun lehrt aber die Erfahrung, daß die Stärke, d. h. die Reaktionsfähigkeit einer Säure, bezw. einer Base, auf Grund ihres Dissoziationsgrades exakt und zahlenmäßig bewertet werden kann, indem von den verschiedenen Säuren bezw. Basen diejenigen die stärkeren, d. h. reaktionsfähigeren sind, die, gleiche Konzentration vorausgesetzt, den größeren Dissoziationsgrad aufweisen. Ordnet man daher, wie dies in der nachfolgenden Tabelle geschah, die Säuren und Basen nach der Größe der Dissoziationsgrade, die sie in gleich konzentrierten, z. B. in Normallösungen aufweisen, so hat man sie gleichzeitig auch bezüglich ihrer Stärke, d. h. ihrer Reaktionsfähigkeit geordnet.

Dissoziationsgrad einiger einwertiger Säuren und Basen in ihren Normallösungen.

(Relative Stärke der Säuren und der Basen.)

Säuren:		Basen:	
Salpetersäure (HNO_3)	0,820	Kaliumhydroxyd (KOH)	0,77
Salzsäure (HCl)	0,791	Natriumhydroxyd (NaOH)	0,72
Bromwasserstoffsäure (HBr)	0,790	Lithiumhydroxyd (LiOH)	0,64
Jodwasserstoffsäure (HJ)	0,780	Trimethyl-ammoniumhydr-	
Trichloressigsäure (CCl_3COOH)	0,42	oxyd $[(CH_3)_3HNOH]$	0,0086
Dichloressigsäure ($CHCl_2COOH$)	0,20	Ammoniumhydroxyd	
Monochloressigsäure		$[(NH_4)OH]$	0,0037
($CH_2ClCOOH$)	0,038		
Ameisensäure (HCOOH)	0,014		
Milchsäure $CH_3CH(OH)COOH$	0,012		
Essigsäure (CH_3COOH)	0,0038		

Dieser Tabelle ist zu entnehmen, daß von den angeführten Säuren die Salpetersäure am stärksten, die Essigsäure am schwächsten —, von den angeführten Basen das Kaliumhydroxyd am stärksten, das Ammoniumhydroxyd am schwächsten ist. Die mehrwertigen Säuren und Basen sind, da ihre Dissoziation, wie in § 65 erörtert ward, keine so einfache ist, in diese Tabelle nicht aufgenommen. Doch sei der Orientierung halber diesbezüglich folgendes ausgeführt:

Von den am meisten gebräuchlichen mehrwertigen Säuren gehört die Schwefelsäure, H_2SO_4, zu den stärksten Säuren; die Phosphorsäure, H_3PO_4, ist zwar schwächer, gehört aber immerhin zu den stärkeren Säuren. Von den anorganischen Säuren gehören die arsenige Säure und die Arsensäure, die antimonige Säure und die Antimonsäure, die Borsäure, Kieselsäure, desgleichen auch die meisten organischen Säuren, wie Bernstein-, Wein-, Zitronen-, Kohlen-, Harn-, Benzoë-, Salicyl-. Gerbsäure usw. zu den schwachen Säuren.

Von den am meisten gebräuchlichen mehrwertigen Basen sind Calciumhydroxyd (gelöschter Kalk), Strontium- und Bariumhydroxyd starke Basen; die in Wasser praktisch unlöslichen Hydroxyde, wie Ferro- und Ferri-Hydroxyd, Kupfer-, Mangan-, Nickel-, Silber-, Aluminiumhydroxyd usw. sehr schwache Basen.

Zu bemerken ist noch, daß auf Grund der soeben gegebenen Definition der Säuren und der Basen auch reinstes destilliertes Wasser, da es laut § 70 zu einem geringen Anteile in H^+- und OH^--Ionen dissoziiert, sowohl als eine Säure, als auch als eine Base angesehen werden muß; allerdings als eine äußerst schwache Säure bezw. Base, da sein Dissoziationsgrad ein äußerst geringer ist.

Außer dem Wasser liefern noch andere Verbindungen in ihren wäßrigen Lösungen H^+- oder OH^--Ionen in sehr geringen Mengen, ohne jedoch, daß man, sei es das Wasser, sei es jene Verbindungen, für gewöhnlich als Säuren, oder als Basen bezeichnen würde. So sind z. B. Alkohole, Ketone, Zuckerarten usw. im strengsten Sinne des Wortes sehr schwache Säuren, Carbamid, Kreatin usw. streng genommen sehr schwache Basen.

§ 77. Die Stärke des positiven bezw. negativen Charakters der Radikale und die Stärke der aus ihnen entstehenden Basen bezw. Säuren. Es wurde in § 29 vorausgeschickt, daß die Stärke des Charakters eines Radikales danach beurteilt wird, wie stark die Base bezw. Säure ist, die aus dem betreffenden Radikale hervorgeht, und es wurde dort auch gezeigt, daß stark positive Radikale starke Basen, stark negative Radikale starke Säuren liefern. Da ferner, wie im vorangehenden Paragraphen gezeigt wurde, die Stärke der Basen und Säuren durch die Größe ihres Dissoziationsgrades ausgedrückt werden kann, läßt sich aus dem Dissoziationsgrad der betreffenden Basen und Säuren auf die Stärke des Charakters des basen- oder säurebildenden Radikales schließen. Dies geht aus den Daten der Tabelle im vorangehenden Paragraphen besonders klar hervor. So läßt sich z. B. daraus, daß von den dort angeführten Säuren die Salzsäure eine der stärksten ist, schließen, daß das säurebildende Radikal der Salzsäure, das Chlor, einen stark negativen Charakter hat; ferner läßt sich der Tabelle auch entnehmen, daß Brom und Jod bloß um ein geringes weniger stark negativ sind als Chlor; endlich auch, daß die zusammengesetzten Radikale CCl_3COO^-, $CHCl_2COO^-$, CH_2ClCOO^-, $HCOO^-$, $CH_3CH(OH)COO^-$, CH_3COO^- einen relativ schwach negativen Charakter haben.

Ebenso läßt sich aus dem Umstande, daß von den in die Tabelle aufgenommenen Basen das Kaliumhydroxyd den größten Dissoziationsgrad hat, nicht nur schließen, daß von allen Basen Kaliumhydroxyd am stärksten ist, sondern auch, daß von allen in der genannten Tabelle figurierenden basenbildenden Elementen, wie K, Na, Li usw. bezw. basenbildenden zusammengesetzten Radikalen, wie $(CH_3)_3HN^-$, $(NH_4)^-$ usw. das Kalium den stärksten positiven Charakter hat.

Bezüglich der Stärke des Charakters der säurebildenden zusammengesetzten Radikale sind die auf die Monochloressigsäure, Dichloressigsäure und Trichloressigsäure bezüglichen Daten der erwähnten Tabelle besonders lehrreich. Es sind dies Verbindungen, die sich von der Essigsäure nur darin unterscheiden, daß die drei Wasserstoffatome im Säurerest der Essigsäure ganz oder teilweise durch Chlor ersetzt sind, und die, wie aus der Tabelle zu ersehen ist, weit stärkere Säuren sind, als die sehr schwache Essigsäure, und zwar um so stärker, je mehr Wasserstoffatome in ihr durch Chlor ersetzt wurden. Die Trichloressigsäure gehört bereits zu den starken Säuren.

Die zunehmende Stärke der chlorsubstituierten Essigsäuren ist auf Grund unserer Ausführungen so zu deuten, daß durch die stark negativen Chloratome der an und für sich schwach negative Charakter des Essigsäurerestes eine Stärkung erfährt, und zwar um so mehr, je größer die Zahl der Chloratome ist, die in das Molekül eingetreten sind.

§ 78. Die Stärke des positiven bezw. negativen Charakters der Elemente und ihr absolutes Potential. Als Gradmesser der Stärke des Charakters eines Elementes dient nicht nur die Stärke der aus dem betreffenden Elemente entstandenen Säure bezw. Base, sondern auch die elektrolytische Lösungstension, und hiermit im Zusammenhange auch das absolute Potential des betreffenden Elementes, d. h. die Potentialdifferenz, die zwischen dem Element und einer Lösung besteht, in der das Gramm-Atomgewicht seiner Ionen in $1\,l$ gelöst enthalten ist (§ 67). In diesem Sinne läßt sich folgendes sagen:

a) **Die metallischen Elemente sind um so stärker positiv, je größer die negative Ladung ist, die die aus ihnen angefertigten Elektroden gegenüber den Lösungen ihrer eigenen Salze annehmen, wenn diese Lösungen das Gramm-Atomgewicht des betreffenden Metalles in $1\,l$ gelöst enthalten.** Laut der Tabelle in § 67 ist es daher das Kalium, das von allen in die Tabelle aufgenommenen Metallen am stärksten positiv ist; die übrigen Metalle sind um so weniger positiv, je später sie in der Reihe folgen. So gehört z. B. Kobalt bereits zu den schwach positiven Metallen; die Metalle aber, die gegenüber ihren eigenen Lösungen ausgesprochen positive Ladungen aufnehmen, also in der Tabelle zwischen Nickel und Gold stehen, sind noch weniger positiv. Am wenigsten positiv ist das Gold.

b) **Die Nichtmetalle sind um so stärker negativ, je stärker positiv die aus ihnen angefertigten Elektroden gegenüber ihren Lösungen werden, wenn diese Lösungen das Gramm-Atomgewicht des betreffenden Nichtmetalles in $1\,l$ gelöst enthalten.** Es ist daher unter den in der Tabelle in § 67 aufgenommenen Elementen das Fluor am stärksten, Jod am wenigsten negativ.

Hält man dies alles vor Augen, so läßt sich aus der Tabelle der absoluten Potentiale auch auf die Stärke der Basen und Säuren schließen, die aus den betreffenden Elementen entstehen, indem z. B. KOH, NaOH und $Ba(OH)_2$ die stärksten, $Bi(OH)_3$, $Cu(OH)_2$, $Au(OH)_3$ die schwächsten Basen sind; anderseits, daß von den Wasserstoffverbindungen des Chlors, des Broms und des Jods, die Salzsäure die stärkste, HBr eine schwächere, und HJ eine noch schwächere Säure ist. Diese Schlüsse stehen in vollem Einklange damit, was hierüber im § 76 ausgeführt wurde.

§ 79. Weitere Schlüsse, die aus der Tabelle der absoluten Potentiale gezogen werden können. Es gibt eine ganze Reihe von Erscheinungen, die sich am einfachsten elektrochemisch, und zwar auf Grund der absoluten Potentiale der Elemente deuten lassen. Nachfolgend seien hierfür einige Beispiele angeführt.

1. Wird eine Zn-Platte in $CuSO_4$-Lösung getaucht, so wird man bereits nach einigen Sekunden merken können, daß die Zn-Platte an den Stellen, wo sie mit der $CuSO_4$-Lösung in Berührung kommt, sich mit einer roten Schichte von metallischem Kupfer beschlägt. Läßt man die Zn-Platte längere Zeit hindurch in der $CuSO_4$-Lösung, so

schlägt sich alles Kupfer aus der Lösung auf die Zn-Platte, und an Stelle der $CuSO_4$-Lösung wird eine dieser äquivalente $ZnSO_4$-Lösung getreten sein. Werden in weiteren Versuchen an Stelle der Zn-Platte solche aus Mg, Fe oder Cd verwendet, so wird es jedesmal zu einer Ausscheidung von Kupfer auf der Oberfläche des Metalles kommen, während dieses selbst in Lösung geht. Wird jedoch zu demselben Versuche Silber, oder Quecksilber, oder Gold verwendet, so kommt es weder zu einer Ausscheidung von Kupfer, noch aber zu einer andersartigen Veränderung.

Auf Grund der absoluten Potentiale der Elemente lassen sich die soeben angeführten Erscheinungen leicht deuten; es ist z. B. sofort zu ersehen, daß die Elemente, durch die das Kupfer zur Ausscheidung gebracht wird — es sind dies Zn, Mg, Fe, Cd — sämtlich stärker positiv sind, d. h. eine größere Affinität zu den positiven Ladungen haben, als das Kupfer, daher sie den Cu^{++}-Ionen die elektrischen Ladungen entziehen und Kupfer sich metallisch abscheiden muß. Dieser Vorgang kann wie folgt versinnbildlicht werden:

$$Cu^{++} + Zn = Cu + Zn^{++}.$$

Die SO_4^{++}-Ionen sind an obiger Erscheinung überhaupt nicht beteiligt.

Auf derselben Grundlage ist es aber auch erklärlich, daß durch die Metalle, die, wie z. B. Silber, Quecksilber, Gold, in der Reihe der absoluten Potentiale nach dem Kupfer zu stehen kommen, kein Kupfer ausgeschieden wird, da sie eine geringere Affinität zu den Ladungen haben, als das Kupfer.

2. In je einem Gefäße werden metallisches Magnesium, Zink, Eisen, Zinn, Kupfer, Quecksilber, Silber und Gold mit verdünnter Salzsäure übergossen, worauf man alsbald beobachten kann, daß in den Gefäßen, die Mg, Zn, Fe und Sn enthalten, sich Wasserstoffgas bildet, und die betreffenden Metalle in Form ihrer Chloride, als $MgCl_2$, $ZnCl_2$, $FeCl_2$, $SnCl_2$, in Lösung gehen, während in den Gefäßen mit dem Cu, Hg, Ag und Au weder Wasserstoff gebildet wird, noch eine andere Veränderung stattfindet.

Diese Erscheinungen sind den vorangehend beschriebenen vollkommen analog, indem die Metalle, die stärker positiv sind, als Wasserstoff, die also dem Wasserstoff in der Tabelle der absoluten Potentiale vorangehen, den H^+-Ionen ihre positiven Ladungen entziehen und selbst zu Ionen werden, z. B.

$$2\,H^+ + Mg = H_2 + Mg^{++}.$$

Hingegen haben die Metalle, die weniger positiv sind als der Wasserstoff, also in der Tabelle der absoluten Potentiale dem Wasserstoff folgen, eine geringere Affinität zu den elektrischen Ladungen, als Wasserstoff, daher sie nicht imstande sind, den H^+-Ionen die elektrischen Ladungen zu entziehen.

3. a) Durch Chlorwasser wird aus einer Lösung von Kaliumbromid elementares Brom in Freiheit gesetzt:

$$2\,KBr + Cl_2 = 2\,KCl + Br_2.$$

b) Durch Chlorwasser wird aus einer Lösung von Kaliumjodid elementares Jod in Freiheit gesetzt:

$$2\,KJ + Cl_2 = 2\,KCl + J_2.$$

c) Durch Bromwasser wird aus einer Lösung von Kaliumjodid elementares Jod in Freiheit gesetzt:

$$2\,KJ + Br_2 = 2\,KBr + J_2.$$

Diese Vorgänge werden übersichtlicher dargestellt, wenn man die Gleichungen so aufstellt, wie es der elektrolytischen Dissoziation entspricht (§ 74):

$$a) \quad 2\,Br^- + Cl_2 = 2\,Cl^- + Br_2$$
$$b) \quad 2\,J^- + Cl_2 = 2\,Cl^- + J_2$$
$$c) \quad 2\,J^- + Br_2 = 2\,Br^- + J_2.$$

Da wir aus der Tabelle der absoluten Potentiale wissen, daß Chlor am stärksten, Brom weniger, und Jod am schwächsten negativ ist, d. h. die Affinität des Chlors zur negativen Ladung am stärksten, die des Bromes weniger stark und die des Jodes am schwächsten ist, so versteht es sich von selbst, daß im Falle a) den Bromionen durch die Chlormoleküle, im Falle b) den Jodionen durch die Chlormoleküle, im Falle c) den Jodionen durch die Brommoleküle die negativen Ladungen entzogen werden, so daß im Falle a) Brom, im Falle b) und c) Jod in elektrisch neutraler Form entstehen muß.

§ 80. **Erweiterung des Begriffes der Oxydation und der Reduktion.** Laut § 33 wird jeder Vorgang als Oxydation bezeichnet, in dem ein Element oder eine Verbindung sich mit Sauerstoff verbindet, und jeder Vorgang als Reduktion bezeichnet, in dem eine Verbindung ihren Sauerstoff ganz oder zum Teil verliert.

Nun läßt sich aber auf Grund unserer Kenntnisse über die elektrochemischen Erscheinungen der Begriff der Oxydation und der Reduktion erweitern: Man spricht auch in dem Falle von einer Oxydation, wenn ein Atom in den Besitz einer positiven Ladung gelangt, oder die Zahl der positiven Ladungen eines Iones zunimmt, oder wenn ein Ion seine negative Ladung verliert. Und man bezeichnet als Reduktion auch den Vorgang, wenn ein Ion seine positiven Ladungen gänzlich oder zum Teil verliert, oder wenn ein Atom in den Besitz einer negativen Ladung gelangt. Dies läßt sich an folgenden Beispielen zeigen:

1. Wirkt Chlorgas auf gelöstes Ferrochlorid ein, so entsteht Ferrichlorid:

$$2\,FeCl_2 + Cl_2 = 2\,FeCl_3;$$

oder im Sinne der Ionentheorie aufgeschrieben:

$$2\,Fe^{++} + Cl_2 = 2\,Fe^{+++} + 2\,Cl^-.$$

Die Reaktion besteht also darin, daß die Ferroionen, Fe^{++}, zu Ferriionen, Fe^{+++}, oxydiert werden, indem die Zahl der positiven Ladungen der Eisenionen eine Zunahme erfährt, die Chlormoleküle jedoch negative Ladungen aufnehmen, also zu Chlorionen reduziert werden. In dieser Reaktion ist daher Chlor das Oxydationsmittel, das selbst reduziert wird, während das Ferroion wie ein Reduktionsmittel wirkt, das selbst oxydiert wird.

2. Wird eine Eisenplatte in eine $CuSO_4$-Lösung getaucht, so wird auf ihre Oberfläche metallisches Kupfer niedergeschlagen, während das Eisen in Lösung geht:

$$CuSO_4 + Fe = FeSO_4 + Cu;$$

oder im Sinne der Ionentheorie aufgeschrieben:

$$Cu^{++} + Fe = Cu + Fe^{++}.$$

Das Wesen dieser Reaktion besteht also darin, daß Kupferionen reduziert werden, indem sie ihre positiven Ladungen verlieren, während das Eisen oxydiert wird, indem die Eisenatome positive Ladungen aufnehmen. In dieser Reaktion ist also Eisen das Reduktionsmittel, das selbst oxydiert, das Kupferion das Oxydationsmittel, das selbst reduziert wird.

3. Wird eine Lösung von Mercurichlorid, $HgCl_2$, mit einer Lösung von Stannochlorid, $SnCl_2$, versetzt, so entstehen Mercurochlorid und Stannichlorid:

$$2\,HgCl_2 + SnCl_2 = Hg_2Cl_2 + SnCl_4;$$

oder im Sinne der Ionentheorie aufgeschrieben:

$$2\,Hg^{++} + Sn^{++} = Hg_2^{++} + Sn^{++++}.$$

Die chemische Umsetzung besteht in dieser Reaktion darin, daß die Mercuriionen zu Mercuroionen reduziert werden, indem sie einen Teil ihrer positiven Ladungen verlieren, die Stannoionen aber oxydiert werden, indem sie jene Ladungen aufnehmen. Es ist daher das Mercurichlorid das Oxydationsmittel, das selbst reduziert, das Stannochlorid aber das Reduktionsmittel, das selbst oxydiert wird.

4. Leitet man in die Lösung von Kaliumjodid Chlorgas ein, so wird, wie wir in § 79 gesehen hatten, Kaliumchlorid gebildet und Jod in Freiheit gesetzt:

$$2\,KJ + Cl_2 = 2\,KCl + J_2;$$

oder im Sinne der Ionentheorie aufgeschrieben:

$$2\,J^- + Cl_2 = 2\,Cl^- + J_2.$$

In dieser Reaktion werden also die Jodionen oxydiert, indem sie ihre negative Ladungen verlieren, während die Chlormoleküle reduziert werden, indem sie jene negative Ladung aufnehmen. Es ist daher Jod das Reduktionsmittel, das selbst oxydiert, Chlor das Oxydationsmittel, das selbst reduziert wird.

§ 81. **Elektrochemie der nicht-wäßrigen Lösungen.** In vorangehendem hatten wir uns bloß mit wäßrigen Lösungen befaßt; doch muß ergänzend bemerkt werden, daß alle Erscheinungen, denen wir in der Elektrochemie wäßriger Lösungen begegnen, dem Wesen nach auch in nicht-wäßrigen Lösungen angetroffen werden. Denn die Elektrolyten als Leiter des elektrischen Stromes dissoziieren auch, wenn man sie in anderen, wasserfreien Lösungsmitteln, wie in Alkoholen, Aldehyden, Ketonen, anorganischen und organischen Säuren usw. löst, wobei allerdings der Dissoziationsgrad — auch gleiche Konzentration der Lösung vorausgesetzt — je nach der stofflichen Natur des Lösungsmittels ein verschiedener ist. Im allgemeinen kann man sagen, daß die Dissoziation im Wasser am stärksten, in anderen Lösungsmitteln relativ geringer ist.

Galvanische Elemente lassen sich im großen und ganzen aus nichtwäßrigen Lösungen nach denselben Prinzipien kombinieren, wie aus wäßrigen Lösungen.

Endlich ist zu bemerken, daß Salze, wie z. B. KCl, $NaCl$, KNO_3, Na_2SO_4, $PbCl_2$ usw. in geschmolzenem Zustande ebenfalls mehr oder minder stark in Ionen zerfallen, daher den elektrischen Strom leiten. Wird ferner in einem geschmolzenen Salze ein anderes Salz aufgelöst, so zerfällt letzteres teilweise ebenfalls in seine Ionen. Endlich lassen sich aus geschmolzenen Salzen galvanische Elemente ähnlich wie aus ihren wäßrigen Lösungen zusammenstellen.

Aufgaben.

54. Nachfolgende in verdünnt wäßrigen Lösungen verlaufende Reaktionen sind auf Grund der elektrolytischen Dissoziationstheorie zu deuten:

$$H_2SO_4 + BaCl_2 = BaSO_4 + 2\,HCl$$
$$CuSO_4 + Ba(NO_3)_2 = BaSO_4 + Cu(NO_3)_2;$$

wobei beachtet werden soll, daß von obigen, an den Reaktionen beteiligten Verbindungen das $BaSO_4$ einen in Wasser (praktisch) unlöslichen Niederschlag bildet, während die übrigen Verbindungen sich in Wasser leicht lösen. Dieselben Reaktionen sind auch für den Fall zu deuten, wenn sie in konzentrierten Lösungen verlaufen.

55. Wird durch eine Lösung von Natriumchlorid in der Lösung von Kaliumsilbercyanid ein Niederschlag erzeugt?

56. Ist es statthaft, chirurgische Instrumente, die aus Eisen oder Nickel angefertigt sind, durch Einlegen in eine Lösung von Sublimat, $HgCl_2$, zu sterilisieren?

57. Soll man der Nässe ausgesetzte aus Eisen angefertigte Gegenstände, um sie vor Rostbildung zu schützen, eher mit einer Zink-, oder Zinn-, oder Kupferschichte überziehen?

58. Versetzt man eine Lösung von Stannochlorid, $SnCl_2$, mit Mercurochlorid, Hg_2Cl_2, so wird metallisches Quecksilber ausgeschieden und Stannichlorid, $SnCl_4$, gebildet. a) Wie lautet die Reaktionsgleichung dieses Vorganges? b) Welche der beiden erstgenannten Verbindungen ist in diesem Falle das Oxydations-, welches das Reduktionsmittel?

59. Aus welchem Grunde müssen im DANIELLschen Elemente die $ZnSO_4$- und $CuSO_4$-Lösungen voneinander durch ein Diaphragma gesondert werden? Wäre es nicht möglich ein Gemisch der beiden Lösungen herzustellen und die Zn- und Cu-Platte in diese gemeinsame Lösung zu tauchen? Oder wäre es nicht möglich, die beiden Lösungen in je ein besonderes Gefäß einzufüllen, so daß sie miteinander nicht in Berührung kommen?

Fünftes Kapitel.

Chemische Mechanik.

Die chemische Mechanik hat die Aufgabe, Gleichgewichtszustände chemischer Systeme und die Geschwindigkeit der chemischen Umsetzungen zu studieren; doch sind wir bemüßigt, uns in diesem Ka-

pitel — wenigstens in den gröbsten Zügen — auch mit solchen
Systemen zu befassen, bei deren Zustandsänderung es zu keiner chemischen Umsetzung kommt: Es sind dies die sog. physikalischen
Systeme, die an dieser Stelle aus dem Grunde erörtert werden sollen,
weil man hierdurch zu einem besseren Verständnis der Gleichgewichtszustände in chemischen Systemen gelangt und Begriffe kennen lernt,
deren man in der Chemie auch sonst häufig bedarf.

I. Physikalische Systeme.

**§ 82. Systeme von gasförmigem Aggregatzustande; Diffusion
der Gase.** Die Gasgesetze, sowie auch die Grundlagen der kinetischen
Gastheorie wurden von uns bereits in den §§ 2—5 ausführlich behandelt und soll an dieser Stelle nur das Wesen der Gasdiffusion,
und zwar an der Hand des folgenden einfachen
Versuches, erörtert werden:

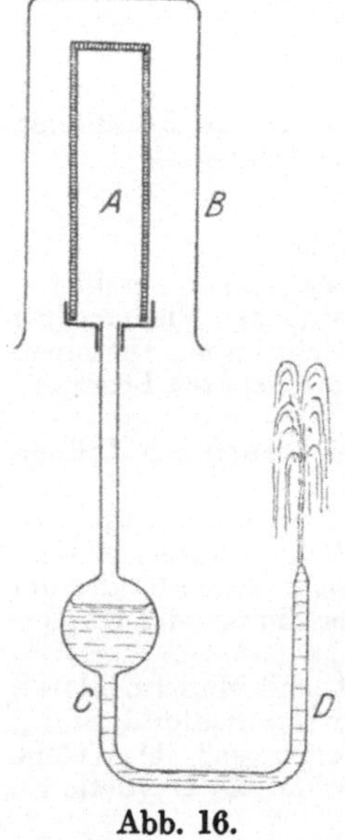

Gefäß A der Abb. 16 ist aus porösem Ton
angefertigt und mit einer doppelt gebogenen
Glasröhre verbunden, die an der mit C bezeichneten Stelle eine kugelförmige Erweiterung
trägt. Wird über dieses Gefäß ein Zylinder B
gestülpt, der vorher mit Wasserstoffgas angefüllt wurde, so wird das Wasser, das vorher in
beiden Schenkeln der Glasröhre in gleicher Höhe
gestanden hatte, im Schenkel D ansteigen und
beim offenen Ende desselben emporspritzen. Wird
der Zylinder B vom Gefäß A wieder weggehoben,
so tritt das Entgegengesetzte der obigen Erscheinung ein: das Wasser sinkt im Schenkel D
ab, steigt im anderen Schenkel an und von der
freien Öffnung des Schenkels D aus tritt Luft
in die Röhre, die dann in Form von Blasen durch
die Hohlkugel C in das Innere des Gefäßes A
vordringt.

Abb. 16.

Um diese Erscheinung zu begreifen, genügt
es, das vor Augen zu halten, was in § 4 gesagt
wurde. Es wurde dort ausgeführt, daß sich die
Gasmoleküle laut der kinetischen Gastheorie in ununterbrochener
Bewegung befinden und, daß diese Bewegungen mit einer um so
größeren Geschwindigkeit ausgeführt werden, je leichter die betreffenden Moleküle sind, d. h. je geringer das Molekulargewicht des
Gases ist.

Was geschieht nun, wenn der mit Wasserstoff angefüllte Zylinder B
über das Tongefäß A gestülpt wird? Von außen her stoßen Wasserstoffmoleküle auf die poröse Tonwand, eine bestimmte Zahl von
Molekülen aber auf deren Poren auf, wobei die letzteren Moleküle in
die Poren hinein- und durch dieselben hindurch in das Innere des
Gefäßes A gelangen. Anderseits stoßen die Moleküle, aus denen

die Luft im Inneren des Gefäßes A besteht, von innen auf die tönerne Wand, eine bestimmte Zahl von Molekülen aber auf die Poren auf, wobei die letzteren Moleküle in die Poren hinein- und durch dieselben hindurch nach außen, in den Raum zwischen A und B gelangen. Nun erfolgt aber das Hineindiffundieren des Wasserstoffes und das Herausdiffundieren der Moleküle, aus denen die Luft besteht, ungleich rasch; die leichteren Wasserstoffmoleküle (Molekulargewicht $= 2$) bewegen sich rascher, als die schwereren Moleküle des Sauerstoffes (Molekulargewicht $= 32$) und des Stickstoffes (Molekulargewicht $= 28$), aus denen die Luft besteht, daher in der Zeiteinheit mehr Wasserstoff in das Innere des Gefäßes A einzudringen vermag als Luft nach außen gelangen kann. Hieraus folgt aber, daß die Gesamtzahl der Moleküle im Inneren des Gefäßes eine Zunahme erfährt, was gleichlautend ist mit einer Zunahme des Gasdruckes daselbst. Dieser bringt dann das Wasser zum Emporspritzen.

Wird jetzt der mit Wasserstoff angefüllte Zylinder B von A weggehoben, so diffundieren die zuvor in das Innere des Gefäßes A gelangten Wasserstoffmoleküle rascher heraus, als die Moleküle, aus denen die Luft besteht, in das Innere des Gefäßes hineinzudiffundieren vermögen; es muß daher die Zahl der Moleküle im Inneren des Gefäßes abnehmen, es muß daselbst zu einer Druckabnahme kommen, und es muß beim offenen Ende des Schenkels D Luft eintreten und gegen das Innere des Gefäßes vordringen.

Zu einem Gleichgewicht kann es bei der Diffusion erst kommen, wenn die Zusammensetzung der Gase zu beiden Seiten der porösen Gefäßwand dieselbe geworden ist; ist dies der Fall, so ist die Zahl der Gasmoleküle, die in der Zeiteinheit in beiden Richtungen durch die tönerne Wand dringen, die gleiche, daher es praktisch zu keiner Veränderung mehr kommt.

Was die quantitativen Verhältnisse bei der Gasdiffusion anbelangt, haben wir bereits vorausgeschickt, daß die Diffusionsgeschwindigkeit der Gase ihrem Molekulargewichte umgekehrt proportional ist. In exakter Weise wurde dieser Zusammenhang durch GRAHAM ermittelt, aus dessen Versuchen hervorgeht, daß die Geschwindigkeiten, mit denen die Gase durch eine poröse Wand diffundieren, der Quadratwurzel aus ihren Molekulargewichten umgekehrt proportional sind. Werden daher die Diffusionsgeschwindigkeiten zweier Gase mit c_1 bezw. mit c_2, ihre Molekulargewichte mit m_1 bezw. m_2 bezeichnet, so besteht die Gleichung

$$c_1 : c_2 = \sqrt{m_2} : \sqrt{m_1}.$$

Wird speziell die Diffusionsgeschwindigkeit des Wasserstoffes, bezw. des Sauerstoffes mit C_{H_2} bezw. C_{O_2} bezeichnet, so besteht die Beziehung

$$\frac{C_{H_2}}{C_{O_2}} = \frac{\sqrt{32}}{\sqrt{2}} = \sqrt{16} = 4;$$

was soviel besagen will, daß der Wasserstoff viermal so rasch diffundiert als der Sauerstoff.

Dem Umstande, daß die Gase auch ohne jedweden äußeren Eingriff (Rühren usw.) sich auf dem Wege der Diffusion vermischen, kommt aus so manchen Gesichtspunkten auch eine praktische Bedeutung zu. So beruht es z. B. auf Diffusionsvorgängen, wenn die Luft der bewohnten Räume durch die porösen Ziegel der Wände hindurch sich in fortwährendem Austausch mit der Außenluft befindet, also gleichsam eine Ventilation durch die Wände hindurch erfolgt, sofern diese nicht mit Wasser durchtränkt und nicht etwa mit einer auch für Gase wenig durchgängigen Substanz (Ölfarbe) überzogen sind. Ferner wird dadurch, daß unsere Kleider aus porösen Stoffen angefertigt sind, ermöglicht, daß unsere Körperoberfläche ständig mit frischer Luft in Berührung kommt; aus demselben Grunde ist es auch nicht hygienisch, Kleider aus Stoffen, wie z. B. Gummistoffen, dickem Leder usw. anzufertigen, durch die die Luft nur schwer oder gar nicht dringen kann.

§ 83. **Gleichgewicht zwischen homogenen Flüssigkeiten und ihren Dämpfen.** Wird in den TORRICELLIschen Raum eines Quecksilberbarometers durch das Quecksilber hindurch ein wenig Wasser eingeführt, so verdampft daselbst ein Teil des Wassers, ein anderer Teil bleibt in flüssigem Zustande zurück. (Die Menge des eingeführten Wassers muß so bemessen sein, daß nicht alles verdampfe, weil unsere weiteren Ausführungen sich bloß auf diesen Fall beziehen.)

Der Grund, warum das Wasser verdampft, ist der, daß einzelne Moleküle infolge ihrer fortwährenden Bewegungen in den TORRICELLIschen Raum hinausgeschleudert werden. Hier setzen sie, nachdem sie auf diese Weise zu Wasserdampfmolekülen geworden sind, ihre Bewegungen fort, gelangen jedoch teilweise gerade infolge ihrer unaufhörlichen Bewegungen wieder in die Flüssigkeit zurück. Zu einem Gleichgewicht wird es kommen, wenn in der Zeiteinheit Moleküle genau in derselben Zahl aus dem flüssigen Zustande in Dampfform übergehen, als umgekehrt aus dem Dampfraume in die Flüssigkeit zurückkehren; denn nun findet praktisch keine Veränderung mehr statt. Ist dieser Zustand eingetreten, so sagen wir, daß der über dem Wasser befindliche Raum **bei der betreffenden Temperatur mit Wasserdampf gesättigt ist.**

Solange dieses Gleichgewicht nicht erreicht ist, sieht man das Quecksilberniveau im Barometerrohre ständig sinken, und zwar aus dem Grunde, weil die Wasserdampfmoleküle auf die Oberfläche des im Barometerrohre befindlichen Quecksilbers einen Druck ausüben. Dieser Druck des Wasserdampfes, auch **Tension des Wasserdampfes** genannt, wird an der Höhe gemessen, um die das Quecksilberniveau unter der Einwirkung des Wasserdampfes gesunken ist. Die Tension des gesättigten Wasserdampfes hängt bloß von der Temperatur ab, ist hingegen von jedem anderen Faktor (wie z. B. absolute Menge des Wassers oder des Wasserdampfes, Anwesenheit eines fremden Gases) unabhängig. Die Tension des gesättigten Wasserdampfes beträgt bei

$$0\ C^{\circ} \quad 4{,}6\ \text{mm Hg}$$
$$20\ \text{„} \quad 17{,}5\ \text{„} \quad \text{„}$$
$$50\ \text{„} \quad 92{,}5\ \text{„} \quad \text{„}$$
$$100\ \text{„} \quad 760\ \text{„} \quad \text{„ (1 Atm.)}$$
$$200\ \text{„} \quad 11647\ \text{„} \quad \text{„ (15,3 Atm.)}$$
$$300\ \text{„} \quad 64290\ \text{„} \quad \text{„ (84,6 Atm.).}$$

An verschiedenen anderen Flüssigkeiten ist die Tension, d. h. der Druck ihrer gesättigten Dämpfe eine verschiedene; der Orientierung halber seien hier einige auf die Temperatur von 20° C bezügliche Daten angeführt:

Quecksilber	0,0013 mm	Schwefeldioxyd	3,2 Atm.
Äthylalkohol	44 „	Ammoniak	8,4 „
Äthyläther	442 „	Kohlendioxyd	56,3 „

§ 84. Gleichgewicht zwischen Flüssigkeitsgemischen und ihren Dämpfen. Wird in den TORRICELLIschen Raum eines Quecksilberbarometers das Gemisch zweier Flüssigkeiten, z. B. von Äthylalkohol und Äthyläther, eingeführt, so dringen selbstverständlich die Moleküle beider Verbindungen in den Dampfraum ein; und zu einem Gleichgewichte wird es kommen, wenn die Zahl der während der Zeiteinheit in den Dampfraum gelangten Moleküle bezüglich jeder der beiden Komponenten gleich ist der Zahl der in die Flüssigkeit zurückkehrenden Moleküle. Ist es aber zu einem Gleichgewichte gekommen, so ist das Gewichtsverhältnis der beiden Komponenten im Gasraume verschieden von dem in der Flüssigkeit; vom flüchtigeren Stoffe (dessen Tension die größere ist) wird im Dampfraume relativ mehr enthalten sein, als in der Flüssigkeit (wobei allerdings bemerkt werden muß, daß es hiervon vielfache Ausnahmen gibt). Im obigen beispielsweise erwähnten Falle ist im Dampfraume vom flüchtigeren Äther relativ mehr enthalten, als vom weniger flüchtigen Alkohol.

Die Tension der Flüssigkeitsgemische hängt aber nicht nur von der stofflichen Qualität der Komponenten und von der Temperatur ab, sondern auch von der relativen Menge der Komponenten. Ist nämlich in dem Gemische vom flüchtigeren Stoffe (dessen Tension die größere ist) mehr enthalten, so ist auch die Tension des Gemisches eine größere. Im übrigen ist aber die Tension eines Gemisches immer geringer, als die Summe der Tensionen, die man an beiden Komponenten findet, wenn sie bei derselben Temperatur gesondert untersucht werden.

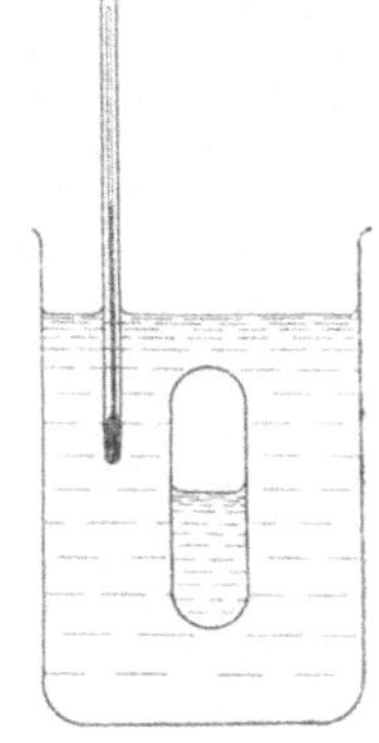

Abb. 17.

§ 85. Der kritische Zustand. In nebenstehender Abb. 17 ist eine kleine, dickwandige Glasröhre abgebildet, die etwa zur Hälfte mit Äthyläther angefüllt und dann zugeschmolzen wurde. Setzt man diese Röhre in ein größeres Gefäß ein, das mit einer Flüssigkeit von hohem Siedepunkte, z. B. mit Öl angefüllt ist, und erhitzt das Öl allmählich, so ist anfangs keinerlei

Änderung zu beobachten. Sobald jedoch die Temperatur des Öles 193° C erreicht hat, wird die Grenzfläche zwischen dem flüssigen Äther und dem darüber befindlichen Ätherdampf unscharf, schwindet dann vollends, zum Zeichen dessen, daß der gesamte Inhalt der Glasröhre nunmehr homogen geworden ist. Die Temperatur, bei der diese Erscheinung zustande kommt — im Falle des Äthyläthers 193° C —, wird als die **kritische Temperatur**, und der Druck, der zur selben Zeit in der Röhre herrscht — im Falle des Äthyläthers 36 Atm. —, als der **kritische Druck**, der oben beschriebene Zustand aber als **kritischer Zustand** bezeichnet.

Die Deutung des kritischen Zustandes ist einfach: Zu dem Zeitpunkte, wo mit dem Erhitzen begonnen wird, ist die Dichte des flüssigen Äthers größer, als die des darüber befindlichen Ätherdampfes. Erhitzt man weiter, so nimmt die Dichte des flüssigen Äthers infolge seiner Wärmeausdehnung stetig ab, die des gesättigten Ätherdampfes aber zu, weil immer mehr und mehr Äthermoleküle in den Dampfraum hineingeschleudert werden. Dann muß es aber auch eine Temperatur geben — und diese ist eben die kritische Temperatur —, bei der die Dichte des flüssigen Äthers gleich ist der Dichte des gesättigten Ätherdampfes von derselben Temperatur; und, da es bei dieser Temperatur keinen Unterschied zwischen dem flüssigen Äther und seinem gesättigten Dampf gibt, muß auch die Grenzfläche zwischen beiden verschwinden.

Nachfolgend ist die kritische Temperatur $t\varkappa$ und der kritische Druck $p\varkappa$ einiger wichtigerer Stoffe zusammengestellt:

	$t\varkappa$	$p\varkappa$		$t\varkappa$	$p\varkappa$
Wasser	+ 365° C	217 Atm.	Salzsäure	+ 52° C	83 Atm.
Benzol	+ 288° C	48 „	Kohlendioxyd	+ 31° C	73 „
Äthylalkohol	+ 243° C	63 „	Sauerstoff	− 118° C	50 „
Äthyläther	+ 193° C	36 „	Stickstoff	− 146° C	33 „
Chlor	+ 146° C	93 „	Wasserstoff	− 241° C	150 „

Daraus, was oben über den kritischen Zustand ausgeführt ward, geht selbstverständlich auch hervor, daß die Gase oberhalb ihrer kritischen Temperatur nicht verflüssigt werden können, welch großer Druck immer angewendet werden mag. So läßt sich z. B. Äther bei einer Temperatur, die 193° C übersteigt, **nicht** verflüssigen.

§ 86. Sieden und Destillieren homogener Flüssigkeiten. In § 83 wurde gezeigt, daß der Druck der gesättigten Dämpfe mit steigender Temperatur zunimmt. Hieraus läßt sich leicht auf die Vorgänge schließen, die sich abspielen, wenn eine Flüssigkeit in einem offenen Gefäße allmählich erwärmt wird. Da nämlich in diesem Falle der Druck der gesättigten Dämpfe stets zunimmt, kommt man schließlich zu einer Temperatur, bei der dieser Druck gleich wird dem Drucke der äußeren Luft, also dem atmosphärischen Druck, bezw. diesen sogar um ein geringes überschreitet. Bei dieser Temperatur kommt die die Flüssigkeit ins **Sieden**, d. h. sie verdampft nunmehr nicht nur von ihrer Oberfläche aus, sondern es bildet sich Dampf in Form von

Blasen auch unterhalb der Flüssigkeitsoberfläche, im Inneren der Flüssigkeit, namentlich an den Stellen, wo sie erwärmt wird. Damit also eine Flüssigkeit ins Sieden komme, ist es notwendig, daß der Gesamtdruck, der sich aus dem Drucke der äußeren Luft und dem hydrostatischen Druck der über den Dampfblasen befindlichen Flüssigkeit zusammensetzt, durch die Tension des Dampfes überwunden werde.

Aus obigem geht auch als selbstverständlich hervor, daß der Siedepunkt einer Flüssigkeit außer durch ihre stoffliche Qualität auch durch den Druck bestimmt wird, der auf der Flüssigkeit lastet: wird dieser Druck verringert, so ist der Siedepunkt niedriger; wird er erhöht, steigt auch der Siedepunkt. Nachstehend sind die Siedepunkte einiger Stoffe bei dem Drucke von 1 Atm. zusammengestellt:

Zink	920° C	Äthylalkohol	78,3° C
Schwefel	444° C	Äthyläther	34,5° C
Quecksilber	357° C	Sauerstoff	— 183° C
Wasser	100° C	Wasserstoff	— 253° C.

Verdampft eine Flüssigkeit, so verschwindet Wärme, und zwar in einer Menge, die durch die Verdampfungswärme ausgedrückt wird (siehe hierüber Punkt 2 des § 48, wo auch einige Daten angegeben sind). Die Verdampfungswärme ist äquivalent der Arbeit, die entgegen den Kohäsionskräften und dem äußeren Druck geleistet wird, wenn die Moleküle die Flüssigkeit in Form von Dampf verlassen.

Zuweilen lassen sich Flüssigkeiten kürzere oder längere Zeit hindurch über ihren Siedepunkt erhitzen, ohne ins Sieden zu kommen. Es ist dies die Erscheinung des sog. Siedeverzuges, der durch Einleiten von Gasblasen, Einlegen von porösen oder gashaltigen Körpern (Bimstein, gebrannter Ton, Holzkohle, Platin usw.) hintangehalten werden kann.

Kühlt man die Dämpfe einer siedenden Flüssigkeit unter den Siedepunkt, so werden sie niedergeschlagen, also wieder in den flüssigen Zustand überführt; geschieht dies in einem Apparate, der zum Auffangen der wieder verdichteten Dämpfe eingerichtet ist, so spricht man von Destillation. (Beschreibung und Gebrauchsanweisung der verschiedenen Destillationsapparate siehe in § 172 des Anhanges.)

§ 87. Sieden und Destillieren von Flüssigkeitsgemischen. Wird ein Gemisch von flüchtigen Flüssigkeiten erwärmt, so nimmt die Tension ihrer Dämpfe immerfort zu, und hat sie einmal die Größe des Druckes erreicht, der auf der Flüssigkeit lastet, so kommt diese ins Sieden. Da aber, wie aus § 84 hervorgeht, die Zusammensetzung der entweichenden Dämpfe meistens verschieden ist von der des Flüssigkeitsgemisches, muß sich die Zusammensetzung der entweichenden Dämpfe, wie auch Zusammensetzung und Siedepunkt des Flüssigkeitsgemisches im Verlaufe des Siedens stetig ändern. Und zwar besteht diese Veränderung meistens darin, daß die flüchtigere (niederer siedende) Komponente in relativ größeren Mengen entweicht, daher das Flüssigkeitsgemisch im Verlaufe des Siedens relativ reicher an der weniger flüchtigen (höher siedenden) Komponente wird.

Werden die Dämpfe durch Abkühlen in den flüssigen Zustand überführt und aufgefangen, wird also destilliert, so ist das Destillat zu Beginn der Destillation reicher an der flüchtigeren Komponente, als das der Destillation unterworfene Flüssigkeitsgemisch. Hierauf beruht die sog. **fraktionierte Destillation**, mit deren Hilfe ein Gemisch flüchtiger Flüssigkeiten wenigstens teilweise in seine Komponenten zerlegt werden kann. (Über die Ausführung einer fraktionierten Destillation siehe Näheres in § 172.) Wird z. B. ein Gemisch von Äthylalkohol und Äthyläther destilliert, so ist das Destillat, das anfangs übergeht, weit reicher an Äther als das der Destillation unterworfene Gemisch, das seinerseits zusehends reicher an Alkohol wird. Durch eine entsprechende Einrichtung des Destillationsverfahrens lassen sich aus dem genannten Gemische reiner Äther und reiner Alkohol isolieren.

Der Siedepunkt solcher Flüssigkeitsgemische ist meistens zwischen den Siedepunkten der Komponenten gelegen; da sich aber die Zusammensetzung des zu destillierenden Gemisches während des Siedens aus den oben genannten Gründen fortwährend ändert, muß dies auch betreffs des Siedepunktes der Fall sein: er steigt fortwährend an. So fällt z. B. der Siedepunkt eines Gemisches von Äthylalkohol und Äthyläther zwischen die Siedepunkte der beiden Komponenten, 34,5 und 78,3° C, kommt aber dem Siedepunkte des Äthylalkohols, 78,3° C, stets näher, und zwar um so näher, je größer der relative Alkoholgehalt des noch im Kolben befindlichen Gemisches ist.

§ 88. Schmelzen und Gefrieren (Erstarren) krystallinischer Stoffe. Erwärmt man feste Körper, so werden sie bei einer bestimmten Temperatur flüssig; diese Temperatur wird als der **Schmelzpunkt** des betreffenden Stoffes bezeichnet.

Der Schmelzpunkt homogener krystallinischer Stoffe ist konstant; und zwar schmelzen diese Stoffe unvermittelt, ohne jeden Übergang, ohne vorangehende Erweichung. Werden krystallinische Stoffe, wie z. B. Eis, Schwefel, Zink, Kochsalz usw., so lange erwärmt, bis sie zum Teile geschmolzen sind, so nimmt auch, wenn man weiter erwärmt, die Temperatur der schmelzenden Masse so lange nicht weiter zu, bis nicht alles geschmolzen ist. Bei der Temperatur des Schmelzpunktes befindet sich der feste Stoff mit dem geschmolzenen Anteile (z. B. Eis mit Wasser) im Gleichgewicht.

Nachstehend sei der Schmelzpunkt einiger homogener krystallinischer Stoffe angeführt:

Osmium	$+ 2500°$ C	Wasser (Eis)	$0°$ C
Gold	$+ 1062°$ C	Sauerstoff	$- 227°$ C
Blei	$+ 327°$ C	Wasserstoff	$- 257°$ C.

Der Vorgang, der sich beim Schmelzen eines Stoffes abspielt, kann so gedeutet werden, daß die Intensität (Geschwindigkeit), mit der seine Moleküle ihre Schwingungen ausführen, infolge der fortschreitenden Temperaturerhöhung immerfort zunimmt; und ist einmal diese Geschwindigkeit so groß geworden, daß die Kohäsionskraft, durch die die Moleküle zusammengehalten werden, durch ihre lebendige Kraft überwunden wird, so verliert der Stoff den festen Aggregatzustand und schmilzt.

Beim Schmelzen verschwindet eine bestimmte Menge von Wärme; d. i. die sog. Schmelzwärme. (Siehe hierüber Punkt 1 des § 48, woselbst auch die Schmelzwärme einiger Stoffe angegeben ist.) Die Schmelzwärme ist äquivalent der Arbeit, die von den Molekülen des schmelzenden Stoffes entgegen den genannten Kohäsionskräften geleistet wird.

Das Gefrieren, Erstarren ist ein dem Schmelzen entgegengesetzter Vorgang, findet also statt, wenn flüssige Stoffe abgekühlt werden. Wird beim Abkühlen eines flüssigen Stoffes der Schmelzpunkt, also die Temperatur erreicht, bei der flüssiger und fester Stoff miteinander im Gleichgewicht sich befinden, und wird dafür gesorgt, daß keine Unterkühlung (siehe weiter unten) stattfindet, so wird trotz weiterer Kühlung die Temperatur des Gemisches aus festem und flüssigem Stoffe so lange nicht weiter abnehmen, bis nicht die ganze Masse gefroren ist.

Es geht aus diesen Ausführungen als selbstverständlich hervor, daß an homogenen festen krystallinischen Körpern Schmelzpunkt und Gefrierpunkt (Erstarrungspunkt) identisch sind, daher die oben angeführten Schmelzpunkte gleichzeitig auch die Gefrier-(Erstarrungs-)Punkte der betreffenden Stoffe darstellen.

Beim Gefrieren (Erstarren) wird Wärme in derselben Menge frei, wie beim Schmelzen scheinbar verschwunden ist, also ist die Gefrier-(Erstarrungs-)Wärme mit der Schmelzwärme identisch, nur von entgegengesetztem Vorzeichen. Zu bemerken ist noch, daß die Flüssigkeiten, besonders wenn man sie ganz ruhig stehen läßt, und sie von der festen Modifikation desselben Stoffes frei, bezw. mit derselben nicht in Berührung sind, oft weit unter ihren Gefrierpunkt gekühlt werden können, ohne zu gefrieren. Diese Erscheinung wird als Unterkühlung bezeichnet. Wird jedoch die unterkühlte Flüssigkeit geschüttelt oder mit einem festen Partikelchen desselben Stoffes in Berührung gebracht — man sagt: geimpft —, so gefriert alsbald ein großer Teil der Flüssigkeit oder die ganze Flüssigkeit. So läßt sich z. B. Wasser bei gehöriger Vorsicht auf -20° C kühlen, ohne zu gefrieren; wirft man jedoch ein kleines Eiskryställchen in das so unterkühlte Wasser, so bildet sich in kürzester Zeit massenhaft Eis.

Von den unterkühlten Flüssigkeiten sagt man, daß sie sich nicht in stabilem, sondern in einem metastabilen Zustande befinden. So ist z. B. bei einer Temperatur von -20° C bloß Eis in stabilem Zustande, während sich Wasser von -20° C in einem metastabilen Zustande befindet.

Schmelzpunkt und Gefrier-(Erstarrungs-)Punkt hängen bloß zu einem sehr geringen Grade vom herrschenden Drucke und zwar in dem Sinne ab, daß der Gefrierpunkt an manchen Stoffen bei höherem Drucke herabgesetzt, an anderen Stoffen gesteigert wird. So sinkt z. B. der Gefrierpunkt des Wassers im Falle einer Drucksteigerung um $0{,}007^\circ$ C pro 1 Atm.

§ 89. Das Schmelzen amorpher Stoffe und der aus festen Stoffen bestehenden Gemische. Während die festen, homogenen, krystallinischen Stoffe bei einer bestimmten Temperatur unvermittelt ohne jeden Übergang schmelzen, geht an amorphen Stoffen dem eigentlichen Schmelzen ein Übergangsstadium voran, bestehend in einem Erweichen oder teilweisen Schmelzen, wobei aber die Temperatur während dieses Überganges keine konstante ist, sondern allmählich ansteigt. So gehen z. B. Glas, Wachs, Paraffin, Fett, Pech usw. beim Erwärmen unter zunehmendem Erweichen beinahe unmerklich aus dem festen in den flüssigen Aggregatzustand über.

Die Gemische krystallinischer Stoffe schmelzen (von einigen Ausnahmefällen abgesehen) ebenfalls nicht bei einer bestimmten Temperatur und nimmt ihre Temperatur während der Dauer des Schmelzens zu; auch setzen die Komponenten eines solchen Gemisches — abgesehen von den Fällen, in denen sie miteinander eine Verbindung eingehen — ihren Schmelzpunkt gegenseitig herab. So wird, wenn man z. B. Kaliumcarbonat (Schmelzpunkt 860° C) mit Natriumcarbonat (Schmelzpunkt 820° C) vermischt, der Schmelzpunkt wesentlich herabgesetzt, so zwar, daß z. B. ein Gemisch, bestehend aus 48 % Natriumcarbonat und 52 % Kaliumcarbonat bereits bei 690° C vollkommen schmilzt.

Ähnliches ist auch an den Metall-Legierungen der Fall, deren Schmelzpunkt oft tief unter dem der Komponenten gelegen ist. So schmilzt z. B. die Woodsche Legierung, bestehend aus 4 Gewichtsteilen Wismut, 2 Gewichtsteilen Blei und je 1 Gewichtsteil Cadmium und Zinn bei 60° C, während Wismut selbst bei 268, Blei bei 327, Cadmium bei 321 und Zinn bei 231° C schmilzt.

Da der Schmelzpunkt bereits durch geringe Mengen mitanwesender fremder Stoffe merklich herabgesetzt wird, läßt sich aus dem Schmelzpunkt auf die Reinheit der Stoffe schließen. (Über die Bestimmung des Schmelzpunktes siehe in § 150 des Anhanges.)

§ 90. Gleichgewicht zwischen den allotropen Modifikationen eines und desselben Elementes. Es gibt Elemente, von denen verschiedene Modifikationen bekannt sind. So läßt sich z. B. Schwefel sowohl in Form monokliner und rhombischer Krystalle, wie auch in amorphem Zustande darstellen; Phosphor ist als roter und als gelber, Zinn als „graues", „tetragonales" und als „rhombisches" bekannt.

Von den allotropen Modifikationen befindet sich bei einer bestimmten Temperatur jeweils nur eine einzige in stabilem Gleichgewichte; und zwar gilt diese Gesetzmäßigkeit für jede Temperatur, mit Ausnahme der weiter unten zu besprechenden Umwandlungstemperatur. So ist z. B. am Schwefel bei einer Temperatur, die unterhalb 96° C gelegen ist, und bei einem Drucke von 1 Atm. bloß die rhombische Modifikation stabil, bei Temperaturen, die zwischen 96° C und dem 114° C betragenden Schmelzpunkte des Schwefels gelegen sind, ist bloß die monokline Modifikation stabil; und bloß bei einer ganz bestimmten Temperatur, bei 96° C, sind beide Modifikationen miteinander im

Gleichgewicht. Diese Temperatur wird als **Umwandlungspunkt** der beiden Modifikationen bezeichnet.

Dem Umwandlungspunkte kommt dieselbe Bedeutung, wie dem Schmelzpunkte zu; mit dem Unterschiede, daß beim Umwandlungspunkte nicht der feste Stoff in den flüssigen, sondern die eine Modifikation in die andere übergeht. Entsteht eine allotrope Modifikation durch Erhitzen des betreffenden Elementes, so **verschwindet** bei dieser Umwandlung eine bestimmte Menge Wärme, wie beim Schmelzen; muß hingegen, um eine bestimmte Modifikation zu erhalten, gekühlt werden, so wird bei dieser Umwandlung **Wärme in Freiheit gesetzt**, wie beim Gefrieren. Die Wärmemenge, die im ersten Falle aufgenommen, im zweiten Falle abgegeben wird, bezeichnet man als die **Umwandlungswärme** des betreffenden Prozesses (hierüber siehe Näheres in Punkt 3 des § 48, woselbst auch die Umwandlungswärme einiger Elemente angegeben ist).

Gleich den flüssigen Stoffen lassen sich auch die allotropen Modifikationen meistens weit unter den entsprechenden Umwandlungspunkt kühlen, ohne daß die Umwandlung erfolgte; der Zustand der Unterkühlung hört aber alsbald auf, wenn man die unterkühlte Modifikation mit derjenigen in Berührung bringt (man sagt: impft), die bei der betreffenden Temperatur stabil ist. So läßt sich z. B. monokliner Schwefel weit unter 96° C kühlen, ohne in die rhombische Modifikation überzugehen; wird aber monokliner Schwefel bei gewöhnlicher (Zimmer-) Temperatur mit ein wenig rhombischem Schwefel verrieben, so wird der monokline in kurzer Zeit in rhombischen Schwefel verwandelt.

Man sagt von den unterkühlten Modifikationen, daß sie sich in einem metastabilen Zustande befinden. So ist z. B. bei Zimmertemperatur der monokline Schwefel metastabil; stabil ist bei dieser Temperatur bloß der rhombische Schwefel.

§ 91. Gleichgewicht fester Stoffe mit ihrem eigenen Dampfe; Sublimation. Gleich den Flüssigkeiten haben auch feste Stoffe eine Dampftension, deren Größe außer von der Qualität des Stoffes bloß von der Temperatur abhängt; doch ist die Dampftension der festen Stoffe meistens eine weit geringere, obzwar die Flüchtigkeit mancher fester Stoffe, wie z. B. des Camphers, Naphthalins, Jods usw. sich durch ihren auffallenden Geruch allein schon nachweisen läßt. Befindet sich ein flüchtiger fester Stoff in einem geschlossenen Raume, so stellt sich nach einiger Zeit ein Gleichgewichtszustand ein, wobei in der Zeiteinheit dieselbe Zahl von Molekülen aus dem festen Zustande in den gasförmigen übergeht, als umgekehrt Moleküle aus dem Gasraume zum festen Stoff zurückkehren. In diesem Falle ist, wie man sich ausdrückt, der Raum mit den **Dämpfen dieses Stoffes gesättigt**.

Kühlt man die Dämpfe eines festen Stoffes unter die Temperatur, bei der der Gasraum vorangehend mit den Dämpfen des Stoffes gesättigt ward, so werden die Dämpfe niedergeschlagen und gehen teilweise wieder in den festen Aggregatzustand über. Kühlt man z. B. den gesättigten Dampf des Eises von − 5° C auf eine Temperatur von -10° C, so wird ein Teil der Dämpfe unmittelbar in Eis verwandelt. Wird die Überführung eines festen Stoffes in Dampfform und die Rückverwandlung der Dämpfe in die feste Form absichtlich vorgenommen, so hat man eine sog. Sublimation ausgeführt. (Die Beschreibung der entsprechenden Versuchseinrichtung siehe in § 173.)

Gleichwie an Flüssigkeiten verschwindet auch an festen Stoffen, wenn sie in die Dampfform überführt werden, eine bestimmte Menge Wärme; es ist dies die sog. Sublimationswärme, die äquivalent ist der Arbeit, die von den Molekülen entgegen den Kohäsionskräften, durch die sie zusammengehalten wurden, geleistet wird. Werden umgekehrt die Dämpfe in fester Form niedergeschlagen, so wird Wärme in genau derselben Menge frei als früher verschwunden ist, und zwar ist es die von den Kohäsionskräften geleistete Arbeit, die in Wärme umgesetzt wird.

§ 92. **Absorption der Gase in Flüssigkeiten.** Befindet sich in einem geschlossenen Raume ein Gas mit einer Flüssigkeit in Berührung, so löst sich ein Teil des Gases in der Flüssigkeit, und zu einem Gleichgewichte kommt es erst, wenn in der Zeiteinheit Gasmoleküle in derselben Anzahl aus dem Gasraume in die Flüssigkeit eintreten, als Moleküle aus der Flüssigkeit wieder in den Gasraum zurückgelangen. Die Löslichkeit der Gase in den Flüssigkeiten hängt außer von der stofflichen Qualität der betreffenden Flüssigkeit und des betreffenden Gases von dem Gasdruck und von der Temperatur ab.

Der Einfluß des Gasdruckes läßt sich auf Grund einer einfachen Überlegung feststellen. Wir wollen uns z. B. vorstellen, daß sich Kohlendioxydgas über Wasser befindet und daß ihr Druck 1 Atm. beträgt. Zu einem Gleichgewichte kommt es, wenn das Wasser mit Kohlendioxyd bei diesem Drucke gesättigt ist, d. h. in der Zeiteinheit Kohlendioxydmoleküle in derselben Zahl aus dem Gasraume in das Wasser eintreten, als Moleküle aus dem Wasser in den darüber befindlichen Gasraum gelangen; und zwar sollen in diesem Gleichgewichtszustande in 1 l Wasser z. B. a gramm Kohlendioxyd gelöst enthalten sein.

Wird nun der Druck des Kohlendioxydes im Gasraume verdoppelt, also auf 2 Atm. erhöht und auf dieser Höhe konstant erhalten, so sind in der Volumeinheit des Gasraumes Kohlendioxydmoleküle in doppelter Zahl als zuvor enthalten, daher in der Zeiteinheit doppelt so viel Kohlendioxydmoleküle als zuvor in das Wasser eindringen. Da aber die Zahl der aus der Flüssigkeit in den Gasraum zurückkehrenden Kohlendioxydmoleküle gegenüber der Zahl der in die Flüssigkeit eintretenden Moleküle zunächst noch zurückbleibt, muß es zu einer Störung des zuvor bestandenen Gleichgewichtszustandes kommen; und ein neues Gleichgewicht kann sich erst einstellen, wenn sich auch die Zahl der in der Flüssigkeit gelösten Kohlendioxydmoleküle verdoppelt, d. h. die Flüssigkeit $2a$ gramm Kohlendioxyd pro Liter gelöst enthalten haben wird.

Diese Voraussetzungen haben sich auf Grund entsprechend eingerichteter Versuche nach allen Richtungen hin bewahrheitet; es kann

daher als Regel aufgestellt werden, daß sich die Löslichkeit der
Gase in Flüssigkeiten dem Drucke der Gase direkt proportional ist (HENRYsches Gesetz). Es muß jedoch bemerkt werden,
daß diese Gesetzmäßigkeit nur im Falle eines nicht allzu hohen
Druckes, und auch diesfalls nur gültig ist, wenn das betreffende Gas
in der Flüssigkeit sich nicht in allzu großen Mengen löst.

Mit steigender Temperatur nimmt die Löslichkeit der Gase in den
Flüssigkeiten ab. Die Regel, daß Druck und Temperatur von Einfluß auf die Löslichkeit der Gase in den Flüssigkeiten sind, ist auch
praktisch wichtig: um von einem Gase möglichst viel in einer Flüssigkeit in Lösung zu bringen, muß man den Druck steigern und die
Temperatur herabsetzen; und umgekehrt, um eine Flüssigkeit von gelösten Gasen frei zu bekommen, den Druck des betreffenden Gases
über der Flüssigkeit herabsetzen und die Temperatur steigern.

Was die Löslichkeit verschiedener Gase in verschiedenen Flüssigkeiten anbelangt, läßt sich im allgemeinen sagen, daß die Gase in
Flüssigkeiten um so leichter löslich sind, je leichter jene verflüssigt
werden können, also je niedriger ihr kritischer Druck und je höher
ihre kritische Temperatur ist. So sind z. B. die leicht zu verflüssigenden Gase Ammoniak, Chlorwasserstoffsäure, Schwefeldioxyd, Kohlendioxyd usw. in Wasser weit leichter löslich als die schwer zu verflüssigenden Gase Sauerstoff, Stickstoff, Wasserstoff usw.

§ 93. **Löslichkeit von Flüssigkeiten in Flüssigkeiten.** Es gibt
eine Anzahl von Flüssigkeiten, die, wie z. B. Wasser und Äthylalkohol,
Wasser und Glycerin, Äthylalkohol und Äthyläther usw. miteinander
in jedem Verhältnisse mischbar sind. Es soll bezüglich dieser Flüssigkeitspaare nur bemerkt werden, daß, wenn sie miteinander vermischt
werden, zuweilen eine beträchtliche Volumverringerung (Kontraktion)
beobachtet werden kann. Werden z. B. 57,9 ccm Äthylalkohol und
45,9 ccm Wasser vermischt, so wird das Gesamtvolum nicht wie er-
wartet werden könnte, $57,9 + 45,9 = 103,8$, sondern bloß 100,0 ccm
betragen.

Neben den soeben genannten, in beliebigen Verhältnissen mischbaren Flüssigkeitspaaren gibt es aber auch solche, die sich nicht in
jedem beliebigen Verhältnisse mischen lassen; solche sind z. B. Öl und
Wasser, Chloroform und Wasser, Phenol und Wasser usw. Werden
diese Flüssigkeitspaare in einem bestimmten Verhältnisse vermischt
und durchgeschüttelt, so löst sich zwar eine mehr oder minder große
Menge der einen Flüssigkeit in der anderen, und umgekehrt; doch
erfolgt bald eine Trennung der Flüssigkeit in zwei Schichten von verschiedenem spezifischen Gewichte: die Lösung mit dem größeren spezifischen Gewichte verbleibt unten, die mit dem geringeren spezifischen
Gewichte steigt empor. Werden z. B. Wasser und Äthyläther vermischt,
so erhält man eine untere, an Wasser reichere, und eine obere, an
Äther reichere Schichte; wird dieser Versuch bei 20° C ausgeführt,
so enthält die untere Schichte 6,5 % Äther, die obere 1,2 % Wasser.
Hieraus ist zu ersehen, daß bei der genannten Temperatur Äther in
Wasser leichter löslich ist, als umgekehrt Wasser in Äther. Wird

Wasser bloß mit soviel, oder gar weniger Äther vermischt, als in Wasser löslich ist, oder umgekehrt Äther mit soviel oder gar weniger Wasser vermischt als in Äther löslich ist, so erfolgt nach dem Zusammenschütteln keine Trennung in zwei Schichten.

Wie ein Gemisch von Äther und Wasser, verhält sich auch ein solches von Phenol und Wasser. Werden diese in einem bestimmten Verhältnisse vermischt und geschüttelt, so bilden sich nachher zwei Schichten: eine untere an Phenol reichere, und eine obere an Wasser reichere. Wird der Versuch bei 20° C ausgeführt, so erhält die untere Schichte 28% Wasser, die obere 8,4% Phenol.

Nun hängt aber die Löslichkeit der Stoffe auch von der Temperatur ab, und zwar meistens in dem Sinne, daß die Löslichkeit mit steigender Temperatur eine Zunahme erfährt. Dann ist es aber selbstverständlich, daß sich im Falle einer Temperaturveränderung auch eine Änderung in dem vorher bestandenen Gleichgewichte einstellen muß. Wird z. B. obiges, aus Phenol und Wasser bestehendes zwei Schichten enthaltendes System, das sich bei 20°C im Gleichgewichte befunden hatte, und dessen beide Schichten die oben genannte Zusammensetzung hatten, erwärmt, und durch Schütteln dafür gesorgt, daß sich ein neues Gleichgewicht einstellen könne, so wird man z. B. bei 60° C finden, daß die untere Schichte nicht, wie bei 20° C 28%, sondern 44% Wasser, die obere aber nicht, wie bei 20° C 8,4%, sondern 17% Phenol enthält. Es ist also zu ersehen, daß mit steigender Temperatur die beiden Schichten einander in ihrer Zusammensetzung immer näher kommen; ferner auch, daß wenn man weiter erwärmt, schließlich eine Temperatur erreicht wird, wo es in der Zusammensetzung beider Schichten keinen Unterschied mehr gibt, daher auch die Grenzflächen zwischen ihnen schwinden; mit einem Worte, die beiden Schichten in einander übergehen.

Werden Wasser und Phenol von vorneherein in einem Verhältnisse von 64 : 36 mit einander vermischt, so tritt der zuletzt geschilderte Zustand bei 69° C in der Tat ein. Das Verschwinden der Grenzflächen ist analog der Erscheinung, die in § 85 bei der kritischen Temperatur erörtert wurde; dem entsprechend wird der oben an den angeführten Flüssigkeitspaaren beschriebene Zustand auch hier als kritischer Zustand, und die Temperatur, bei der sich dieser kritische Zustand einstellt, als kritische Lösungstemperatur bezeichnet. Bezüglich des Flüssigkeitspaares Phenol und Wasser ist daher die Temperatur von 69° C die kritische Lösungstemperatur, indem bei 69° C die gesättigte Lösung von Phenol in Wasser, und die gesättigte Lösung von Wasser in Phenol die gleiche Zusammensetzung von 36% Phenol und 64% Wasser haben.

§ 94. **Lösung fester Stoffe in Flüssigkeiten.** Wird ein fester Stoff, z. B. Zucker in eine Flüssigkeit, z. B. in Wasser eingelegt, so geht er in Lösung; und zwar ist der Vorgang der Lösung ein vollkommenes Analogen des Vorganges, der sich beim Verdampfen abspielt: der Stoff verdampft gleichsam in dem Raume, der von dem Lösungsmittel eingenommen wird (wie dies bereits in § 7 ausgeführt wurde). Zu einem

Gleichgewichte kommt es, wenn die Zahl der Moleküle, die in der Zeiteinheit in Lösung gehen, dieselbe ist, wie die Zahl der Moleküle, die aus dem gelösten Zustande in den festen übergehen. Wie zu ersehen, sind die Bedingungen des Gleichgewichtszustandes analog denen, die in § 83 für den Gleichgewichtszustand zwischen Flüssigkeiten und ihren Dämpfern beschrieben wurden. Tritt zwischen festem Stoff und Lösung ein Gleichgewicht im oben genannten Sinne ein, so sagt man, daß die Lösung (bei der betreffenden Temperatur) gesättigt ist.

Beim Lösungsvorgang verschwindet, wie beim Verdampfen, stets Wärme, und zwar in einer Menge, die äquivalent ist der Arbeit, die von seiten der Moleküle zur Überwindung der Kohäsionskräfte geleistet wird. Wenn man trotzdem beobachten kann, daß beim Lösen mancher Stoffe Wärme in Freiheit gesetzt wird, so ist dies stets auf eine chemische Reaktion zurückzuführen, die auf sekundärem Wege zustande kommt (siehe hierüber Punkt 4 des § 48).

Die Löslichkeit verschiedener Stoffe in verschiedenen Flüssigkeiten ist eine sehr verschiedene. So lösen sich z. B. in 100 g Wasser bei 20° C

$$
\begin{aligned}
221{,}3 \quad & \text{g Silbernitrat } (AgNO_3), \\
203{,}9 \quad & \text{g Rohrzucker } (C_{12}H_{22}O_{11}), \\
35{,}8 \quad & \text{g Kochsalz } (NaCl), \\
31{,}6 \quad & \text{g Kaliumnitrat } (KNO_3), \\
0{,}2 \quad & \text{g Gips } (CaSO_4 \cdot 2\,H_2O), \\
0{,}00023 \quad & \text{g Bariumsulfat } (BaSO_4), \text{ usw.}
\end{aligned}
$$

Stoffe, von denen bloß sehr geringe Mengen in Lösung gehen, werden als praktisch unlöslich bezeichnet; so sagt man z. B., daß Metalle, Bariumsulfat usw. in Wasser unlöslich sind; dabei darf jedoch nie vergessen werden, daß in Wirklichkeit jeder Stoff — wenn auch mancher in äußerst geringen Mengen — löslich ist.

Mit zunehmender Temperatur nimmt auch die Löslichkeit der meisten Stoffe zu, und zwar an manchen Stoffen in sehr erheblichem, an anderen bloß in einem sehr geringen Grade. So lösen sich z. B. in 100 g Wasser von 100° C 39,1 g Kochsalz, also bloß um ein geringes mehr als bei 20° C; hingegen 246 g Kaliumnitrat, also weit mehr als bei 20° C. Endlich gibt es auch, wenn auch nur in einer geringen Zahl Stoffe, die sich, wie z. B. Calciumchromat, in warmem Wasser schlechter, als in kälterem lösen.

Wird eine Lösung, die bei einer bestimmten Temperatur mit einem Stoffe gesättigt ist, auf eine Temperatur gebracht, bei der die Löslichkeit des betreffenden Stoffes eine geringere ist, so scheidet so viel vom Stoffe aus der Lösung, bis diese nicht mehr gelöst enthält, als dem Sättigungszustande bei der neuen Temperatur entspricht. Wird z. B. eine bei 100° C gesättigte wäßrige Lösung von Kaliumnitrat auf 20° C abgekühlt, so scheidet so viel des Salzes in Form von Krystallen aus der Lösung, bis eine der Temperatur von 20° C entsprechende Sättigung der Lösung erreicht ist.

Es kommt aber öfter vor, daß gelöste Stoffe aus ihren abgekühlten gesättigten Lösungen nicht von selbst auskrystallisieren, so daß die kalte Lösung mehr von dem Stoffe gelöst enthält, als seiner Löslichkeit bei der betreffenden Temperatur entspricht. Auf diese Weise entstehen sog. **übersättigte Lösungen**. Wird solch eine übersättigte Lösung mit einem noch so kleinen Kryställchen des betreffenden oder ihm isomorphen Stoffes (§ 22) versetzt (man sagt: geimpft), so beginnt sofort das Auskrystallisieren des Stoffes, und damit hört auch der Zustand der Übersättigung auf. Zuweilen sind es Staubpartikelchen oder andere Verunreinigungen, ein anderes Mal ist es heftiges Schütteln, durch die die Krystallbildung in Gang gebracht werden kann.

Beim Auskrystallisieren des gelösten Stoffes wird Wärme in Freiheit gesetzt, und zwar genau so viel, als zuvor beim entgegengesetzt gerichteten Prozeß, beim Lösen, scheinbar verschwunden ist. Diese Wärmemenge ist äquivalent der Arbeit, die durch die molekulare Anziehung geleistet wurde.

Werden Lösungen stark gekühlt, so kommt es zu Erscheinungen, die einerseits durch die spezifischen Eigenschaften der beteiligten Stoffe, anderseits durch die Konzentration der Lösung bestimmt werden. Insbesondere sind es zweierlei Fälle, die am häufigsten zur Beobachtung kommen:

a) Werden **konzentriertere** (nahezu gesättigte) Lösungen abgekühlt, so scheiden bloß die Krystalle des gelösten Stoffes aus der Lösung, daher die Konzentration der Lösung immerfort abnimmt. Wird noch weiter gekühlt, so gelangt man schließlich zu einer Temperatur, bei der nicht nur der gelöste Stoff, sondern auch das Lösungsmittel auskrystallisiert. Ist aber diese Temperatur einmal erreicht, so scheiden fortan gelöster Stoff und Lösungsmittel stets im selben Mengenverhältnis aus der Lösung, und, was besonders wichtig ist, die Temperatur nimmt trotz weiterer Kühlung so lange nicht ab, bis nicht die Lösung ihrer ganzen Masse nach gefroren ist. Diese Temperatur wird als **eutektischer Punkt (kryohydratischer Punkt)** der Lösung bezeichnet, worunter also die Temperatur zu verstehen ist, unter die eine Lösung nicht gekühlt werden kann, ohne im ganzen zu gefrieren. (Der oben erörterte Fall der Unterkühlung ist hier natürlich ausgenommen.) Wird z. B. eine konzentrierte Lösung von Kaliumnitrat, in der auf 100 Gewichtsteile Wasser mehr als 12,6 Gewichtsteile des Salzes entfallen, stärker und stärker gekühlt, so gelangt man schließlich zu einer Temperatur, bei der die Lösung mit Kaliumnitrat gesättigt ist; wird noch stärker gekühlt, so scheidet Kaliumnitrat in Form von Krystallen aus der Lösung, deren Salzgehalt also zusehends abnimmt, so, daß bei einer Temperatur von $-2,6^\circ$ C auf 100 Gewichtsteile Wasser nur mehr 12,6 Gewichtsteile Kaliumnitrat entfallen. Wird noch weiter gekühlt, so scheidet nunmehr nicht bloß Kaliumnitrat in Form von Krystallen, sondern auch das Lösungsmittel, das Wasser, in Form von Eiskrystallen aus der Lösung, und zwar in demselben Gewichtsverhältnisse wie beide — gelöster Stoff und Lösungsmittel — in der Lösung enthalten sind, also im Verhältnisse von 12,6 : 100. Dabei sinkt die Temperatur nicht unter $-2,6^\circ$, ehe nicht die Flüssigkeit ihrer ganzen Masse nach gefroren ist. Der eutektische Punkt einer wäßrigen Lösung von Kaliumnitrat ist also — 2,6°C.

b) Werden verdünnte Lösungen abgekühlt, so ist es meistens nicht der gelöste Stoff, der in fester Form auszuscheiden beginnt, sondern das Lösungsmittel; die Temperatur, bei der dies stattfindet, ist der Gefrierpunkt der Lösung (über dessen Verhalten und Bedeutung Näheres in § 18 zu ersehen ist). Da durch das Ausfrieren des Lösungsmittels dessen Menge fortwährend abnimmt, wird die Konzentration der Lösung an gelöstem Stoff nach Maßgabe der fortschreitenden Abkühlung stets größer; ist aber vom Lösungsmittel so viel ausgefroren, daß die Lösung bezüglich des gelösten Stoffes gesättigt ist, so scheiden fortan gelöster Stoff und Lösungsmittel stets gleichzeitig, und zwar in einem bestimmten Gewichtsverhältnis in fester Form aus der Lösung, und nimmt von nun an die Temperatur trotz weiterer Kühlung solange nicht mehr ab, bis nicht die Lösung ihrer ganzen Masse nach gefroren ist.

Wird z. B. eine verdünnte Lösung von Kaliumnitrat, in der weniger als 12,6 Gewichtsteile des Salzes auf 100 Gewichtsteile Wasser entfallen, abgekühlt, so friert zunächst Wasser in Form von Eiskrystallen aus, daher die Lösung stets konzentrierter wird, so, daß wenn die Temperatur von — 2,6° C erreicht ist, in der Lösung auf 100 Gewichtsteile Wasser 12,6 Gewichtsteile des Salzes entfallen. Wird dann noch weiter gekühlt, so scheiden Kaliumnitrat und Eis gleichzeitig, und zwar stets im selben Gewichtsverhältnis von 12,6 : 100 aus der Lösung; und die Temperatur der letzteren sinkt so lange nicht unter — 2,6° C, ehe sie nicht ihrer ganzen Masse nach gefroren ist.

Diesen Ausführungen ist zu entnehmen, daß der eutektische Punkt auf beiden Wegen, von einer mehr konzentrierten und von einer mehr verdünnten Lösung aus erreicht werden kann.

Der eutektische Punkt liegt für verschiedene Stoffe verschieden hoch; so für eine wäßrige Kochsalzlösung bei — 22° C; bei dieser Temperatur scheiden Eis und Kochsalz im Verhältnisse von 100 : 30,9 aus der Lösung. Für die wäßrige Lösung von Ammoniumchlorid liegt der eutektische Punkt bei — 15° C; bei dieser Temperatur scheiden Eis und Ammoniumchlorid im Verhältnisse von 100 : 23,9 aus der Lösung.

Endlich ist noch zu bemerken, daß Eis, festes Salz und Salzlösung, gewöhnlichen Luftdruck vorausgesetzt, nur bei der Temperatur des eutektischen Punktes miteinander in Gleichgewicht sich befinden, welcher Tatsache auch eine praktische Bedeutung zukommt. Wird nämlich ein aus Wasser und Eis bestehendes Gemisch mit einem Salze, oder aber das Gemisch eines Salzes und seiner Lösung mit Eis versetzt, und wird auch dafür Sorge getragen, daß in dem Gemisch Eis, gelöstes und ungelöstes Salz stets nebeneinander vorhanden seien, so wird eine starke Abkühlung des Gemisches — in günstigem Falle bis zum eutektischen Punkte — erreicht. Hierauf beruht die Verwendung der sog. Kältegemische. Als solche werden meistens ein

Gemisch von Eis (Schnee) und Kochsalz verwendet, und es kann auf diese Weise der eutektische Punkt der wäßrigen Kochsalzlösung, d. i. — 22° C, leicht angenähert werden, vorausgesetzt, daß ständig durchgerührt wird, und Salz und Eis sich längs einer möglichst großen Oberfläche berühren, also in möglichst fein verteiltem Zustande verwendet werden. Auch muß das Gefäß, in dem das Kältegemisch enthalten ist, von wärme-isolierenden Schichten umgeben sein, damit es von außen keine Wärme aufnehmen könne.

In § 18 wurde gezeigt, daß der Siedepunkt einer Lösung stets höher ist, als der des Lösungsmittels, und daß an verdünnten Lösungen ein ganz bestimmter Zusammenhang zwischen Siedepunkt einer Lösung, ihrer Konzentration und dem Molekulargewichte des gelösten Stoffes besteht. An konzentrierteren Lösungen ist ein solcher gesetzmäßiger Zusammenhang nicht vorhanden. (So siedet z. B. eine Lösung, die 30 Gewichtsteile Kochsalz auf 100 Gewichtsteile Wasser gelöst enthält, im Fall eines Luftdruckes von 1 Atm. bei 106° C.)

§ 95. **Diffusion gelöster Stoffe; Dialyse.** Wird über eine konzentrierte wäßrige Lösung von Kupfersulfat vorsichtig Wasser geschichtet, so zwar, daß sich Lösung und aufgegossenes Wasser nicht vermischen, so wird man nach einiger Zeit (einigen Tagen) wahrnehmen können, daß sich das Kupfersulfat in der ganzen Flüssigkeit gleichmäßig verbreitet hat, und zwar auch, wenn das Gefäß von jedem äußeren Eingriff (Schütteln, Erwärmen usw.) bewahrt bleibt. Dieser Vorgang wird als **Diffusion** bezeichnet und hat seinen Grund in den unaufhörlichen Bewegungen der gelösten Moleküle (siehe hierüber auch §§ 4, 7 und 82), ist also ein der Gasdiffusion analoger Vorgang.

Die Geschwindigkeit der Diffusion ist je nach der Natur der betreffenden gelösten Stoffe eine verschiedene; im allgemeinen läßt sich aber sagen, daß die schwereren Moleküle langsamer, die leichteren Moleküle rascher diffundieren, und zwar aus dem Grunde, weil die schwereren Moleküle ihre Bewegungen mit einer geringeren Geschwindigkeit als die leichteren ausführen.

Über die relative Diffusionsgeschwindigkeit verschiedener Verbindungen erhalten wir einen Überblick aus nachstehender Zusammenstellung, in der des besseren Vergleiches halber die verschiedenen Diffusionsgeschwindigkeiten auf die der Salzsäure als Einheit bezogen sind.

Salzsäure	1,000
Kochsalz	0,429
Magnesiumsulfat	0,143
Zucker	0,143
Eiweiß	0,020
Karamel	0,010 .

Durch GRAHAM, von dem die voranstehenden Daten herrühren, wurden diese Ergebnisse in dem Sinne verallgemeinert, daß die krystallisationsfähigen Stoffe rasch, die nicht krystallisierbaren, wie Eiweiß, Leim, Karamel usw. langsam diffundieren. Daher wurden auch die rascher diffundierenden Stoffe von GRAHAM als Krystalloide, die langsamer diffundierenden nach dem griechischen Namen $\varkappa \acute{o} \lambda \lambda \alpha$, des Leimes eines Hauptvertreters dieser Stoffe, als Kolloide bezeichnet.

Die Unterschiede in der Diffusionsgeschwindigkeit verschiedener Stoffe sind noch augenfälliger, wenn zwischen Lösung und Lösungsmittel eine geeignete trennende Membran, wie z. B. Pergamentpapier, Fischblase usw. eingeschaltet wird; denn durch eine solche Membran diffundieren krystalloide Stoffe nahezu mit derselben Geschwindigkeit, wie wenn jene überhaupt nicht vorhanden wäre, während Kolloide in kaum nachweisbaren Mengen hindurchtreten. Letzterer Umstand kann so gedeutet werden, daß Kolloidteilchen infolge ihres relativ großen Durchmessers nicht durch die Poren der Membran dringen können.

Die verschiedene Diffusionsgeschwindigkeit von Krystalloiden und Kolloiden kann benutzt werden, um aus einer gemeinsamen Lösung von Krystalloiden und Kolloiden die krystalloiden Bestandteile zu entfernen. Wird z. B. das Gemisch einer Eiweiß- und einer Kochsalzlösung in einen Sack aus Pergamentpapier oder Fischblase eingefüllt, und der Sack in Wasser eingehängt, so diffundiert das Kochsalz in das umgebende Wasser, während von dem Eiweiß bloß verschwindend geringe Mengen durch die Membran nach außen treten. Natürlich muß man, um das Kochsalz vollständig zu entfernen, das Außenwasser oft erneuern. Diese Art der Trennung von Krystalloiden und Kolloiden wird als Dialyse, und der Apparat, in dem die Dialyse ausgeführt werden kann, als Dialysator bezeichnet. (Die Beschreibung der Dialysatoren folgt im § 174 des Anhanges.)

§ 96. **Die Verteilung gelöster Stoffe zwischen Lösungsmitteln, die sich nicht vermischen.** Um die Gesetzmäßigkeiten in der Verteilung gelöster Stoffe zwischen Lösungsmitteln, die miteinander nicht mischbar sind, abzuleiten, wollen wir uns an das Beispiel des folgenden leicht auszuführenden Versuches halten. Wird eine gesättigte wäßrige Jodlösung mit einem Lösungsmittel, wie Chloroform, Kohlenstofftetrachlorid, Schwefelkohlenstoff, Benzin, Äther usw. versetzt, das sich mit Wasser nicht vermischt, jedoch Jod zu lösen vermag, und wird die Flüssigkeit längere Zeit hindurch stehen gelassen, so wird man beobachten können, daß der größte Teil des Jodes in das Chloroform bezw. Kohlenstofftetrachlorid usw. übergegangen ist. Dieser Übergang kann durch die Vergrößerung der Grenzflächen der sich berührenden Flüssigkeiten, insbesondere durch Schütteln der Flüssigkeit beschleunigt werden. Hat man lange genug stehen gelassen oder geschüttelt, so kommt es zu einem Gleichgewichtszustande, wobei in der Zeiteinheit Jodmoleküle in derselben Anzahl aus dem Wasser in das Chloroform übertreten als umgekehrt Moleküle aus dem Chloroform in das Wasser zurückkehren; es erfolgt also praktisch keine Veränderung mehr. Ist dieser Zustand einmal eingetreten, so sagen wir, daß sich die beiden Lösungen in einem Verteilungsgleichgewichte befinden.

Die relative Konzentration der beiden Lösungen im Falle des genannten Verteilungsgleichgewichtes hängt von der Löslichkeit des Stoffes in den beiden Lösungsmitteln ab; dasjenige der beiden Lösungsmittel, in dem der Stoff leichter löslich ist, nimmt mehr von ihm auf, als das andere. So läßt sich aus dem Umstande, daß Jod in Wasser sehr wenig, in Chloroform hingegen gut löslich ist, bereits von vorneherein schließen, daß, wenn es sich um eine Lösung von Jod in Wasser und in Chloroform handelt, die Konzentration des Jodes im Wasser eine weit geringere sein wird, als im Chloroform.

Im Falle eines Verteilungsgleichgewichtes ist das Verhältnis der Konzentrationen in den Lösungen ein konstantes und von der absoluten Größe der Konzentrationen unabhängig. Werden die Konzentrationen in den beiden Lösungen mit c_1 bezw. c_2 bezeichnet, so besteht im Falle eines Verteilungsgleichgewichtes die Beziehung

$$\frac{c_1}{c_2} = K = \text{konst.}$$

Der zahlenmäßige Wert dieses Quotienten, K, wird als Verteilungsquotient bezeichnet. (Doch ist zu bemerken, daß diese Regel in zahlreichen Fällen nicht unmittelbar gültig ist. Diese allerdings bloß scheinbaren Abweichungen von der Regel können hier nicht näher erörtert werden.)

Die Verteilung eines gelösten Stoffes zwischen zwei Lösungsmitteln kann mit gutem Erfolge verwendet werden, um aus der gemeinsamen Lösung mehrerer Stoffe den einen oder den anderen durch Ausschütteln mit einem Lösungsmittel zu isolieren, und zwar muß dieses so beschaffen sein, daß es mit dem ursprünglichen Lösungsmittel nicht mischbar und daß der zu isolierende Stoff in ihm gut löslich sei. Da sich z. B. Jod in Wasser schwer, in Chloroform leicht, anderseits Kochsalz in Wasser gut, in Chloroform hingegen praktisch gar nicht löst, läßt sich Jod aus einer kochsalzhaltigen wäßrigen Lösung leicht entfernen, wenn man diese mit Chloroform einige Male ausschüttelt. (Über diese Art der Isolierung der Stoffe aus ihren Lösungen siehe Näheres in § 175.)

§ 97. **Adsorption von Gasen an festen Oberflächen.** Die Erscheinung der Adsorption von Gasen an festen Oberflächen soll an der Hand des nachfolgend beschriebenen Versuches erörtert werden: Ein weites an einem Ende zugeschmolzenes Glasrohr wird mit Quecksilber, sodann bis zu einer gewissen Höhe über dem Quecksilber mit Ammoniakgas angefüllt, und in einer Schüssel, die Quecksilber enthält, so aufgestellt, daß das nach unten gerichtete offene Ende des Glasrohres unter das Quecksilber tauche (Abb. 18). Wird nun ein vorher ausgeglühtes Stück Holzkohle nach dem Abkühlen durch das Quecksilber hindurch in den Gasraum eingeführt, so wird man merken, daß das Quecksilber, auf dem die Holzkohle obenauf schwimmt, im Rohre zusehends ansteigt, bis endlich der vorher mit Ammoniak angefüllte Gasraum beinahe vollständig verschwunden ist.

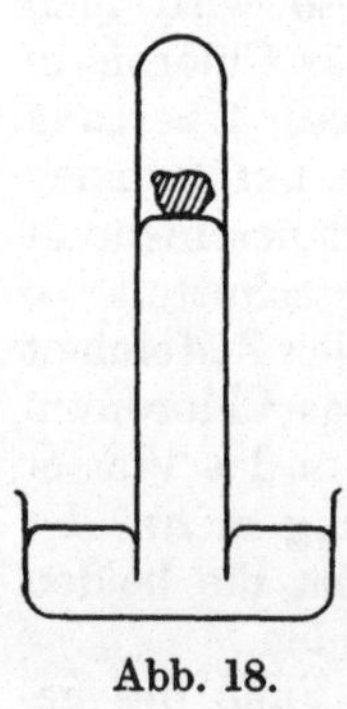

Abb. 18.

Da Kohlenstoff und Ammoniak sich miteinander chemisch nicht verbinden, haben wir es bei dieser Erscheinung nicht mit einer chemischen Reaktion, sondern mit einem physikalischen Vorgange zu tun, der dahin gedeutet werden kann, daß infolge der Anziehungskräfte, die zwischen Kohle und Ammoniakmolekülen wirksam sind, letztere sich auf die Oberfläche der Kohle viel dichter auflagern, als sie in entfernteren Stellen des Gasraumes enthalten sind (Abb. 19). Man sagt ganz kurz: es hat eine Verdichtung, Adsorption (wohlgemerkt: nicht Absorption!) des Ammoniakgases auf der Oberfläche der Holzkohle stattgefunden.

Doch muß bemerkt werden, daß die Schichtendicke des adsorbierten Gases eine sehr geringe ist, indem sie naturgemäß nicht größer sein kann, als die Entfernung, in der die besagten Anziehungskräfte zwischen den Molekülen wirksam sind; diese Entfernung beträgt aber jedenfalls nicht mehr, als etwa das Hundertfache des Durchmessers der Moleküle. Wenn die Menge des adsorbierten Gases trotzdem eine sehr erhebliche ist, so rührt dies davon her, daß das Holz, und daher auch die Kohle, die aus dem Holze gebrannt wurde, eine Unzahl von kleinen Hohlräumen (Zellen) enthält, die voneinander durch dicht aneinander gereihte Scheidewände (Zellwände) von mikroskopischen Dimensionen geschieden sind; demzufolge ist die Summe der Oberflächen aller dieser Scheidewände, d. h. die Gesamtoberfläche der Holzkohle im Verhältnisse zum Gewichte und zum Volumen der Kohle eine sehr große. (Siehe hierüber auch Aufgabe 69.)

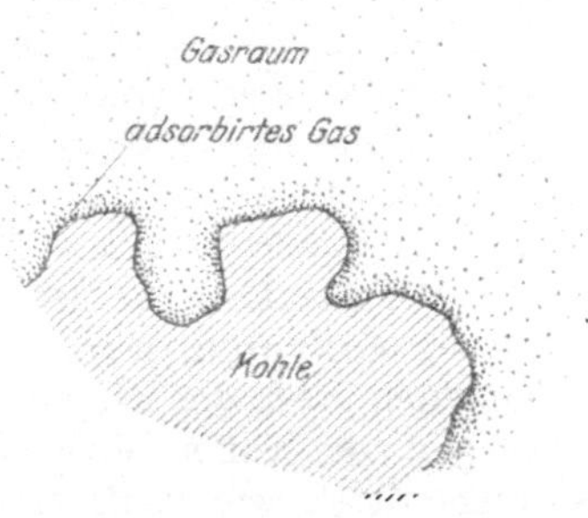

Abb. 19.

Eine ähnliche Adsorptionsfähigkeit, wie der Holzkohle, kommt jedem anderen Körper zu, dessen Struktur ihm eine große Oberflächenentwicklung verleiht. So wirken stark adsorbierend Fasern pflanzlicher und tierischer Herkunft, wie Fäden, Baumwolle, Papier, Leinen, Seide, Leder, Wolle; fein verteilte Körper mineralischen Ursprunges, wie Bimstein, Erde, Ton; pulverförmige Körper, wie Ruß, Stärke, Mehl usw.

Die Erscheinung der Adsorption von Gasen und Dämpfen ist auch an massiven Körpern mit glatten Oberflächen wahrzunehmen; doch kommt es hier infolge der weit geringeren Oberflächenentwicklung lange nicht zu solchen augenfälligen Erscheinungen wie an der Holzkohle.

Auch werden verschiedene Gase von einem adsorbierenden Körper, Adsorbens genannt, in verschiedenem Grade adsorbiert, und läßt sich diesbezüglich im allgemeinen sagen, daß die leicht zu verflüssigenden Gase, wie z. B. Ammoniak, Chlor, Salzsäure, Kohlendioxyd usw., in hohem Grade, die schwer zu verflüssigenden Gase, wie z. B. Sauerstoff, Stickstoff, Wasserstoff usw. in weit geringerem Grade adsorbiert werden.

Weiterhin ist noch zu erwähnen, daß der Grad der Adsorption auch von der Temperatur und von dem Gasdruck abhängt, indem durch

Kühlung und durch Drucksteigerung des Gases seine Adsorption gefördert, durch Erwärmen und durch Druckverringerung aber verringert wird.

Der Adsorption von Gasen an festen Oberflächen begegnen wir auch im Alltagsleben, indem Stoffe, Kleider, Teppiche usw. ein hohes Adsorptionsvermögen für die in der Zimmerluft enthaltenen, unter Umständen schädlichen oder übelriechenden Gase und Dämpfe, wie z. B. Tabakrauch usw. haben. Es ist daher begreiflich, daß eine wirkliche Reinigung der Luft in solchen Räumen durch den in kürzester Zeit zu bewerkstelligenden Ersatz der Zimmerluft durch Außenluft (Lüften) nicht erreicht werden kann; sondern bloß, wenn man das Lüften so lange fortsetzt, bis die adsorbierten Gase und Dämpfe von den Oberflächen der genannten Gegenstände möglichst vollkommen verschwunden sind. Beschleunigt wird dies durch Plätten (Bügeln) der Kleider, oder dadurch, daß man die Gegenstände an die Sonne setzt.

In Wohnungen, deren Luft feucht ist, wird jeder Gegenstand, hauptsächlich solche aus Papier, Leder, Holz usw. feucht, mit der Zeit auch morsch, und es kann auch zur Schimmelbildung auf ihrer Oberfläche kommen. Alle diese Gegenstände werden aus dem Grunde feucht, weil sie den Wasserdampf der Zimmerluft auf ihrer Oberfläche adsorbieren; ihr Adsorptionsvermögen für Wasserdampf ist ein so hohes, daß sie Feuchtigkeit im Betrage von einigen Prozenten auch in dem Falle noch enthalten, wenn sie sich an einem trockenen, von Sonne beschienenen und vor Regen geschützten Orte befinden.

Körper von großer Oberflächenentwicklung, so insbesondere manche Nahrungsmittel, wie z. B. Mehl und andere, müssen vor der Nachbarschaft stark riechender Stoffe bewahrt bleiben; denn es werden an ihrer Oberfläche die Dämpfe der stark riechenden Stoffe durch Adsorption gebunden; sie nehmen, wie man zu sagen pflegt, gewisse Gerüche leicht an.

§ 98. **Adsorption gelöster Stoffe an festen Oberflächen.** Werden die im vorangehenden Paragraph erörterten Körper von großer Oberflächenentwicklung in Lösungen eingelegt, so werden die gelösten Stoffe an der Oberfläche des festen Körpers in mehr oder minder erheblichem Grade adsorbiert. Die Adsorption gelöster Stoffe unterscheidet sich ihrem Wesen nach in nichts von der der Gase und wird auf Anziehungskräfte zwischen dem festen Körper und den gelösten Molekülen zurückgeführt.

Die verschiedenen gelösten Stoffe werden durch dasselbe Adsorbens in sehr verschiedenem Grade adsorbiert, wovon man sich durch den folgenden einfachen Versuch überzeugen kann: in ein Becherglas wird natürlicher Rotwein eingefüllt, in ein zweites Weißwein, der mittels Fuchsin dem Rotwein ähnlich gefärbt wurde. Versetzt man beide Flüssigkeiten mit derselben Menge gereinigter Knochenkohle, erhitzt bis zum beginnenden Sieden, und filtert, so erhält man aus dem natürlichen Rotwein ein nahezu farbloses, aus dem mit Fuchsin gefärbten Weißwein hingegen ein lebhaft rot gefärbtes Filtrat, das bloß ein wenig blasser ist, als der gefärbte Wein vor dem Erhitzen mit Kohle war. Es hat in beiden Fällen eine Adsorption des betreffenden Farbstoffes stattgefunden mit dem Unterschiede, daß der natürliche Farbstoff des Rotweins in hohem Grade, das Fuchsin jedoch bloß in geringem Grade adsorbiert wurde.

Im allgemeinen läßt sich sagen, daß Stoffe von großem Molekulargewichte meistens stärker adsorbiert werden, als solche von kleinerem Molekulargewichte.

Der Adsorption gelöster Stoffe kann man sich auch mit gutem Erfolge bedienen, wenn man Lösungen reinigen, von in ihnen enthaltenen kolloidalen Stoffen (Farbstoffen, Schleimsubstanzen usw.) befreien will. Erhitzt man nämlich solche Lösungen mit gepulverter Knochenkohle, so werden durch die Kohle die genannten kolloidalen Verunreinigungen adsorbiert, und wird nun filtriert, so erhält man eine Lösung von der gewünschten Reinheit. Diese Eigenschaft der Knochenkohle wurde früher in der Zuckerfabrikation zur Reinigung des Rohzuckersaftes verwendet.

Eine besonders wichtige Bedeutung kommt der Adsorption in der Färbetechnik zu, indem die in eine Farblösung getauchten Stoffe den Farbstoff durch Adsorption so fest halten, daß er, wie die alltägliche Erfahrung lehrt, durch Spülen und Waschen aus dem Stoffe nicht mehr entfernt werden kann. Allerdings ist zu bemerken, daß für manche dieser Fälle nebst der einfachen Adsorptionswirkung auch eine chemische Bindung zwischen Stoff und Farbe vorgenommen werden muß.

Aufgaben.

60. Welche Einrichtung muß getroffen werden, wenn in dem im § 82 beschriebenen Versuche Kohlendioxyd statt Wasserstoff verwendet werden soll? Welche sind die Erscheinungen, die in diesem Falle zur Beobachtung kommen?

61. Eine verschlossene, mit einem Manometer versehene Flasche enthält neben Luft auch ein kleines mit Äther angefülltes, zugeschmolzenes Glasrohr. Welche Veränderung wird am Manometer zu beobachten sein, wenn man ohne die Flasche zu öffnen, das kleine Glasrohr (etwa durch Schütteln) zerbricht?

62. Unter welchem Drucke siedet Wasser bei 50° C.?

63. Welcher Druck muß angewendet werden, damit Wasser, auf 200° C erhitzt, nicht ins Sieden komme?

64. Was geschieht, wenn man ein Gemisch von Äther und Alkohol in einem offenen Gefäße stehen läßt?

65. Wieviel Eis entsteht in 1 kg auf —5° C unterkühltem Wasser durch Einwerfen eines kleinen Eiskryställchens, vorausgesetzt, daß das Wasser während des Gefrierens aus der Umgebung keine Wärme aufnehmen, bezw. an die Umgebung keine Wärme abgeben kann?

66. Warum braust der Inhalt einer Sodawasserflasche (künstliches „Selters"), auf, wenn ihr eine gewisse Menge der Flüssigkeit entnommen wird?

67. Was geschieht, wenn Phenol unter ständigem Umrühren mit mehr und mehr Wasser versetzt wird?

68. a) Wieviel Kochsalz krystallisiert aus, wenn 1 kg bei 100° C gesättigter Kochsalzlösung auf 20° C abgekühlt wird? b) Dieselbe Berechnung ist auch für den Fall auszuführen, wenn es sich um eine Kaliumnitratlösung handelt.

69. Um sich ein Bild von der Oberflächenentwicklung der Holzkohle zu machen, führe man folgende Berechnung aus: Man stelle sich einen würfelförmigen Raum von 1 cm Seitenlänge durch senkrecht aufeinander gerichtete Seitenwände in kleine würfelförmige Hohlräume (Zellen) von der Seitenlänge von 0,1 mm geteilt vor, und berechne nun die Gesamtoberfläche der so entstandenen Scheidewände (Zellwände). Der Einfachheit halber sei dabei voraus-

gesetzt, daß der Dickendurchmesser der Scheidewände verschwindend klein, daher zu vernachlässigen ist.

70. Um sich ein Bild von der Oberflächenentwicklung der pulverförmigen Körper zu machen, soll die Gesamtoberfläche berechnet werden, die man erhält, wenn ein Würfel mit der Seitenlänge von 1 cm in Würfel mit der Seitenlänge von 0,001 mm zerkleinert wird.

II. Die Geschwindigkeit chemischer Reaktionen.

§ 99. Die Theorie des zeitlichen Verlaufs der chemischen Reaktionen. Eine große Anzahl der chemischen Reaktionen verläuft beinahe augenblicklich, d. h. mit einer sehr bedeutenden Geschwindigkeit. Wird z. B. eine Lösung von Bariumchlorid mit Schwefelsäure versetzt, so entsteht sofort ein aus Bariumsulfat bestehender weißer Niederschlag:

$$H_2SO_4 + BaCl_2 = BaSO_4 + 2\,HCl.$$

Dasselbe ist auch bezüglich der meisten Reaktionen der Fall, in denen es sich um einen sog. zweifachen Umsatz handelt.

Im Gegensatz zu obigen Reaktionen gibt es solche, zu deren Verlaufe es einer längeren Zeitdauer bedarf. So geht z. B. in wäßriger Lösung die Reaktion zwischen Ameisensäure und Brom, die durch nachfolgende Reaktionsgleichung dargestellt werden kann, nicht augenblicklich vor sich; man wird merken können, daß die vom Brom herrührende gelbe Farbe der Mischung nur langsam verschwindet.

$$HCOOH + Br_2 = 2\,HBr + CO_2.$$

Auch in der wäßrigen Lösung von Methylacetat und Natriumhydroxyd geht nachfolgende Reaktion nur allmählich vor sich:

$$CH_3COOCH_3 + NaOH = CH_3COONa + CH_3OH.$$

Von dem langsamen Verlauf dieser Reaktion kann man sich überzeugen, wenn man eine wäßrige Lösung von Methylacetat mit ein wenig Phenolphthalein versetzt, und dann so viel Natriumhydroxyd hinzufügt, bis die Lösung sich rötet. (Über die Rotfärbung des Phenolphthalein durch Natriumhydroxyd siehe Näheres in § 116.) Nach einiger Zeit wird man bemerken, daß die rote Farbe abblaßt, später vollends verschwindet, zum Zeichen dessen, daß das Natriumhydroxyd, das die rote Färbung mit dem Phenolphthalein gegeben hatte, allmählich aufgebraucht ward.

Die Deutung dieser langsam verlaufenden Reaktionen soll im folgenden versucht werden: Wir hätten in ein verschließbares Gefäß die Gase a und b eingefüllt, von denen wir wissen, daß sie miteinander, wenn auch langsam, doch so reagieren, daß je eines ihrer Moleküle sich zu einem neuen Gasmoleküle a b verbindet. Die chemische Reaktion, die im Gasgemisch einsetzt, haben wir uns wie folgt vorzustellen: Im Gasgemische sind (laut der kinetischen Gastheorie in § 4) die Moleküle der beiden Gase in einer ununterbrochenen Bewegung begriffen, und stoßen im Verlaufe dieser Bewegungen bald aufeinander, bald auf die Gefäßwände auf. Stoßen sie aber infolge eines günstigen Zufalles in einer ganz bestimmten, geeigneten Lage, und mit einer geeigneten Geschwindigkeit aufeinander auf, so prallen sie voneinander nicht wieder ab, sondern verbinden sich zu dem neuen Gasmolekül a b, und führen weiterhin ihre Bewegungen in diesem neuen Verbande aus.

Es werden vom neuen Gase a b stets frische Moleküle gebildet, im selben Ausmaße muß aber die Molekülenzahl der ursprünglichen Gase a und b abnehmen; ihre Konzentration wird also eine zusehends geringere. Hieraus folgt unmittelbar, daß auch die Zahl der oben beschriebenen Zusammenstöße — eine Vorbedingung der Vereinigung der Gasmoleküle a und b — sich stets verringert, daher in der Zeiteinheit weniger neue Moleküle a b gebildet werden; mit einem Worte: die Reaktion nimmt einen zusehends langsameren Verlauf.

Auf Grund dieser Überlegungen werden wir in den Stand gesetzt, 1. eine richtige Deutung der Reaktionsgeschwindigkeit zu geben; 2. die bezüglich der Reaktionsgeschwindigkeit bestehenden Gesetzmäßigkeiten in Form von Gleichungen exakt auszudrücken.

1. Die Geschwindigkeit chemischer Reaktionen läßt sich im großen und ganzen so definieren, wie dies in der Physik bezüglich der Geschwindigkeit der Bewegungen geschieht. Die Geschwindigkeit v eines in Bewegung befindlichen Körpers wird durch den in der Zeiteinheit zurückgelegten Weg, d. h. durch das Verhältnis zwischen dem Wege s und der Zeit t ausgedrückt, daher $v = \dfrac{s}{t}$. Erleidet die Geschwindigkeit des sich fortbewegenden Körpers eine fortwährende Veränderung, wie z. B. beim freien Falle, so kann bei der Bestimmung der Geschwindigkeit bloß der während einer sehr geringen Zeitdauer $\varDelta t$ zurückgelegte Weg $\varDelta s$ in Betracht gezogen werden. In diesem Falle ist also die Geschwindigkeit $v = \dfrac{\varDelta s}{\varDelta t}$.

In derselben Lage befinden wir uns betreffs der Geschwindigkeit der chemischen Reaktionen: hier ergibt sich die Definition der Geschwindigkeit aus der auf die Zeiteinheit bezogene Konzentrationsverringerung der wirksamen Stoffe; d. h. aus dem Verhältnisse zwischen Konzentrationsverringerung und der hierzu nötigen Zeitdauer. Wenn nämlich die Konzentration der im obigen Beispiele wirksamen Gase a und b während der Zeitdauer t um x abgenommen hat, so beträgt die Reaktionsgeschwindigkeit $v = \dfrac{x}{t}$. Und wenn sich im Verlaufe der Reaktion die Geschwindigkeit stetig verändert — wie dies in der Reaktion zwischen den Gasen a und b tatsächlich der Fall ist —, so kann bei der Bestimmung der Reaktionsgeschwindigkeit bloß die während der sehr geringen Zeitdauer $\varDelta t$ erfolgende Konzentrationsverringerung $\varDelta x$ in Betracht kommen, und wird man die Geschwindigkeit v der Reaktion wie folgt ausdrücken können: $v = \dfrac{\varDelta x}{\varDelta t}$.

Im Anschluß an diese Erörterungen muß noch der Einheiten gedacht werden, in denen man die Konzentration bezw. deren Veränderung x auszudrücken pflegt. Diesbezüglich ist es am zweckmäßigsten, sich an die Zahl der in 1 l enthaltenen Gramm-Moleküle zu halten. Ist nämlich in 1 l des betreffenden Raumes Salzsäuregas in grammmolekularer Menge, also in einer Menge von 36,5 g vorhanden, so sagen wir, daß die Konzentration der Salzsäure C_{HCl} gleich 1 ist; sind in 1 l bloß 0,365 g Salzsäuregas vorhanden, so ist C_{HCl} gleich 0,01; und hat während der Zeitdauer t die Menge des Salzsäuregases pro 1 l des Raumes um 0,0365 g abgenommen, so sagen wir, daß die Konzentrationsabnahme x während der Zeitdauer t gleich ist 0,001.

2. Die Gesetzmäßigkeiten in der Geschwindigkeit, mit der sich die Gase a und b verbinden, lassen sich durch exakte Formeln ausdrücken, die wie folgt abgeleitet werden können: Wir haben oben gesehen, daß die Reaktionsgeschwindigkeit proportional ist der Zahl der in der Zeiteinheit erfolgenden günstigen, d. h. zu einer Verbindung führenden Zusammenstöße, diese Zahl aber proportional ist der Konzentration der wirksamen Stoffe. Hieraus folgt unmittelbar, daß auch die Reaktionsgeschwindigkeit proportional ist der Konzentration der wirksamen Stoffe. Wenn also die Konzentration der Gase a und b zu einem gewissen Zeitpunkte mit c_a bezw. c_b bezeichnet wird, so muß die Reaktionsgeschwindigkeit in diesem Zeitpunkt durch folgende Gleichung ausgedrückt werden können:

$$v = \frac{\varDelta x}{\varDelta t} = k \cdot c_a \cdot c_b.$$

In dieser Gleichung sind alle Überlegungen enthalten, die sich auf die hypothetische Reaktion am Eingang dieses Paragraphen beziehen; k ist ein Proportionalitätsfaktor, der als Geschwindigkeitskonstante oder als Geschwindigkeitskoeffizient der Reaktion bezeichnet wird. Dieser Wert ist, identische Versuchsbedingungen (identische Temperatur, identisches Medium usw.) vorausgesetzt, unabhängig von der Konzentration der wirksamen Stoffe.

Mit Hilfe obiger Gleichung läßt sich die Geschwindigkeit einer Reaktion zu einem beliebigen Zeitpunkte berechnen, sofern der Wert k und die Konzentration c_a und c_b der wirksamen Stoffe zum betreffenden Zeitpunkte bekannt sind. Hingegen ist es nicht möglich, zu berechnen, welche Mengen der wirksamen Stoffe während einer gewissen endlichen Zeitdauer umgewandelt werden, und zwar auch dann nicht, wenn der Wert k von vornherein bekannt ist. Um eine solche Berechnung ausführen zu können, muß obige Gleichung zuerst integriert werden, denn erst die integrierte Gleichung setzt uns in den Stand, statt mit unendlich geringen Konzentrationsänderungen, $\varDelta x$, die während einer unendlich geringen Zeitdauer $\varDelta t$ vor sich gehen, mit endlichen Konzentrationsänderungen zu rechnen, die während einer endlichen Zeitdauer vor sich gehen. Ohne darauf einzugehen, wie diese Integration ausgeführt wird, soll hier nur die Form angegeben werden, die die Gleichung nach erfolgter Integration erhält:

$$k = \frac{1}{(c_a - c_b)t} \; \log_{\text{nat.}} \frac{(c_a - x)\, c_b}{(c_b - x)\, c_a}.$$

In dieser Gleichung wird durch c_a und c_b die Anfangskonzentration der wirksamen Stoffe und durch x die Verringerung ihrer Konzentration während der Zeitdauer t bezeichnet.

In obiger Form setzt uns die Gleichung in den Stand, folgende zwei Berechnungen auszuführen.

a) Sind bezüglich einer Reaktion die Geschwindigkeitskonstante k, ferner die Anfangskonzentrationen c_a und c_b, endlich die Zeitdauer t bekannt, die seit dem Beginne der Reaktion verstrichen ist, so läßt sich die Konzentrationsabnahme x der wirksamen Stoffe berechnen.

b) Wird umgekehrt die Konzentrationsabnahme der wirksamen Stoffe während einer bestimmten Zeitdauer experimentell bestimmt, sind also c_a, c_b, t und x bekannt, so läßt sich auf Grund obiger Gleichung die Geschwindigkeitskonstante der Reaktion berechnen.

So wie in vorangehendem die Gleichung der Reaktionsgeschwindigkeit der am Eingang dieses Paragraphen erwähnten hypothetischen Reaktion abgeleitet wurde, muß auch bezüglich einer jedweden anderen Reaktion vorgegangen werden; inwiefern von diesem Verfahren im gegebenen Falle abgewichen werden muß, wird in den nachstehenden Paragraphen erörtert.

§ 100. **Die Geschwindigkeit einiger Reaktionen.** Ehe wir an die Besprechung einiger konkreter Fälle gingen, muß vorausgeschickt werden, daß wir unter den Reaktionen monomolekulare, bimolekulare, trimolekulare usw. unterscheiden, je nachdem an der Reaktion bloß ein Molekül oder zwei, drei Moleküle usw. beteiligt sind. In nachstehendem soll bezüglich jeder dieser Fälle je ein Beispiel angeführt werden, wobei jedoch bemerkt werden soll, daß die Integralform der betreffenden Gleichungen hier nicht mitgeteilt wird, da deren mathematische Ableitung den Rahmen dieses Lehrbuches übersteigen würde.

a) Als Beispiel einer **monomolekularen Reaktion** sei die Zersetzung des Arsenwasserstoffgases angeführt, die bei Zimmertemperatur mit einer kaum merklichen Geschwindigkeit, bei höherer Temperatur $(300-400^\circ\,C)$ aber verhältnismäßig rasch vor sich geht, wobei das Gas in elementares, festes Arsen und in gasförmigen Wasserstoff zerlegt wird:

$$H_3As = 3H + As.$$

Die Wasserstoffatome, die in statu nascendi in Freiheit gesetzt werden, vereinigen sich zu Wasserstoffmolekülen, $2H = H_2$, daher der ganze Vorgang im Endergebnisse durch nachstehende Gleichung ausgedrückt werden kann:

$$2H_3As = 3H_2 + 2As.$$

Dieser Gleichung ist zu entnehmen, daß die Zersetzung des Gases mit einer Volumzunahme verbunden ist, indem aus 2 Voll. Arsenwasserstoffgas 3 Voll. Wasserstoff entstehen (das Volumen des in fester Form sich abscheidenden Arsens ist im Verhältnisse zu dem der Gase ein verschwindend geringes). Wird die Zersetzung in einem verschlossenen Gefäße, also bei konstantem Volumen vorgenommen, so ist umgekehrt eine entsprechende Druckzunahme zu konstatieren. Aus der Zunahme des Volumens bezw. des Druckes läßt sich die Geschwindigkeit der Reaktion berechnen.

Die Beobachtung der Druckzunahme erfolgt mit Hilfe der nachstehend zu beschreibenden Versuchseinrichtung. In einem in Abb. 20 abgebildeten, mit einem Rückflußkühler versehenen größeren Gefäße wird Diphenylamin, dessen Siedepunkt 310° C beträgt, durch eine darunter befindliche Flamme in ständigem Sieden erhalten, wobei die entweichenden Dämpfe im Rückflußkühler verdichtet wieder in das Gefäß zurückgelangen. In den Dampfraum, der selbstredend ebenfalls die konstante Temperatur von 310° C hat, taucht ein kleineres mit Arsenwasserstoffgas angefülltes und mit einem Manometer versehenes Glasgefäß; liest man das Manometer in geeigneten Zeitintervallen, z. B. von Stunde zu Stunde ab, so erhält man ein genaues Bild der Druckveränderung im kleinen Glasgefäße, dessen Inhalt durch beliebige Zeit hindurch bei obiger konstanter Temperatur sich erhalten läßt.

Die Ergebnisse einer auf diese Weise ausgeführten Versuchsreihe sind in nachstehender Tabelle zusammengestellt.

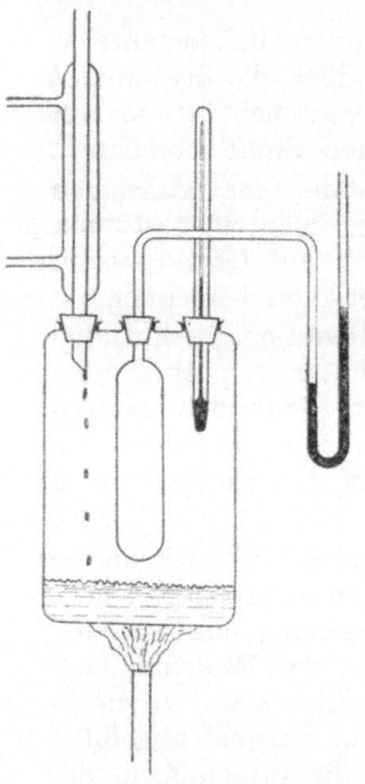

Abb. 20.

t	Druck des Gasgemisches in mm Quecksilber	Drucksteigerung innerhalb je einer Stunde	k (Geschwindigkeitskonstante der Reaktion)
0. Stunde	784,8	—	—
3. „	·878,5	31.2	0,0908
4. „	904,1	25,6	0,0905
5. „	928,0	23,9	0,0908
6. „	949,3	21,3	0,0905
7. „	969,1	19,8	0,0906
8. „	987,2	18,1	0,0906

Dieser Tabelle ist zunächst zu entnehmen, daß die pro je 1 Stunde berechnete Zunahme des Gasdruckes (3. Stab) im Verlaufe der Reaktion zunehmend geringer ausfällt; diese Verlangsamung rührt von der allmählichen Konzentrationsabnahme des Arsenwasserstoffes her.

Die spontane Zersetzung des Arsenwasserstoffs kann nämlich so gedeutet werden, daß sich zu einem bestimmten Zeitpunkte nicht alle Moleküle dieses Gases im selben Zustande befinden. Denn wäre dies der Fall, so würde es überhaupt zu keiner Veränderung kommen, oder es würden sich sämtliche Arsenwasserstoffmoleküle zu gleicher Zeit, also explosionsartig zersetzen. In Wirklichkeit verhält sich die Sache so, daß bald das eine, bald das andere Molekül in eine solche Lage kommt, daß infolge der intramolekularen Bewegungen der Atome die Anziehungskräfte zwischen den Atomen überwunden werden, so, daß es zu einem Zerfalle der Moleküle kommt. Da, wie man voraussetzen kann, die Zahl der Moleküle, die in die oben beschriebene Lage kommen, der Konzentration des unzersetzten Arsenwasserstoffgases proportional ist, hängt auch die Zersetzungsgeschwindigkeit des Gases von seiner Konzentration ab:

$$v = \frac{\Delta x}{\Delta t} = k \cdot c_{AsH_3}.$$

Wird diese Gleichung integriert, und mit Hilfe der integrierten Gleichung aus der für je 1 Stunde festgestellten Druckzunahme (Stab 3) der Wert von k berechnet, so findet man, daß k innerhalb der zulässigen Versuchsfehler tatsächlich konstant (Stab 4) und im Sinne unserer Voraussetzungen von der Konzentration des wirksamen Stoffes (AsH_3) unabhängig ist.

b) Zu den bimolekularen Reaktionen gehört die Zersetzung (Verseifung) des Äthylacetates, $CH_3 \cdot COO \cdot C_2H_5$, unter der Einwirkung von Laugen in wäßrigen Lösungen. Wird diese Zersetzung (Verseifung) z. B. mit Natriumhydroxyd vorgenommen, so findet folgende Umsetzung statt:

$$CH_3 \cdot COO \cdot C_2H_5 + NaOH = CH_3 \cdot COONa + C_2H_5 \cdot OH$$

oder im Sinne der Ausführungen im Kapitel über Elektrochemie aufgeschrieben:

$$CH_3 \cdot COO \cdot C_2H_5 + OH^- = CH_3 \cdot COO^- + C_2H_5 \cdot OH.$$

Von dem Fortschreiten dieser Reaktion kann man sich so überzeugen, daß man dem Gemische von Zeit zu Zeit eine geringe Menge entnimmt, und darin die Konzentration des noch unverbrauchten Natriumhydroxydes, bezw. der OH^--Ionen titrimetrisch bestimmt.

In nachstehender Tabelle sind die Ergebnisse einer Versuchsreihe zusammengestellt, in der die Konzentration des Äthylacetates sowohl, wie auch des Natriumhydroxydes zu Beginn des Versuches je 0,02 Gramm-Mol pro Liter betragen hatte. Da die beiden Konzentrationen bis zum Ende des Versuches genau im selben Maße abgenommen haben mußten, wird durch die titrimetrisch festgestellte Konzentration der OH^--Ionen, C_{OH}, gleichzeitig auch die Konzentration des Äthylacetates, $C_{aeth.\,ac.}$, dargestellt.

t	C_{OH^-}	k
0. Minuten	0,0200	—
5. „	0,0128	5,62
15. „	0,0076	5,37
35. „	0,0043	5,27
55. „	0,0029	5,39

Die Deutung dieses Reaktionsverlaufes erfolgt genau wie dies im vorangehenden Paragraphen erörtert wurde: die Reaktionsgeschwindigkeit wird durch die Zahl der günstigen Zusammenstöße zwischen den Molekülen der wirksamen Stoffe, also zwischen Äthylacetatmolekülen und den OH^--Ionen bestimmt, und, da die Zahl dieser Zusammenstöße proportional ist der Konzentration der genannten wirksamen Moleküle bezw. Ionen, folgt, daß auch die Reaktionsgeschwindigkeit den genannten Konzentrationen proportional ist. Es ist daher

$$v = \frac{\Delta x}{\Delta t} = k\, c_{aeth.\,ac.}\, c_{OH^-}\,.$$

Da aber die Konzentration der beiden an der Reaktion beteiligten wirksamen Stoffe in dem gegebenen Beispiele die gleiche ist, d. h.

$$c_{aeth.\,ac.} = c_{OH^-},$$

können beide Konzentrationen gleich c gesetzt werden, demzufolge die Gleichung die Form annimmt:

$$v = \frac{\Delta x}{\Delta t} = k c^2\,.$$

Für die Richtigkeit dieser Gleichung und unserer Voraussetzungen sprechen die Daten im letzten Stabe der Tabelle, indem die für die Reaktionsgeschwindigkeit k gefundenen Werte, aus der Integralform obiger Gleichung berechnet, innerhalb der Grenzen der zulässigen Versuchsfehler konstant, und von der Konzentration der wirksamen Stoffe in der Tat unabhängig sind.

c) Als Beispiel einer trimolekularen Reaktion sei diejenige angeführt, die in einer wäßrigen Lösung von Ferrichlorid und Stannochlorid vor sich geht:

$$2\,FeCl_3 + SnCl_2 = 2\,FeCl_2 + SnCl_4\,.$$

Zum Zustandekommen dieser Reaktion bedarf es der günstigen Zusammenstöße zwischen je 2 Molekülen Ferrichlorid und 1 Molekül Stannochlorid, und hängt ihre Geschwindigkeit auch hier von der Konzentration der wirksamen Stoffe ab, daher

$$v = \frac{\Delta x}{\Delta t} = k\, c^2_{FeCl_3}\, c_{SnCl_2}\,.$$

Bezüglich dieser Formel ist zu bemerken, daß die Konzentration des Ferrichlorides aus dem Grunde mit ihrer zweiten Potenz figuriert, da an der Reaktion je 2 Moleküle des Ferrichlorides beteiligt sind.

Die Richtigkeit dieser Gleichung, wie auch die Richtigkeit der Voraussetzungen, auf deren Grund jene aufgestellt ist, wurde durch entsprechende Versuche genau in derselben Weise erhärtet, wie an den vorangehend erörterten mono- und bimolekularen Reaktionen.

§ 101. **Die allgemeine Formel des Gesetzes der Reaktionsgeschwindigkeit.** Fasst man die an den mono-, bi- und trimolekularen Reaktionen erhaltenen Resultate, bezw. die hieraus abgeleiteten Gesetzmäßigkeiten zusammen, so ergibt sich folgendes:

Reagieren die Stoffe A, B und C derart miteinander, daß von dem Stoffe A an der Reaktion n_1 Moleküle, vom Stoffe B aber n_2 Moleküle, vom Stoffe C aber n_3 Moleküle beteiligt sind; und dabei die neuen Verbindungen I, K und L entstehen, und zwar n', bezw. n'', bezw. n''' Moleküle derselben, so nimmt die Reaktionsgleichung die folgende Form an:

$$n_1 A + n_2 B + n_3 C + \ldots = n' I + n'' K + n''' L + \ldots$$

und wird die Reaktionsgeschwindigkeit durch nachstehende Gleichung ausgedrückt:

$$v = \frac{\Delta x}{\Delta t} = k\, c_A^{n_1}\, c_B^{n_2}\, c_C^{n_3} \ldots$$

Durch diese Gleichung wird besagt, daß **die Reaktionsgeschwindigkeit der Konzentration der an der Reaktion beteiligten Stoffe proportional ist, diese Konzentrationen aber mit der 2-ten, bezw. 3-ten, bezw. n-ten Potenz figurieren, je nachdem der betreffende Stoff an der Reaktion mit 2, bezw. 3, bezw. n Molekülen beteiligt ist.**

§ 102. Einfluß der Temperatur auf die Reaktionsgeschwindigkeit. Mit steigender Temperatur nimmt die Reaktionsgeschwindigkeit erheblich zu. So wissen wir z. B., daß in einem aus gasförmigem Sauerstoff und Wasserstoff bestehenden Gemische die beiden Gase sich bei höherer Temperatur, beim Anzünden, beinahe augenblicklich zu Wasser· vereinigen, bei niedriger (Zimmer-)Temperatur hingegen die Reaktion eine so langsame ist, daß die Bildung von Wasser nicht nachzuweisen ist. Der Einfluß der Temperatur auf die Reaktionsgeschwindigkeit läßt sich auch praktisch verwerten: man beschleunigt sie durch Erwärmen, verlangsamt sie durch Kühlen.

Die durch die Temperatursteigerung bewirkte Beschleunigung der Reaktionsgeschwindigkeit läßt sich auf Grund der kinetischen Gastheorie (§ 4) leicht deuten: bei höherer Temperatur bewegen sich die Moleküle rascher, daher ist die Zahl der zu ihrer chemischen Verbindung führenden, günstigen Zusammenstöße und so auch die Reaktionsgeschwindigkeit eine größere.

§ 103. Katalyse. Es gibt Stoffe, durch die die Geschwindigkeit gewisser Reaktionen in hohem Maße beschleunigt wird, ohne daß die betreffenden Stoffe im Verlaufe der Reaktion irgendwelche Veränderungen erlitten, oder aber verbraucht würden. Solche Stoffe werden als Katalysatoren oder als Kontaktstoffe, die Erscheinung selbst wird als Katalyse bezeichnet. Die Wirkungsweise der Katalysatoren, bezw. das Wesen der Katalyse sei durch folgende Beispiele erläutert:

a) Wie im vorangehenden Paragraphen erwähnt war, verbinden sich Sauerstoff und Wasserstoff bei gewöhnlicher (Zimmer-)Temperatur so langsam, daß in dem Gemisch dieser Gase selbst nach jahrzehntelangem Stehen keine Bildung von Wasser nachzuweisen ist. Wenn jedoch dasselbe Gemisch bei derselben Temperatur mit Platinschwamm oder mit Platinmoor, die beide eine sehr große Oberflächenentwicklung haben, in Berührung kommt, kann die Vereinigung der Gase

sehr rasch, binnen einigen Stunden oder gar Minuten vollkommen vor
sich gehen. Im Verlaufe dieser Reaktion erleidet das Platin keinerlei
sichtbare Veränderung; es nimmt an der Reaktion scheinbar keinerlei
Anteil, und durch ein kleines Stückchen derselben lassen sich unendliche Mengen von Sauerstoff und Wasserstoff vereinigen. Es wirkt
also in dieser Reaktion fein verteiltes Platin als Katalysator oder
Kontaktstoff.

Die soeben beschriebene Eigenschaft des Platinschwammes findet
auch eine praktische Verwendung, und zwar bei Herstellung der sog.
Gasselbstzünder, deren wesentlicher Bestandteil von einem in einiger
Entfernung oberhalb der Ausflußstelle des Leuchtgases angebrachten
Stück Platinschwammes gebildet wird. Öffnet man den Gashahn, so
wird das Gemisch, bestehend aus ausströmendem Leuchtgas und dem
Sauerstoff der atmosphärischen Luft vermöge der katalytischen Wir-
kung des Platins so rasch zur Vereinigung gebracht, daß letzteres ins
Glühen kommt und das Gasgemenge zum Entzünden bringt.

Eine weitere Anwendung findet der Platinschwamm als Katalysator
bei der Erzeugung der Schwefelsäure.

b) Wasserstoffsuperoxyd wird in wäßriger Lösung allmählich in
Wasser und Sauerstoff zersetzt:

$$2\,H_2O_2 = 2\,H_2O + O_2.$$

Diese spontane Zersetzung erfolgt so langsam, daß, wenn das Wasserstoffsuperoxyd rein ist, es Tage, Wochen, oder gar Monate lang praktisch unzersetzt aufbewahrt werden kann. Wird jedoch die Lösung
mit Platinschwamm in Berührung gebracht, oder mit kolloidalem
Platin (§ 122) versetzt, in welchen beiden das Platin eine sehr große
Oberflächenentwicklung hat, so wird die Zersetzung des Wasserstoff-
superoxyds so beschleunigt, daß sie binnen wenigen Stunden vor
sich geht. Dabei ist am Platin keinerlei Veränderung wahrzunehmen.

c) Rohrzucker ($C_{12}H_{22}O_{11}$) läßt sich in wäßriger Lösung, wenn man
sie vor Schimmelbildung oder vor gewissen Gärungsprozessen durch
vorangehendes Sterilisieren behütet, auch jahrelang unverändert auf-
bewahren, ohne mit dem anwesenden Wasser in Reaktion zu treten.
Sind jedoch in der Lösung H^+-Ionen in einer gewissen Konzentration
enthalten (wurde die Lösung vorher z. B. mit Salzsäure versetzt), so
reagiert der Rohrzucker mit dem Wasser verhältnismäßig rasch, wie
folgt:

$$C_{12}H_{22}O_{11} + H_2O = 2\,C_6H_{12}O_6.$$

Diese Umwandlung (Inversion) des Rohrzuckers geht um so rascher
vor sich, je größer die H^+-Ionenkonzentration und je höher die Ver-
suchstemperatur ist. Ist die Reaktion beendet, so finden wir die Säure,
bezw. die H^+-Ionenkonzentration in der Lösung unverändert, also
haben jene an der Reaktion — wenigstens scheinbar — nicht teilgenommen; sie hatten als Katalysatoren gewirkt.

d) Salzsäure- und Ammoniakgas verbinden sich nicht, wenn beide
Gase vollkommen trocken sind; enthalten sie aber, wenn auch noch

so geringe Spuren von Wasser, so spielt sich fast augenblicklich folgender Vorgang ab:

$$HCl + NH_3 = (NH_4)Cl.$$

Hier ist es also das Wasser, dem die Rolle eines Katalysators zukommt.

e) Die Erfahrung lehrt, daß sich ein Stück Würfelzucker an der Flamme eines Streichholzes nicht entzünden läßt, was folgenden Grund hat. Damit ein brennbarer Gegenstand an einer Flamme entzündet werden könne, muß die Verbrennung an der von der Flamme bestrichenen Stelle so rasch vor sich gehen, daß durch die dabei in Freiheit gesetzte Wärme der Gegenstand über seine Entzündungstemperatur hinaus erwärmt werde. Wenn also der Zuckerwürfel an der Streichholzflamme nicht entzündet werden kann, so rührt dies davon her, daß der Zucker an der von der Flamme bestrichenen Stelle nicht hinreichend rasch verbrennt.

Wird jedoch der Würfel an einem Ende mit etwas Tabakasche bestrichen, so fängt diese Stelle an der Streichholzflamme Feuer. In diesem Falle ist es die Tabakasche, die als Katalysator wirkt, und zwar sicherlich aus dem Grunde, weil durch einen (bisher allerdings unbekannten) Bestandteil der Tabakasche die Oxydation des Zuckers soweit beschleunigt wird, daß durch die hierbei in Freiheit gesetzte Wärme der Zucker über seine Entzündungstemperatur erwärmt wird.

§ 104. **Enzyme, Fermente.** Gewisse Stoffe, die man im pflanzlichen und tierischen Organismus stets antrifft, und die als Katalysatoren der in den genannten Organismen verlaufenden mannigfaltigen Reaktionen wirken, werden als **Enzyme, Fermente** bezeichnet. In nachstehendem sollen einige Beispiele der Enzymwirkungen angeführt werden.

a) Eine Lösung von Traubenzucker wird durch Hefe vergoren, wobei hauptsächlich Äthylalkohol und Kohlendioxyd entstehen. Das wirksame Enzym, das im Plasma der Hefezellen enthalten ist, wird **Zymase** genannt.

b) Durch die Bauchspeicheldrüse, das Pankreas, wird ein Enzym, das **Trypsin** erzeugt, dem eine Eiweiß spaltende Wirkung zukommt; ähnlich wirkt auch ein durch die Magenschleimhaut abgesondertes Enzym, das **Pepsin.**

c) In keimenden, stärkehaltigen Samen wird ein Enzym, die sog. **Diastase** gebildet, die Stärke in Malzzucker umzuwandeln vermag.

Außer den soeben angeführten Eiweiß spaltenden (proteolytischen), Stärke spaltenden (diastatischen) Enzymen gibt es in pflanzlichen und tierischen Organismen Fett spaltende (lipolytische) Enzyme, Glucoside spaltende Enzyme, oxydierende Enzyme (Oxydasen), reduzierende Enzyme (Reduktasen), Wasserstoffsuperoxyd spaltende Enzyme (Katalasen) usw.

Die Enzymwirkung ist eine streng spezifische, indem durch ein gewisses Enzym nur eine ganz bestimmte Reaktion beschleunigt werden kann; man sagt: ein Enzym verhält sich zu dem Stoff, auf den es einwirkt, wie ein Schlüssel zu dem dazu gehörenden Schloß.

So übt z. B. das Fett spaltende Enzym keinerlei Wirkung auf Eiweiß aus, und Eiweiß spaltende Enzyme sind gegenüber dem Zucker wirkungslos.

Die Enzyme sind im Haushalte der lebenden Organismen ganz und gar unentbehrlich, denn nur mit ihrer Hilfe können die mannigfaltigen Reaktionen ausgeführt werden, deren richtiger Verlauf eine Grundbedingung der Organfunktionen darstellt. Enzyme sind es, auf deren Wirkung die im pflanzlichen und tierischen Organismus verlaufenden chemischen Prozesse beruhen, die in ihrer Gesamtheit als Assimilation und Dissimilation bezeichnet werden. Wie wirkungsvoll die im lebenden Organismus erzeugten Enzyme sind, soll an folgendem Beispiele gezeigt werden: es ist bekannt, daß man Zucker oder eine Lösung von Zucker bei gewöhnlicher Temperatur, oder auch bei der Temperatur des tierischen Körpers jahrelang stehen lassen kann, ohne daß sich der Zucker mit dem Sauerstoffe der Luft in merkbaren Mengen verbinden würde. Wird jedoch der Zucker in den menschlichen Organismus eingeführt, so verbrennt er innerhalb weniger Stunden vollständig zu Wasser und Kohlendioxyd.

Die meisten tierischen Enzyme wirken am raschesten bei $35-40\,^{\circ}\mathrm{C}$, und, während sie in trockenem Zustande auf $80-100\,^{\circ}\mathrm{C}$ erhitzt, keine Beeinträchtigung der Wirksamkeit erfahren, verlieren sie in gelöstem Zustande auf diese Temperatur erhitzt ihre Wirksamkeit, die auch nach dem Abkühlen der Lösung nicht mehr zurückkehrt. Bei niederer Temperatur gehen die Enzyme nicht zugrunde, doch ist ihre Wirksamkeit erheblich verlangsamt.

Manche Enzyme, wie z. B. das Pepsin, wirken am besten, wenn die Lösung, in der die Reaktion verläuft, ausgesprochen sauer reagiert; andere, wie z. B. das Trypsin, wirken am besten bei alkalischer Reaktion; und wieder andere bei neutraler Reaktion.

Durch viele Stoffe, die als Gifte bekannt sind, wie z. B. Sublimat, Cyanwasserstoffsäure usw., wird die Enzymwirkung gehemmt, ja vollständig sistiert.

Eine Charakterisierung der Enzyme als chemischer Verbindungen ist zur Zeit nicht möglich, da ihrer Reindarstellung kaum überwindbare Schwierigkeiten im Wege stehen, daher auch ihre Zusammensetzung bislang noch nicht ermittelt werden konnte. Immerhin ist es wahrscheinlich, daß sie den Eiweißkörpern nahe stehen.

§ 105. **Theorie der Katalyse.** Die Wirkungsweise der Katalysatoren ist uns nicht in allen Einzelheiten bekannt, doch gestatten gewisse Überlegungen, die an der Hand der beiden nachstehenden Beispiele abgeleitet werden sollen, wenigstens einen Einblick in diese Frage.

a) Die katalytische Wirkung des Platinschwammes auf ein Gemisch von Sauerstoff und Wasserstoff (Punkt a des § 103) kann wie folgt erklärt werden: Am Platinschwamm, als auf einem Körper von großer Oberflächenentwicklung wird das genannte Gasgemisch adsorbiert (s. § 97); seine Moleküle sind hier dichter gelagert, als im übrigen Gasraume, lassen sich daher so betrachten, als stünden sie hier unter einem höheren Drucke. Dies hat aber zur natürlichen Folge, daß die Zahl der in der Zeiteinheit erfolgenden günstigen, zu einer Vereinigung führenden Zusammenstöße wesentlich vermehrt wird. Im Endergebnis wird also die Geschwindigkeit, mit der Wasserstoff und Sauerstoff sich zu Wasser verbinden, beschleunigt.

b) Die katalytische Wirkung geringster Wassermengen bei dem Zusammentritt von Ammoniakgas und Salzsäuregas zu Ammoniumchlorid (Punkt d des § 103) kann so gedeutet werden, daß sich zunächst Wasser und Ammoniak zu Ammoniumhydroxyd verbinden:

$$NH_3 + H_2O = (NH_4)OH,$$

worauf das so entstandene Ammoniumhydroxyd sich mit der Salzsäure zu Ammoniumchlorid und Wasser umsetzt:

$$(NH_4)OH + HCl = (NH_4)Cl + H_2O.$$

Das so in Freiheit gesetzte Wassermolekül kann dann immer wieder dieselbe Wirkung ausüben (sich mit Ammoniak zu Ammoniumhydroxyd verbinden und aus diesem wieder austreten), daher sich durch ein einziges Wassermolekül theoretisch unendliche Mengen von Salzsäure und Ammoniak in Ammoniumchlorid verwandeln lassen, ohne daß dieses einzige Wassermolekül dabei verbraucht würde.

Diese Erklärungsweise läßt sich wie folgt verallgemeinern. Es handle sich einerseits um die Stoffe A und B, die aufeinander nicht oder bloß sehr langsam einwirken, anderseits um den Katalysator K. Letzterer ist imstande, mit dem Stoffe A zu einer Verbindung AK zusammenzutreten, der seinerseits mit dem Stoffe B reagiert, und zwar so, daß hierbei die Verbindung AB entsteht und K in Freiheit gesetzt wird. Diese Reaktionen, die durch nachfolgende Gleichungen dargestellt werden, wiederholen sich dann unzählige Male:

$$A + K = AK,$$
$$AK + B = AB + K.$$

Es geht aus dieser Erklärungsweise klar hervor, daß durch den Katalysator K sehr große Mengen der Stoffe A und B zur Vereinigung gebracht werden können, ohne daß der Katalysator hierbei verbraucht würde, und daß die Nichtbeteiligung des Katalysators an der Reaktion bloß eine scheinbare ist.

Aufgaben.

71. Wie hat man vorzugehen, wenn a) eine Lösung von Äthylacetat durch Natriumhydroxyd rasch zersetzt werden soll? b) wenn umgekehrt diese Reaktion verlangsamt werden soll?

72. Wie geht man vor, damit eine Lösung von Wasserstoffsuperoxyd durch Platin, mit dem es in Berührung ist, möglichst wenig zersetzt wird?

73. Wie läßt es sich biologisch erklären, daß sich in keimenden stärkehaltigen Samen Diastase bildet?

74. Wie läßt sich eine Zuckerlösung vor dem Verderben bezw. Vergären bewahren?

III. Chemische Gleichgewichte.

§ 106. Umkehrbare chemische Reaktionen. In einer großen Anzahl der chemischen Reaktionen kommt es zu einer vollkommenen Umwandlung der beteiligten Stoffe. Wenn z. B. im Sinne der nachfolgenden Gleichung genau 1 Gramm-Molekül, d. i. 208,3 g, Bariumchlorid und 1 Gramm-Molekül Schwefelsäure, 98,1 g, vermischt werden, so verbleibt nach Ablauf der Reaktion von diesen Stoffen nichts zurück, da sie ihrer ganzen Menge nach in Bariumsulfat, 233,5 g, und Salzsäure, 72,9 g, verwandelt wurden:

$$BaCl_2 + H_2SO_4 = BaSO_4 + 2\,HCl.$$

Im Gegensatz zu diesen Reaktionen, die zu einer vollkommenen Umwandlung führen, gibt es auch solche, die nie bis ans Ende vor sich gehen, sondern bloß zu einer teilweisen Umwandlung führen. Werden z. B. Äthylalkohol, $C_2H_5 \cdot OH$, und Essigsäure, $CH_3 \cdot COOH$, in gramm-molekularen Mengen vermischt, so bilden sich Essigsäureäthylester und Wasser auf Grund nachfolgender Gleichung:

$$CH_3 \cdot COOH \quad + \quad C_2H_5 \cdot OH \quad = \quad CH_3 \cdot COO \cdot C_2H_5 \quad + \quad H_2O$$

Essigsäure	Äthylalkohol	Essigsäureäthylester	Wasser
60 g	46 g	88 g	18 g.

Hier wird die Umwandlung, wie lange immer man das Gemisch stehen läßt, nie zu einer derart vollkommenen, wie dies durch die Zahlen unter den Formeln der Verbindungen in obiger Gleichung angezeigt wird. Denn es werden nicht die ganzen 60 g Essigsäure und 46 g Äthylalkohol verbraucht, sondern bloß je zwei Dritteile von beiden Stoffen, während je ein Dritteil derselben unverändert zurückbleibt. Dementsprechend kommt es auch nie dazu, daß Ester und Wasser in der oben angeschriebenen Menge von 88 bezw. 18 g gebildet würde, sondern bloß je zwei Dritteile jener Mengen.

Werden umgekehrt 88 g Essigsäureäthylester und 18 g Wasser vermischt, so werden Äthylalkohol und Essigsäure gebildet; es tritt also eine der oben besprochenen entgegengesetzt gerichtete Reaktion ein, die jedoch ebenfalls nicht vollständig verläuft; denn es wird bloß je ein Dritteil des Esters und des Wassers umgewandelt, je zwei Dritteile derselben bleiben unverändert zurück. Wie zu ersehen, ist es also ganz gleichgültig, ob man aus einem Gemische von Alkohol und Essigsäure oder aber aus einem Gemische von Ester und Wasser ausgeht: auf beiden Wegen erreicht man denselben Endzustand.

Fassen wir dies alles zusammen, so läßt sich die soeben besprochene Reaktion dahin charakterisieren, daß der Vorgang nach beiden Richtungen hin verlaufen kann; doch wird die Umwandlung, von welcher Richtung sie immer ausgeht, nie zu einer vollständigen. Es werden derlei Reaktionen als umkehrbare, reversible chemische Umwandlungen bezeichnet, und wird, um sie von den nicht umkehrbaren zu unterscheiden, in den Gleichungen, durch die sie dargestellt werden, das Gleichheitszeichen durch einen Doppelpfeil ersetzt:

$$CH_3 \cdot COOH + C_2H_5 \cdot OH \rightleftharpoons CH_3 \cdot COO \cdot C_2H_5 + H_2O.$$

Den Endzustand, der bei diesen Reaktionen erreicht wird, bezeichnet man als den **Gleichgewichtszustand der Reaktion.**

Es muß noch bemerkt werden, daß streng genommen, eigentlich jede Reaktion eine umkehrbare ist; nur werden diejenigen Reaktionen, in denen von den an der Reaktion beteiligten Stoffen bloß verschwindend geringe Mengen unverändert zurückbleiben, als praktisch **vollständig verlaufend, nicht umkehrbar,** bezeichnet. Nicht umkehrbar nennt man auch die am Eingang dieses Paragraphen beschriebene, zwischen Bariumchlorid und Schwefelsäure verlaufende Reaktion, weil nach ihrem Ablauf in dem Gemische bloß verschwindend geringe, praktisch überhaupt nicht in Betracht kommende Mengen zurückbleiben.

§ 107. Theorie der umkehrbaren Reaktionen. Um das Wesen der umkehrbaren Reaktionen näher zu ergründen, wollen wir uns an den im vorangehenden Paragraphen erörterten Fall des Essigsäure-Äthylalkoholgemisches halten. Sobald dieses Gemisch hergestellt ist, setzt die Umwandlung in der Richtung des oberen Pfeiles ein (siehe die Gleichung gegen Schluß des vorangehenden Paragraphen), indem Ester und Wasser mit einer Geschwindigkeit gebildet werden, die laut unseren vorangehenden Ausführungen von der Konzentration der Essigsäure und des Äthylalkohols abhängt. Wird daher die Konzentration der Essigsäure mit $c_{ac.}$, die des Äthylalkoholes mit $c_{alk.}$ bezeichnet, so ist die Geschwindigkeit v der Reaktion

$$v = k \cdot c_{ac.} c_{alk.} .$$

Dabei versteht es sich von selbst, daß die Konzentration der Essigsäure sowohl, als auch des Äthylalkoholes in dem Maße abnimmt, als Ester und Wasser gebildet werden, demzufolge auch die Reaktionsgeschwindigkeit v stets **abnehmen muß.**

Nun wirken aber die im Verlaufe dieser Reaktion entstehenden Produkte, Ester und Wasser, ebenfalls aufeinander ein, und die Geschwindigkeit dieser Reaktion ist selbstredend wieder proportional der Konzentration der wirksamen Stoffe. Wird die Konzentration des Esters mit $c_{est.}$, die des Wassers mit $c_{wass.}$ bezeichnet, so ist die Geschwindigkeit v_1 dieser Reaktion, die der obigen entgegengesetzt gerichtet ist:

$$v_1 = k_1 c_{est.} c_{wass.} .$$

Doch erleidet auch v_1 eine stetige Änderung: Zu Beginn des Versuches ist der Ester- und Wassergehalt eines frisch hergestellten Essigsäure-Äthylalkoholgemisches, daher auch die Geschwindigkeit v_1 gleich Null; sobald jedoch Essigsäure und Äthylalkohol aufeinander einzuwirken beginnen, werden Ester und Wasser gebildet, und es muß ihre Konzentration und dementsprechend auch der Wert v_1 stetig **zunehmen.**

Faßt man dies alles zusammen, so handelt es sich hier um zwei Reaktionen, die in entgegengesetzten Richtungen verlaufen; und zwar verläuft die eine in der Richtung des oberen, die andere in der Richtung des unteren Pfeiles:

$$CH_3 \cdot COOH + C_2H_5 \cdot OH \rightleftarrows CH_3 \cdot COO \cdot C_2H_5 + H_2O.$$

Im Sinne unserer obigen Ausführung wird v, die Geschwindigkeit der Reaktion in der Richtung des oberen Pfeiles, stets kleiner; hingegen wird v_1, die Geschwindigkeit der Reaktion in der Richtung des unteren Pfeiles, stets größer. Dann muß es aber nach einer gewissen Zeit dazu kommen, daß v und v_1 einander gleich sind; was so viel besagen will, daß von nun an in der Zeiteinheit genau so viel Ester und Wasser entstehen als auch gleich wieder in Alkohol und Essigsäure rückverwandelt werden. Nun erleidet das ganze System keine weitere Veränderung mehr, es ist also zu einem chemischen Gleichgewichte gekommen.

§ 108. **Ableitung des Massenwirkungsgesetzes; homogene und heterogene Systeme.** Im vorangehenden Paragraphen wurde gezeigt, daß es zu einem chemischen Gleichgewichte kommt, wenn die Geschwindigkeit der entgegengesetzt gerichteten Reaktionen gleich groß geworden ist, also $v = v_1$. Betreffs der oben behandelten Reaktion im Essigsäure-Äthylalkoholgemisch wurde aber gezeigt, daß

$$v = k \cdot c_{ac.} \cdot c_{alk.}$$

und
$$v_1 = k_1 \cdot c_{est.} \cdot c_{wass.} ;$$

und daß, wenn es zu einem Gleichgewichte gekommen ist:

$$v = v_1 ,$$

daher auch
$$k \cdot c_{ac.} \cdot c_{alk.} = k_1 \cdot c_{est.} \cdot c_{wass.} ;$$

oder anders geschrieben:

$$\frac{c_{ac.} \cdot c_{alk.}}{c_{est.} \cdot c_{wass.}} = \frac{k_1}{k} ;$$

oder endlich, da der Quotient der Konstanten k_1 und k ebenfalls konstant ist und durch K bezeichnet werden kann:

$$\frac{c_{ac.} \cdot c_{alk.}}{c_{est.} \cdot c_{wass.}} = K = konst.$$

Wollen wir nun diese aus obigem konkreten Falle abgeleiteten Überlegungen verallgemeinern, so erhält die in § 101 angeführte allgemeine Gleichung einer umkehrbaren chemischen Reaktion zunächst die folgende Form:

$$n_1 A + n_2 B + n_3 C \rightleftarrows n'I + n''K + n'''L.$$

Nun beträgt aber die Geschwindigkeit v der Reaktion in der Richtung des oberen Pfeiles:

$$v = k c_A^{n_1} c_B^{n_2} c_C^{n_3}.$$

Die Geschwindigkeit v_1 in der entgegengesetzten Richtung beträgt:

$$v_1 = k_1 c_I^{n'} c_K^{n''} c_L^{n'''} ;$$

Im Falle eines Gleichgewichtes sind die Geschwindigkeiten v und v_1 einander gleich, daher:

$$k\,c_A^{n_1}\,c_B^{n_2}\,c_C^{n_3} = k_1\,c_I^{n'}\,c_K^{n''}\,c_L^{n'''};$$

oder aber anders geschrieben:

$$\frac{c_A^{n_1}\,c_B^{n_2}\,c_C^{n_3}}{c_I^{n'}\,c_K^{n''}\,c_L^{n'''}} = \frac{k_1}{k};$$

oder endlich, da das Verhältnis zwischen den Konstanten k und k_1 ebenfalls konstant ist und mit K bezeichnet werden kann, ist

$$\frac{c_A^{n_1}\,c_B^{n_2}\,c_C^{n_3}}{c_I^{n'}\,c_K^{n''}\,c_L^{n'''}} = K = \text{konst}.$$

Durch letztangeführte Gleichung ist eigentlich das **Massenwirkungs-gesetz** im allgemeinen ausgedrückt und läßt sich dies Gesetz wie folgt zusammenfassen: **Im Falle eines Gleichgewichtes ist das Verhältnis zwischen den Produkten aus den zusammen-gehörenden Konzentrationen konstant, es wird als die Gleich-gewichtskonstante der Reaktion bezeichnet.**

Das Massenwirkungsgesetz hat sich in einer ganzen Anzahl daraufhin geprüfter chemischer Reaktionen als gültig erwiesen; so unter anderem auch in dem oben mehrfach erörterten Falle der Esterbildung aus Essigsäure und Äthylalkohol. Man war hierbei aus verschiedenartig zusammengesetzten Mischungen von Essigsäure und Äthylalkohol einer-seits und von Essigsäureäthylester und Wasser andererseits ausgegangen, und stellte, nachdem es zu einem Gleichgewichte gekommen war, die Konzentration jeder der vier Komponenten fest. Wurden diese Kon-zentrationen in nachstehende, dem Massenwirkungsgesetz entsprechende Formel eingesetzt, so erhielt man für K stets den Wert 0,25; und zwar unabhängig davon, welchen Wert die Ausgangskonzentrationen hatten:

$$\frac{c_{Ac.} \cdot c_{alk.}}{c_{est.} \cdot c_{wass.}} = K = \text{konst.}$$

Dadurch, daß der Wert K stets konstant befunden wurde, hat sich die Richtigkeit aller Voraussetzungen, die bei der Ableitung des Ge-setzes gemacht werden mußten, herausgestellt.

Nur muß noch bemerkt werden, daß der Wert der Gleichgewichts-konstante K eine Funktion der Temperatur darstellt: wird die Tem-peratur verändert, so ändert sich auch der Wert der Konstante.

Die Systeme, in denen es zu den besprochenen Gleichgewichten kommt, und auf die das Massenwirkungsgesetz angewendet werden kann, werden in zwei Gruppen eingeteilt: in die der homogenen und die der heterogenen Systeme.

Als homogene werden Systeme bezeichnet, durch deren Bestand-teile der Raum, den sie einnehmen, gleichmäßig angefüllt wird. Solche sind: Gasgemische, Flüssigkeitsgemische, Lösungen. Ein homogenes System ist z. B. das Gemisch von Essigsäure und Äthylalkohol, in dem die in den vorangehenden Paragraphen öfters angeführte umkehrbare Reaktion zustande kommt.

Als heterogene werden solche Systeme bezeichnet, durch deren Bestandteile der Raum, den sie einnehmen, nicht gleichmäßig angefüllt wird, indem diese Bestandteile voneinander durch Grenzflächen abgesondert sind. Heterogene Systeme sind z. B. solche, die teils aus festen, teils aus flüssigen, oder teils aus flüssigen, teils aus gasförmigen Stoffen, oder aber aus zwei miteinander nicht mischbaren Flüssigkeiten usw. bestehen, da in allen diesen Fällen die für heterogene Systeme charakteristischen Grenzflächen zwischen den Bestandteilen des Systems vorhanden sind.

Die Bestandteile eines heterogenen Systems, die voneinander durch die genannten Grenzflächen geschieden sind, werden als dessen Phasen bezeichnet. So bildet z. B. in einem aus Eis, Wasser und Wasserdampf bestehenden Systeme Eis die feste, Wasser die flüssige und Wasserdampf die gasförmige Phase.

§ 109. **Wie läßt sich eine umkehrbare (unvollständig verlaufende) Reaktion zu einem praktisch vollständigen Verlaufe bringen?** Auf Grund gewisser Überlegungen, die in Verbindung mit dem Massenwirkungsgesetze stehen, lassen sich Wege finden, um den Verlauf einer umkehrbaren Reaktion in der einen oder anderen Richtung zu fördern, bezw. zu einem praktisch vollständigen zu machen. Um dies klar zu legen, wollen wir noch einmal auf die in den vorangehenden Paragraphen erörterte Reaktion zwischen Essigsäure und Äthylalkohol zurückkehren bezw. die beiden nachfolgenden uns bereits bekannten Gleichungen hier nochmals anschreiben:

$$CH_3 \cdot COOH + C_2H_5 \cdot OH \rightleftarrows CH_3 \cdot COO \cdot C_2H_5 + H_2O$$

$$\frac{c_{ac.} \cdot c_{alk.}}{c_{est.} \cdot c_{wass.}} = K = \text{konst.}$$

a) **Förderung der Reaktion in der Richtung des Pfeiles →.** Wir wollen von einem Gemische ausgehen, dessen vier Komponenten (Essigsäure, Äthylalkohol, Ester, Wasser) sich in gegenseitigem Gleichgewichte befunden hatten, und wollen nun die Konzentration des Alkohols durch Hinzufügen einer gewissen Menge desselben **steigern.** Da hierdurch der Wert des Zählers im obigen Bruche größer wird, müßte auch K einen größeren Wert annehmen; K bleibt aber, wenn es sich um einen Gleichgewichtszustand handelt, unter allen Umständen konstant, was nur so möglich ist, daß auch der Nenner im Bruche größer wird. Wenn aber der Nenner größer wird, so bedeutet dies so viel, daß mehr Ester und Wasser entstanden sind, d. h. durch das Alkohol-Plus ein weiterer Anteil der Essigsäure umgewandelt und das Gleichgewicht in der Richtung des Pfeiles → verschoben wurde.

Es versteht sich wohl von selbst, daß die Verschiebung des Gleichgewichtes in der Richtung des Pfeiles → auch durch Steigerung der Essigsäurekonzentration erreicht werden kann, wodurch entsprechend mehr Alkohol umgewandelt wird.

Ein anderer Weg, das Gleichgewicht dieser Reaktion in der Richtung des Pfeiles → zu verschieben, besteht darin, daß man die Konzentration des einen oder des anderen Reaktionsproduktes (des Esters oder des Wassers) auf irgendeine Weise herabsetzt, wodurch der Wert des Nenners im Bruche verringert wird. Damit aber K seinen ursprünglichen Wert beibehalten könne, muß auch der Zähler eine entsprechende Verringerung erfahren, und dies geschieht dadurch, daß ein größerer Anteil der ursprünglichen Komponenten (Essigsäure und Alkohol) umgewandelt wird, was gleichlautend ist mit der Verschiebung des Gleichgewichtes in der Richtung des Pfeiles →. Dies findet z. B. statt, wenn man die Konzentration des Wassers durch Hinzufügen eines wasserentziehenden Mittels (Schwefelsäure usw.) verringert, wodurch die Reaktion zu einem (praktisch) vollständigen Verlauf gebracht werden kann.

b) **Förderung der Reaktion in der Richtung des Pfeiles ←.** Auf Grund obiger Überlegungen stehen uns hierzu ebenfalls zwei Wege offen: Verringerung der Konzentration der Essigsäure oder des Äthylalkohols (Verkleinerung des Zählers im Bruche), oder Steigerung der Konzentration des Wassers oder des Esters (Vergrößerung des Nenners). Von diesen Maßnahmen läßt sich die Konzentrationsverringerung der Essigsäure in der Praxis durch Hinzufügen einer Base, z. B. Natriumhydroxyd, erreichen, wodurch die Reaktion in der Richtung des Pfeiles ← zu einer praktisch vollständig verlaufenden gemacht werden kann.

Die sub a) und b) entwickelten Überlegungen gelten für jede umkehrbare Reaktion, so daß man im allgemeinen sagen kann:

Es stehen uns zwei Wege offen, um eine Reaktion in der einen oder in der anderen Richtung zu fördern: Steigerung der Konzentration der aufeinander einwirkenden Stoffe, oder Verringerung der Konzentration der Reaktionsprodukte. Günstige Verhältnisse vorausgesetzt, lassen sich auf diese Weise umkehrbare Reaktionen zu einem praktisch vollständigen Verlaufe bringen.

Zum Schluß soll noch an der Hand einiger Beispiele gezeigt werden, wie gewisse äußere Umstände, wie Gasbildung, Entweichen flüchtiger Produkte, Niederschlagsbildung, Entfernung der Reaktionsprodukte auf dem Wege der Diffusion usw., dazu führen können, daß die an und für sich umkehrbare Reaktion praktisch vollständig verläuft.

a) Die zwischen Zink und Schwefelsäure verlaufende Reaktion

$$Zn + H_2SO_4 \rightleftarrows Zn\,SO_4 + H_2$$

bezeichnet man für gewöhnlich als eine vollständig verlaufende; denn wird der Versuch in einem offenen Gefäße, oder so ausgeführt, daß oberhalb der Flüssigkeit genügender Raum vorhanden ist, so kann, auch wenn die Reaktion eine umkehrbare ist, der entgegengesetzt gerichtete Vorgang nicht vor sich gehen. Da nämlich eines der Reaktionsprodukte, der in Wasser kaum lösliche Wasserstoff, ständig in Gasform entweicht, bleibt seine Konzentration in der Flüssigkeit stets eine äußerst geringe. Daß aber die Reaktion tatsächlich umkehrbar ist, läßt sich leicht beweisen; denn wird der Versuch so ausgeführt, daß der Gasraum oberhalb der Flüssigkeit sehr klein ist, so hört die Bildung von Wasserstoff und Zinksulfat nach einer Weile auf, obzwar in der Flüssigkeit noch Zink und Schwefelsäure vorhanden sind.

Ja, es läßt sich sogar die entgegengesetzt gerichtete Reaktion in Gang bringen, wenn der über dem Reaktionsgemisch befindliche Wasserstoff stark komprimiert wird. So fand NERNST, daß es in einem Gemische, das bezüglich seines Gehaltes an Zinksulfat 1,3 normal, an Schwefelsäure aber 0,13 normal ist, zur Abscheidung von metallischem Zink kommt, wenn der Druck des Wasserstoffes oberhalb der Flüssigkeit über 18 Atm. erhöht wird.

b) Zwischen Kaliumnitrat und Schwefelsäure kommt es nach einer gewissen Zeit zu folgendem Gleichgewichte:

$$KNO_3 + H_2SO_4 \rightleftarrows KHSO_4 + HNO_3.$$

Wird jedoch das Gemisch erwärmt und hierdurch eines der Reaktionsprodukte, die Salpetersäure, vertrieben, so wird die Umwandlung in der Richtung des oberen Pfeiles zu einer vollkommenen.

c) Streng genommen ist die in der wäßrigen Lösung von Silbernitrat und Salzsäure verlaufende Reaktion

$$AgNO_3 + HCl \rightleftarrows AgCl + HNO_3$$

ebenfalls eine umkehrbare, die aber praktisch aus dem Grunde zu einem vollständigen Verlauf gebracht wird, weil das in Wasser bloß sehr wenig lösliche Silberchlorid in Form eines Niederschlages aus der Flüssigkeit scheidet, und seine Konzentration daselbst stets nur äußerst gering ist.

d) Die im lebenden Organismus verlaufenden chemischen Vorgänge gehören vielfach ebenfalls zu den umkehrbaren Reaktionen, verlaufen aber in der Regel vollständig, weil das eine oder das andere der Reaktionsprodukte, wie Kohlendioxyd, Carbamid usw. durch Diffusion stets aus der Lösung scheidet.

IV. Anwendung des Massenwirkungsgesetzes auf die wichtigsten der vorkommenden Fälle.

§ 110. **Dissoziation des Ammoniumchlorides.** Wird in einem geschlossenen Raum ein wenig Ammoniumchlorid (NH_4Cl) so erhitzt, daß alles Ammoniumchlorid verdampft und nichts davon in festem Zustande übrig bleibt, so resultiert ein homogenes gasförmiges System, in dem das unzersetzte gasförmige Ammoniumchlorid und dessen Zersetzungsprodukte, nämlich Ammoniakgas und Chlorwasserstoffgas, sich in einem Gleichgewichtszustande befinden:

$$(NH_4)Cl \rightleftarrows NH_3 + HCl.$$

In diesem homogenen System besteht dann die Beziehung:

$$\frac{C_{NH_3} \cdot C_{HCl}}{C_{NH_4Cl}} = K' = \text{konst.}$$

Ist die Temperatur konstant, so ist auch der Wert K' ein konstanter, ohne Rücksicht auf die absolute Größe der Konzentration der einzelnen Bestandteile.

Wird aber in einem weiteren Versuche in einem geschlossenen Raume so viel Ammoniumchlorid erhitzt, daß nicht alles verdampfen kann, sondern zu einem Teile in fester Form zurückbleibt, so hat man es mit einem heterogenen Systeme zu tun, bestehend aus einer festen Phase, dem nichtverdampften festen Ammoniumchlorid, und einer gasförmigen Phase, die ein Gemisch von Ammoniumchloriddampf, Ammoniak- und Chlorwasserstoffgas darstellt. In einem solchen Systeme gibt es aber **zwei** Gleichgewichte; denn einerseits befindet sich das feste Ammoniumchlorid im Gleichgewicht mit seinem eigenen Dampfe, dem unzersetzten Ammoniumchloriddampf, andererseits befindet sich der Ammoniumchloriddampf im Gleichgewicht mit dessen Zersetzungsprodukten, dem Ammoniak- und dem Chlorwasserstoffgas.

Bezüglich des Gleichgewichtes zwischen dem festen Ammoniumchlorid und seinem unzersetzten Dampf gilt, was im Anschluß an die Verdampfung fester Stoffe in § 91 ausgeführt wurde: die Tension des gesättigten Dampfes des festen Ammoniumchlorides, d. i. die Konzentration der unzersetzten Ammoniumchloridmoleküle im Dampfraume, ist bei einer und derselben Temperatur konstant, und von jedwedem anderen Faktor, so auch von der absoluten Menge des festen Ammoniumchlorides oder des Ammoniumchloriddampfes unabhängig. Es besteht daher im Dampfraume bei konstanter Temperatur die Beziehung:

$$C_{NH_4Cl} = k = \text{konst.}$$

Wird dieser Wert von C_{NH_4Cl} in obige Gleichung eingesetzt, so ergibt sich für den Gleichgewichtszustand im Dampfraum die Beziehung:

$$C_{NH_3} \cdot C_{HCl} = K'k = K = \text{konst.}$$

die so viel besagen will, daß in Gegenwart von festem Ammoniumchlorid bei konstanter Temperatur das Produkt aus den Konzentrationen des im Dampfraume vorhandenen Ammoniak- und Chlorwasserstoffgases konstant ist.

§ 111. **Dissoziation des Calciumcarbonates.** Wird Calciumcarbonat in einem geschlossenen Raume erhitzt, so dissoziiert es zum Teile in Calciumoxyd und Kohlendioxyd:

$$CaCO_3 \rightleftarrows CaO + CO_2 .$$

Im heterogenen Systeme, das auf diese Weise entsteht, wird die feste Phase durch Calciumcarbonat und Calciumoxyd, die gasförmige durch das Kohlendioxyd gebildet. Da streng genommen jeder Stoff flüchtig ist, und dies, obzwar nicht bewiesen, auch vom Calciumcarbonat und Calciumoxyd vorausgesetzt werden kann, haben wir es eigentlich mit drei Gleichgewichten zu tun: a) festes Calciumcarbonat befindet sich im Gleichgewicht mit seinem eigenen Dampf, d. h. mit dem im Gasraum befindlichen unzersetzten Calciumcarbonat; b) festes Calciumoxyd befindet sich im Gleichgewicht mit seinem eigenen Dampfe, d. h. mit dem im Gasraum befindlichen Calciumoxyd; c) die drei im Gasraume befindlichen Bestandteile befinden sich im Sinne obiger Gleichung miteinander im Gleichgewicht.

Die sub a) und b) verzeichneten sind eigentlich Verdampfungs-(Sublimations-) Gleichgewichte, in denen (nach § 91) der Druck der gesättigten Dämpfe des Calciumcarbonates bezw. des Calciumoxydes, d. h. die Konzentration des im Gasraum enthaltenen Calciumcarbonates, bezw. Calciumoxydes bei konstanter Temperatur konstant ist; daher bestehen die Beziehungen:

$$C_{CaCO_3} = k_1 = \text{konst.}$$

und

$$C_{CaO} = k_2 = \text{konst.}$$

Das sub c) verzeichnete Gleichgewicht ist ein rein chemisches, auf das das Massenwirkungsgesetz ohne weiteres, und zwar wie folgt anwendbar ist:

$$\frac{C_{CaO} \cdot C_{CO_2}}{C_{CaCO_3}} = K' = \text{konst.}$$

Setzt man in dieser Gleichung für C_{CaCO_3} und C_{CaO} die oben abgeleiteten Werte ein, so ergibt sich

$$\frac{k_2}{k_1} C_{CO_2} = K';$$

bezw. hieraus

$$C_{CO_2} = K' \frac{k_1}{k_2};$$

und wird für $K' \cdot \dfrac{k_1}{k_2}$ einfach K eingesetzt, so besteht, konstante Temperatur vorausgesetzt, die Beziehung

$$C_{CO_2} = K = \text{konst.}$$

Durch diese einfache Beziehung wird ausgedrückt, daß, wenn es in dem in Frage stehenden Systeme bei konstanter Temperatur zu einem Gleichgewichte kommt, die Konzentration, daher auch der Druck des Kohlendioxydes konstant und unabhängig von der Menge der einzelnen Phasen ist. Der Druck, der auf die soeben beschriebene Weise zustande kommt, wird als der **Dissoziationsdruck** des Calciumcarbonates bezeichnet; er hängt, wie gesagt, bloß von der Temperatur ab, und hat z. B. folgende Werte:

$$
\begin{array}{lll}
\text{bei } 500^\circ\ \text{C} & 0{,}1 \ \text{m/m Hg} \\
\text{„ } 800^\circ\ \text{C} & 168 & \text{„ } \quad \text{„} \\
\text{„ } 1000^\circ\ \text{C} & 2710 & \text{„ } \quad \text{„ .}
\end{array}
$$

§ 112. Dissoziationsgleichgewicht der Elektrolyte in homogenen Systemen. Da, wie aus §§ 56 und 64 hervorgeht, auch die elektrolytische Dissoziation zu den umkehrbaren Reaktionen gehört, muß es auch hier zu entsprechenden Gleichgewichtszuständen kommen. Aus bald ersichtlichen Gründen sollen die in mäßigem Grade dissoziierenden Elektrolyte von den stark dissoziierenden gesondert besprochen werden.

1. In verdünnten Lösungen schwächer dissoziierenden Stoffe (z. B. der schwachen Säuren und schwachen Basen) ist das Massenwirkungsgesetz vollgültig, wie dies am Beispiele der verdünnten Essigsäure gezeigt werden soll, die wie folgt dissoziiert:

$$CH_3 COOH \rightleftarrows CH_3 COO^- + H^+.$$

Wird die Konzentration der unzersetzten Essigsäuremoleküle mit C_{HAc}, die der Acetationen mit C_{Ac}, die der H^+-Ionen mit C_H bezeichnet, so nimmt das Massenwirkungsgesetz in diesem Falle nachstehende Form an:

$$\frac{C_{Ac} \cdot C_H}{C_{HAc}} = K = \text{konst.}$$

Da der Dissoziationsgrad der normalen, bezw. 0,1-normalen, bezw. 0,01-normalen Essigsäure uns aus § 64 bekannt ist, und zwar 0,0038, bezw. 0,013, bezw. 0,041 beträgt, sind wir in den Stand gesetzt, in den drei genannten Fällen jede der in obiger Gleichung figurierenden Konzentrationen zu berechnen; und setzen wir die so berechneten Werte in die betreffende Gleichungen ein, so können wir uns, wie im nachfolgenden gezeigt werden soll, davon überzeugen, daß der Wert K in der Tat ein konstanter ist:

a) Die Konzentration der gesammten, d. h. der nicht-dissoziierten und dissoziierten Essigsäure beträgt in der Normallösung 1;

b) die Konzentration der dissoziierten Essigsäure, d. h. auch die der Acetationen beträgt 0,0038;

c) die Konzentration der unzersetzten, nicht-dissoziierten Essigsäure beträgt daher $1 - 0,0038 = 0,9962$.

d) Da ferner laut obiger Gleichung bei der Dissoziation H^+-Ionen in einer Menge entstehen, die der der Acetationen äquivalent ist, sind auch H^+-Ionen in einer Konzentration von 0,0038 vorhanden.

Setzt man diese Werte in obige Gleichung ein, so erhält man

$$\text{für die Normallösung: } K = \frac{0,0038 \cdot 0,0038}{0,9962} = 0,000015,$$

und auf Grund einer analogen Berechnung

$$\text{für die 0,1-Normallösung } K = \frac{0,0013 \cdot 0,0013}{0,0987} = 0,000017,$$

$$\text{für die 0,01-Normallösung } K = \frac{0,00041 \cdot 0,00041}{0,00959} = 0,000017.$$

Es ist hieraus zu ersehen, daß der Wert der Gleichgewichtskonstante in den soeben angeführten drei Fällen von einer geringen Unstimmigkeit abgesehen, tatsächlich konstant ist, obwohl die Konzentrationen, mit denen die einzelnen Bestandteile in der Reaktion beteiligt sind, sehr große Unterschiede aufweisen.

2. In den Lösungen **stark dissoziierender** Elektrolyte, also in den Lösungen starker Säuren, starker Basen und der Salze, ist der Wert K auch von der Konzentration der betreffenden Elektrolyten in der Lösung abhängig; das Massenwirkungsgesetz ist also innerhalb enger Konzentrationsgrenzen zwar anwendbar, sonst aber bloß von qualitativer Gültigkeit.

§ 113. Dissoziationsgleichgewicht der Elektrolyte in heterogenen Systemen. Versetzen wir Wasser bei konstanter Temperatur mit so viel Kochsalz, NaCl, daß bloß ein Teil davon in Lösung geht, ein anderer Teil aber am Boden der Lösung in festem Aggregatzustande zurückbleibt, so haben wir es mit einem heterogenen Systeme zu tun, in dem zwei Gleichgewichte nebeneinander bestehen: a) festes Kochsalz befindet sich im Gleichgewicht mit den unzersetzten Kochsalzmolekülen der Lösung; b) die gelösten Kochsalzmoleküle befinden sich im Gleichgewicht mit den Na^+- und Cl^--Ionen.

Das erstgenannte der beiden Gleichgewichte ist ein einfaches Lösungsgleichgewicht, und, da die Löslichkeit eines Stoffes bei jeder Temperatur einen bestimmten, konstanten Wert hat (§ 94), ist es klar, daß in der gesättigten Lösung auch die Konzentration der unzersetzten Kochsalzmoleküle eine konstante ist, d. h.

$$C_{NaCl} = k = \text{konst.}$$

Bezüglich des Gleichgewichtes zwischen den gelösten Bestandteilen besteht aber, da sich hier das Massenwirkungsgesetz unmittelbar anwenden läßt, die Beziehung

$$\frac{C_{Na^+} \cdot C_{Cl^-}}{C_{NaCl}} = K' = \text{konst.}$$

Wird in letzterer Gleichung an Stelle von C_{NaCl} der oben abgeleitete Wert von k eingesetzt, so erhält man

$$C_{Na^+} \cdot C_{Cl^-} = k\,K' = K = \text{konst.}$$

In dem in Frage stehenden heterogenen Systeme ist also, wenn es zu einem Gleichgewicht gekommen ist, das Produkt aus den Konzentrationen der Na^+- und Cl^--Ionen bei konstanter Temperatur konstant.

Aus obiger Gleichung läßt sich unter anderem auch voraussagen, was geschehen muß, wenn eine gesättigte Kochsalzlösung mit konzentrierter (rauchender) Salzsäure versetzt wird: Da die Salzsäure sehr stark in H^+- und in Cl^+-Ionen dissoziiert, so muß durch den Zusatz von Salzsäure die Konzentration der Cl^--Ionen in der Kochsalzlösung eine starke Zunahme erfahren. Nun ist, wie wir oben gesehen haben, der Wert des Produktes aus den Konzentrationen der Cl^-- und der Na^+-Ionen konstant; diese Konstanz ist aber, da die Konzentration der Cl^--Ionen infolge des Salzsäurezusatzes stark zugenommen hat, nur dadurch zu erreichen, daß die Konzentration der Na^+-Ionen entsprechend **abnimmt**. Dies heißt nichts anderes, als daß sich das Gleichgewicht in der Gleichung

$$NaCl \rightleftarrows Na^+ + Cl^-$$

in der Richtung des unteren Pfeiles verschiebt; d. h. Na^+- und Cl^--Ionen sich wieder zu NaCl-Molekülen verbinden, also die Dissoziation der NaCl-Moleküle zurückgedrängt wird. Da jedoch die Lösung bezüglich der NaCl-Moleküle von vornherein gesättigt war, muß jetzt so viel Kochsalz in fester Form aus der Lösung scheiden, als sich neue Kochsalzmoleküle gebildet haben.

Die Richtigkeit dieser Voraussage wird durch das Experiment vollinhaltlich bestätigt: versetzt man eine gesättigte Kochsalzlösung mit konzentrierter Salzsäure, so fällt Kochsalz krystallinisch aus.

Auf Grund einer einfachen Überlegung kann man sich auch davon überzeugen, daß dieselbe Wirkung, nämlich Ausfallen von Kochsalz, nicht nur durch Steigerung der Konzentration der Cl^--Ionen, sondern auch durch die der Na^+-Ionen erreicht werden kann, also durch Zusatz eines gut löslichen und stark dissoziierenden Natriumverbindung, z. B. von Natriumhydroxyd.

Alles das, was in obigem bezüglich des Kochsalzes ausgeführt wurde, gilt eigentlich für jeden Elektrolyten, und läßt sich wie folgt formulieren: **Dissoziiert ein Elektrolyt, den wir mit der allgemeinen Formel BS bezeichnen wollen, beim Lösungsvorgang in die Ionen B und S, so läßt sich die Löslichkeit von BS durch Zusatz eines solchen Elektrolyten verringern, der bei seiner Dissoziation B- oder S-Ionen liefert.**

Dieser Grundsatz wird auch praktisch vielfach verwendet. Soll z. B. die Löslichkeit des Silberchlorides, AgCl, herabgesetzt werden, so kann man dies durch Steigerung der Konzentration der Ag^+-Ionen (durch Zusatz von $AgNO_3$), oder durch Steigerung der Konzentration der Cl^--Ionen (durch Zusatz von HCl) erreichen. Einer derartigen Verringerung der Löslichkeit kommt eine wichtige Rolle in der analytischen Chemie zu, indem man auf diese Weise Niederschlagsreaktionen hervorrufen, bezw. das Ausscheiden gewisser Verbindungen zu einem praktisch vollständigen bringen kann.

§ 114. Gleichgewicht zwischen gelösten Säuren und Salzen; Reaktionsfähigkeit (Stärke) der Säuren. Wirkt eine Säure auf die Lösung eines Salzes ein, so kann es zur Bildung eines neuen Salzes und einer neuen Säure kommen (§ 45). Es lassen sich manche dieser Reaktionen als praktisch vollkommen verlaufend betrachten; andere verlaufen so unvollständig, als würden Säure und Salz aufeinander (praktisch) überhaupt nicht einwirken. Streng genommen handelt es sich aber stets um umkehrbare Reaktionen, die zu einem Gleichgewichtszustande führen.

So kommt es z. B. beim Vermischen der Lösungen von Kaliumchlorid und Salpetersäure oder von Natriumacetat und Salzsäure, wenn man von der elektrolytischen Dissoziation [1]) zunächst absieht, zu Gleich-

---

[1]) Sind die Lösungen sehr stark verdünnt, so kommt es, da die elektrolytische Dissoziation sämtlicher an der Reaktion beteiligter Verbindungen eine praktisch vollkommene ist, überhaupt zu keiner Veränderung. Die oben angeschriebenen Gleichgewichte beziehen sich auf solche (konzentriertere) Lösungen, in denen die Dissoziation in kleinerem Ausmaße stattfindet.

gewichtszuständen, die durch nachstehende Reaktionsgleichungen ausgedrückt werden können:

$$KCl + HNO_3 \rightleftarrows HCl + KNO_3$$

und $$CH_3COONa + HCl \rightleftarrows CH_3COOH + NaCl.$$

In diesen und ähnlichen Fällen ist das Massenwirkungsgesetz wohl
gültig, doch darf nicht vergessen werden, daß z. B. in den beiden oben
angeführten Fällen außer den in den Gleichungen angedeuteten Gleichgewichten noch je vier Gleichgewichte, sog. Dissoziationsgleichgewichte
bestehen, indem jede der vier in obigen Gleichungen figurierenden
Verbindungen sich mit ihren Dissoziationsprodukten im Gleichgewichte
befindet. Die Anwendung des Massenwirkungsgesetzes stellt uns in
diesen Fällen vor mehr oder minder komplizierte mathematische Aufgaben, auf die hier nicht näher eingegangen werden soll. Es soll an
dieser Stelle bloß auf die wichtigsten dieser Zusammenhänge hingewiesen
werden, die wie folgt zusammengefaßt werden können.

**Wirkt eine Säure auf ein Salz ein, so ist die Umwand-
lung, die man zu gewärtigen hat, nämlich die Bildung einer
neuen Säure und eines neuen Salzes, eine um so vollstän-
digere, je dissoziationsfähiger die ursprüngliche Säure im
Vergleiche zu der neuentstandenen Säure ist; und zwar ist
sie am vollständigsten, wenn es sich um Säuren von großer
Dissoziationsfähigkeit handelt, wie** HCl, HNO$_3$, H$_2$SO$_4$ **usw.
Aus diesem Grunde werden die am stärksten dissoziierenden
Säuren als stark reaktionsfähig, als starke Säuren, die
schwach dissoziierenden als weniger reaktionsfähig, als
schwache Säuren bezeichnet. Noch einfacher wird dies
so ausgedrückt, daß die schwachen Säuren aus ihren Salzen
durch die starken Säuren in Freiheit gesetzt werden, während
umgekehrt starke Säuren aus ihren Salzen durch schwache
Säuren (praktisch) nicht in Freiheit gesetzt werden können.**
Wendet man diesen Satz auf die beiden vorerwähnten Fälle an,
so kommt man zu folgendem Ergebnis:

1. Wirkt Salpetersäure auf Kaliumnitrat ein, so verläuft die Reaktion
(praktisch) unvollständig, d. h. sie führt, von welcher der beiden Richtungen immer sie ausgegangen war, zu folgendem bereits erwähnten
Gleichgewichtszustande

$$KCl + HNO_3 \rightleftarrows HCl + KNO_3.$$

Da aber Salzsäure und Salpetersäure im großen und ganzen gleich
starke Säuren sind, schreitet die Umwandlung nach beiden Richtungen
gleich weit vor, und bleibt etwa in der Mitte stehen; was so viel besagen will, daß im Gleichgewichtszustande ungefähr die eine Hälfte
des in dem Gemische vorhandenen Kaliums als Chlorid, die andere
als Nitrat vorhanden ist.

2. Wirkt Salzsäure auf Natriumacetat ein, so läßt sich auf Grund
obigen Satzes bereits voraussagen, daß die Reaktion

$$CH_3COONa + HCl \rightleftarrows CH_3COOH + NaCl$$

in der Richtung des oberen Pfeiles (praktisch) vollständig verläuft; denn der Dissoziationsgrad der Säure (Essigsäure), die entsteht, wird von dem Dissoziationsgrade der Säure (Salzsäure), die in diesem Falle wirksam ist, weitaus übertroffen, wie dies den Daten der Tabelle in § 76 zu entnehmen ist.

Es läßt sich dies kurz so ausdrücken, daß durch die starke Salzsäure die schwache Essigsäure aus ihrem Salze in Freiheit gesetzt wird, während umgekehrt die starke Salzsäure durch die schwache Essigsäure aus ihrem Salze (praktisch) nicht in Freiheit gesetzt werden kann. Hiervon kann man sich auf folgende einfache Weise überzeugen: Versetzt man die geruchlose Lösung von Natriumacetat mit konzentrierter Salzsäure, so wird am Geruch der Lösung zu erkennen sein, daß in ihr freie Essigsäure vorhanden ist. Wird umgekehrt eine Lösung von Kochsalz mit ein wenig konzentrierter Essigsäure versetzt, so behält die Flüssigkeit ihren Geruch nach Essigsäure, zum Zeichen dessen, daß die Essigsäure nicht verbraucht wurde, also die Reaktion in der Richtung des unteren Pfeiles nicht — wenigstens nicht ohne weiteres merkbar — vor sich gegangen ist.

§ 115. **Gleichgewicht zwischen gelösten Basen und Salzen; Reaktionsfähigkeit (Stärke) der Basen.** Wirkt eine Base auf die Lösung eines Salzes ein, so kann es zur Bildung einer neuen Base und eines neuen Salzes kommen (§ 45). Das Gleichgewicht, das hierbei entsteht, ist ähnlich dem, das im vorangehenden Paragraphen bezüglich der Säuren und Salze beschrieben wurde; auch läßt sich bezüglich dieser Fälle folgender Satz aufstellen, der dem dort formulierten analog ist:

Wirkt eine Base auf ein Salz ein, so ist die Umwandlung, die man zu gewärtigen hat, nämlich die Bildung einer neuen Base und eines neuen Salzes, um so vollständiger, je dissoziationsfähiger die ursprüngliche Base im Vergleiche zu der neu entstandenen Base ist; und zwar ist sie am vollständigsten, wenn es sich um Basen von großer Dissoziationsfähigkeit handelt, wie KOH, NaOH, Ca(OH)$_2$ usw. Aus diesem Grunde werden die stark dissoziierenden Basen als stark reaktionsfähig, als starke Basen, die schwach dissoziierenden Basen als weniger reaktionsfähig, als schwache Basen bezeichnet. Noch einfacher läßt sich sagen, daß durch starke Basen die schwächeren aus ihren Salzen in Freiheit gesetzt werden, während umgekehrt durch schwache Basen die stärkeren aus ihren Salzen (praktisch) nicht in Freiheit gesetzt werden können.

Zur Erläuterung dieses Satzes diene folgendes Beispiel: In einem Gemische der Lösungen von Ammoniumchlorid und Natriumhydroxyd besteht das Gleichgewicht

$$(NH_4)Cl + NaOH \rightleftarrows NaCl + (NH_4)OH.$$

Da laut § 76 Natriumhydroxyd im Vergleiche zu dem Ammoniumhydroxyd sehr stark dissoziiert, ist zu erwarten, daß die Reaktion in der

Richtung des oberen Pfeiles vollständig verläuft, d. h. durch die starke
Base Natriumhydroxyd die schwache Base Ammoniumhydroxyd aus
ihrem Salze, aus dem Ammoniumchlorid, in Freiheit gesetzt wird;
während umgekehrt durch die schwache Base Ammoniumhydroxyd die
starke Base Natriumhydroxyd aus ihrem Salze, dem Natriumchlorid,
nicht in Freiheit gesetzt werden kann.

§ 116. **Theorie der Wirkungsweise der zum Nachweise von
Säuren und Basen verwendeten Indikatoren.** Als Indikatoren werden
im allgemeinen solche Verbindungen bezeichnet, durch die eine Lösung,
je nach deren Gehalt an verschiedenen Stoffen, verschiedenartig gefärbt
wird. Hier soll nur von den sog. Säure- und Laugeindikatoren die
Rede sein, die einerseits zum qualitativen Nachweis der Säuren und
Basen, anderseits im Wege der Titration zu ihrer quantitativen Bestimmung dienen können.

1. Das ältest bekannte unter ihnen ist das Lackmus, ein in der
Flechte Roccella tinctoria enthaltener Farbstoff. Dieser Farbstoff, der,
wie bekannt, in Anwesenheit von freier Säure rot, in Anwesenheit von
freier Lauge blau gefärbt erscheint, ist eigentlich eine schwache Säure
von komplizierter Struktur, die man auch Lackmussäure nennen kann.
Der Kürze halber soll sie hier fürderhin einfach mit HL bezeichnet
werden, wobei unter H der Wasserstoff, unter L der Säurerest der
Lackmussäure gemeint ist. Von der HL wird vorausgesetzt, daß ihr
Molekül in nicht-dissoziiertem Zustande rot, ihr Anion L^- blau gefärbt ist.

Die Wirkungsweise des Lackmus können wir uns also folgendermaßen vorstellen: Da die HL, in reinem Wasser gelöst, in geringem
Grade wie folgt dissoziiert

$$HL \rightleftarrows H^+ + L^-,$$

sind in einer solchen Lösung rot gefärbte, nicht-dissoziierte HL-Moleküle nebst einer geringen Zahl von blau gefärbten L^--Ionen enthalten; Rot und Blau ergeben aber die bekannte violett-rote „Über-
gangsfarbe".

Wird die HL-Lösung mit einer Säure, z. B. Salzsäure, versetzt, die
stärker ist als die HL, so verschiebt sich das Gleichgewicht in der
Richtung des unteren Pfeiles. Durch den Säurezusatz wird nämlich
die H^+-Ionenkonzentration erhöht, dadurch aber laut § 113 die bereits
von Anfang her geringe Konzentration der L^--Ionen noch mehr
herabgesetzt, d. h. die Dissoziation des HL zurückgedrängt. Da auf
diese Weise die Lösung (praktisch) nur rot gefärbte HL-Moleküle enthält, muß sie rein rot gefärbt erscheinen.

Wird umgekehrt die Lösung mit einer Lauge, z. B. mit Natriumhydroxyd, versetzt, so verbindet sich diese mit der HL zum betreffenden
Salze, zum lackmussauren Natrium, das, wie jedes Salz, stark dissoziiert:

$$NaL \rightleftarrows Na^+ + L^-.$$

Da die Lösung jetzt vorwiegend blaue L^--Ionen enthält, wird sie blau
gefärbt erscheinen.

2. Ein weiterer, häufig gebrauchter Indikator, der in neutraler und alkalischer Lösung gelb, in saurer Lösung rot gefärbt erscheint, ist das Methylorange, eine sehr schwache Base, die der Kürze halber hier fürderhin einfach mit MeOH bezeichnet werden soll, wobei mit Me der Basenrest des Methylorange gemeint ist. Die undissoziierten MeOH-Moleküle sind gelb, die Me^+-Kationen rot gefärbt.

Die neutrale und alkalische Lösung des MeOH ist gelb gefärbt, da sie überwiegend gelb gefärbte MeOH-Moleküle enthält, indem die sehr schwache Base MeOH nur in sehr geringem Grade wie folgt dissoziiert:

$$MeOH \rightleftarrows Me^+ + OH^-.$$

Wird jedoch die Lösung des Farbstoffes mit einer Säure, z. B. mit Salzsäure, versetzt, so entsteht das entsprechende Salz, das wie alle Salze gut dissoziiert:

$$MeCl \rightleftarrows Me^+ + Cl^-.$$

Da die Lösung jetzt überwiegend rote Me^+-Ionen enthält, erscheint sie rot gefärbt.

3. Endlich sei noch das Phenolphthalein erwähnt, das in neutraler oder saurer Lösung farblos, in alkalischer Lösung jedoch lebhaft rot gefärbt ist, und zwar kommt der Farbwechsel folgendermaßen zustande: Phenolphthalein ist eine schwache Säure, die wir hier fürderhin einfach mit HPh bezeichnen wollen, wobei mit Ph der Säurerest gemeint ist. Die Säure ist in Wasser nur wenig löslich (daher sie den zu untersuchenden wäßrigen Flüssigkeiten in Alkohol gelöst zugetropft werden muß) und nur sehr wenig wie folgt dissoziiert:

$$HPh \rightleftarrows H^+ + Ph^-.$$

Die undissoziierte Säure HPh ist farblos, das Ph^--Anion ist rot; nachdem aber der Dissoziationsgrad der HPh praktisch gleich Null ist, ist seine Lösung farblos. Wird hingegen die Lösung des Phenolphthalein mit Lauge, z. B. mit Natriumhydroxyd, versetzt, so entsteht das Salz Phenolphthaleinnatrium, das stark dissoziiert:

$$NaPh \rightleftarrows Na^+ + Ph^-,$$

worauf die Lösung durch die abdissoziierten Ph^--Ionen lebhaft rot gefärbt wird.

Wird umgekehrt diese rote Flüssigkeit mit Salzsäure im Überschuß versetzt, so wird durch die Säure das Natriumsalz zersetzt, die farblose Phenolthaleinsäure in Freiheit gesetzt, also die Flüssigkeit entfärbt.

Zu bemerken ist, daß der in obigem beschriebene glatte Verlauf der Indikatorenwirkung nur in dem Falle zustande kommt, wenn die nachzuweisende Säure bezw. Base stärker ist als der Indikator, der ja selbst eine Säure bezw. Base ist; denn ist das entgegengesetzte der Fall, so kommt es entweder überhaupt zu keinem Farbenumschlage, oder aber nur, wenn die nachzuweisende Säure, bezw. Base in einem großen Überschusse vorhanden ist. Dieser Umstand, der aus den Ausführungen im vorangehenden Paragraphen klar hervorgeht, muß stets vor Augen gehalten werden, wenn es schwache Säuren, bezw. Basen sind, die nachgewiesen oder durch Titration bestimmt werden sollen. Der Orientierung halber sei bemerkt, daß unter den oben besprochenen Indikatoren das Methylorange eine sehr schwache Base, Lackmus eine sehr schwache Säure, Phenolphthalein aber eine noch schwächere Säure ist. Zur Titration schwacher Basen ist Methylorange, zur Titration schwacher Säuren Phenolphthalein am geeignetsten.

§ 117. **Hydrolyse der Salze.** Bei der gegenseitigen Einwirkung von Säuren und Basen, die wir als Sättigung oder Neutralisation bezeichnet hatten, kommt es laut § 45 zur Bildung eines Salzes und von Wasser; und obzwar man gewohnt ist, die Reaktionen, die hierbei im Spiele sind, vielfach als vollständig verlaufend zu erachten, handelt es sich streng genommen auch hier um umkehrbare Vorgänge. Wirken z. B. Salzsäure und Natriumhydroxyd aufeinander wie folgt ein

$$HCl + NaOH \rightleftarrows NaCl + H_2O,$$

so verläuft die Reaktion in der Richtung des oberen Pfeiles so vollständig, daß wir nicht in der Lage sind, uns von der entgegengesetzt gerichteten Reaktion zu überzeugen.

Wohl ist dies jedoch der Fall, wenn z. B. Essigsäure und Natriumhydroxyd wie folgt aufeinander einwirken:

$$CH_3COOH + NaOH \rightleftarrows CH_3COONa + H_2O.$$

Denn löst man chemisch reines Natriumacetat in reinstem destillierten Wasser, so wird die Lösung durch Lackmus ausgesprochen blau gefärbt, zum Zeichen dessen, daß die Lösung freies Natriumhydroxyd enthält, d. h. die Reaktion in der durch den unteren Pfeil angedeuteten Richtung vor sich geht. Allerdings ist in der Lösung zu dieser Zeit auch freie Essigsäure in einer dem Natriumhydroxyde äquivalenten Menge enthalten; doch wirkt sie als eine sehr schwache Säure in Anwesenheit der starken Base Natriumhydroxyd auf das Lackmus nicht ein.

Obiger Vorgang, der dem Sättigungs- (Neutralisations-) Vorgang entgegengesetzt gerichtet ist, der also stattfindet, wenn Wasser auf ein Salz einwirkt, wird als Hydrolyse des Salzes bezeichnet. Es hat also das Natriumacetat beim Lösen in Wasser eine Hydrolyse erfahren.

Bezüglich des Gleichgewichtszustandes, der sich anläßlich der Hydrolyse der Salze, oder — was auf dasselbe hinauskommt — bei der gegenseitigen Einwirkung von Säuren und Basen einstellt, ist das Massenwirkungsgesetz gültig; doch ist vor Augen zu halten, daß es hier gleichzeitig und nebeneinander mehrere Gleichgewichte gibt. Wird z. B. Natriumacetat in Wasser gelöst, so kommt es zu einer Hydrolyse des Salzes, wobei außer dem weiter oben angeschriebenen Gleichgewichte noch deren vier entstehen, und zwar die elektrolytischen Dissoziationsgleichgewichte der vier laut obiger Gleichung an der Reaktion beteiligten Stoffe, nämlich der CH_3COOH, des $NaOH$, des CH_3COONa und des H_2O.

Soll daher das Massenwirkungsgesetz hier angewendet werden, so bedarf es wieder komplizierter Berechnungen; diese sollen übergangen

werden, und es sollen bloß die Ergebnisse dieser Berechnungen an der
Hand einiger Beispiele mitgeteilt werden:

1. Salze, die aus der Verbindung **starker Säuren** und **starker
Basen** hervorgehen, z. B. Natriumchlorid, Kaliumsulfat, Bariumnitrat
usw., hydrolysieren beim Lösen in Wasser bloß in einem verschwindend
geringen, praktisch überhaupt nicht in Betracht kommenden Grade.
Die Lösungen dieser Salze zeichnen sich durch eine neutrale Reaktion
aus, indem sie weder rotes Lackmus bläuen, noch umgekehrt blaues
Lackmus rot färben.

2. Salze, die aus der Verbindung **schwacher Säuren** und **starker
Basen** hervorgehen, erleiden beim Lösen in Wasser eine Hydrolyse,
die, gleiche Konzentration vorausgesetzt, um so stärker ausfällt, je
schwächer die an dem Prozesse beteiligte Säure ist. So hydrolysiert
z. B. in einer 0,1-Normallösung von Kaliumcyanid, KCN, gegen 1%
des gelösten Salzes auf Grund folgender Reaktionsgleichung:

$$KCN + H_2O \rightleftharpoons HCN + KOH;$$

oder: in einer 0,1-Normallösung von Kaliumphenolat hydrolysieren gegen
3% des gelösten Salzes wie folgt:

$$C_6H_5OK + H_2O \rightleftharpoons C_6H_5OH + KOH.$$

Die Lösungen der Salze, die, wie die soeben beispielsweiswise angeführten, aus der Verbindung schwacher Säuren und starker Basen hervorgehen, reagieren stets **alkalisch**, d. h. sie bläuen rotes Lackmus;
denn von den Hydrolysenprodukten ist z. B. in beiden obigen Fällen
das Kaliumhydroxyd eine starke Base, während Cyanwasserstoffsäure
bezw. Phenol beide schwache Säuren sind. Es muß daher die Wirkung der Base auf den Indikator gegenüber der Wirkung der Säure
überwiegen.

3. Salze, die aus der Verbindung **starker Säuren** und **schwacher
Basen** hervorgehen, erleiden beim Lösen in Wasser ebenfalls eine Hydrolyse, die um so stärker ausfällt, je schwächer die Base ist, die bei
der Hydrolyse gebildet wird. So sind z. B. Eisenchlorid, bezw.
Zinksulfat in ihren wäßrigen Lösungen zu einem Teile wie folgt
hydrolisiert:

$$FeCl_3 + 3H_2O \rightleftharpoons Fe(OH)_3 + 3HCl$$
$$ZnSO_4 + 2H_2O \rightleftharpoons Zn(OH)_2 + H_2SO_4.$$

Die Lösungen solcher Salze reagieren stets **sauer**, d. h. sie röten
blaues Lackmus, da z. B. in beiden obigen Fällen die Hydrolysenpro-
dukte Salzsäure, bezw. Schwefelsäure starke Säuren, Eisenhydroxyd, bezw.
Zinkhydroxyd aber schwache Basen sind. Dementspsechend ist die
Wirkung, die auf das Lackmus vonseiten der Säure ausgeübt wird,
die stärkere.

4. Salze, die aus der Verbindung **schwacher Säuren** und
schwacher Basen hervorgehen, hydrolysieren beim Lösen in Wasser
stets sehr stark, und zwar in um so stärkerem Grade, je schwächer
die Säure und die Base ist, aus denen das Salz entstanden ist. So

ist z. B. ein bedeutender Anteil des in Wasser gelösten Ammoniumcarbonates, bezw. des essigsauren Bleies hydrolysiert:

$$(NH_4)_2CO_3 + 2\,H_2O \rightleftarrows 2\,(NH_4)OH + H_2CO_3$$
$$[CH_3COO]_2Pb + 2\,H_2O \rightleftarrows Pb(OH)_2 + 2\,CH_3COOH.$$

Die wäßrigen Lösungen derartiger, aus der Verbindung von schwachen
Säuren und schwachen Basen hervorgegangener Salze reagieren sauer
oder alkalisch, je nachdem die Säure oder die Base die relativ
stärkere ist.

Im Anschluß an die Hydrolyse sei noch folgendes bemerkt:

a) Ist die an der Hydrolyse beteiligte Säure mehrwertig, so wird
anläßlich der Hydrolyse eine Base und ein saures Salz gebildet. So
läßt sich z. B. das Hydrolysengleichgewicht in einer konzentrierteren
Lösung von Natriumcarbonat wie folgt darstellen:

$$Na_2CO_3 + H_2O \rightleftarrows NaHCO_3 + NaOH.$$

Zu einer weiteren Hydrolyse kommt es bloß in sehr verdünnten Lösungen:

$$NaHCO_3 + H_2O \rightleftarrows H_2CO_3 + NaOH.$$

Dasselbe ist der Fall bezüglich des Natriumphosphates, dessen Hydrolyse in drei Absätzen stattfindet:

$$Na_3PO_4 + H_2O \rightleftarrows Na_2HPO_4 + NaOH$$
$$Na_2HPO_4 + H_2O \rightleftarrows NaH_2PO_4 + NaOH$$
$$NaH_2PO_4 + H_2O \rightleftarrows \quad H_3PO_4 + NaOH.$$

Handelt es sich nämlich um eine konzentriertere Lösung des Salzes,
so ist es hauptsächlich der erstangeführte Prozeß, der vor sich geht;
und erst bei weiterer Verdünnung kommt es zu dem zweit- und dritt-
angeführten Vorgange.

b) Ist in dem die Hydrolyse erleidenden Salze der Basenrest
(das Metall) mehrwertig, so wird in erster Reihe ein basisches Salz
gebildet. So kommt es in einer nicht allzu stark verdünnten
Lösung von Zinkchlorid hauptsächlich zu dem folgenden Hydrolysen-
gleichgewichte:

$$ZnCl_2 + H_2O \rightleftarrows ZnCl(OH) + HCl$$

und erst in verdünnteren Lösungen zersetzt sich auch ein Teil des
basischen Zinkchlorides wie folgt:

$$ZnCl(OH) + H_2O \rightleftarrows Zn(OH)_2 + HCl.$$

Von den Hydrolysenprodukten des Zinkchlorides ist das basische Zinkchlorid und das Zinkhydroxyd in Wasser nur sehr wenig löslich; bilden
sich diese Verbindungen in größeren Mengen, so scheiden sie in Form
eines Niederschlages aus der Lösung.

Ähnlich verhält sich auch das Wismutnitrat, dessen Hydrolyse
in drei Absätzen erfolgt:

$$Bi(NO_3)_3 + H_2O \rightleftarrows Bi(OH)(NO_3)_2 + HNO_3$$
$$Bi(OH)(NO_3)_2 + H_2O \rightleftarrows Bi(OH)_2NO_3 + HNO_3$$
$$Bi(OH)_2NO_3 + H_2O \rightleftarrows \quad Bi(OH)_3 + HNO_3.$$

In konzentrierteren Lösungen geht die Hydrolyse hauptsächlich im Sinne der erstangeführten Gleichung, im Falle stärkerer Verdünnung im Sinne der beiden anderen Gleichungen vor sich. Die basischen Wismutnitrate bezw. auch das Wismuthydroxyd sind in Wasser nur sehr wenig löslich; falls sie daher in größerer Menge entstehen, scheiden sie in Form eines Niederschlages aus der Lösung.

c) Aus unseren Betrachtungen sub a) und b) geht es hervor, daß es nicht nur normale Salze sind, die einer Hydrolyse unterliegen, sondern auch saure und basische. Als Beispiel sei hier noch einmal das des Dinatriumhydrophosphates und des basischen Wismutnitrates angeführt:

$$Na_2HPO_4 + H_2O \rightleftarrows NaH_2PO_4 + NaOH$$
$$Bi(OH)(NO_3)_2 + H_2O \rightleftarrows Bi(OH)_2NO_3 + HNO_3.$$

Eine Lösung des Dinatriumhydrophosphates reagiert infolge der erlittenen Hydrolyse alkalisch, die Lösung des basischen Wismutnitrates sauer; woraus zu ersehen ist, daß es Salze gibt, die vermöge ihrer Struktur zu den sauren Salzen gehören, wie das Dinatriumhydrophosphat, und trotzdem alkalisch reagieren; und wieder andere, die vermöge ihrer Struktur zu den basischen Salzen gehören, wie das basische Wismutnitrat, und trotzdem sauer reagieren.

d) Die Hydrolyse fällt um so stärker aus, je verdünnter die betreffende Lösung und je höher die Temperatur ist. Sie läßt sich verringern, wenn man die Konzentration des einen oder des anderen Hydrolysenproduktes steigert. So läßt sich z. B. die Hydrolyse des Wismutnitrates durch Zusatz von Salpetersäure, die des Ammoniumcarbonates durch Zusatz von Ammoniumhydroxyd herabsetzen.

Aufgaben.

75. Es soll das Gleichgewicht gedeutet werden, das sich in einem Gemische von Essigsäureäthylester und Wasser einstellt.

76. Worauf ist es zurückzuführen, daß die Temperatur von Einfluß auf die Gleichgewichtskonstante K ist?

77. Es sei vorausgesetzt, daß sich in einem verschlossenen Raume festes Ammoniumchlorid mit seinem eigenen Dampfe und mit dessen Zersetzungsprodukten im Gleichgewichte befindet; was geschieht, wenn in den abgeschlossenen Raum noch Ammoniakgas hineingepreßt wird?

78. Welche Einrichtung muß getroffen werden, wenn Calciumcarbonat bei 500° C vollständig in Calciumoxyd und Kohlendioxyd zersetzt werden soll?

79. Wie muß vorgegangen werden, damit Calciumcarbonat bei einer Temperatur von 1000° C unzersetzt bleibe?

80. Wie richtet man es ein, daß Essigsäure in verdünnter Lösung möglichst wenig dissoziiere?

81. Wie groß ist der Dissoziationsgrad der Essigsäure in einer Lösung, die bezüglich der Essigsäure 0,1-normal ist, jedoch auch Salzsäure enthält, und auch bezüglich der Salzsäure 0,1-normal ist?

82. Wie groß ist der Dissoziationsgrad der 0,001-Normalessigsäure?

83. Auf welche Weise läßt sich die Löslichkeit des Bleisulfates in Wasser verringern?

84. Eine konzentrierte Lösung von Cuprichlorid, $CuCl_2$, ist grün; eine verdünnte Lösung desselben Salzes hingegen blau gefärbt; wird jedoch die verdünnte Lösung mit konzentrierter Salzsäure versetzt, so wird auch diese Lösung grün. Wie läßt sich diese Erscheinung erklären?

85. Man wende das Massenwirkungsgesetz auf die Dissoziation des Wassers an. Wie verschiebt sich dieses Gleichgewicht, wenn das Wasser mit Säure oder mit Lauge versetzt wird?

86. Man stelle sich eine Lösung vor, die Essigsäure und Salpetersäure in äquivalenten Mengen enthält. Was geschieht, wenn man zu diesem Gemische Kaliumhydroxyd bloß in einer Menge hinzufügt, die genügt, um die eine der beiden Säuren zu neutralisieren?

87. Was geschieht, wenn eine Lösung von Natriumborat, $Na_2B_4O_7$, mit Salpetersäure versetzt wird? Wird die Reaktion vollständig verlaufen?

88. Was geschieht, wenn die wäßrige Lösung von Ferrichlorid mit Ammoniumhydroxyd versetzt wird?

89. Was geschieht, wenn eine mittelst Lackmus blau gefärbte Lösung von Natriumhydroxyd tropfenweise mit Salzsäure versetzt wird?

90. Was geschieht, wenn eine mit Lackmus rot gefärbte Lösung von Salzsäure tropfenweise mit Natriumhydroxyd versetzt wird?

91. Was geschieht, wenn eine Lösung von Lackmus, die mit ein wenig Natriumhydroxyd blau gefärbt wurde, nun tropfenweise mit der Lösung einer sehr schwachen Säure, z. B. Borsäure, versetzt wird?

92. In welchen Absätzen kann die Hydrolyse des Ferrichlorides erfolgen?

93. Es ist die Hydrolyse des Ferrosulfates in zwei Absätzen darzustellen.

94. Wird salpetersaures Blei in viel Wasser gelöst, so erhält man infolge der Bildung von basischem Bleinitrat eine trübe Lösung. Wie läßt sich die Bildung dieses basischen Salzes verhüten und dadurch eine klare Lösung von Bleinitrat erhalten?

Sechstes Kapitel.

Der kolloide Zustand.

§ 118. Emulsionen, Suspensionen und echte Lösungen. Um ein klares Bild von dem kolloiden Zustande der Stoffe zu erhalten, wollen wir zunächst die Emulsionen und Suspensionen kennen lernen, und diese mit den echten Lösungen vergleichen.

1. **Emulsionen.** Wird ein wenig Öl (Leinöl, Rapsöl, usw.) in Wasser eingegossen und dann geschüttelt, so verteilt sich das Öl in Form größerer Tropfen, die, wenn man die Flüssigkeit stehen läßt, sich wieder vereinigen, und vermöge ihres geringeren spezifischen Gewichts eine zusammenhängende, auf dem Wasser obenauf schwimmende Schichte bilden. Wird jedoch obige Flüssigkeit obendrein mit ein wenig Seifenlösung versetzt und wieder geschüttelt, so verteilt sich das Öl in derart kleine Tröpfchen, daß sie mit dem bloßen Auge nicht mehr wahrnehmbar sind. Dem bloßen Auge verraten sie ihre Anwesenheit nur dadurch, daß die Flüssigkeit trübe, oder gar undurchsichtig, milchartig geworden ist; und nur unter dem Mikroskope sieht man die unzähligen feinsten Fetttröpfchen. Läßt man die Flüssigkeit stehen, so bleibt sie tage- oder wochenlang von Fetttröpfchen getrübt; nur ganz allmählich sammeln sich die Tröpfchen auf der Flüssigkeitsoberfläche an, und noch länger dauert es, bis sie zusammenfließen.

Diese Art der Verteilung, Dispersion des Öles wird als **Emulgierung**, das trübe Gemisch als **Emulsion** bezeichnet.

Von Emulgierung, von einer Emulsion spricht man immer, wenn in einer Flüssigkeit, z. B. Wasser, ein anderer flüssiger oder halbflüssiger Stoff, wie Fett, Harz usw. in Form kleiner, mit bloßem

Auge nicht oder kaum mehr sichtbarer Teilchen verteilt wird. Auch die Milch ist eine Emulsion; sie enthält das Fett in Form kleiner Fetttröpfchen verteilt, die bloß unter dem Mikroskope wahrzunehmen sind; auch in der Milch sammelt sich das Fett erst nach längerem Stehen an der Oberfläche an, obzwar der Unterschied in dem spezifischen Gewichte des Milchfettes und der übrigen Milchbestandteile ein bedeutender ist.

2. **Suspensionen.** Wird aus reinem metallischen Gold ein derbes Pulver bereitet und in Wasser gestreut, so setzt sich das Gold alsbald zu Boden, und die darüber befindliche Flüssigkeit erscheint krystallklar. Wird jedoch mittels einer entsprechenden Vorrichtung Gold sehr fein, mehlartig oder noch feiner gepulvert, so daß die einzelnen Goldkörner nur unter dem Mikroskope wahrnehmbar sind, so setzt sich dieses Pulver, in Wasser eingestreut, nicht rasch ab; im Gegenteil, es vergehen Tage, Stunden, ja Monate darüber, ehe sich das Gold abgesetzt hat, obwohl der Unterschied im spezifischen Gewichte des Goldes und des Wassers ein sehr bedeutender ist. Das Wasser, dem das Gold zugesetzt wurde, ist trübe oder gar undurchsichtig, und sind in einem herausgenommenen Tropfen desselben die einzelnen Goldpartikelchen unter dem Mikroskope gut wahrzunehmen.

Geht man, wie oben beschrieben, vor, so sagt man, daß das Gold in Wasser **suspendiert** ist, das Gemisch aber wird als eine **Suspension** bezeichnet. Man spricht demnach von einer Suspension immer, wenn kleinste mit dem Auge nicht oder kaum mehr wahrnehmbare Teilchen eines **festen** Stoffes, in einer Flüssigkeit verteilt, dispergiert sind. So erhält man eine Suspension, wenn man z. B. feinen Ton mit Wasser schüttelt; und auch das Flußwasser ist aus dem Grunde in der Regel trübe, weil es meistens Quarz, Ton (im allgemeinen verwittertes Gestein) suspendiert enthält.

3. **Echte Lösungen.** Wird Benzol (oder Chloroform, Benzin, Äther usw.) mit etwas Öl vermischt, so erhält man eine krystallklare Flüssigkeit; man sagt: das Öl löst sich in Benzol; oder aber: Öl und Benzol sind in allen Verhältnissen mischbar.

Legt man Goldstaub oder ein Stück Goldblech in Königswasser (ein Gemisch von konzentrierter Salzsäure und Salpetersäure) ein, so löst sich das Gold, nachdem es zuerst in wasserlösliches Goldchlorid verwandelt wurde, zu einer krystallklaren Lösung.

Läßt man die Lösung von Öl in Benzol oder eine Goldchloridlösung stehen, so kommt es nach noch so langem Stehen nie zu einer Abscheidung des Öles oder des Goldes und sind in den betreffenden Lösungen unter dem Mikroskope auch bei stärkster Vergrößerung keinerlei Teilchen zu sehen; die Flüssigkeiten sind durchaus homogen. Solche Flüssigkeiten werden im Gegensatz zu den Emulsionen und Suspensionen als **echte Lösungen** bezeichnet. Man erhält sie einfach dadurch, daß man z. B. Kochsalz, Zucker, Chlorwasserstoffsäure usw. in Wasser auflöst. Die echten Lösungen sind unter anderem dadurch gekennzeichnet, daß, sofern sie nicht übersättigt sind, der gelöste Stoff sich aus ihnen nie abscheidet.

Die Frage, worin nach allem dem der Unterschied zwischen Emulsionen und Suspensionen einerseits und den echten Lösungen anderseits besteht, läßt sich auf Grund unserer obigen Ausführungen leicht beantworten. In Emulsionen, bezw. Suspensionen sind die emulgierten bezw. suspendierten Teilchen recht groß; derart, daß sie unter Umständen mit dem bloßen Auge und in jedem Falle unter dem Mikroskope wahrzunehmen sind; während in den echten Lösungen der Stoff in einzelne Moleküle verteilt, dispergiert enthalten ist, daher man in diesen Flüssigkeiten weder eine Sedimentierung beobachten, noch auch die einzelnen Teilchen wahrnehmen kann, da ja die Moleküle auch bei stärkster Vergrößerung nicht sichtbar sind.

§ 119. **Definition des kolloiden Zustandes.** Mittels geeigneter Verfahren gelingt es, Emulsionen und Suspensionen herzustellen, die

a) unter dem Mikroskope auch bei stärkster Vergrößerung keine Teilchen erkennen lassen;

b) meistens nicht trübe, sondern durchsichtig sind; und

c) in denen die dispergierten (emulgierten oder suspendierten) Teilchen sich nicht absetzen.

Solche Emulsionen und Suspensionen zeigen vielfach die Eigenschaften der echten Lösungen; sie unterscheiden sich jedoch darin von den Lösungen, daß die Dimensionen ihrer dispergierten Teilchen die Dimensionen von Molekülen übertreffen. Durch geeignete Hilfsmittel (siehe weiter unten) kann man sich davon überzeugen, daß die Teilchen, die in diesen sehr feinen Emulsionen und Suspensionen dispergiert sind, nicht aus je einem Molekül, sondern aus Molekülaggregaten bestehen. Diese Emulsionen und Suspensionen sind es, die als kolloide Lösungen bezeichnet werden, und die die dispergierten Teilchen in kolloidem Zustande enthalten.

Der kolloide Zustand läßt sich daher wie folgt definieren: Im kolloiden Zustande befinden sich die Stoffe, wenn die Dimensionen ihrer dispergierten Teilchen molekulare Dimensionen übertreffen, jedoch noch immer so geringe sind, daß sie mikroskopisch auch bei stärkster Vergrößerung nicht wahrnehmbar sind. Die kolloiden Lösungen bilden daher einen Übergang zwischen echten Lösungen und Emulsionen, bezw. Suspensionen.

Es muß jedoch betont werden, daß es zwischen echten und kolloiden Lösungen stetige Übergänge gibt; desgleichen zwischen kolloiden Lösungen und Emulsionen, bezw. Suspensionen, daher die kolloiden Lösungen nach keiner Seite hin scharf abgegrenzt werden können.

In nachstehender, im wesentlichen der Kolloidchemie von ZSIGMONDY entnommenen Tabelle wollen wir ein ungefähres Bild davon geben, wie man sich die Dimensionen der in den echten Lösungen, in kolloiden Lösungen, in Emulsionen und in Suspensionen dispergierten Teilchen vorzustellen hat.

1000 μ	100 μ	10 μ	1 μ	0,1 μ	0,01 μ	0,001 μ	0,0001 μ *)

Emulsionen und Suspensionen				Kolloide Lösungen		Echte Lösungen	
Die Teilchen sind unter dem Mikroskope sichtbar				Die Teilchen sind ultramikroskopisch wahrnehmbar		Die Teilchen sind weder mikroskopisch noch ultramikroskopisch wahrnehmbar	
Rasche Spontansedimentierung		Langsame Spontansedimentierung				Keine Spontansedimentierung	
Die Teilchen werden durch gewöhnliche Papierfilter zurückgehalten				Die Teilchen dringen durch gewöhnliche Papierfilter			
Brownsche Bewegung der Teilchen nicht zu beobachten		Lebhafte Brownsche Bewegung der Teilchen				Sehr lebhafte Bewegung der Teilchen	

Über die relative Größe der Teilchen in echten Lösungen, in kolloiden Lösungen, in Suspensionen und in Emulsionen erhalten wir ein anschauliches Bild aus nachstehender Zeichnung, in der ein Wasserstoffatom, ein Chloroformmolekül, ferner Teilchen von kolloiden Lösungen (darunter ein Eiweißmolekül), endlich ein Bakteriokokkus und ein rotes Blutkörperchen des Menschen miteinander verglichen sind.

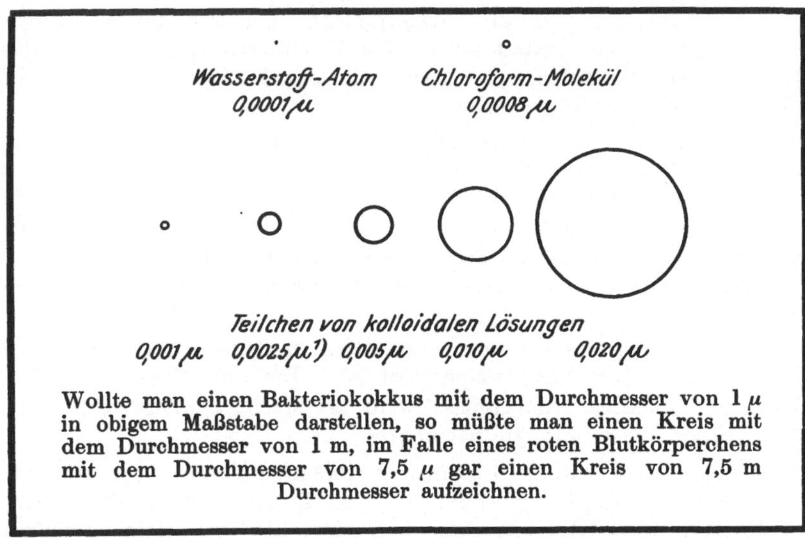

Wollte man einen Bakteriokokkus mit dem Durchmesser von 1 μ in obigem Maßstabe darstellen, so müßte man einen Kreis mit dem Durchmesser von 1 m, im Falle eines roten Blutkörperchens mit dem Durchmesser von 7,5 μ gar einen Kreis von 7,5 m Durchmesser aufzeichnen.

*) 1 μ = 1 Mikron = 0,001 mm.   ¹) Entspricht ungefähr dem Eiweißmolekül.

§ 120. **Einteilung der kolloiden Systeme.** Eine Einteilung der Systeme, in denen sich Teilchen von kolloidem Zustande befinden, läßt sich aus mehreren Gesichtspunkten treffen. Hält man den Aggregatzustand des Mediums und der dispergierten Teilchen vor Augen. so ist folgende Gruppierung möglich:

1. Ist das Medium gasförmig und sind die dispergierten Teilchen flüssig, so spricht man von einem Nebel. Ähnlich ist das System beschaffen, das auch gemeinhin als Nebel bezeichnet wird, also ein System, bestehend aus Luft, in der sehr kleine Wassertröpfchen verteilt sind.

2. Ist in einem gasförmigen Medium ein fester Stoff fein dispergiert, so spricht man von Staub oder von Rauch. Das, was gemeinhin als Rauch bezeichnet wird, besteht aus mehr oder minder fein verteilten Ruß- oder Kohlenpartikelchen, die in Luft dispergiert sind.

3. Ist in einem flüssigen Medium ein gasförmiger Stoff dispergiert, so haben wir es mit einem Schaume zu tun; als Beispiele seien hier bloß Seifenschaum und aus Eierklar hergestellter Schaum er-. wähnt.

4. Wird in einem flüssigen Medium ein anderer, flüssiger oder halbflüssiger Stoff dispergiert, so erhält man laut dem vorangehenden Paragraphen eine Emulsion. Ist aber die Verteilung eine sehr weitgehende, sind also die dispergierten, emulgierten Teilchen sehr klein, so wird das System als ein kolloides, und zwar als ein Emulsionskolloid bezeichnet. (Siehe weiter unten.)

5. Wird in einem flüssigen Medium ein fester Stoff dispergiert, so erhält man laut dem vorangehenden Paragraphen eine Suspension; bleiben die Dimensionen der dispergierten Teilchen unterhalb gewisser (übrigens nicht genau definierbarer) Dimensionen, so wird das System als ein kolloides, und zwar als ein Suspensionskolloid bezeichnet. (Siehe weiter unten.)

6. Wird in einem Medium von festem Aggregatzustande ein gasförmiger Stoff fein verteilt, so spricht man von einem festen Schaume. Die als „Bimstein" bekannte, natürlich vorkommende Gesteinsart ist ebenfalls als ein fester Schaum zu betrachten; doch sind die darin enthaltenen Luftbläschen weit größer, als daß der Bimstein als ein wirklich kolloides System angesehen werden könnte.

7. Wir können uns Systeme vorstellen, in denen in einem festen Medium ein flüssiger Stoff dispergiert ist. Die den Mineralogen bekannten sog. „flüssigen Einschlüsse" sind als solche Systeme von mehr minder grober Verteilung zu betrachten.

8. Endlich gibt es auch Systeme, in denen in einem festen Medium ein anderer fester Stoff dispergiert ist. Zu diesen gehört z. B. das sog. Goldrubinglas; d. i. Glas, in dem kolloides, also sehr fein verteiltes metallisches Gold enthalten ist.

Von allen den ersten angeführten Systemen soll in nachstehendem bloß von zwei Gruppen derselben die Rede sein: von den **Emulsions-** und von den **Suspensionskolloiden**. Die übrigen sind bisher wenig untersucht und für uns von untergeordneter Bedeutung.

Die Emulsions- und Suspensionskolloide werden auch als **Sole** (nach den ersten Buchstaben des lateinischen Wortes **Solutio** = Lösung) bezeichnet. Je nachdem das Medium, in dem die Dispersion erfolgt ist, unterscheidet man Hydrosole, Alkosole, Glycerosole usw. So wird z. B. eine wäßrige kolloide Goldlösung kurz Goldhydrosol genannt.

§ 121. Reversible und irreversible Kolloide. a) Es gibt Stoffe, die, in ein entsprechendes Lösungsmittel gebracht, mit diesem spontan eine kolloide Lösung liefern. Wird z. B. Gummi arabicum, Dextrin, Seife, Eiereiweiß usw. in Wasser gelöst, so ist die Lösung an sich bereits eine kolloide Lösung; dasselbe ist der Fall, wenn Leim (Gelatine) oder Stärke in Wasser aufgekocht wird. Daß man es aber in allen diesen Fällen mit kolloiden und nicht mit echten Lösungen zu tun hat, geht aus ihren weiter unten zu besprechenden Eigenschaften hervor.

Werden die angeführten Lösungen, die sich spontan gebildet hatten, eingetrocknet, so löst sich der Trockenrückstand in Wasser wieder zu einer kolloiden Lösung, daher man diese Stoffe als **umkehrbare, reversible**, oder auch als **hydrophile**, allgemeiner **lyophile** Kolloide bezeichnet, auch, wenn sie sich in festem, ungelösten Zustande befinden. Die reversiblen Kolloide sind meistens daran zu erkennen, daß ihre Lösungen beim Schütteln einen Schaum liefern, und beim Eintrocknen eine klebrige Masse hinterlassen.

b) Im Gegensatze zu den reversiblen Kolloiden gibt es Stoffe, die in eine entsprechende Flüssigkeit eingebracht, sich daselbst nicht spontan verteilen. So bilden z. B. Metalle, Schwefel und die verschiedensten anorganischen Stoffe mit Wasser unmittelbar keine kolloiden Lösungen; um in diesen Fällen solche zu erhalten, müssen besondere Verfahren angewendet werden (worüber weiteres im nächsten Paragraphen zu ersehen ist). Wird die kolloide Lösung eines solchen Stoffes eingetrocknet, oder wird sein kolloider Zustand auf irgendeine andere Weise aufgehoben, so bildet er, mit demselben Lösungsmittel zusammengebracht, nicht ohne weiteres wieder eine kolloide Lösung. Man bezeichnet diese Stoffe, sofern sie sich im kolloiden Zustande befinden, als **nicht umkehrbare, irreversible**, oder aber auch als **hydrophobe**, allgemeiner **lyophobe** Kolloide.

§ 122. Herstellung von kolloiden Lösungen. Man kann im allgemeinen aussagen, daß durch ein geeignetes Verfahren jeder Stoff in den kolloiden Zustand überführt werden kann, vorausgesetzt, daß er sich im betreffenden Medium nicht von selbst zu einer echten Lösung verteilt, also nicht, oder nur wenig löslich ist; nur ist das Verfahren ein verschiedenes, je nachdem es sich um ein reversibles oder um ein irreversibles Kolloid handelt.

Reversible kolloide Lösungen werden, wie im vorangehenden Paragraphen gezeigt wurde, hergestellt, indem man sie einfach in Lösung bringt; dies ist der Fall an der Seife, am Eiereiweiß, Dextrin, Leim (von dessen griechischem Namen κόλλα auch die Bezeichnung der Kolloide herrührt), die im Wasser gelöst, unmittelbar eine kolloide Lösung gaben.

Zur Herstellung irreversibler Kolloide muß man sich spezieller Verfahren bedienen, deren einige nachfolgend beschrieben werden sollen. Sind es Metalle, die man in den kolloiden Zustand überführen will, so kann man entweder von den betreffenden Metallen selbst, oder aber von seinen Salzen ausgehen. Um z. B. Goldhydrosol herzustellen, wird zwischen den zugespitzten Enden zweier dicker Golddrähte elektrisches Bogenlicht unter Wasser erzeugt (Abb. 21). Zu diesem Behufe werden die beiden Drähte mit den Polen einer elektrischen Stromquelle von höherer Spannung verbunden, die Drahtenden unter Wasser bis zur Berührung aneinander gebracht, und nun so weit voneinander entfernt, daß zwischen ihnen ein Lichtbogen entstehe. Dabei wird das Gold in sehr kleine, auch unter dem Mikroskope nicht wahrnehmbare Teilchen dispergiert, und es entsteht ein klares, blaues oder bläulich-violettes Hydrosol. Auf dieselbe Weise lassen sich auch kolloide Lösungen von Platin, Silber usw. herstellen.

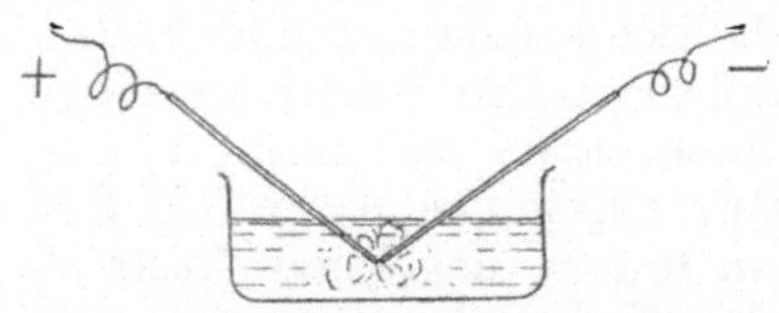

Abb. 21. Darstellung einer kolloiden Goldlösung nach Bredig.

Ein anderer Weg, um eine kolloide Goldlösung zu erhalten, ist der folgende: Goldchlorid wird in Wasser gelöst, aufgekocht, und die heiße Lösung mit ein wenig Kaliumcarbonat und Formaldehyd versetzt, wodurch das Goldchlorid zu metallischem, kolloid verteiltem Gold reduziert wird, und man wieder eine klare, je nach gewissen Nebenumständen in der Herstellung rot oder blau gefärbte Lösung erhält. Auf dieselbe Weise lassen sich auch Platin-, Silber-, Quecksilberhydrosole usw. herstellen, und man kann als Reduktionsmittel an Stelle des Formaldehyds andere Verbindungen, wie Hydrazin, Kohlenoxyd, Zucker, Phenol, verschiedene Aldehyde usw. verwenden.

Um eine kolloide Silberchloridlösung herzustellen, genügt es, einfach, eine sehr verdünnte Lösung von Silbernitrat mit einer entsprechenden Menge einer verdünnten Lösung von Kochsalz zu versetzen, woraus Silberchlorid in kolloidem Zustande gebildet wird. Die Lösung ist in dünner Schichte durchsichtig und zeigt eine eigentümliche Opaleszenz; nach Ablauf einer gewissen Zeit treten allerdings die Silberchloridteilchen zu größeren Aggregaten zusammen und setzen sich in Form eines Niederschlages zu Boden.

Eine kolloide Lösung von Arsentrisulfid kann hergestellt werden, wenn man in die Lösung von Arsentrioxyd Schwefelwasserstoffgas einleitet. Das Arsentrisulfid, das hierbei entsteht, bildet, obzwar es in Wasser unlöslich ist, keinen Niederschlag, sondern verbleibt in kolloidem Zustande in der gelben, doch vollkommen durchsichtigen Lösung. Auch die Lösungen von Schwermetallsalzen liefern, mit Schwefelwasserstoff oder mit Ammoniumsulfid unter entsprechenden Bedingungen behandelt, kolloide Lösungen der betreffenden Metallsulfide.

Um kolloides Ferrihydroxyd zu erhalten genügt es, die Lösung von Eisenchlorid der Dialyse (nach § 95 und nach § 174 des Anhanges) zu unterwerfen. Das Ferrichlorid erleidet nämlich in seiner wäßrigen Lösung eine Hydrolyse (nach § 117) wie folgt:

$$FeCl_3 + 3\,H_2O \rightleftarrows Fe(OH)_3 + 3\,HCl$$

und das Ferrihydroxyd, das hierbei entsteht, bildet, obzwar es wasserunlöslich ist, keinen Niederschlag, sondern verbleibt in kolloidem Zustande im Wasser. Wird nun die Flüssigkeit der Dialyse unterworfen, so wird die Salzsäure durch Diffusion entfernt, während das Eisenhydroxyd gerade, weil es sich in kolloidem Zustande befindet und Kolloide nur äußerst langsam diffundieren (§ 123), in der Flüssigkeit zurückbleibt.

§ 123. **Die wichtigsten Eigenschaften der kolloiden Lösungen.** Die Kolloide sind durch eine ganze Reihe recht charakteristischer Eigenschaften ausgezeichnet, die nachfolgend geschildert werden sollen.

1. **Optische Eigenschaften.** Unter dem Mikroskope sind Körper, deren Durchmesser weniger als 0,2 μ beträgt, bei gewöhnlicher Beleuchtung, also bei durchfallendem Lichte, nicht wahrzunehmen, was aber nicht von einer technischen Unvollkommenheit der Mikroskope, sondern davon herrührt, daß, wie theoretisch abgeleitet werden kann, kein Mikroskop gebaut werden kann, durch das Körper von noch geringeren Dimensionen sichtbar gemacht werden könnten. Da nun, wie aus der Tabelle in § 119 zu ersehen ist, der Durchmesser der kolloiden Teilchen weniger als 0,2 μ beträgt, versteht es sich von selbst, daß kolloide Lösungen unter dem Mikroskope bei durchfallendem Lichte als homogen erscheinen müssen. Daß sie jedoch in Wirklichkeit inhomogen sind, geht aus dem TYNDALLschen Phänomen (siehe in § 168 des Anhanges) hervor, das an ihnen gut zu beobachten ist, und zwar häufig auch dann, wenn die Lösung bei durchfallendem Lichte krystallklar, also von jeder Trübung oder Opaleszenz frei ist.

Weit augenfälliger ist die Inhomogenität kolloider Lösungen, wenn sie ultramikroskopisch (siehe § 169 des Anhanges) geprüft werden, indem an einer sehr großen Anzahl von Kolloiden, in erster Linie an den irreversiblen Kolloiden, mit dem Ultramikroskope nicht nur die Teilchen selbst, sondern auch ihre Bewegungen unmittelbar beobachtet werden können, und zwar günstige Versuchsbedingungen vorausgesetzt, auch wenn der Durchmesser der Teilchen bloß 0,006 μ beträgt.

2. **Die BROWNsche Bewegung der kolloiden Teilchen.** Werden kolloide Lösungen, z. B. kolloides Platin-, Gold- oder Silberlösungen ultramikroskopisch geprüft, so sieht man, daß sich die Teilchen

des Kolloides in einer ununterbrochenen Bewegung befinden, indem sie
in einer Art von Schwingungen begriffen, ihren Ort fortwährend und
scheinbar regellos ändern.   In untenstehender Abb. 22 ist der von
einem einzigen kolloiden Teilchen zurückgelegte Weg angezeichnet,
wobei die Lage des Teilchens zu Beginn und am Ende der Beobachtung durch je einen kleinen Kreis angedeutet ist.

Es läßt sich experimentell nachweisen, daß diese Bewegungen
um so lebhafter ausfallen, je kleiner das betreffende Teilchen ist.   Dementsprechend sind sie an Suspensionen und Emulsionen, deren Teilchen bei der gewöhnlichen Mikroskopie sichtbar sind,
weniger rasch, und fallen, wenn die Teilchengröße mehr als 5 μ beträgt, nur mehr wenig auf.   Um so lebhafter ist die Bewegung von
Teilchen, die bloß unter dem Ultramikroskop wahrnehmbar, also sehr
klein sind.

Die Ursache dieser sog. BROWNschen Bewegungen ergibt sich
auf Grund dessen, was in den §§ 4 und 7 im Anschluß an die
kinetische Theorie der Stoffe ausgeführt wurde, indem laut dieser Theorie vorausgesetzt wird, daß
sich die Moleküle in fortwährender Bewegung befinden.   So setzen wir auch bezüglich eines Gold-
hydrosols voraus, daß sowohl Wassermoleküle, als
auch die Goldpartikelchen ununterbrochen fort Bewegungen ausführen, was zur unausbleiblichen Folge
hat, daß sie häufig aufeinander stoßen, und dabei
jedesmal die Richtung ihrer Bewegungen ändern.
Die Zickzacklinie in Abb. 22, durch die die Bewegung eines einzigen Teilchens dargestellt wird,

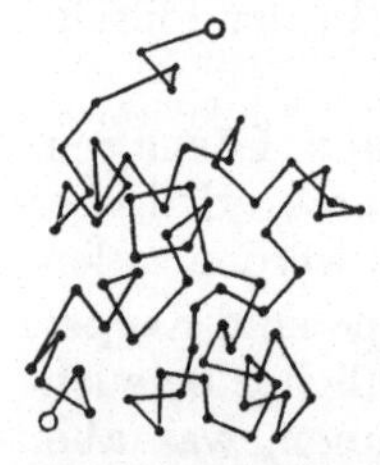

Abb. 22. Bewegung
kolloider Teilchen.

rührt von solchen Zusammenstößen her, durch die die Richtung, in
der sich das Teilchen fortbewegt, jedesmal verändert wird.

3. Diffusionsgeschwindigkeit der Kolloide. Da, wie uns
aus § 95 bekannt, gelöste Stoffe um so langsamer diffundieren, je
größer die in der Lösung enthaltenen Teilchen sind, kolloide Lösungen
aber Teilchen enthalten, deren Durchmesser den der Moleküle wesentlich übertrifft, ist es klar, daß die Diffusionsgeschwindigkeit der Kolloide
wesentlich geringer ist, als die der echt gelösten Stoffe.   Dies geht
auch aus den in § 95 angeführten Daten klar hervor, indem, wie dort
zu ersehen ist, die kolloiden Stoffe Caramel und Eiweiß im Vergleiche zu Salzsäure, Kochsalz, Zucker usw., welch letztere sog. echte
Lösungen liefern, sehr langsam diffundieren.

Durch diese geringe Diffusionsgeschwindigkeit der Kolloide wird
es ermöglicht, daß aus ihren Lösungen mitanwesende, leicht diffun-
dierende Stoffe, wie Kochsalz, Salzsäure usw. auf dem Wege der
Dialyse (§ 95 und § 174 des Anhanges) entfernt werden können.

4. Filtration der Kolloide; Ultrafiltration. Die in kolloiden
Lösungen dispergierten Teilchen sind kleiner, als die Poren der
gewöhnlich gebrauchten Filter aus Papier, Asbest usw., werden daher
durch diese Filter ebenso wenig zurückgehalten, wie die Teilchen

(Moleküle) der echt gelösten Stoffe. Es gibt aber Filtermassen, deren Poren zwar größer sind als die Teilchen (Moleküle) echt gelöster Stoffe, aber kleiner als die der kolloid gelösten; daher sie den echt gelösten Stoff durchtreten lassen, den kolloid gelösten hingegen zurückhalten. Mittels solcher Filter, Ultrafilter genannt, ist es ermöglicht, einen kolloiden Stoff, der in einer Lösung neben Nichtkolloiden gelöst enthalten ist, auf dem Filter zurückzuhalten, oder umgekehrt, eine echte Lösung von Kolloiden frei zu bekommen. Dies Verfahren wird als Ultrafiltration bezeichnet. (Siehe § 170.)

5. Osmotischer Druck, Gefrierpunktserniedrigung usw. der kolloiden Lösungen. Der osmotische Druck, die Gefrierpunktserniedrigung, die Siedepunktserhöhung, die Tensionsverringerung kolloider Lösungen ist im Verhältnis zu denen der echten Lösungen sehr gering, und zwar auch, wenn es sich um prozentual hoch konzentrierte kolloide Lösungen handelt. Auf Grund des Zusammenhanges, der zwischen der Konzentration einer Lösung und dem Molekulargewichte der gelösten Stoffe einerseits, und nach § 18 zwischen dem osmotischen Druck, der Siedepunktserhöhung, der Tensionsverringerung der Lösung anderseits besteht, ist es nach obigem klar, daß das Molekulargewicht der kolloidalen Stoffe ein sehr großes ist. So ergab sich z. B. das aus dem osmotischen Drucke berechnete Molekulargewicht des Eiereiweißes zu etwa 10000, das des Leimes zu etwa 6000 und das der Stärke gar zu etwa 100000.

6. Elektrische Ladung der Kolloidteilchen; Kataphorese. Um über die elektrische Ladung der Kolloidteilchen, sowie über die Erscheinungen der Kataphorese Aufschluß zu bekommen, wollen wir folgenden Versuch ausführen. Der in Abb. 4 auf S. 80 abgebildete Apparat wird mit einer Lösung von kolloidem Silber angefüllt; hierauf verschließt man die beiden Hähne, gießt die oberhalb der Hähne befindliche Flüssigkeit ab und ersetzt sie durch destilliertes Wasser.

Nun befestigt man den Apparat in einem Stativ und öffnet beide Hähne, wobei jedoch darauf geachtet werden muß, daß es nicht zu einer Erschütterung und hierdurch zu einem Vermischen der Flüssigkeiten oberhalb und unterhalb der Hähne komme. Werden jetzt die zwei Platindrähte, die in je einen Schenkel des Apparates tauchen, mit den Polen einer Stromquelle von etwa 100 Volt Spannung verbunden, so werden die Teilchen der kolloiden Silberlösung zur Anode, d. i. zum positiven Pole wandern. In der kolloiden Silberlösung, die dunkelbraun gefärbt ist, läßt sich diese Erscheinung gut beobachten. Die Fortbewegung der Kolloidteilchen in einer Flüssigkeit unter dem Einflusse eines elektrischen Potentialgefälles wird als Kataphorese bezeichnet.

Die Richtung der Kataphorese ist je nach der stofflichen Natur des Kolloides eine verschiedene; so wandern kolloide Metalle, wie kolloides Ag, Au, Pt usw., dann kolloides S, kolloides Arsentrisulfid, Stärke, Gummi arabicum usw. zur Anode; kolloide Metallhydroxyde und -oxyde, wie z. B. kolloides Eisenhydroxyd, kolloides Aluminiumhydroxyd usw. zur Kathode.

Bezüglich der **Wanderungsgeschwindigkeit** der kolloiden Teilchen gilt die Regel, daß sie, sofern es sich um dasselbe Lösungsmittel handelt, hauptsächlich von der Größe des elektrischen Potentialgefälles abhängt und demselben proportional ist, hingegen von der stofflichen Natur des Kolloides und von dessen Teilchengröße nur wenig beeinflußt wird. Über die Wanderungsgeschwindigkeit erhalten wir aus nachstehendem Beispiele Aufschluß: Beträgt in dem oben beschriebenen Versuche die längs des U-förmig gekrümmten Rohres gemessene Entfernung zwischen den beiden Elektrodenenden 10 cm und die Spannungsdifferenz zwischen den beiden Elektroden 100 Volt, daher auf je 1 cm der Entfernung eine Spannungsdifferenz von je 10 Volt entfällt, so ist während einer Zeitdauer von 10 Minuten eine Fortbewegung von etwa 12 mm zu beobachten; d. h. es wird sich nach Ablauf von 10 Minuten das Niveau der Silberlösung auf der Anodenseite um 12 mm gehoben, auf der Kathodenseite aber um 12 mm gesenkt haben.

Die Ursache der Kataphorese ist zweifellos darin zu suchen, daß die kolloiden Teilchen elektrisch geladen sind; und zwar rühren ihre Ladungen wahrscheinlich von den in der Lösung mit anwesenden H^+- und OH^--Ionen her, die von den kolloiden Teilchen durch Adsorption gebunden werden. Da aber die Adsorption der H^+- und OH^--Ionen keine gleichmäßige ist, sondern bald von H^+-, bald von OH^--Ionen mehr adsorbiert wird, müssen auch die Kolloidteilchen bald positiv, bald negativ geladen sein.

Durch Zusatz gewisser Elektrolyte zu den kolloiden Lösungen haben wir es oft in der Macht, die Wanderungsrichtung ihrer Teilchen zu beeinflussen. So bewegen sich zahlreiche Kolloide in Lösungen, in denen die Konzentration der H^+-Ionen überwiegt, die also sauer sind, zum negativen, in Lösungen, in denen die OH^--Ionenkonzentration überwiegt, die also alkalisch sind, zum positiven Pole; was so gedeutet werden kann, daß die kolloiden Teilchen in sauren Lösungen mehr H^+-Ionen adsorbieren, daher positive Ladungen annehmen, in alkalischen Lösungen mehr OH^--Ionen adsorbieren, daher negative Ladungen annehmen.

Aus diesem Verhalten der Kolloide folgt aber, daß es auch eine H^+-, bezw. OH^--Ionenkonzentration geben muß, bei der die Teilchen weder zum positiven, noch zum negativen Pole wandern, zum Zeichen dessen, daß sie keine freien elektrischen Ladungen haben, d. h. daß sie sich in dem sog. **isoelektrischen Zustande** befinden.

7. Stabilität der kolloiden Lösungen; Fällung (Flockung, Koagulation) der Kolloidteilchen. Unter gewissen, weiter unten zu besprechenden Umständen treten die in einer kolloiden Lösung enthaltenen Teilchen zu größeren Aggregaten zusammen. Findet diese Aggregation in höherem Maße statt, so hört der Zustand der kolloiden Verteilung, wie wir sie vorangehend definiert hatten, auf, und die aggregierten Teilchen scheiden in Form gröberer, auch dem bloßen Auge sichtbarer Flocken oder kleiner Schollen aus der Lösung. Dieser Vorgang wird als Fällung (Flockung, Koagulation) des betreffenden kolloiden Stoffes bezeichnet.

Bezüglich der Fällungsvorgänge gibt es wesentliche Unterschiede zwischen den irreversiblen und reversiblen Kolloiden.

Irreversible Kolloide sind im allgemeinen leichter fällbar, daher man sie als weniger stabil bezeichnet. Ihre Stabilität ist so gering, daß oft (Wochen oder Monate währendes) Stehen allein, ohne jeden äußeren Eingriff, zu einer Spontanfällung führt. Auf Zusatz geringer Mengen eines Elektrolyten geht die Fällung sehr rasch vor sich; so werden diese Lösungen durch sehr geringe Mengen von HCl, NaCl usw. sehr rasch gefällt. Hat man es z. B. mit einer rotgefärbten Lösung von kolloidem Gold zu tun, so wird man als erstes Zeichen der beginnenden Fällung sehen, daß die Lösung nach Zusatz des Elektrolyten eine blaue Färbung annimmt, worauf alsbald die Aggregation der Goldteilchen zu einem flockigen Niederschlag erfolgt.

Die irreversiblen Kolloide, darunter auch eine kolloide Goldlösung, lassen sich, sobald sie einmal gefällt wurden, also den kolloiden Zustand verloren haben, meistens nicht unmittelbar wieder in den kolloiden Zustand zurückführen.

Reversible Kolloide sind fällenden Agenzien gegenüber weniger empfindlich, und bedarf es zu ihrer Fällung einer größeren Menge der genannten Agenzien; sie sind also stabiler als die irreversiblen Kolloide. Auch ist für die reversiblen Kolloide charakteristisch, daß sie nach erfolgter Fällung, also nachdem der kolloide Zustand aufgehoben war, meistens unmittelbar wieder in eine kolloide Lösung überführt werden können. So wird z. B. eine verdünnte Lösung von Eiereiweiß mittels konzentrierter Kochsalzlösung gefällt; doch löst sich die Fällung in Wasser wieder zu einer kolloiden Lösung.

Die größere Stabilität der reversiblen Kolloide läßt sich auch verwenden, um die irreversiblen Kolloide stabiler zu machen. Wird z. B. eine kolloide Goldlösung, die, wie wir oben sahen, für sich allein bereits auf Zusatz geringer Elektrolytmengen gefällt wird, mit der Lösung eines reversiblen Kolloides, z. B. mit einer Lösung von Eiereiweiß vermischt, so wird in diesem Gemisch das Gold durch kleine Elektrolytmengen nicht gefällt; es wird durch das reversible Kolloid von der Fällung bewahrt, daher letzterem mit Recht die Bezeichung eines Schutzkolloides gebührt. Diese Schutzwirkung der reversiblen Kolloide wird so erklärt, daß sie, von den Teilchen des irreversiblen Kolloides adsorbiert, diese gleichsam einhüllen, die so eingehüllten Teilchen an der gegenseitigen Berührung und hierdurch auch daran verhindern, zu größeren Teilchen, Flocken zusammenzubacken.

8. Adsorptionserscheinungen an kolloiden Lösungen. Wenn man ähnlich wie in Aufgabe 98 die Gesamtoberfläche eines zuvor kompakten Körpers berechnet, der den Umfang von 1 ccm hat, und ihn nun in Teilchen mit einem Durchmesser von $0,1 - 0,001\,\mu$

zerlegt (dies sind die Dimensionen der in kolloiden Lösungen enthaltenen Teilchen), so wird es aus dem Ergebnis dieser Berechnung klar, daß die kolloiden Lösungen Systeme von einer außerordentlich großen Oberflächenentwicklung darstellen. Dann ist es aber laut den Ausführungen in § 98 begreiflich, daß es in ihnen zu Adsorptionserscheinungen kommen muß. Auf derartige Adsorptionserscheinungen hatten wir aber bereits früher angespielt: so hatten wir in den §§ 103 und 105 die Katalyse der Wasserstoffhyperoxydzersetzung durch kolloides Platin darauf zurückgeführt, daß das Wasserstoffhyperoxyd auf der Oberfläche des äußerst fein verteilten Platins adsorbiert wird. Ferner hatten wir in Punkt 6 dieses Paragraphen die elektrischen Ladungen der kolloidalen Teilchen als von der Adsorption elektrisch geladener Ionen herrührend gedeutet; und in Punkt 7 dieses Paragraphen die Schutzwirkung mancher reversibler Kolloide aus einer Adsorptionsbindung zwischen reversiblen und irreversiblen Kolloiden zu deuten gesucht. Endlich läßt es sich noch in einer ganzen Reihe von Fällen nachweisen, daß an der Oberfläche kolloid gelöster Teilchen verschiedenartigste Stoffe auf dem Wege der Adsorption gebunden werden.

Doch werden auch umgekehrt kolloide Teilchen an verschiedenen Oberflächen adsorbiert. Schüttelt man z. B. eine Lösung von kolloidem Golde mit Knochenkohle, und läßt sie dann stehen, so setzt sich die Kohle ab, und an der Entfärbung der zuvor lebhaft roten Flüssigkeit wird zu erkennen sein, daß die Goldteilchen von der Kohle adsorbiert wurden. Oder: wird eine kolloide Platinlösung mehrmals durch ein Papierfilter gegossen, so wird die abtropfende Flüssigkeit zusehends heller, an Platin ärmer; doch nicht etwa aus dem Grunde, daß die Platinteilchen vom Filter, dessen Porenweite den Durchmesser der Platinteilchen weitaus übertrifft, zurückgehalten würden, sondern weil sie an der Oberfläche des Papiers auf dem Wege der Adsorption gebunden wurden.

§ 124. Gallerten; Gel-e. Die Viscosität einer heißen Gelatinelösung nimmt, wenn man sie abkühlt, fortschreitend zu, und endlich erstarrt die ganze Flüssigkeit, falls sie nicht allzu verdünnt war, zu einer elastischen Gallerte. Eine solche erhält man auch, wenn feste Gelatine durch Stehenlassen in kaltem Wasser anquellen läßt.

Wird eine wäßrige Lösung von Natriumsilikat (Wasserglas) mit Salzsäure versetzt, so kommt es zu folgender Reaktion:

$$Na_2SiO_3 + 2\,HCl = 2\,NaCl + H_2SiO_3.$$

Die ausgeschiedene Kieselsäure H_2SiO_3, erstarrt zu einer der obigen ähnlichen Gallerte; und zwar sofort, wenn die Natriumsilikatlösung von vornherein eine konzentriertere war; war sie verdünnt, so verbleibt die Kieselsäure zunächst kolloid gelöst, und erst später bildet sich eine Gallerte.

Alle diese Gallerten werden nach den ersten Buchstaben des Wortes Gelatine auch als Gel-e bezeichnet.

Die innere Struktur der Gallerten ist uns nicht exakt bekannt;
doch ist es am wahrscheinlichsten, daß man es mit einem Konglomerat
von kolloiden Teilchen zu tun hat, die ein engmaschiges Netz bilden;
die Lücken dieses Netzes stellen ein zusammenhängendes System von
kapillaren Räumen dar, die von der betreffenden Flüssigkeit — in
obigen Fällen von Wasser — angefüllt sind.

Aufgaben.

95. Wie kann man es beweisen, daß eine Gelatinelösung tatsächlich eine
kolloide Lösung ist?

96. Es betrage der osmotische Druck einer 2%igen Eiweißlösung 25 m/m
Quecksilber; wie groß ist das Molekulargewicht des betreffenden Eiweißes?

97. Auf welchem Umwege läßt sich koaguliertes Goldsol wieder in den
kolloiden Zustand zurückführen?

98. Man denke sich einen Würfel von 1 cm Seitenlänge in kleine Würfel
von den Seitenlängen $1\,\mu$, bezw. $0,1\,\mu$, bezw. $0,01\,\mu$, bezw. $0,001\,\mu$ zerlegt;
wie groß ist in jedem einzelnen dieser Fälle die Gesamtoberfläche aller Würfel?

Siebentes Kapitel.

Photochemie.

§ 125. **Einteilung der photochemischen Reaktionen.** Als photochemische Erscheinungen werden diejenigen bezeichnet, in denen ein
kausaler Zusammenhang zwischen chemischen Vorgängen und Lichterscheinungen besteht, wobei jedoch betont werden muß, daß hier
unter „Licht" nicht bloß die dem Auge wahrnehmbaren Strahlen gemeint sind, sondern auch die unsichtbaren, infraroten und ultravioletten
Strahlen.

Die photochemischen Reaktionen lassen sich in zwei Gruppen einteilen: Zur ersten gehören chemische Reaktionen, die durch Lichtabsorption verursacht werden. Zur zweiten Gruppe gehören chemische
Reaktionen, in denen Licht erzeugt wird, die also mit sog. Luminiszenzerscheinungen verbunden sind.

§ 126. **Chemische Reaktionen, die durch Lichtabsorption verursacht werden.** Bezüglich dieser Reaktionen besteht eine Reihe von
Gesetzmäßigkeiten, die man kurz wie folgt zusammenfassen kann:

a) Eine chemische Einwirkung kommt den Lichtstrahlen nur zu,
wenn sie von dem betreffenden Stoffe absorbiert werden; doch muß
bemerkt werden, daß Strahlen, die absorbiert werden, nicht unbedingt
chemisch wirksam sind, denn sehr oft wird das absorbierte Licht einfach
in Wärme umgewandelt, ohne daß es zu einer chemischen Reaktion
käme. Strahlen, die einen Stoff bloß durchsetzen, oder aber durch
den Stoff reflektiert werden, wirken auf ihm nicht ein.

b) Die Größe der photochemischen Wirkung ist der Menge des
absorbierten Lichtes proportional.

c) Strahlen von verschiedener Wellenlänge, also von verschiedener
Farbe, haben eine verschiedene chemische Wirkung; es kann eine

und dieselbe Strahlenart unter verschiedenen Umständen bald wirksam, bald wieder unwirksam sein. So wird z. B. der Assimilationsvorgang in den Pflanzen am meisten durch die Strahlen am roten Spektralende gefördert; hingegen wirken auf photographische Platten am stärksten blaue, violette und ultraviolette Strahlen ein.

Als wichtige Beispiele von chemischen Reaktionen, die durch Lichtabsorption verursacht werden, seien die nachfolgenden angeführt:

Die wäßrige Lösung von **Jodwasserstoffsäure** reagiert mit Sauerstoff (auch mit dem der Luft), wie folgt:

$$4\,HJ + O_2 = 2\,H_2O + 2\,J_2\,;$$

jedoch verläuft diese Reaktion im Finstern so langsam, daß die Lösung lange Zeit hindurch an der Luft aufbewahrt werden kann, ohne daß freies Jod gebildet würde. Am Licht geht diese Reaktion, und zwar hauptsächlich unter Einwirkung von blauen Strahlen, weit rascher vor sich: die dem Licht ausgesetzte Lösung färbt sich durch das in Freiheit gesetzte Jod rasch gelb, später auch braun. Dem Lichte kommt in diesem Falle die Rolle eines Katalysators zu, indem ein Vorgang beschleunigt wird, der bei Ausschluß von Licht nur langsam vor sich geht.

Wird eine Lösung von **Sublimat**, $HgCl_2$, und **Ammoniumoxalat**, $(NH_4)_2C_2O_4$, im Finstern vermischt, so kommt es zu keiner chemischen Umwandlung; hingegen scheidet sich in der dem Licht ausgesetzten Lösung ein aus Mercurochlorid, Hg_2Cl_2, bestehender weißer Niederschlag aus, der wie folgt entsteht:

$$2\,HgCl_2 + (NH_4)_2\,C_2\,O_4 = Hg_2\,Cl_2 + 2\,CO_2 + 2\,(NH_4)Cl\,;$$

die Niederschlagsbildung hört aber sofort auf, wenn man das Gemisch wieder ins Finstere bringt. Ein genaues Studium dieser Erscheinung hatte zu dem Ergebnis geführt, daß die Lichtempfindlichkeit des Gemisches auf den allerdings geringen Eisengehalt der gewöhnlich verwendeten Reagenzien zurückzuführen ist; denn wird wirklich eisenfreies Sublimat und Ammoniumoxalat verwendet, so kommt die beschriebene Reaktion auch am Licht nicht zustande. Licht und Eisen spielen demnach in dieser Reaktion gemeinsam die Rolle eines Katalysators, indem durch Spuren von Eisen das Gemisch lichtempfindlich gemacht wird.

Reines Wassersoffhyperoxyd wird in 30%iger Lösung auch am Licht nicht merklich zersetzt; wird jedoch das Wasserstoffhyperoxyd vorher mit einigen Tropfen einer Lösung versetzt, die Kaliumferricyanid und Kaliumferrocyanid enthält, und nun dem Lichte ausgesetzt, so kommt es zu einer stürmischen Zersetzung unter Bildung von freiem Sauerstoff:

$$2\,H_2O_2 = 2\,H_2O + O_2\,,$$

wobei aber dem Zersetzungsprozesse, wenn er einmal in Gang gebracht ist, kein Einhalt mehr getan werden kann, auch, wenn man das Gemisch ins Finstere bringt. Der ganze Erscheinungskomplex wird so gedeutet, daß aus Kaliumferricyanid und Kaliumferrocyanid unter Einwirkung des Lichtes solche, als Katalysatoren wirkende Verbindungen entstehen, durch die, wenn sie einmal vorhanden sind, die Zersetzung des Wasserstoffhyperoxydes auch im Finstern beschleunigt wird. Dem Licht kommt also bloß bei der Bildung des Katalysators eine Wirkung zu.

Ein Gemisch von **Wasserstoff-** und **Chlorgas** bleibt im Finstern auch Jahre hindurch unverändert: es kommt nicht zur Bildung von Chlorwasserstoffsäure; wird es jedoch dem Sonnenlicht ausgesetzt, so verbinden sich die beiden Gase so stürmisch, daß es, wenn die Reaktion in einem geschlossenen Gefäße vor sich geht, zu einer Explosion kommen kann. Letztere wird gegebenenfalls dadurch verursacht, daß die infolge der großen Reaktionsgeschwindigkeit in kürzester Zeit frei gewordene Wärme nicht an die Umgebung abgegeben werden kann, daher das Gasgemisch plötzlich so stark erwärmt, und sein Druck so stark erhöht wird, daß ein weniger widerstandsfähiges Gefäß diesem Druck nicht standhalten kann.

Unter Einwirkung ultravioletter Strahlen, die z. B. einer Quarzlampe entstammen, wird **Chlorwasserstoffsäure** teilweise in Wasserstoff- und Chlorgas zerlegt.

Außer den soeben angeführten sind noch andere photochemische Reaktionen, die durch Lichtabsorption verursacht werden, bekannt; so der Assimilationsprozeß in Pflanzen, das Bleichen am Sonnenlicht, die bakterientötende Wirkung des Sonnenlichtes, der in der Wohnungshygiene eine Bedeutung zukommt; die bräunende und oft heilsame Einwirkung des Sonnenlichtes auf die Haut; endlich die therapeutische und pathologische Wirkung der künstlichen ultravioletten und der Röntgenstrahlen, die sich ebenfalls auf photochemische Reaktionen zurückführen lassen.

Auf die praktisch so überaus wichtige Anwendung photochemischer Reaktionen in der photographischen Technik sei hier nicht näher eingegangen.

§ 127. Chemische Reaktionen, die mit Lichterzeugung verbunden sind; chemische Luminiszenz. Es gibt eine ganze Reihe von Reaktionen, in deren Verlaufe Licht erzeugt wird; so werden zahlreiche organische Verbindungen, wie Aldehyde, Phenole, Säuren, wenn man sie mit kräftigen Oxydationsmitteln behandelt, unter Lichterscheinungen oxydiert. Besonders lebhaft sind diese Lichterscheinungen, wenn Pyrogallol und Formaldehyd in alkalischer Lösung mit starkem, 30%igen Wasserstoffhyperoxyd behandelt werden; durch die in Freiheit gesetzte Wärme kommt die Lösung ins Sieden, und sendet gleichzeitig ein derart intensives rotes Licht aus, daß sie gleichsam zu glühen scheint. Auch die Lichterscheinungen, die an Glühwürmchen, Leuchtkäfern und an manchen leuchtenden Bakterien zu beobachten sind, lassen sich offenbar auf ähnliche Oxydationsvorgänge zurückführen.

Bezüglich der mit Lichterscheinungen verbundenen chemischen Reaktionen geht es aus den Ergebnissen einschlägiger Versuche als wahrscheinlich hervor, daß die Menge des in einer bestimmten Reaktion erzeugten Lichtes, auf die Gewichtseinheit der beteiligten Stoffe bezogen, eine konstante, also dieselbe ist, ob die Reaktion rasch oder langsam vor sich geht. Wenn man daher die Geschwindigkeit einer solchen Reaktion auf irgendeine Weise, so z. B. durch Anwendung konzentrierter Lösungen, durch Erwärmen, durch Verwendung von Katalysatoren usw. beschleunigt, so wird zwar intensiveres Licht erzeugt, doch gleichzeitig die Dauer der Lichterzeugung herabgesetzt. Im übrigen sind unsere Kenntnisse, die sich auf die chemische Luminiszenz beziehen, bislang noch recht lückenhaft.

Achtes Kapitel.

Radioaktivität.

§ 128. **Einleitung.** Es gibt Elemente, die, ohne daß man sie dem Einflusse der Wärme, oder der Elektrizität, oder irgendeines anderen äußeren Eingriffes aussetzen würde, Strahlen aussenden, die dem Auge wohl nicht wahrnehmbar, doch physikalisch und chemisch sonst recht wirksam sind. Unter diesen Elementen ist es das Radium, das die genannten Eigenschaften im bemerkenswertesten Grade besitzt. Elemente, die solche Strahlen aussenden, werden im allgemeinen als radioaktive Elemente, oder kurz als Radioelemente bezeichnet.

Die Radioaktivität der Elemente ist eine Eigenschaft ihrer Atome, daher Art und Intensität der Radioaktivität eines Elementes vom physikalischen und chemischen Zustand des Elementes unabhängig ist: die Intensität seiner Strahlung läßt sich weder steigern, noch herabsetzen, noch aber durch physikalische oder chemische Eingriffe irgend beeinflussen. So bleibt z. B. die Strahlung von 1 mg Radium sowohl bezüglich ihrer Art, wie auch bezüglich ihrer Intensität dieselbe, ob das Radium im elementaren, metallischen Zustande, oder aber in Form seiner Verbindungen vorhanden ist; ferner auch, ob es sich bei der Temperatur der flüssigen Luft, oder aber in glühendem Zustande befindet.

Es gibt dreierlei Strahlen, die durch die radioaktiven Elemente ausgesendet werden: α-, β- und γ-Strahlen.

Die α-Strahlen sind eigentlich Heliumatome, die eine doppelte positive Ladung besitzen und durch die Atome der verschiedenen Radioelemente mit einer verschiedenen, für das betreffende Element charakteristischen Geschwindigkeit ausgesendet werden. Ihre Anfangsgeschwindigkeit schwankt je nachdem, um welches Element es sich handelt, zwischen 14500 und 22000 km pro Sekunde, ist also eine weit geringere als die 300000 km pro Sekunde betragende Fortpflanzungsgeschwindigkeit des Lichtes. Ihre Penetrationsfähigkeit ist gering: durch eine 2,5—8,5 cm dicke Schichte Luft, deren Druck 1 Atm. beträgt, oder durch eine 0,05 mm dickes Aluminiumblatt werden sie vollständig absorbiert.

Die β-Strahlen sind negative Elektronen, die mit einer großen Geschwindigkeit ausgesendet werden. Diese Geschwindigkeit beträgt 100 000 bis 300 000 km pro Sekunde, hat also dieselbe Größenordnung, wie die Fortpflanzungsgeschwindigkeit des Lichtes. Ihre Penetrationsfähigkeit ist weit größer als die der α-Strahlen: durch eine 1—2 m dicke Schichte Luft gehen sie größtenteils durch, und zu ihrer vollständigen Absorption reicht ein Aluminiumblech von 5 mm Dicke noch nicht hin.

Die γ-Strahlen führen keine elektrische Ladung. Während demnach die α- und β-Strahlen, wie wir soeben gesehen haben, ihrem Wesen nach positiv bezw. negativ geladene Teilchen sind, stellen die γ-Strahlen Strahlen im strengen Sinne des Wortes dar, die gleich den mit dem Auge wahrnehmbaren Strahlen elektromagnetische Wellenbewegungen sind. Sie gleichen in ihren Eigenschaften vielfach den sog. „harten" Röntgenstrahlen; ihre Penetrationsfähigkeit ist eine sehr bedeutende: durch eine 6 cm dicke Aluminiumplatte wird bloß etwa die Hälfte dieser Strahlen absorbiert.

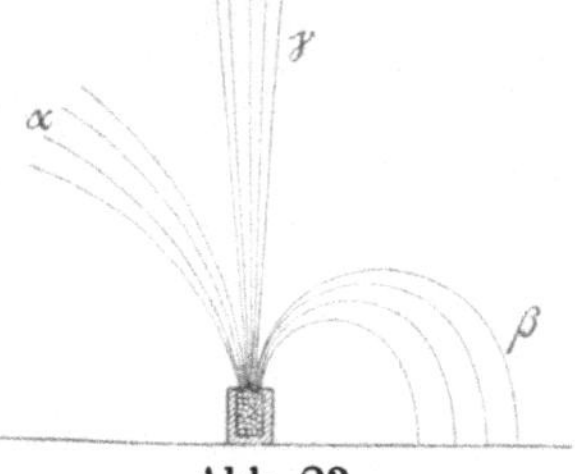

Abb. 23.

Infolge der Verschiedenheiten bezüglich der elektrischen Ladungen verhalten sich die α-, β- und γ-Strahlen im magnetischen Felde verschieden, wovon man sich auf folgende Weise überzeugen kann: Eine geringe Menge eines Radiumsalzes wird in ein dickwandiges Bleiröhrchen (Abb. 23) eingebracht, wodurch erreicht wird, daß die verschiedenen Strahlen das Röhrchen nur in einer ganz bestimmten Richtung, und zwar nach oben, verlassen können; das Bleiröhrchen selbst wird auf eine lichtempfindliche Platte oder auf einen Fluoreszenzschirm aufgelegt, der sich in einem starken magnetischen Felde befindet. Denken wir uns die Kraftlinien des magnetischen Feldes in beistehender Abb. 23 senkrecht auf die Ebene des Papieres von vorne nach rückwärts verlaufend, so sondern sich die Strahlen — die sich, solange das Röhrchen sich nicht im magnetischen Felde befunden hatte, nach ihrem Austritte aus dem Röhrchen alle bloß geradeaus nach oben verbreiten konnten — im magnetischen Feld wie folgt voneinander: die α-Strahlen werden entsprechend ihrer positiven Ladung nach links, die β-Strahlen infolge ihrer negativen Ladung nach rechts abgelenkt, während die γ-Strahlen, da sie keine elektrische Ladung haben, überhaupt nicht abgelenkt werden. Auf der photographischen Platte, auf der das Röhrchen aufruht, wird durch die nach unten abgebogenen β-Strahlen (Abb. 23) eine Schwärzung, bezw. auf dem Fluoreszenzschirm eine Lichtwirkung erzeugt. Durch entsprechende Lagerung der photographischen Platte, bezw. des Fluoreszenzschirmes kann nach obigem Vorgange auch der Gang der α- und γ-Strahlen verfolgt werden.

Wird auf das Bleiröhrchen ein 0,05 mm dickes Aluminiumblättchen aufgelegt, so werden die sonst nach links abgebogenen α-Strahlen, da sie absorbiert werden, vermißt; wird Aluminium in einer Schichtendicke von 5 mm angewendet, so fehlen größtenteils auch die sonst nach rechts abgebogenen β-Strahlen, da bei dieser Schichtendicke auch sie absorbiert werden. Es verbleiben nur mehr die unablenkbaren γ-Strahlen, die zum größeren Teile auch durch die 5 mm dicke Aluminiumschichte dringen.

§ 129. **Physikalische Wirkungen der radioaktiven Strahlung.** Die Strahlen, die von den Radioelementen ausgesendet werden, sind in verschiedener Hinsicht physikalisch wirksam, wie dies aus nachfolgender Darstellung hervorgeht:

1. Ionisierende Wirkung der Strahlen (Messung der Radioaktivität). Werden, wie in Abb. 24 dargestellt, die einander nicht berührenden Metallplatten A und B mit den Polen einer Stromquelle D (etwa eine Akkumulatorenreihe) verbunden, so wird, da die zwischen beiden Platten befindliche Luft wie ein Isolator wirkt, keine Elektrizität von A nach B abströmen können. Wird jedoch auf der Tasse C, die unterhalb A und B angebracht ist, eine radioaktive Substanz aufgelegt, so gibt das in den Stromkreis eingeschaltete Galvanometer E sofort einen Ausschlag, zum Zeichen dessen, daß nunmehr Elektrizität zwischen den Platten strömt. Unter Einwirkung der radioaktiven Strahlung ist also die durchstrahlte Luft lei-

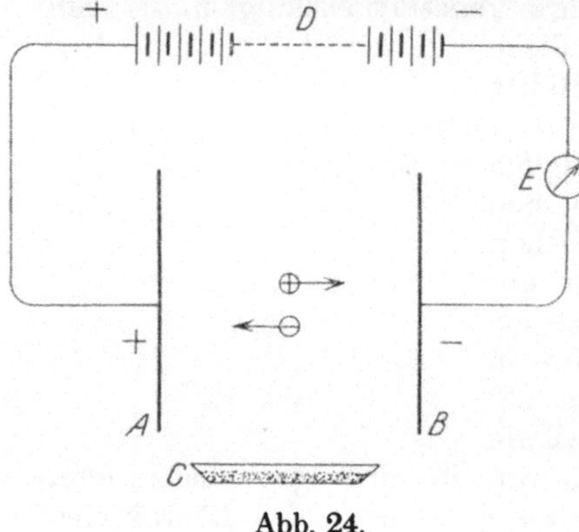

Abb. 24.

tend geworden. Dieser Umstand ist der „Ionisierung" der Luft zuzuschreiben. Die Ionisierung der Gase, daher auch der Luft, erfolgt unter Einwirkung einer radioaktiven Substanz so, daß a) ein Teil der elektrisch neutralen Gasmoleküle negative Elektronen abgibt, daher selbst zu positiv geladenen Ionen wird; b) die frei gewordenen negativen Elektronen mit elektrisch neutralen Gasmolekülen zusammentreten, wodurch diese zu negativ geladenen Ionen werden. Durch die so entstandenen positiven und negativen Ionen wird aber das Gas leitend gemacht, gleichwie nach unserer Voraussetzung in § 55 eine Elektrolytlösung durch die in ihr enthaltenen Kationen und Anionen leitend gemacht wird. Falls zwischen den beiden Metallplatten A und B eine Spannungsdifferenz besteht, wandern die positiv geladenen Gasionen zur negativ geladenen Metallplatte, die negativ geladenen Gasionen zur positiv geladenen Metallplatte und befördern gleichsam hierdurch die Elektrizität von der einen Platte zur anderen.

Wird die radioaktive Substanz aus der Nachbarschaft der Platten entfernt, so kehrt das Galvanometer sofort wieder zum Nullpunkt zurück, zum Zeichen dessen, daß die Luft zwischen den Metallplatten sofort aufgehört hat, den elektrischen Strom zu leiten. Hieraus kann gefolgert werden, daß die Gasionen keine stabilen Gebilde sind: die entgegengesetzt geladenen Gasionen ziehen sich elektrostatisch an und indem ihre Elektrizitäten sich gegenseitig aufheben, rekombinieren sie sich zu elektrisch neutralen Molekülen.

Wird die Tasse C mit der radioaktiven Substanz wieder in ihre ursprüngliche Stellung zurückgebracht und die Spannungsdifferenz zwischen den Metallplatten z. B. durch Einschaltung weiterer Akkumulatorzellen erhöht, so nimmt auch die Stärke des vom Galvanometer registrierten Stromes zu, um endlich einen bestimmten maximalen Wert zu erlangen, der trotz weiterer Erhöhung der Spannungsdifferenz zwischen den Metallplatten nicht mehr übertroffen werden kann. Die hierbei abgelesene maximale Stromstärke wird als Grenzstrom oder als Sättigungsstrom bezeichnet.

Auf Grund unserer Ausführungen über das Entstehen der Gasionen läßt sich die soeben beschriebene Erscheinung leicht deuten. Ist nämlich die Spannungsdifferenz zwischen den Metallplatten eine geringe, so bewegen sich die unter Einwirkung der Strahlung entstandenen Gasionen mit einer mäßigen Geschwindigkeit, und haben dabei hinreichend Zeit, sich zu elektrisch neutralen Gasmolekülen zu rekombinieren; dementsprechend kann die Intensität des Stromes bloß eine geringe sein. Wird die Spannungsdifferenz erhöht, so wird die Intensität des Stromes einerseits aus dem Grunde größer, weil die Gasionen sich nun rascher fortbewegen, andererseits, da sie weniger Zeit haben, sich zu elektrisch neutralen Molekülen zu rekombinieren. Wird endlich die Spannungsdifferenz so weit erhöht, daß die Rekombinierung der entstandenen Gasionen infolge ihrer sehr raschen Fortbewegung (praktisch) unmöglich ist, so daß nunmehr sämtliche Ionen, die überhaupt gebildet werden, als solche die Metallplatten erreichen, so kann eine weitere Erhöhung der Spannungsdifferenz zwischen den Metallplatten von keiner weiteren Steigerung der Stromstärke gefolgt sein. Die Stromstärke, die man in diesen Fällen abliest, ist es, die wir oben als Grenzstrom, oder als Sättigungsstrom bezeichnet hatten.

Es geht aus diesen Ausführungen hervor, daß die Intensität des Grenzstromes einerseits als Maß der Zahl der Ionen gelten kann, die unter Einwirkung der Strahlung einer radioaktiven Substanz in der Zeiteinheit gebildet werden, andererseits auch als Maß der Strahlung selbst.

Die Stärke der Strahlung, daher auch die Radioaktivität kann mittels Einrichtungen bestimmt werden, die im großen und ganzen analog der in Abb. 24 schematisch abgebildeten aufgebaut sind; nur muß man sich, da der Grenzstrom auch an stark radioaktiven Substanzen ein relativ schwacher ist, stets eines sehr empfindlichen Galvanometers bedienen.

Handelt es sich um eine schwach radioaktive Substanz, so verwendet man ein sog. Elektroskop, das in Abb. 25 schematisch abgebildet ist: In den Hohlraum eines Metallkastens, der den Umfang von

etwa 1 dm³ hat, ragt von der Decke die Metallplatte B so hinein,
daß sie von dem Kasten durch den Bernsteinstopfen isoliert bleibt. An
der Metallplatte ist ein Stückchen Goldblatt C befestigt. Der Boden D
des Kastens wird durch eine Metallplatte gebildet, die herausgeschoben
und durch eine andere ersetzt werden kann. Soll nun eine Bestimmung vorgenommen werden, so wird die Metallplatte B mittels eines
Elektrophores oder mittels einer Akkumulatorenreihe bis zur Spannung
von einigen Hundert Volt aufgeladen, worauf das Blättchen C von der
Metallplatte B abgestoßen wird. Breitet man nun die zu prüfende
Substanz in dünner Schichte auf die unter dem Kasten angebrachte
Tasse E aus, so wird unter Einwirkung der Strahlung der radioaktiven
Substanz die Luft im Kasten ionisiert, zu einem Leiter der Elektrizität
gemacht, demzufolge die in B befindliche Elektrizität gegen die Kasten-
wände und von dort nach der Erde abströmen kann. Dies muß aber

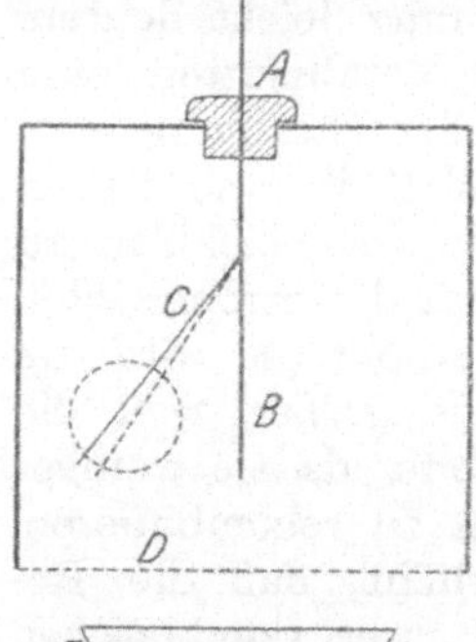

Abb. 25.   Goldblatt-
elektroskop.

zur Folge haben, daß das Goldblättchen mit
einer gewissen, dem Grade der Ionisation, also
auch der Stärke der Strahlung entsprechenden
Geschwindigkeit (in Abb. 25 längs der punktierten Linie) gegen die Metallplatte B abfällt.
Beobachtet man die Geschwindigkeit dieses Ab-
fallens unter dem Mikroskope mit Hilfe eines
Okularmikrometers durch ein in der Kasten-
wand befindliches Fensterchen, so läßt sich die
Stärke der Strahlung zahlenmäßig bewerten.

Wird das Elektroskop so verwendet, daß
die Bodenplatte D überhaupt fehlt, so werden
alle drei Strahlenarten bestimmt; wendet man
als Bodenplatte 0,1 mm starkes Aluminiumblech an, so werden die α-Strahlen absorbiert
und es kommen die β- und γ-Strahlen zur Beobachtung; schiebt man endlich eine 2—3 mm dicke Bleiplatte ein,
so rührt die beobachtete Aktivität bloß von γ-Strahlen her, da weder
die α- noch die β-Strahlen durch eine solche Bleischichte zu dringen
vermögen.

Der absolute Wert des Grenzstromes läßt sich durch obiges
Verfahren allein noch nicht bestimmen; hierzu ist es notwendig, den
Apparat erst mit einer Substanz von bekannter Radioaktivität, mit
einem sog. Standardpräparate, zu eichen, kalibrieren. Als solches wird
Radiumchlorid oder Uraniumoxyd verwendet.

2. Wärmebildung. Die radioaktive Strahlung ist stets mit Wärmebildung verbunden, doch ist die Menge der in Freiheit gesetzten
Wärme je nach der Art der radioaktiven Substanz eine verschiedene.
Auf Grund exakter Versuche hat es sich herausgestellt, daß durch 1 g
Radium, wenn es sich mit seinen Zersetzungsprodukten (siehe weiter
unten) in Gleichgewicht befindet, stündlich 132, also täglich 3168
Grammkalorien in Freiheit gesetzt werden. Diese Wärmemenge ist
eine sehr ansehnliche, da sie hinreicht, um rund 30 g Wasser von
0° C zum Sieden zu bringen.

3. Lumineszenzerscheinungen. Unter Einwirkung der Strahlung radioaktiver Substanzen werden gewisse Stoffe, wie krystallisiertes Zinksulfid, Diamant usw., durch stärkere radioaktive Substanzen auch der Stickstoff der benachbarten Luft zum Leuchten gebracht. Auf letzterem Umstande beruht es, daß starke radioaktive Substanzen im Finstern selbst zu leuchten scheinen.

Die Lumineszenzerscheinungen lassen sich in dem CROOKESschen Spinthariskop (Abb. 26) wohl beobachten. Es ist dies ein kurzes Rohr, das an einem Ende durch ein Piättchen A aus krystallinischem Zinksulfid abgeschlossen ist. In einiger Entfernung von A ist eine Metallspitze B angebracht, auf der eine geringe Menge eines Radiumpräparates befestigt ist. Blickt man in einem finsteren Zimmer durch die am anderen Ende des Rohres angebrachte Lupe C, so sieht man im Gesichtsfelde zahllose Lichtpünktchen aufblitzen, die von je einem auf die Zinkplatte aufstoßenden α-Teilchen herrühren. Das Aufleuchten (Scintillation) ist ein derart kräftiges, daß man mittels einer geeigneten Einrichtung sogar in der Lage ist, die einem radioaktiven Präparate entstammenden α-Teilchen zu zählen.

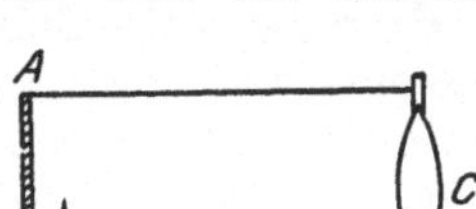

Abb. 26. Spinthariskop.

Die oben angeführten Lumineszenzerscheinungen werden neuerdings auch zur Beleuchtung des Zifferblattes und des Zeigers von Taschenuhren verwendet, indem die genannten Bestandteile mit einer Masse bestrichen werden, in der sowohl die radioaktive wie auch die lumineszierende Substanz enthalten ist.

§ 130. Chemische Wirkungen der Strahlung. Die Strahlung radioaktiver Substanzen wirkt auf lichtempfindliche photographische Platten ähnlich wie Röntgenlicht ein, wovon man sich auf folgende einfache Weise überzeugen kann. Eine lichtempfindliche photographische Platte wird in einen finsteren, oder bloß durch rotes Licht beleuchteten Zimmer in schwarzes Papier gewickelt, die so versorgte Platte mit der lichtempfindlichen Seite nach oben gekehrt, obenauf ein entzweigeschnittener AUERscher Glühstrumpf ausgebreitet, mit einer Glasplatte niedergedrückt, das Ganze in eine von Licht isolierte Schachtel gelegt und 1—2 Wochen lang stehen gelassen. Wird nach Ablauf dieser Zeit die photographische Platte entwickelt, so kommt das Bild des Glühstrumpfes zum Vorschein, indem dem Netzwerk des Strumpfes entsprechend, eine Schwärzung entstanden ist. Die Schwärzung wird durch α-Strahlen verursacht, ausgesendet vom Thoriumoxyde, aus dem der Glühstrumpf seiner Hauptmasse nach besteht.

Wird an Stelle des Thoriumoxydes eine stärker radioaktive Substanz, wie z. B. Radium verwendet, so erfolgt die Schwärzung bereits nach einigen Minuten oder gar Sekunden.

Die Strahlung kann aber auch von anderen chemischen Wirkungen gefolgt sein. So wird durch die α-Strahlen der Luftsauerstoff teilweise in Ozon verwandelt; hierauf ist es zurückzuführen, daß durch die

α-Strahlen manche Metalle und organische Verbindungen an der Luft rasch oxydiert werden. Aus Wasser wird unter Einwirkung radioaktiver Substanzen Knallgas (Wasserstoff + Sauerstoff) und gleichzeitig auch Wasserstoffhyperoxyd gebildet; umgekehrt auch Knallgas teilweise in Wasser verwandelt. Glas und Steinsalz nehmen nach längerer Bestrahlung eine violette Färbung an, wahrscheinlich, da in ihrem Innern elementares Natrium abgeschieden wird. Auf die chemische Wirkung solcher Strahlungen ist es auch zurückzuführen, daß Radium und andere stark radioaktive Substanzen in Fällen von Hautleiden und bösartigen Geschwülsten mit gutem Erfolge zu Heilzwecken verwendet werden können; anderseits aber auch, daß an gesunden Körperstellen, die längere Zeit hindurch einer stärkeren Strahlung ausgesetzt waren, schwer heilende Geschwüre entstehen. Zu bemerken ist noch, daß die soeben angeführten physiologischen Wirkungen dem Wesen nach identisch sind mit den Wirkungen der in der Therapie ebenfalls mit Erfolg verwendeten Röntgenstrahlen.

§ 131. Theorie der Radioaktivität. Es wurde im § 129 erwähnt, daß aus Radium (und aus den radioaktiven Elementen im allgemeinen) ansehnliche Mengen von Energie auf dem Wege der Strahlung in Freiheit gesetzt werden. Diese Energieausgabe läßt sich mit dem Gesetze der Erhaltung der Energie nur in Einklang bringen, wenn man voraussetzt, daß die durch Strahlung abgegebene Energie irgendeinem Vorrate an potentieller Energie entnommen wird.

Bedenkt man nun, daß die Aussendung der Strahlen von seiten ganz bestimmter Elemente, bezw. von seiten ihrer Atome erfolgt, so ist es klar, daß die oben genannte potentielle Energie nur in den Atomen dieser Elemente enthalten sein kann. Erfolgt aber die Strahlung auf Kosten eines Energievorrates in den Atomen, so folgt hieraus schlechterdings, daß die Atome, indessen sie Strahlen aussenden, eine Änderung, eine Umwandlung erleiden müssen.

Man muß also zum Schlusse gelangen, daß die Elemente, deren Atome spontan Strahlen auszusenden vermögen, sich in einer fortdauernden Umwandlung befinden: es bilden sich aus ihnen neue, an potentieller Energie ärmere Atome (RUTHERFORD, SODDY 1903).

Wie man sich nach allem dem die Struktur der Atome vorzustellen und hieraus die Radioaktivität, sowie die mit ihr zusammenhängenden Erscheinungen zu erklären hat, ergibt sich aus einer Theorie von RUTHERFORD, die, insbesondere von NIELS BOHR, 1913, wesentlich ergänzt wurde. Bezüglich dieser Theorie, auf die weiter unten noch näher eingegangen werden soll, sei hier nur so viel erwähnt, daß man sich nach ihr jedes einzelne Atom als ein förmliches kleines Sonnensystem vorzustellen habe. Der Kern eines solchen Systems wird durch positiv geladene Heliumatome und negative Elektronen gebildet, und wird in bestimmten Abständen von anderen negativen Elektronen mit bestimmten Geschwindigkeiten umkreist. Dabei ist die Summe der negativen Ladungen der Elektronen gleich der Summe der positiven Ladungen der Heliumatome, so daß das ganze System sich nach außen hin elektrisch neutral verhält.

Die Strahlung ist laut dieser Theorie auf eine Störung des Gleichgewichtes im genannten Systeme zurückzuführen. Infolge dieser Störung werden nämlich einzelne negative Elektronen in Form von β-Strahlen, und eventuell auch positiv geladene Heliumatome in Form von α-Strahlen aus dem Atome geschleudert; der Rest des Atomes hat aber, nachdem es zu einem neuen Gleichgewichtszustande gekommen ist, die Form eines neuen Atomes angenommen, dessen Eigenschaften sich von denen des ursprünglichen Atomes unterscheiden.

Werden bei einem derartigen Atomzerfalle α-Strahlen ausgesendet, so muß dies, da die α-Strahlen dem Wesen nach Heliumatome sind, zu einer Abnahme der Atommasse führen; in der Tat wird durch den Abgang je eines α-Teilchens die Atommasse um je 4 Einheiten, also genau um so viel verringert, als das Atomgewicht des Heliums beträgt (siehe die Tabellen auf S. 212, 214, 215).

Das Aussenden von β-Strahlen führt zu keiner Verringerung der Atommasse, obzwar auch den β-Strahlen, die dem Wesen nach negative Elektronen sind, eine bestimmte Masse, und zwar $\frac{1}{1830}$ der Masse eines Wasserstoffatomes, zukommt. Dies wird so erklärt, daß die nach dem Aussenden von β-Teilchen verbleibenden Reste der Atome, die gerade infolge des Verlustes von negativen Elektronen, positiv geladen sind, aus der Umgebung negative Elektronen aufnehmen, sich also gleichsam von selbst ergänzen.

§ 132. Die Umwandlungsgeschwindigkeit der radioaktiven Elemente; das radioaktive Gleichgewicht. Verfügen wir über einen bestimmten Vorrat an einem radioaktiven Elemente, so ergibt die fortdauernde Beobachtung, daß, nachdem sich mit der Zeit die Zahl der im Präparat enthaltenen unzersetzten Atome verringert, auch die Stärke der Strahlung, und zwar nach einer Exponentialfunktion abnimmt. So verringert sich z. B. die Aktivität des Poloniums, wie aus einschlägigen Versuchen hervorging, in 136 Tagen auf die Hälfte, innerhalb weiterer 136 Tage auf ein Viertel, und innerhalb weiterer 136 Tage auf ein Achtel des ursprünglichen Wertes. In der Abb. 27 auf S. 208 sind diese Werte in ein Koordinatensystem eingetragen; und zwar auf die Abszissenachse die Zeit in Tagen, auf die Ordinatenachse der Grad der Aktivität, in einer willkürlich gewählten Einheit ausgedrückt. Durch die so resultierende Kurve wird jedoch, da die Stärke der Strahlung der Menge des jeweils noch unzersetzten Anteiles proportional ist, nicht nur die Abnahme der Aktivität, sondern auch die Umwandlungsgeschwindigkeit des Polonium dargestellt. Es geht also aus dieser Kurve auch hervor, daß an dem von Beobachtungsbeginn an gerechneten 136 ten Tage nur mehr die Hälfte, nach weiteren 136 Tagen nur mehr ein Viertel usw. des Polonium in unzersetztem Zustande vorhanden ist, während der Rest die besprochene Umwandlung erfahren hat.

Will man die Umwandlungsgeschwindigkeit eines radioaktiven Elementes zahlenmäßig bewerten, so ist es am zweckmäßigsten, die Zeit anzugeben, in der die Aktivität des Elementes, oder, was damit gleichlautend ist, die Menge der aktiven Substanz, sich auf die Hälfte des ursprünglichen Wertes verringert hat. Diese Spanne Zeit wird als die **Halbwertszeit** der betreffenden radioaktiven Substanz bezeichnet. So beträgt z. B. die Halbwertszeit des Polonium, wie wir oben sahen, 136 Tage, d. h. von 10 mg vollaktivem Polonium werden nach 136 Tagen nur mehr 5 mg in unzersetztem Zustande vorhanden sein, und gleichzeitig wird sich die Aktivität des Präparates auf die Hälfte verringert haben. Oder: die Halbwertszeit des Radium beträgt

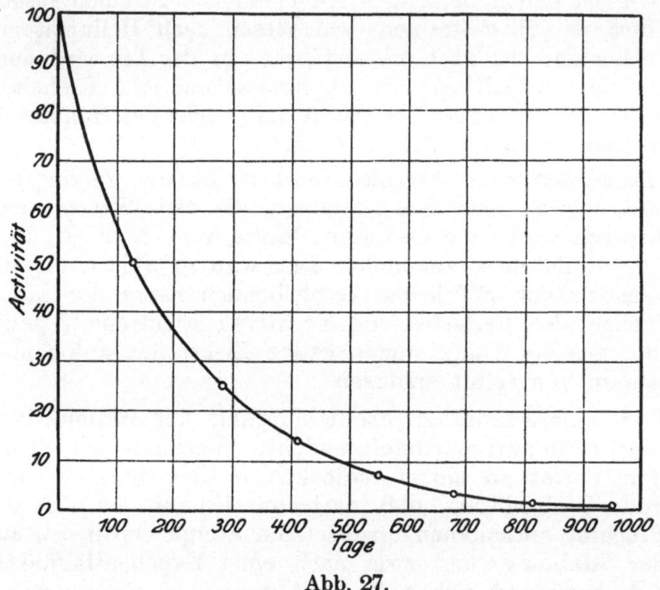

Abb. 27.

1600 Jahre; d. h. von 1 g Radium werden nach 1600 Jahren nur mehr 0,5 g unverändert zurückbleiben und gleichzeitig wird sich die Aktivität des Präparates nach dieser Zeit auf die Hälfte verringert haben.

Die Bestimmung der Halbwertszeit kann an Elementen, die sich mäßig rasch zersetzen, wie z. B. dies am Polonium der Fall ist, unmittelbar, und zwar in der Weise vorgenommen werden, daß man die Aktivität des Präparates mittels eines Elektroskopes (Abb. 25) stets unter denselben Bedingungen in gleichen Zeitintervallen, z. B. von etwa 10—10 oder 20—20 Tagen bestimmt, und die so erhaltenen Daten in ein Koordinatensystem, wie in Abb. 27, als Ordinaten einträgt. Die gesuchte Halbwertszeit wird auf dem Wege der Interpolation erhalten. An Elementen, die sich, wie z. B. das Uranium, sehr langsam zersetzen, stellt man, da obiges Verfahren

selbstverständlich nicht anzuwenden ist, die Zahl der in der Einheit
der Zeit ausgesendeten α-Teilchen fest; hieraus läßt sich dann berechnen, wie lange es dauert, bis die Hälfte aller in dem Präparate
enthaltenen Atome je ein α-Teilchen ausgesendet haben wird. An
Elementen, die sich, wie z. B. das Thorium C′, sehr rasch zersetzen,
läßt sich das unmittelbare Verfahren ebenfalls nicht anwenden. In
solchen Fällen bedient man sich der Erfahrung, wonach die Wirkungsweite der α-Strahlen eines radioaktiven Elementes um so größer ist,
je kleiner seine Halbwertszeit (GEIGER, 1911); oder genauer: der Logarithmus der Wirkungsweite der α-Strahlen und der Logarithmus der
Halbwertzeit des Elementes, das die α-Strahlen ausgesendet hatte, sind
einander umgekehrt proportional. Auf diese Weise wurde ermittelt,
daß die Halbwertszeit des Thorium C′ den hunderttausendmillionsten
Teil einer Sekunde beträgt.

Die Bestimmung der Halbwertszeit wird in vielen Fällen dadurch
zu einem komplizierten Probleme, daß das Zersetzungsprodukt des zu
untersuchenden Elementes selbst radioaktiv ist und unter Aussendung von Strahlen zu einem dritten Elemente umgewandelt wird; ja,
es kann sogar dieses dritte Element radioaktiv sein und sich in ein
viertes Element verwandeln usw. Ist dies der Fall, so erhält man
bei der oben beschriebenen Versuchseinrichtung zu gleicher Zeit die
Aktivität des ursprünglichen Elementes, wie auch die seiner Zersetzungsprodukte, so daß es großer Umsicht in den Versuchen und
komplizierter Berechnungen bedarf, um die Radioaktivität der einzelnen Elemente und den zeitlichen Verlauf ihrer Umwandlung zu
bestimmen. Solchen Schwierigkeiten begegnet man unter anderem
auch in der Bestimmung der Aktivität des Radium; diesbezüglich seien
die folgenden bemerkenswerten Einzelheiten angeführt:

Reines, von seinen Zersetzungsprodukten befreites Radium ist verhältnismäßig schwach aktiv; wird jedoch ein solches Präparat so aufbewahrt, daß sein gasförmiges Zersetzungsprodukt, die „Emanation",
nicht entweichen kann, so nimmt die Aktivität anfangs sehr rasch,
später langsamer zu, um etwa in einem Monate ein Maximum zu
erreichen. Von diesem Zeitpunkte an gerechnet nimmt die Aktivität
sehr langsam ab (die Halbwertszeit beträgt, wie bereits erwähnt,
1600 Jahre!). Diese Erscheinung wird dadurch verursacht, daß aus
dem Radium zunächst die „Emanation" mit der kurzen Halbwertszeit
von 3,85 Tagen, dann aber eine ganze Reihe von Elementen mit noch
kürzeren Halbwertszeiten, und zwar die Elemente Radium A, Radium B,
Radium C, Radium C′, Radium C″ (siehe die Tabelle auf S. 212) entstehen, die gerade, weil sie sich rasch zersetzen, auch sehr stark aktiv
sind. Die Tatsache, daß die Aktivität eines Radiumpräparates, das
mit seinen Zerfallsprodukten in Berührung bleibt, trotz der soeben
beschriebenen Vorgänge nicht länger als einen Monat lang zunimmt,
wird dadurch verursacht, daß die Menge der Zerfallsprodukte innerhalb eines Monats einen maximalen Wert erreicht, d. h. sich ein Zustand eingestellt hat, in dem in der Zeiteinheit von den Zerfallsprodukten genau so viel weiter zerfällt, wie neu entstanden ist. Ist

dies der Fall, so sagen wir, daß sich das Radium mit seinen Zerfallsprodukten im Gleichgewicht befindet. Doch muß bemerkt werden, daß das soeben besprochene Gleichgewicht sich bloß auf Radium und dessen oben angeführte Zerfallsprodukte bezieht; damit Radium auch mit seinen weiteren Zerfallsprodukten, mit Radium D, Radium E, Radium F ins Gleichgewicht komme, bedarf es einer weit größeren Zeitdauer (etwa 130 Jahre).

Sind die Halbwertszeiten der an einem bestimmten Gleichgewichte beteiligten Elemente bekannt, so läßt sich die zum Zustandekommen des Gleichgewichtes nötige Zeit, sowie auch die relative Menge der am Gleichgewichte beteiligten Elemente berechnen. Umgekehrt läßt sich aus der relativen Menge einer Reihe von radioaktiven Elementen, von denen wir wissen oder voraussetzen, daß sie sich im Gleichgewicht befinden, auf die Halbwertszeit der betreffenden Elemente schließen. So konnte man aus dem Umstande, daß in den Joachimstaler Uranlagern, die offenbar mehrere Milliarden Jahre alt sind, Uranium I und Radium im Verhältnisse von $3\,000\,000 : 1$ enthalten sind, d. h. auf 3000 kg Uranium I 1 g Radium entfällt, berechnen, daß die Halbwertszeit des Uranium I 5000 Millionen Jahre beträgt. Dieser Wert stimmt recht gut mit dem Ergebnis überein, das aus der Zahl der von dem Uranium I ausgesendeten α-Teilchen zu 4900 Millionen Jahren errechnet wurde.

Aus obigen Ausführungen geht auch hervor, daß man nur die verhältnismäßig langsam zerfallenden, durch große Halbwertszeiten ausgezeichneten Elemente in einigermaßen größeren Mengen und in mehr oder weniger reinen, von Zerfallsprodukten (praktisch) freiem Zustande isolieren kann. So läßt sich z. B. aus einer Erzmasse, die 3000 kg Uranium enthält, höchstens 1 g Radium isolieren; von der Radiumemanation, deren Halbwertszeit relativ kurz ist, erhält man noch weit weniger, indem sich 1 g reines Radium mit 0,6 cmm, d. h. mit 0,006 mg der Emanation im Gleichgewichte befindet; endlich sind Elemente mit noch kürzeren Halbwertszeiten bloß in sehr geringen, mit dem Auge nicht mehr wahrnehmbaren Mengen und nur für sehr kurze Zeit herzustellen, und zwar auch in dem Falle, wenn man von der relativ sehr ansehnlichen Menge von 1 g Radium ausgeht.

§ 133. **Übersicht der verschiedenen Gruppen der radioaktiven Elemente.** Die bisher bekannten radioaktiven Elemente lassen sich in drei Gruppen teilen: 1. in die der Uranium-, 2. der Thorium- und 3. der Actiniumreihe. Außer diesen sind noch zwei radioaktive Elemente bekannt, das Kalium und das Rubidium; ihre Radioaktivität ist aber eine sehr geringe und sind weder ihre Halbwertszeiten noch ihre Zersetzungsprodukte bekannt. Die der Uraniumreihe angehörenden Elemente entstehen bezw. sind entstanden aus dem Uranium, die der Thoriumreihe aus dem Thorium, die der Actiniumreihe aus dem Protactinium, wie dies in Tabelle I auf S. 211 angedeutet ist; doch hängen, wie derselben Tabelle zu entnehmen ist, Uranium- und Actiniumreihe miteinander wahrscheinlich zusammen.

Tabelle I. Übersicht der drei Gruppen der radioaktiven Elemente (nach Fajans)[1]

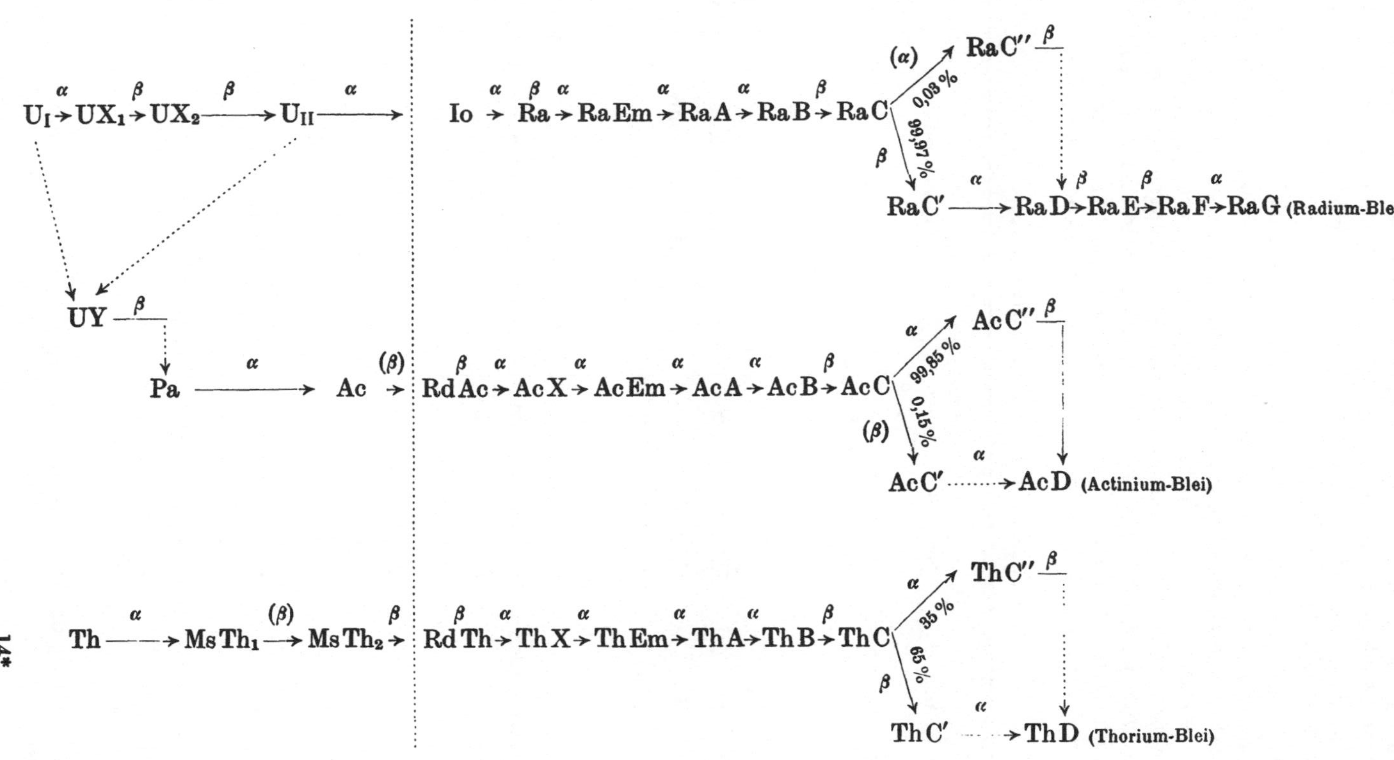

<hr>

[1]) Durch die punktierten Pfeile werden hypothetische Zusammenhänge angedeutet.

Im nachfolgenden seien die einzelnen Glieder jedes der drei angeführten Reihen, sowie auch der genetische Zusammenhang zwischen den Gliedern beschrieben, der übrigens noch klarer aus den nachfolgenden Tabellen II, III und IV hervorgeht.

1. Uraniumreihe (Tabelle II): Das erste Glied dieser Reihe, das Uranium I, ist das Element von dem größten bisher bekannten Atomgewicht. Seine Halbwertszeit beträgt 5000 Millionen Jahre, seine Lebensdauer ist also eine sehr hohe. Die Strahlung des reinen, von Zerfallsprodukten freien Uraniums oder seiner Verbindungen ist eine sehr geringe, wird jedoch mit der Zeit zunehmend stärker. Seine zunehmende Aktivität rührt nicht nur von α-, sondern auch von β- und γ-Strahlen her, und erreicht nach etwa einem halben Jahre ein Maximum. Die

Tabelle II. Uraniumreihe.

Namen	Symbol	Chemischer Typus	Strahlung	Halbwertszeit	Atomgewicht[1]
		des Elementes			
Uranium I	U I	U	α	5000 Millionen Jahre	**238,2**
Uranium X_1	U X_1	Th	$\beta\,\gamma$	24 Tage	234
Uranium X_2	U X_2 ?	Pa	$\beta\,\gamma$	1,15 Minuten	234
Uranium II	U II	U	α	2 Millionen Jahre	234
Uranium Y	U Y	Th	β	25 Stunden	(?)
Ionium	Io	Th	α	100,000 Jahre	230
Radium	Ra	Ra	$\alpha\,\beta$	1600 Jahre	**225,97**
Radiumemanation	Ra Em	Em	α	3,85 Tage	222
Radium A	Ra A	Po	α	3,0 Minuten	218
Radium B	Ra B	Pb	$\beta\,\gamma$	26,8 Minuten	214
Radium C	Ra C	Bi	$(\alpha)\,\beta\,\gamma$	19,5 Minuten	214
Radium C'	Ra C'	(Po)	α	0,000001 Sekunden	214
Radium C''	Ra C''	(Tl)	β	1,32 Minuten	210
Radium D	Ra D	Pb	$\beta\,\gamma$	16 Jahre	210
Radium E	Ra E	Bi	$\beta\,\gamma$	5,0 Tage	210
Radium F (Polonium)	Ra F (Po)	Po	α	136 Tage	210
Radium G (Radiumblei)	Ra G	Pb	—	—	**206,0**

---

[1]) Die fettgedruckten Atomgewichte sind unmittelbar experimentell festgestellt.

Zunahme der Aktivität wird dadurch verursacht, daß aus dem ursprünglich reinen Element das Element Uranium X_1, aus diesem wieder Uranium X_2 entsteht, Elemente mit relativ geringen Halbwertszeiten, daher von relativ starker Aktivität. Das Maximum der Aktivität wird erreicht, wenn von den beiden genannten Zerfallsprodukten in der Zeiteinheit so viel weiter zerfällt als neuerdings gebildet wird; zu dieser Zeit befindet sich das Uranium mit ihnen im Gleichgewicht.

Uranium X_1 wurde bisher bloß in minimalen Mengen erhalten, einerseits, weil es aus dem Uranium I sehr langsam entsteht, anderseits, weil es sich rasch weiter zersetzt (seine Halbwertzeit beträgt 24 Tage) und unter Aussendung von β- und γ-Strahlen in Uranium X_2 verwandelt.

Uranium X_2, auch Brevium genannt, ist, da seine Halbwertszeit bloß 1,15 Minuten beträgt, in noch geringeren Mengen zu erhalten als Uranium X_1; es sendet β- und γ-Strahlen aus und wird dabei in Uranium II verwandelt.

Uranium II ist ein Element von sehr großer Lebensdauer, indem seine Halbwertszeit etwa 2 Millionen Jahre beträgt. Es sendet α-Strahlen aus, wobei es in Ionium und wahrscheinlich auch in ein weiteres Element, Uranium Y, verwandelt wird. Das Ionium ist ebenfalls von großer Lebensdauer: seine Halbwertszeit beträgt etwa 100,000 Jahre. Es kann vorausgesetzt werden, daß Uranium Y wahrscheinlich auch unmittelbar aus Uranium I entsteht und seinerseits in Protactinium verwandelt wird.

Das nächste und wichtigste Glied dieser Reihe ist das Radium mit der Halbwertszeit von 1600 Jahren, das α- und β-Strahlen aussendet und dabei in ein gasförmiges Element, die sog. Radiumemanation, auch Niton genannt, verwandelt wird, deren Menge allerdings eine relativ geringe ist, indem aus 1 g Radium im Verlaufe eines Jahres bloß 0,04 ccm entstehen. Ist das Radium in einem Gefäße verschlossen, so wird die Emanation vom Radium durch Adsorption festgehalten; ist jedoch das Radium in Form seines Salzes in Wasser gelöst, und wird dieses gekocht, so entweicht die Emanation mit den Wasserdämpfen. Von ihrem Gehalt an Radiumemanation rührt meistens die Radioaktivität der Mineralwässer her.

Die Radiumemanation ist stark aktiv, und hat eine Halbwertszeit von 3,85 Tagen, wird also rasch, und zwar in Radium A verwandelt. Dieses, sowie auch die aus ihm rasch und stufenweise entstehenden Radium B, Radium C, Radium C′, Radium C″ sind feste Stoffe und schlagen sich, wenn die Radiumemanation zerfällt, in Form eines infolge seiner äußerst geringen Menge allerdings unsichtbaren Niederschlages, des sog. „aktiven Niederschlages", auf die Wand des betreffenden Gefäßes nieder. Die soeben angeführten Elemente, aus denen dieser Niederschlag besteht, haben eine sehr intensive Ausstrahlung und werden sehr rasch weiter verwandelt.

Aus Radium C′ und Radium C″ entsteht ein nunmehr langsam zerfallendes Element, das Radium D, aus diesem wieder Radium E, das sich rasch in Radium F, auch Polonium genannt, verwandelt.

Aus dem Polonium mit der Halbwertszeit von 136 Tagen entsteht das vollständig inaktive RaG, das mit Blei chemisch identisch ist, daher auch Radiumblei genannt wird.

Im Joachimsthaler Uranpecherz sind sämtliche oben angeführten Glieder der Uraniumreihe enthalten, so, wie sie aus dem Uranium im Laufe von Milliarden von Jahren entstanden sind.

2. Thoriumreihe. Die zu dieser Reihe gehörenden Elemente (siehe Tabelle III) zeigen vielfache Ähnlichkeit mit denen der Uraniumreihe. Ihr erstes Glied, das Thorium, dessen Oxyd einen Hauptbestandteil der AUERschen Glühstrümpfe bildet, ist durch eine sehr schwache Strahlung gekennzeichnet; dementsprechend ist es ein Element von sehr großer Lebensdauer mit der Halbwertszeit von 15000 Millionen Jahren. Es wird in das Mesothorium 1 verwandelt, das β-Strahlen

Tabelle III. Thoriumreihe.

Namen	Symbol	Chemischer Typus	Strahlung	Halbwertszeit	Atomgewicht[1]
		des Elementes			
Thorium	Th	Th	α	15000 Millionen Jahre	232,15
Mesothorium 1 . . .	Ms Th$_1$	Ra	(β)	6,7 Jahre	228
Mesothorium 2 . . .	Ms Th$_2$	Ac	$\beta\,\gamma$	6,2 Stunden	228
Radiothorium . . .	Rd Th	Th	$\alpha\,\beta$	1,90 Jahre	228
Thorium X	Th X	Ra	α	3,64 Tage	224
Thoriumemanation.	Th Em	Em	α	54,5 Sekunden	220
Thorium A	Th A	(Po)	α	0,14 Sekunden	216
Thorium B	Th B	Pb	$\beta\,\gamma$	10,6 Stunden	212
Thorium C	Th C —	Bi	$\alpha\,\beta$	60,8 Minuten	212
Thorium C′	Th C′	(Po)	α	10^{-11} Sekunden	212
Thorium C″ .	Th C″	Tl	$\beta\,\gamma$	3,2 Minuten	208
Thorium D . . . . . (Thoriumblei)	Th D	Pb	—	—	208,0

aussendet und sich inzwischen mit der Halbwertszeit von 6.7 Jahren in Mesothorium 2 verwandelt. Letzteres sendet recht kräftige β- und γ-Strahlen aus, ist also von kurzer Lebensdauer und wird in Radiothorium umgewandelt.

Radiothorium ist dem Ionium in jeder Hinsicht analog und liefert auch analoge Zerfallsprodukte. So entspricht das Zerfallsprodukt des

---

[1]) Die fettgedruckten Atomgewichte sind unmittelbar experimentell festgestellt.

Radiothorium, das Thorium X, dem Radium; das Zerfallsprodukt des Thorium X, die Thoriumemanation, der Radiumemanation. Die Thoriumemanation ist wie die Radiumemanation gasförmig, doch ist ihre Halbwertszeit kürzer; sie liefert ebenfalls einen „aktiven“ Niederschlag, dessen weiterer Zerfall, von der Größe der Halbwertszeiten abgesehen, in identischer Weise vor sich geht wie an den entsprechenden Abkömmlingen der Radiumemanation. Ein wesentlicher Unterschied besteht allerdings darin, daß die Thoriumreihe bei Thorium D abschließt, und zwar aus dem Grunde, weil dieses Element nicht radioaktiv ist.

Es muß noch erwähnt werden, daß Mesothorium 1 gleich dem Radium zu Heilzwecken verwendet wird. Es hat den Vorteil, weit billiger zu sein, jedoch den Nachteil, daß seine Halbwertszeit eine weit kürzere ist.

3. Die Actiniumreihe (Tabelle IV) ist wahrscheinlich bloß eine Verzweigung der Uraniumreihe, und zwar in dem Sinne, daß aus dem bereits genannten Uranium Y, das Protactinium, ein Element von langer Lebensdauer entsteht, das sich in Actinium, ein Element mit relativ kurzer Halbwertszeit verwandelt. Das Actinium konnte, da es gerade aus diesem Grunde nur in geringen Mengen vorkommt, bisher nicht in chemisch reinem Zustande hergestellt werden. Aus dem Ac-

Tabelle IV. Actiniumreihe.

Namen	Symbol	Chemischer Typus	Strahlung	Halbwertszeit	Atomgewicht[1]
des Elementes					
Protactinium	Pa	Pa	α	(10000 Jahre)	(230)
Actinium	Ac	Ac	(β)	(20 Jahre)	(226)
Radioactinium . . .	Rd Ac	Th	$\alpha\,\beta\,\gamma$	19 Tage	(226)
Actinium X	Ac X	Ra	α	11,5 Tage	(222)
Actiniumemanation	Ac Em	Em	α	3,92 Sekunden	(218)
Actinium A	Ac A	(Po)	α	0,002 Sekunden	(214)
Actinium B	Ac B	Pb	$\beta\,\gamma$	36,1 Minuten	(210)
Actinium C	Ac C	Bi	$\alpha\,(\beta)$	2,15 Minuten	(210)
Actinium C′ .	Ac C′	(Po)	α	(0,005 Sekunden)	(210)
Actinium C″	Ac C″	Tl	$\beta\,\gamma$	4,76 Minuten	(206)
Actinium D . . . . . (Actiniumblei)	Ac D	Pb	—	—	(206)

[1]) Diese Atomgewichte sind alle bloß hypothetisch, daher zwischen Klammern gesetzt.

tinium entsteht das **Radioactinium**, und aus diesem entstehen Zerfallsprodukte, die eine vollständige Analogie mit den entsprechenden Gliedern der Uranium- und der Thoriumreihe aufweisen und mit jenen chemisch identisch sind. So läßt sich auch hier eine Emanation nachweisen, die gleich den Emanationen der beiden früheren Reihen einen „aktiven" Niederschlag liefert.

Die öfters betonte Analogie zwischen Gliedern der drei Reihen ist aus Tabelle I auf S. 211 klar ersichtlich: sie bezieht sich auf alle Glieder, die sich rechts von der punktierten Vertikallinie befinden.

§ 134. Chemische Eigenschaften der radioaktiven Elemente; Isotopie; Verschiebungsgesetz. Das Studium der chemischen Eigenschaften der radioaktiven Elemente stößt gerade, weil viele unter ihnen infolge ihrer kurzen Lebensdauer bloß in sehr geringen, oft unsichtbaren und unwägbaren Mengen isoliert werden können, auf große Schwierigkeiten; trotzdem konnte nachgewiesen werden, daß mehrere der oben erwähnten Radioelemente „neue Elemente" sind, die weder bezüglich ihrer physikalischen, noch ihrer chemischen Eigenschaften, noch auch bezüglich ihres Spektrums mit den bis dahin bekannten Elementen übereinstimmen. Es hat auch keine Schwierigkeiten bereitet, diese Elemente in dem periodischen System der Elemente unterzubringen; sie paßten in die daselbst vorhanden gewesenen Lücken hinein, gleichsam als hätten diese zu ihrer Aufnahme bereit gestanden.

Indessen ist die Mehrzahl der Radioelemente derart, daß sie, wenn man von geringen, und nur durch eingehendste Untersuchung feststellbaren Unterschieden absieht, sich von gewissen „alten" Elementen weder in ihren physikalischen, noch ihren chemischen Eigenschaften unterscheiden. So stimmen z. B. Radium G (Radiumblei), Thorium D (Thoriumblei), ferner auch einige weiter unten zu erwähnende Radioelemente in ihren Eigenschaften mit denen des gewöhnlichen Bleies so weit überein, daß eine Unterscheidung und Trennung mittels physikalischer und chemischer Methoden, die sich bei der Untersuchung anderer Elemente stets bewähren, nicht möglich ist. Auch die Spektrallinien der genannten drei Elemente stimmen überein, und ist es bloß an einzelnen derselben gelungen, äußerst geringe, nur etwa einen millionsten Teil des absoluten Wertes der betreffenden Wellenlänge betragende Abweichungen festzustellen. Keine Unterschiede konnten festgestellt werden bezüglich des absoluten Potentials, des Schmelzpunktes, der Lichtbrechung, der Diffussionsgeschwindigkeit, des Atomvolumens sowie der molaren Löslichkeit der Verbindungen. Hingegen sind, was besonders wichtig ist, die Atomgewichte der genannten Elemente nicht identisch, indem z. B. das Atomgewicht des Radium G 206,0, das des Thorium D 208,0, das des gewöhnlichen Bleies aber 207,2 beträgt. Auch wurden Unterschiede von ähnlicher Größenordnung, also äußerst geringe Unterschiede, bezüglich ihrer Dichte sowie auch bezüglich der Löslichkeit ihrer Verbindungen festgestellt. Fügen wir noch hinzu, daß außer dem Radium G und Thorium D auch Radium B, Radium D, Thorium B, Actinium B und Actinium D in ihren Eigenschaften mit dem gewöhnlichen Blei in hohem Grade übereinstimmen, so können wir sagen, daß es insgesamt sieben Elemente (bezw. auch deren Verbindungen) gibt, die bezüglich ihrer Eigenschaften Analogien so hohen Grades aufweisen, wie dies an den „alten" Elementen nirgends der Fall ist; wobei allerdings zu bemerken ist, daß die radioaktiven Elemente Radium B, Radium D, Thorium B, Actinium B voneinander durch elektroskopische Untersuchung wohl unterschieden werden können.

Analogien obiger Art sind auch an anderen Gruppen von Elementen anzutreffen; so sind z. B. Radium C, Radium E, Thorium C und Actinium C dem Wismut im selben Grade ähnlich, wie die weiter oben angeführten sieben Elemente dem Blei. Eine weitere Gruppe, die ähnliche Analogien aufweist, wird durch Actinium X, Thorium X und Mesothorium 1 gebildet, die dem Radium ähnlich bezw. mit ihm chemisch identisch sind; einander analog sind auch Radium-, Thorium- und Actinium-Emanation, sowie Thallium, Actinium C'', Thorium C'' und Radium C'' usw. (siehe auch Tabelle V auf S. 218).

Die Analogie, die zwischen den Gliedern je einer dieser Gruppen besteht, erinnert in gewissen Beziehungen an die Ähnlichkeit zwischen den sog. homologen Elementen des periodischen Systems, d. h. den Elementen, die in denselben Vertikalreihen enthalten sind, insbesondere aber zwischen den Elementen, die die Triaden (S. 57) bilden. Nur ist die Ähnlichkeit zwischen den radioaktiven Elementen, die die oben erwähnten Gruppen bilden, eine viel weitgehendere, so daß man wohl von einer Identität im gewöhnlichen Sinne des Wortes sprechen kann.

Sollen die soeben besprochenen radioaktiven Elemente in das periodische System eingetragen werden, so wird es offenbar am richtigsten sein, Elemente vom selben Typus, also z. B. Radium C, Radium E, Thorium C und Actinium C mit dem Wismut in eine gemeinsame Rubrik einzureihen. Elemente, die auf diese Weise in derselben Rubrik des periodischen Systems zu stehen kommen, werden als isotope Elemente bezeichnet (von ἴσος = der nämliche, gleiche, und τοπός = der Ort, Platz).

Hat man die radioaktiven Elemente nach obigem Prinzipe in das periodische System eingetragen, so ergibt sich, daß sie alle in den beiden letzten Horizontalreihen des Systems Platz gefunden haben, und erhalten dann diese beiden letzten Horizontalreihen die in Tabelle V (auf S. 218) abgebildete Form.

Fürs erste hat man beim Anblick dieser Tabelle V den Eindruck, als würden hier die Elemente einander ganz regellos folgen; dasselbe ist, und zwar in erhöhtem Grade, bezüglich der dritten Vertikalreihe in den Tabellen II, III und IV der Fall. In dieser dritten Vertikalreihe ist bezüglich eines jeden in der ersten Vertikalreihe angeführten Elementes angedeutet, mit welchem anderen Elemente es chemisch identisch, also ihm isotop ist. So entstehen z. B. laut den Angaben der dritten Vertikalreihe der Tabelle II aus den Atomen des Uranium I, indem sie je ein α-Teilchen aussenden, Atome, die dem Thorium isotop sind, also in chemischer Beziehung mit den Thoriumatomen übereinstimmen. Die Atome des neu entstandenen Elementes senden je ein β-Teilchen aus und werden dabei in Atome verwandelt, die

Tabelle V. Die beiden letzten Horizontalreihen des periodischen Systems (Gruppierung der isotopen Elemente).

Atom-gewicht	0	8	1	2	3	4	5	6	7	Atom-gewicht
197			Au							197
200				Hg						200
204					Tl					204
206						Ra G				206
(206)					Ac C″ β	(Ac D)				(206)
207						Pb				207
208					Th C″ β	Th D	Bi			208
210					Ra C″ β	Ra D β	Ra E β	Po[RaF] α		210
(210)						Ac B β	Ac C α β	Ac C′ α		(210)
212						Th B β	Th C α β	Th C′ α		212
214						Ra B β	Ra C α β	Ra C′ α		214
(214)								Ac A α		(214)
216								Th A α	—	216
218								Ra A α		218
(218)	Ac Em α									(218)
220	Th Em α									220
222	Ra Em α									222
(222)				Ac X α						(222)
224			—	Th X α						224
226				Ra α						226
(226)					Ac β	Rd Ac α				(226)
228				Ms Th$_1$(β)	Ms Th$_2$ β	Rd Th α				228
230						Jo α				230
(230)						U Y β	Pa α			(230)
232						Th α				232
234						U X$_1$ β	U X$_2$ β	U II α		234
238								U I α		238

mit denen des Protactinium identisch sind; die Protactiniumatome nehmen aber, wie der Tabelle II zu entnehmen ist, wieder die chemischen Eigenschaften des Uranium an, dann aber der Reihe nach die des Thorium, des Radium, der Emanation, des Polonium, des Bleies usw.

Die Regellosigkeit, die man beim Vergleiche der chemischen Eigenschaften der der Reihe nach auseinander entstehenden Elemente beim ersten Anblick dieser Tabellen zu konstatieren gewillt sein möchte, ist jedoch bloß eine scheinbare. Denn es besteht a) zwischen den chemischen Eigenschaften der Elemente, die die genannten Umwandlungen erfahren, b) den Eigenschaften der hierbei neu entstandenen Elemente, c) der Stellung, die diese Elemente im periodischen Systeme einnehmen, endlich d) der Art der Strahlen, die von ihnen während der erwähnten Umwandlungen ausgesendet werden, ein exakter Zusammenhang, der wie folgt zusammengefaßt werden kann (K. Fajans und F. Soddy 1913):

1. Wird ein Element unter Aussendung von α-Strahlen umgewandelt, so ist das neu entstandene Element im Vergleiche zu dem ursprünglichen im periodischen System um zwei Rubriken nach links verschoben.

2. **Wird ein Element unter Aussendung von β-Strahlen umgewandelt, so ist das neu entstandene Element im Vergleiche zu dem ursprünglichen im periodischen System um eine Rubrik nach rechts verschoben.**

Im Anschlusse an diese Gesetzmäßigkeiten, die als Verschiebungsgesetz bezeichnet werden, ist zu bemerken, daß man sich das periodische System unter Weglassung der 8. Vertikalreihe auf einen aufrecht stehenden Zylinder gewickelt vorstellen muß, und zwar derart, daß die mit 0 bezeichnete und die 7. Vertikalreihe nebeneinander zu stehen kommen. Wenn man noch überdies die einzelnen Elemente in der Reihenfolge ihrer Atomgewichte längs einer nach unten verlaufenden Spirale ordnet, so erhält man ein Bild des periodischen Systems, wie es in Tabelle VI, allerdings bloß bezüglich der beiden letzten Horizontalreihen (bezüglich der vorletzten Horizontalreihe nur zu einem Teile) und bloß in der Ebene des Papieres dargestellt ist.

Tabelle VI.[1]

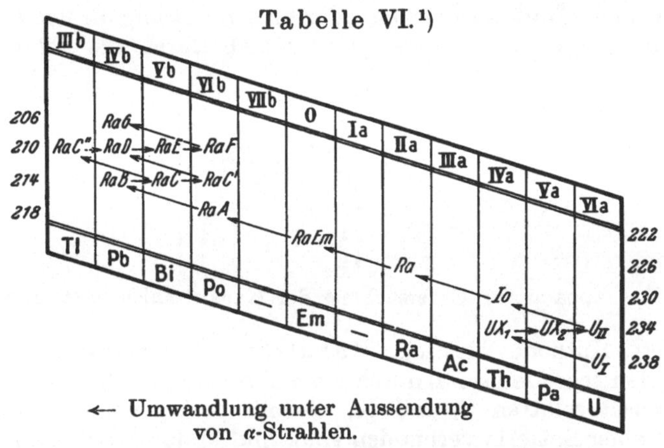

$\leftarrow$ Umwandlung unter Aussendung von α-Strahlen.

$\rightarrow$ Umwandlung unter Aussendung von β-Strahlen.

Tabelle VI enthält am Kopf die Nummern der Vertikalreihen, unten das Symbol des typischen Vertreters der betreffenden Gruppe, links und rechts die Atomgewichte. Durch die neben den römischen Zahlen befindlichen Buchstaben a und b wird angedeutet, daß das betreffende Element innerhalb der Vertikalreihe nach links bezw. rechts verschoben ist (siehe S. 53). Aus dieser Tabelle geht die Gültigkeit des Verschiebungsgesetzes bezüglich der Uraniumreihe klar hervor, doch lassen sich ähnliche Tabellen auch bezüglich der Thorium- und der Actiniumreihe konstruieren.

§ 135. Isotopie an den „gewöhnlichen" Elementen. Laut § 134 sind von gewissen Elementen, wie Blei, Wismut usw. Modifikationen, sog. Isotopen bekannt, die dem typischen Vertreter der betreffenden

---

[1] Diese Tabelle ist K. Fajans' „Radioaktivität und die neueste Entwickelung der Lehre von den chemischen Elementen", III. Aufl., entnommen.

Gruppe in physikalischer und chemischer Hinsicht dermaßen gleichen,
daß in ihrem Gemische die einzelnen Isotopen mittels der gebräuchlichen
Verfahren nicht unterschieden werden können. Nachdem dies einmal
bekannt geworden ist, lag es nahe, anzunehmen, daß die Erscheinungen
der Isotopie vielleicht auch an den „gewöhnlichen" Elementen bestehen, bezw., daß vielleicht einzelne der „gewöhnlichen" Elemente in
der Form, in der sie bis nun bekannt sind, eigentlich Gemische zweier
oder mehrerer Isotopen sind.

Diese Annahme hat sich auf Grund der klassischen Versuche von
J. J. Thomson und F. W. Aston als richtig erwiesen. Ihre Methodik
beruht auf der Analyse der sog. Kanalstrahlen. Der hierzu verwendete Apparat (Abb. 28)¹) besteht aus einem Glasgefäß G mit der
Anode A und der röhrenförmigen Kathode K. Kommt es zwischen
Anode und Kathode zu einer Entladung, so nehmen die im Gefäß
befindlichen Gasmoleküle positive elektrische Ladungen an, bewegen
sich mit großer Geschwindigkeit von der Anode zur Kathode, ohne
jedoch an dieser Halt zu machen oder eine Änderung in der Richtung
ihrer Fortbewegung zu erfahren, und treten durch die röhrenförmig

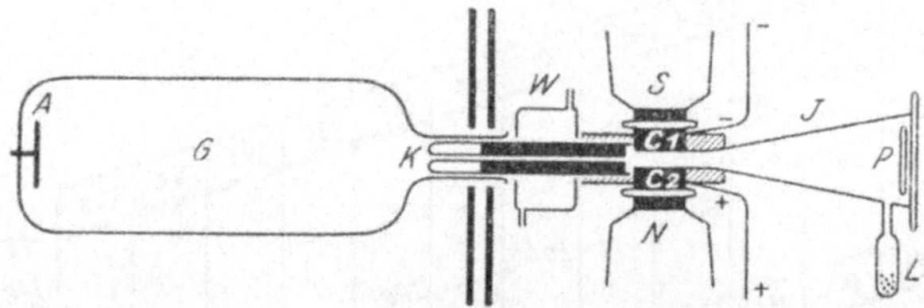

Abb. 28.   Apparat zur Untersuchung der Kanalstrahlen nach Aston.

ausgebildete Kathode als sog. Kanalstrahlen hindurch. Jenseits
der Kathoden schreiten sie a) durch ein elektrisches Feld, erzeugt mittels
der Kondensatorplatten C_1 und C_2, die mit dem positiven bezw. negativen Pole einer Batterie verbunden sind, und b) durch ein magnetisches
Feld, erzeugt von dem Magneten NS. Beim Durchschreiten dieser
Felder werden die Kanalstrahlen aus ihrer bisher geradlinigen Bahn
abgelenkt. Nun hängt aber die Größe dieser Ablenkung, die sich durch
Einschaltung der lichtempfindlichen Platte p bestimmen läßt, unter
anderem auch von der Masse der positiv geladenen Gasmoleküle ab,
aus denen eben die Kanalstrahlen bestehen, daher sich aus der Größe der
Ablenkung das Molekulargewicht des betreffenden Gases berechnen läßt.

Mittels der soeben beschriebenen Methodik wurde im Verlaufe 'der
letzten Jahre hauptsächlich durch Aston eine Reihe von Gasen untersucht, wobei es sich herausstellte, daß ein Teil der bisher als einheitlich angesehenen Elemente nicht einheitlich ist, sondern ein Gemisch zweier oder mehrerer Isotopen darstellt. So hat sich z. B. das

---

¹) Diese Abbildung ist K. Fajans' „Radioaktivität und die neueste Entwickelung der Lehre von den chemischen Elementen", 3. Aufl., entnommen. Gewisse mit Buchstaben bezeichnete Stellen der Abbildung, deren im Texte keine
Erwähnung getan ist, stellen Bestandteile des Apparates vor, die nicht von
prinzipieller Bedeutung sind.

Chlor als ein Gemisch zweier Isotopen mit den Atomgewichten 35 bezw. 37 erwiesen, daher das zu 35,46 festgestellte Atomgewicht des Stoffes, das für gewöhnlich als Chlor bezeichnet wird, eigentlich bloß einen Mittelwert aus dem Atomgewichte zweier Chlorisotopen darstellt; und zwar einen Mittelwert, der dem einen der beiden obigen Werte aus dem Grunde näher gelegen ist, weil in dem für gewöhnlich als Chlor bezeichneten Gemisch mehr von dem Isotopen mit dem kleineren Atomgewicht enthalten ist, als vom anderen. Aus dem Umstande jedoch, daß das Atomgewicht des für gewöhnlich als Chlor bezeichneten Gases, welchen Ursprunges es immer gewesen sein mag, stets zu 35,46 befunden wurde, folgt, daß es die Isotopen mit den Atomgewichten 35 und 37 stets in denselben relativen Mengen enthalten muß; was sich nur so erklären läßt, daß die beiden Isotopen auf eine uns derzeit noch unbekannte Weise zu einer Zeit entstanden sind, zu der die Erdkruste ihre heutige Festigkeit noch nicht erlangt hatte.

ASTON dehnte seine Untersuchungen auch auf andere Elemente aus und lassen sich deren Ergebnisse der nachfolgenden Zusammenstellung entnehmen.

	Atomgewicht des Elementes	Atomgewicht der einzelnen Isotopen
Bor (B)	11,0	10,0, 11,0
Neon (Ne)	20,2	20,00, 22,00
Silicium (Si)	28,3	28, 29
Argon (A)	39,88	36, 40,00
Brom (Br)	79,92	79, 81
Krypton (Kr)	82,92	78, 80, 82 83, 84, 86
Xenon (X)	130,2	128, 130, 131 133, 135
Quecksilber (Hg) . . .	200,6	197—200 202, 204

Wasserstoff, Helium, Kohlenstoff, Stickstoff, Sauerstoff, Fluor, Phosphor und Arsen wurden von ASTON als homogen befunden.

§ 136. **Struktur der Atome.** Aus den eingehenden Untersuchungen von RUTHERFORD ergab es sich, daß die Wirkungen der α-Teilchen, (d. h. Heliumatome mit je zwei positiven Ladungen) nachdem sie eine Strecke von einigen Zentimetern in der Luft oder in anderen Gasen zurückgelegt haben, plötzlich aufhören (§ 128); relativ wenige der α-Teilchen werden vorangehend mehr oder minder stark abgelenkt, indem ihre bis dahin geradlinige Bahn einen Knick erleidet. Dem Wesen nach dasselbe kommt auch zur Beobachtung, wenn α-Teilchen durch sehr dünne Metallschichten dringen. Durch diese Erscheinungen, sowie auf Grund ihrer exakten quantitativen Untersuchung wurde RUTHERFORD veranlaßt, sich von der Struktur der Atome folgende Vorstellung zu machen:

Jedes Atom soll einen positiv geladenen Kern enthalten, der den überwiegenden Teil der Atommasse ausmacht, obwohl seine Dimensionen

im Vergleiche zu denen des ganzen Atomes geringe sind. In einiger
Entfernung von diesem positiv geladenen Kerne kreisen negative
Elektronen in kreisförmigen oder elliptischen Bahnen mit bestimmten
Geschwindigkeiten, gleich den Planeten, die die Sonne umkreisen.
Dieser Kreisbewegung verdanken es die negativen Elektronen, daß sie
trotz der bestehenden elektrostatischen Anziehung in einem bestimmten
Abstand vom positiv geladenen Kern bleiben. Da die entgegengesetzten
Ladungen des Kerns und der Elektronen gleich groß sind, verhält sich
das ganze Atom nach außen elektrisch neutral. In nebenstehender
Abb. 29 ist das in diesem Sinne aufgefaßte Wasserstoffatom, in Abb. 30
das Lithiumatom abgebildet.

Auf Grund dieser Vorstellung können die oben beschriebenen
Erscheinungen, die beim Durchtreten von α-Teilchen durch Gase oder
durch dünnes Metall sich ergeben, wie folgt gedeutet werden: a) Gelingt es dem α-Teilchen, das zwei positive Ladungen führt, zwischen
dem positiven Atomkern und den negativen Elektronen durch-
zuschlüpfen, so erleidet es eine bloß geringfügige Ablenkung. b) Stößt
das α-Teilchen, das zwei positive Ladungen führt, auf ein Elektron
auf, so wird die eine Hälfte, bei
einem nächsten Zusammenstoße die
andere Hälfte seiner Ladung durch
die negative Ladung des Elektrones

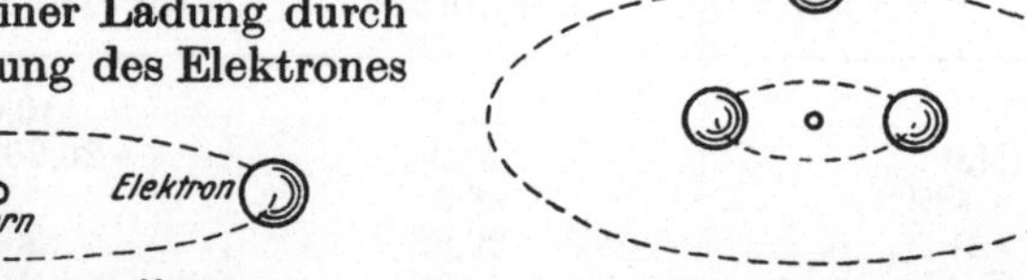

Abb. 29.   Wasserstoffatom.   Abb. 30.   Lithiumatom.

neutralisiert; dadurch ist aber das α-Teilchen, das ja eigentlich ein
Heliumatom ist, elektrisch neutral geworden, es hat seine ionisierende
Wirkung und damit auch seine übrigen Wirkungen verloren. c) Stößt
das α-Teilchen auf den Atomkern auf, oder kommt es bloß in die Nähe
des letzteren, so wird es elektrostatisch abgestoßen, daher seine Bahn
den oben beschriebenen plötzlichen Knick erleidet.

Eine genaue Beobachtung der in Frage stehenden Erscheinungen
hat es auch ermöglicht, an den verschiedenen Elementen die Größe
der positiven Ladung des Atomkernes zu berechnen. Aus diesen Berechnungen ergab es sich, daß, falls die Ladung des Atomkerns im
Wasserstoff gleich 1 gesetzt wird, die Zahl der positiven Ladungen
des Atomkernes am Helium 2, am Kohlenstoff 6, am Sauerstoff 8,
am Schwefel 16 beträgt usw. Vergleicht man aber diese Zahlen
mit der Ordnungszahl der betreffenden Elemente — d. h. mit
der Zahl, die angibt, die wievielte Stelle es ist, die das Element im
periodischen Systeme einnimmt —, so ergibt sich, daß der Atomkern eines Elementes soviel positive Ladungen besitzt, wie
seine Ordnungszahl beträgt; außerdem besteht an Elementen
von niedrigerem Atomgewicht im großen und ganzen die Regel, daß
die Zahl der Ladungen des Atomkernes halb so groß ist, wie das
Atomgewicht des Elementes.

Den Atomkern der Elemente mit größerem Atomgewicht, z. B. den der radioaktiven Elemente stellt man sich als Konglomerat vor, bestehend aus Helium-, Wasserstoff-, eventuell noch anderen Atomen; da sich jedoch diese infolge ihrer positiven Ladungen gegenseitig abstoßen müßten, wird noch angenommen, daß im Atomkern auch negative Elektronen enthalten sind, die zum Unterschied von den früher erwähnten „peripherischen Elektronen" als „Kernelektronen" bezeichnet werden.

Auf Grund aller dieser Voraussetzungen lassen sich gewisse Eigenschaften der Elemente wie folgt deuten:

Die chemischen Eigenschaften der Elemente werden in erster Reihe durch Zahl und Anordnung ihrer peripherischen Elektronen bestimmt; so hängt z. B. die Wertigkeit eines Metallatomes davon ab, wieviel peripherische Elektronen von ihm leicht losgelöst werden können. Löst sich vom Wasserstoffatome das darin enthaltene einzige Elektron (Abb. 29) ab, so verbleibt ein Rest, der Kern des Wasserstoffatomes, der nichts anderes ist als ein positiv geladenes H^+-Ion; löst sich vom Lithiumatom das äußerste peripherische Elektron ab, so erhalten wir das positiv geladene Lithiumion (Abb. 30).

Die Erscheinungen der Radioaktivität werden dem Atomkerne zugeschrieben, und zwar erklärt man sich diese Erscheinungen wie folgt:

a) Die α-Strahlung besteht darin, daß aus dem Atomkern ein Heliumatom mit zwei positiven Ladungen d. h. ein Heliumatomkern ausgesendet wird, wodurch sich die Zahl der positiven Ladungen des Atomkernes um zwei Einheiten verringert; dies führt jedoch dazu, daß das zufolge der Strahlung neu entstandene Element im Vergleiche zu dem Element, aus dem es entstanden ist, im periodischen System um zwei Rubriken nach links verschoben ist; denn, wie wir oben gesehen haben, wird die Ordnungszahl der Elemente gerade durch die Zahl der positiven Ladungen des Atomkerns bestimmt.

b) Die β-Strahlung besteht in der Aussendung eines Kernelektrones; dadurch wird die positive Ladung des Kernes um eine Einheit größer, weil ja die Ladung im Endergebnisse gleich ist der algebraischen Summe der positiven und negativen Ladungen. Nimmt aber, wie gesagt, die positive Ladung des Atomkernes um eine Einheit zu, so ist das neu entstandene Element im Vergleiche zu dem Elemente, aus dem es entstanden ist, im periodischen System um eine Rubrik nach rechts verschoben (vom Radium, Radioaktinium und Radiothorium muß aus gewissen Gründen allerdings vorausgesetzt werden, daß die β-Strahlung hier in der Aussendung peripherischer Elektronen besteht). Durch diese Zusammenhänge wird das in § 134 erörterte Verschiebungsgesetz hinreichend erklärt.

c) Die Erscheinung der Isotopie läßt sich auf Grund der oben entwickelten Theorie wie folgt erklären: Werden aus dem Kern eines Atomes, z. B. aus dem des Radium D zwei β- und ein α-Teilchen ausgesendet, wobei Radium G entsteht, so ist die Ladung des Atomkernes des Radium G genau dieselbe, wie sie im Radium D gewesen ist;

denn die Ladung des Atomkernes ist gleich der algebraischen Summe der verbliebenen Ladungen; diese hat aber keine Änderung erfahren. Nun werden aber durch die Ladungen des Atomkernes im Sinne unserer früheren Erörterungen nicht nur die Ordnungszahl eines Elementes, d. h. seine im periodischen System eingenommene Stellung, sondern auch seine chemischen Eigenschaften bestimmt; und hat der Atomkern in Radium G dieselbe Ladung wie in Radium D, so müssen Radium G und Radium D sowohl bezüglich ihrer Stellung im periodischen System, wie auch bezüglich ihrer chemischen Eigenschaften übereinstimmen. Sie müssen, kurz gesagt, einander isotop sein, wie es auch in der Tat der Fall ist. Daß aber die isotopen Elemente miteinander nicht in allem übereinstimmen, geht einfach daraus hervor, daß sie, wie z. B. auch Radium G und Radium D voneinander in der Zahl der Heliumkerne und der negativen Elektronen verschieden sind.

§ 137. **Spektrum der Elemente und Struktur ihrer Atome.** Die RUTHERFORDsche Theorie über die Struktur der Atome wurde wesentlich gekräftigt und weiter entwickelt durch die Berechnungen, die NIELS BOHR bezüglich der Spektra der Elemente ausgeführt hat. Der Gedanken-

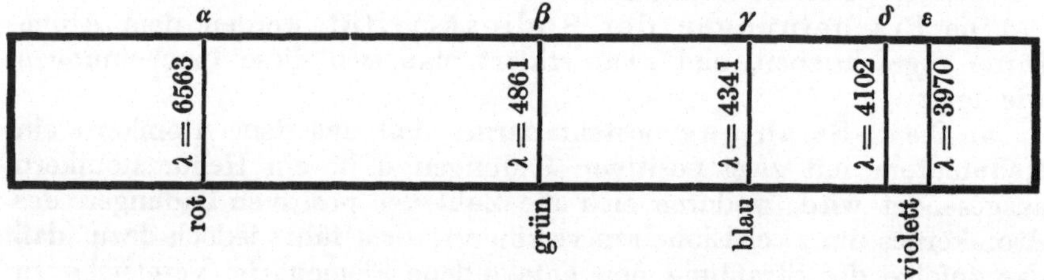

Abb. 31. Spektrum des Wasserstoffes.

gang, der diesen Berechnungen zugrunde liegt, läßt sich in folgendem kurz zusammenfassen: Wird das von glühenden Gasen und Dämpfen emittierte Licht spektroskopisch geprüft, so findet man, daß es sich aus Strahlen von ganz bestimmter Wellenlänge (Farbe) zusammensetzt. So können z. B. im Spektrum des Wasserstoffes fünf Linien, und zwar je eine rote, grüne, dunkelblaue und zwei violette Linien unterschieden werden. Drückt man die Wellenlängen (λ) dieser fünf Strahlen in ANGSTRÖM-Einheiten, d. h. in zehnmillionstel Millimetern aus, so läßt sich das Spektrum des Wasserstoffes durch obenstehende Abb. 31 darstellen. Das Spektrum der meisten anderen Elemente enthält wesentlich mehr solcher Linien; ihre Wellenlängen sind konstant und für je ein Element charakteristisch.

Da offenbar die Atome es sind, durch die die Art und Zahl der Spektrallinien eines Elementes bestimmt wird, liegt es nahe anzunehmen, daß die Atome keine unteilbaren Größen sind, sondern aus weiteren kleineren Teilchen bestehen, die periodische Bewegungen ausführen, und, daß diese periodischen Bewegungen es sind, auf denen die Bildung der Lichtstrahlen von bestimmter Wellenlänge, d. h. der Spektrallinien beruht. Denkt man sich umgekehrt, einen Mechanismus, bestehend aus

Teilchen mit periodischen Bewegungen, die den Spektrallinien eines Elementes entsprechen, so gibt dieser Mechanismus uns ein Bild über die Struktur der Atome.

Nach den erfolglosen Bemühungen zahlreicher Physiker und Mathematiker war es NIELS BOHR gelungen, einen solchen hypothetischen Mechanismus zu ersinnen. BOHR setzt in Anlehnung an die RUTHERFORD sche Theorie über die Struktur der Atome und an die PLANCK sche Quantentheorie, die hier nicht näher erörtert werden kann, voraus, daß die peripherischen Elektronen eines und desselben Atomes nicht stets in derselben Bahn, sondern in Bahnen von verschiedenen Radien kreisen können. Und zwar sind es die Zusammenstöße zwischen den einzelnen Molekülen, bezw. Atomen, durch die ein Elektron bald in eine Bahn von größerem, bald in eine solche von kleinerem Radius gedrängt wird; dabei besteht zwischen den Radien, die für je ein Elektron möglich sind, und seiner Kreisgeschwindigkeit ein ganz bestimmtes Verhältnis. Tritt ein Elektron von einer dem Atomkern näheren in eine entfernter gelegene Bahn über, so wird hierbei eine bestimmte Menge Energie verbraucht; tritt umgekehrt ein Elektron von einer entfernter gelegenen in eine dem Atomkern näher gelegene Bahn über, so wird hierbei eine bestimmte Menge Energie frei. Letztere Energie ist es, die sich in Lichtstrahlen von einer ganz bestimmten Wellenlänge, also in den Spektrallinien äußert, die für je ein Element charakteristisch sind.

Die BOHR sche Theorie, die sich noch in weiterem Ausbau befindet, hat es nicht nur ermöglicht, an Atomen von niedrigerem Atomgewichte, also von kleinen Ordnungszahlen, das Zustandekommen der Spektrallinien exakt und quantitativ zu deuten, sondern gestattet uns auch einen tieferen Einblick in die Struktur der betreffenden Atome sowohl in qualitativer, wie auch in quantitativer Hinsicht. So stellen wir uns z. B. das Wasserstoffatom (siehe Abb. 29) so vor, daß sein einziges Elektron mit einem Durchmesser von $1,9 \times 10^{-13}$ cm um einen Atomkern, der einen Durchmesser von 10^{-16} cm hat, in verschiedenen Bahnen jeweils verschieden rasch kreist; die innerste, dem Atomkern am nächsten liegende Bahn hat einen Radius von $0,55 \times 10^{-8}$ cm, und wird sechsmillionen—milliardenmal pro Sekunde, also mit einer Geschwindigkeit von $2,172 \times 10^{8}$ cm/sec belaufen, eine Geschwindigkeit, die gleich ist dem hundertfünfzigsten Teil der Fortpflanzungsgeschwindigkeit des Lichtes. (Um uns ein Bild von der relativen Größe des Wasserstoffatomes und seiner Bestandteile, sowie auch des Radius der Elektronenbahn zu machen, sei hier nach GRAETZ folgendes angeführt: stellen wir uns den Atomkern des Wasserstoffatomes derart vergrößert vor, daß er den Durchmesser eines Kinderspielballes, also etwa 12 cm habe, so kommt dem Elektron ein Durchmesser von 240 m, der dem Atomkerne am nächsten liegenden Elektronenbahn aber ein Radius von 3500 km, d. i. etwa der halbe Erdradius zu.)

Zu dem Radius der dem Atomkerne am nächsten liegenden Bahn des Elektrons im Wasserstoffatome verhalten sich die Radien der übrigen Bahnen, also die der 2-ten, 3-ten, 4-ten Bahn usw., wie 4, 9, 16 usw. zu 1; die betreffenden Geschwindigkeiten aber wie $\frac{1}{2}$, $\frac{1}{3}$, $\frac{1}{4}$ usw. zu 1. Auf Grund der oben erwähnten Berechnungen kommen die in Abb. 31 abgebildeten und mit α bis ε bezeichneten Spektrallinien des Wasserstoffes dadurch zustande, daß das Elektron von den Bahnen drei bis sieben auf die 2-te übertritt. Spektrallinien die durch Übertritt des Elektrons auf die erste, dritte Bahn usw. zustande kommen, befinden sich in dem mit dem Auge nicht wahrnehmbaren ultravioletten bezw. infraroten Teile des Spektrums.

Aus obigen Ausführungen geht auch als selbstverständlich hervor, daß die Atome kein bestimmtes, konstantes Volumen haben; ihr Volumen hängt vom Drucke ab, denn durch diesen Druck werden in erster Reihe die Bahnen bestimmt, in denen die Kreisbewegung der Elektronen hauptsächlich stattfindet.

In den übrigen Atomen kreisen mehrere Elektrone um den Atomkern, und zwar stimmt die Zahl der Elektronen, wie aus nachfolgender Tabelle hervorgeht, (in der die ersten 24 der in der Reihenfolge ihrer Ordnungszahlen angeführten Elemente enthalten sind), mit der Ordnungszahl des betreffenden Elementes überein.

Ordnungszahl des Elementes	Namen des Elementes	Zahl der kreisenden Elektronen in der				
		1-ten (innersten)	2-ten	3-ten	4-ten	5-ten
				Bahn		
1	Wasserstoff	1	—	—	—	—
2	Helium	2	—	—	—	—
3	Lithium	2	1	—	—	—
4	Beryllium	2	2	—	—	—
5	Bor	2	3	—	—	—
6	Kohlenstoff	2	4	—	—	—
7	Stickstoff	4	3	—	—	—
8	Sauerstoff	4	2	2	—	—
9	Fluor	4	4	1	—	—
10	Neon	8	2	—	—	—
11	Natrium	8	2	1	—	—
12	Magnesium	8	2	2	—	—
13	Aluminium	8	2	3	—	—
14	Silicium	8	2	4	—	—
15	Phosphor	8	4	3	—	—
16	Schwefel	8	4	2	2	—
17	Chlor	8	4	4	1	—
18	Argon	8	8	2	—	—
19	Kalium	8	8	2	1	—
20	Calcium	8	8	2	2	—
21	Scandium	8	8	2	3	—
22	Titan	8	8	2	4	—
23	Vanadium	8	8	4	3	—
24	Chrom	8	8	4	2	2

Aus der Zahl der in den äußersten Bahnen kreisenden Elektronen ergibt sich die Wertigkeit des betreffenden Elementes; darüber jedoch, daß gewissen Elementen eine wechselnde Wertigkeit zukommt, erhält man aus obigen Ausführungen keine hinreichende Erklärung.

§ 138. Das Röntgenspektrum der Elemente und ihre Kernladung, Ordnungszahl. Die RUTHERFORDsche Atomkerntheorie hat eine wichtige Ergänzung durch die Untersuchung der Röntgenspektra der Elemente erfahren, welche Untersuchungen hauptsächlich von MOSELEY herrühren.

Bekanntlich unterscheiden sich Röntgenstrahlen von den dem Auge sichtbaren Strahlen bloß bezüglich ihrer Wellenlänge (bezw. ihrer Schwingungszahl, gleich Fortpflanzungsgeschwindigkeit dividiert durch Wellenlänge), indem die Wellenlänge der sichtbaren Strahlen etwa 3800 bis 7600, die der Röntgenstrahlen bloß 0,06—12 Angström-Einheiten beträgt.

Nun wissen wir aber, daß unsere gewöhnlichen Lichtquellen wie Gas-, elektrische Glühlampen, Petroleumlampen usw. kein homogenes, sondern sog. gemischtes Licht liefern, das sich aus Strahlen von verschiedenen, jedoch innerhalb der erwähnten Grenzen variierenden Wellenlängen zusammensetzt. Werden Röntgenstrahlen einer spektroskopischen Prüfung unterworfen (die jedoch mittels der gewöhnlich verwendeten Prismen- und Gitterspektroskope nicht möglich ist, sondern spezielle hier nicht näher zu erörternde Einrichtungen erheischt), so findet man, daß Röntgenlicht sich genau so verhält: es ist ebenfalls aus Strahlen von verschiedensten, jedoch innerhalb der erwähnten Grenzen variierenden Wellenlängen zusammengesetzt, unter denen jedoch **Strahlen von einer bestimmten Wellenlänge das Übergewicht haben.** Diese Strahlen sind es, die im Spektrum des Röntgenlichtes als auffallend starke Linien sichtbar sind, und hängt ihre Wellenlänge von der stofflichen Qualität der Röntgenlampe in dem Sinne ab, daß die **Quadratwurzel ihrer Schwingungszahl proportional ist der Ordnungszahl, d. h. der Kernladung des Elementes, aus dem die Antikathode besteht.** Ist die Antikathode aus einer Metalllegierung hergestellt, so sind im Spektrum des so erhaltenen Röntgenlichtes alle für die Bestandteile der Legierung charakteristischen Spektrallinien sichtbar, so z. B. im Falle einer aus Messing bestehenden Antikathode die Linien sowohl des Kupfers, als auch die des Zinks. Wie Legierungen verhalten sich diesbezüglich auch chemische Verbindungen; wird z. B. die Antikathode mit Kaliumchlorid bestrichen, so sind die Linien sowohl des Kaliums, wie auch des Chlors sichtbar.

Auf Grund dieser Gesetzmäßigkeiten konnte die Stellung der Elemente im periodischen Systeme, d. h. ihre Ordnungszahl, genau festgestellt werden, und zwar im Sinne, wie dies aus Tabelle VII auf S. 228 ersichtlich ist.

Von entscheidender Bedeutung waren diese Feststellungen an einigen in § 36 angeführten Elementen, wie an Argon und Kalium, an Tellur und Jod, an Eisen, Kobalt und Nickel, bezüglich deren es zweifelhaft war, ob man sich bei ihrer Einreihung in das periodische System streng

Tabelle VII. Verzeichnis der Elemente bezw. Elementtypen in der Reihenfolge ihrer Ordnungszahlen[1].

(In dieser Tabelle sind es von Ordnungszahl 81 angefangen nur die unterstrichenen Atomgewichte, die das Ergebnis einer unmittelbaren Bestimmung darstellen, die übrigen sind auf Grund des genetischen Zusammenhanges berechnet. Die in Klammern befindlichen Daten sind hypothetischer Natur.

Von den unterstrichenen Daten 204,0, 207,2 und 209,0 wissen wir derzeit noch nicht, ob sie sich auf reine Elemente oder aber auf Gemische von Isotopen beziehen.

Die neununddreißig mit je einem * bezeichneten Elemente sind radioaktiv, also keine konstanten Elemente; die mit [1] bezeichneten Elemente wurden nach der Astonschen Methode (siehe S. 220) untersucht.

Ordnungszahl	Namen des Elementes	Symbol des Elementes	Atomgewicht	Ordnungszahl	Namen des Elementes	Symbol des Elementes	Atomgewicht
1	Wasserstoff .	H¹	1,008	41	Niob	Nb	93,5
2	Helium	He¹	4,00	42	Molybdän . .	Mo	96,0
3	Lithium . . .	Li	6,94	43	—	—	—
4	Beryllium . .	Be	9,1	44	Ruthenium .	Ru	101,7
5	Bor	B¹	11,0	45	Rhodium . . .	Rh	102,9
6	Kohlenstoff .	C¹	12,0	46	Palladium . .	Pd	106,7
7	Stickstoff . .	N¹	14,01	47	Silber.	Ag	107,88
8	Sauerstoff . .	O¹	16,00	48	Cadmium . .	Cd	112,4
9	Fluor.	F¹	19,0	49	Indium	In	114,8
10	Neon	Ne¹	20,2	50	Zinn	Sn	118,7
11	Natrium . . .	Na	23,00	51	Antimon . . .	Sb	120,2
12	Magnesium .	Mg	24,32	52	Tellur	Te	127,5
13	Aluminium .	Al	27,1	53	Jod.	J	126,92
14	Silicium . . .	Si¹	28,3	54	Xenon	X¹	130,2
15	Phosphor . .	P¹	31,04	55	Cäsium. . . .	Cs	132,81
16	Schwefel . . .	S¹	32,06	56	Barium. . . .	Ba	137,37
17	Chlor	Cl¹	35,46	57	Lanthan . . .	La	139,0
18	Argon	A¹	39,88	58	Cerium. . . .	Ce	140,25
19	Kalium* . . .	K	39,10	59	Praseodym. .	Pr	140,9
20	Calcium . . .	Ca	40,07	60	Neodym . . .	Nd	144,3
21	Scandium . .	Sc	45,1	61	—	—	—
22	Titan	Ti	48,1	62	Samarium . .	Sm	150,4
23	Vanadium . .	V	51,0	63	Europium . .	Eu	152,0
24	Chrom	Cr	52,0	64	Gadolinium .	Gd	157,3
25	Mangan . . .	Mn	54,93	65	Terbium . . .	Tb	159,2
26	Eisen⁻.	Fe	55,84	66	Dysprosium .	Dy	162,5
27	Kobalt	Co	58,97	67	Holmium. . .	Ho	163,5
28	Nickel	Ni	58,68	68	Erbium. . . .	Er	167,7
29	Kupfer	Cu	63,57	69	Thullium. . .	Tu	168,5
30	Zink	Zn	65,37	70	Ytterbium . .	Yb	173,5
31	Gallium . . .	Ga	69,9	71	Lutetium. . .	Lu	175,0
32	Germanium .	Ge	72,5	72	—	—	—
33	Arsen.	As¹	74,96	73	Tantal	Ta	181,5
34	Selen.	Se	79,2	74	Wolfram . . .	W	184,0
35	Brom.	Br¹	79,92	75	—	—	—
36	Krypton . . .	Kr¹	82,92	76	Osmium . . .	Os	190,9
37	Rubidium* . .	Rb	85,45	77	Iridium. . . .	Ir	193,1
38	Strontium . .	Sr	87,63	78	Platin	Pt	195,2
39	Yttrium . . .	Y	88,7	79	Gold	Au	197,2
40	Zirkonium . .	Zr	90,6	80	Quecksilber .	Hg¹	200,6

[1] Nach Fajans, l. c.

Ord-nungs-zahl	Namen des Elementes	Symbol des Elementes	Atom-gewicht	Namen und Symbol des Elementen-typus
81	Thallium . . . . Actinium C''* . . . . Thorium C''* . . . . Radium C''*	Tl Ac C'' Th C'' Ra C''	204,0 (206) 208 210	Thallium (Tl)
82	Radium G . . . . Blei . . . . Thorium D . . . . Radium D* . . . . Actinium B* . . . . Thorium B* . . . . Radium B*	Ra G Pb Th D Ra D Ac B Th B Ra B	206,0 207,2 208,0 210 (210) 212 214	Blei (Pb)
83	Wismut . . . . Radium E* . . . . Actinium C* . . . . Thorium C* . . . . Radium C*	Bi Ra E Ac C Th C Ra C	209,0 210 (210) 212 214	Wismut (Bi)
84	Polonium (Radium F)* . . . . Actinium C'* . . . . Thorium C'* . . . . Radium C'* . . . . Actinium A* . . . . Thorium A* . . . . Radium A*	Po (Ra F) Ac C' Th C' Ra C' Ac A Th A Ra A	210 (210) 212 214 (214) 216 218	Polonium (Po)
85	—	—	—	
86	Actiniumemanation* . . . . . . Thoriumemanation* . . . . . . Radiumemanation*	Ac Em Th Em Ra Em	(218) 220 222	Emanation (Em)
87	—	—	—	
88	Actinium X* . . . . Thorium X* . . . . Radium* . . . . Mesothorium 1*	Ac X Th X Ra Ms Th$_1$	(222) 224 225,97 228	Radium (Ra)
89	Actinium* . . . . Mesothorium 2*	Ac Ms Th$_2$	(226) 228	Actinium (Ac)
90	Radioactinium* . . . . Radiothorium* . . . . Ionium* . . . . Uran Y* . . . . Thorium* . . . . Uran X$_1$*	Rd Ac Rd Th Io U Y Th U X$_1$	(226) 228 230 (230) 232,15 234	Thorium (Th)
91	Protactinium* . . . . Uran X$_2$*	Pa U X$_2$	(230) 234	Protactinium (Pa)
92	Uranium II* . . . . Uranium I*	U$_{II}$ U$_I$	234 238,2	Uranium (U)

an ihr Atomgewicht, oder aber eher an ihre chemischen Eigenschaften halten soll. Denn, tut man ersteres, so gelangen einzelne Elemente in die Nachbarschaft solcher, mit denen sie in ihren chemischen Eigenschaften nicht übereinstimmen; tut man aber letzteres, so ergeben sich Unstimmigkeiten in der Aufeinanderfolge der Atomgewichte. Durch die Ordnungszahlen, die sich auf Grund der betreffenden Röntgenspektra berechnen ließen, wurden diese Zweifel behoben, und zwar in dem Sinne, daß in den genannten Fällen nicht das Atomgewicht das maßgebende ist.

Wie der Tabelle VII ferner zu entnehmen ist, ergibt sich aus den genau festgestellten Ordnungszahlen von selbst, daß es zwischen Wasserstoff und Uranium nicht mehr als 92 Elemente geben kann; da aber zurzeit deren 86 bereits bekannt sind, ist nur mehr die Entdeckung von sechs weiteren Elementen, und zwar solcher mit den Ordnungszahlen 43, 61, 72, 75, 85 und 87 zu erwarten.

§ 139. **Künstliche Zerlegung des Stickstoffatomes.** Die an radioaktiven Elementen beschriebenen Umwandlungen, bestehend in einer Aussendung von Heliumatomen und negativen Elektronen aus den Atomkernen — wodurch erwiesen ist, daß diese Atomkerne selbst aus Teilchen zusammengesetzt sind —, gehen spontan vor sich. Man kann diese Umwandlungen weder beschleunigen, noch auch verlangsamen, und war es bereits von der Zeit der Alchymisten her ein erfolgloses Beginnen gewesen, die Atome künstlich in weitere Teilchen spalten und auf diesem Wege ein Element in ein anderes überführen zu wollen. Versuche, die von Rutherford vor wenigen Jahren mitgeteilt wurden, dürfen auch in dieser Beziehung als bahnbrechend gelten, indem es ihm gelungen ist, nachzuweisen, daß, wenn man Zusammenstöße zwischen α-Teilchen und Stickstoffatomen erfolgen läßt, aus dem Stickstoffatom Wasserstoffatomkerne abgespaltet werden. Das Wesen dieser Versuche besteht in folgendem:

Wie aus § 128 erinnerlich, werden die α-Strahlen je nach ihrer verschiedenen Geschwindigkeit durch eine 2,5 bis 8,6 cm dicke Schicht Luft absorbiert, wovon man sich leicht überzeugen kann, wenn man in einiger Entfernung (die jedoch innerhalb obiger Grenzen gelegen sein muß) vor einem radioaktiven Stoff einen Schirm aus krystallinischem Zinksulfid anbringt, auf dem jedes ausgesandte α-Teilchen ein Aufblitzen, eine sog. Szintillation erzeugt. Nun haben aber weitere Untersuchungen zu dem Ergebnisse geführt, daß solche Szintillationen in weit schwächerem Grade und in geringerer Anzahl auch zur Beobachtung kommen, wenn es sich um Entfernungen bis zu 30 cm handelt. Aus der Ablenkung der an den letzterwähnten Szintillationen beteiligten Teilchen im elektrischen und magnetischen Felde konnte Rutherford einerseits die Geschwindigkeit der ausgesandten Teilchen, anderseits auch ihre spezifische, d. h. auf 1 g berechnete Ladung (Coulomb : Gramm) berechnen. Aus dieser Berechnung hat sich ergeben, daß die Teilchen, die die Szintillation hervorrufen, positiv geladene Wasserstoffatomkerne sind. Wird aber zu diesen Versuchen nicht Luft, sondern reiner Stickstoff verwendet, so nimmt die Zahl der Szintillationen erheblich zu; hieraus und aus den Ergebnissen entsprechend variierter Versuche konnte der Schluß gezogen werden, daß die in Frage stehenden **Wasserstoffatomkerne aus Stickstoffatomen abgespaltet werden.**

Die Ergebnisse der RUTHERFORDschen Versuche haben auf streng wissenschaftlicher Basis nicht nur den alten Alchymistentraum, sondern auch die spätere Annahme, wonach es bloß einen „Urstoff", ein „Urelement" gebe, und alle anderen Elemente bloß seine Variationen darstellen, zu neuem Leben erweckt. So hat PROUT bereits im J. 1815 behauptet, daß man das erwähnte Urelement im Wasserstoff zu erblicken habe.

Im Anschlusse an die Annahme von PROUT sei noch auf folgende bemerkenswerte Umstände hingewiesen:

Aus der geschilderten Beschaffenheit der α-Strahlen geht es hervor, daß in den Atomen der radioaktiven Elemente Heliumatome enthalten sind; ferner gibt es eine Anzahl von nichtradioaktiven Elementen, deren Atomgewichte ganzzahlige Multipla des Atomgewichtes des Heliums $= 4$ darstellen (so ist z. B. $C = 12$, $O = 16$, $S = 32$ usw.); endlich gibt es nichtradioaktive Elemente, an denen der Unterschied zwischen ihren Atomgewichten 4 beträgt, also den Wert des Atomgewichtes des Heliums hat (z. B. $Li = 7$ und $B = 11$; $C = 12$ und $O = 16$; $Na = 23$ und $Al = 27$; Mg 24,3 und $Si = 28,3$ usw.), welche Tatsache die Annahme rechtfertigen, daß auch in den Atomen der nichtradioaktiven Elemente Heliumatome enthalten sind.

Anderseits geht aber aus den Versuchen, in denen die Spaltung der Stickstoffatome gelungen ist, hervor, daß auch das Wasserstoffatom einen Bestandteil anderer Elemente bilden kann, daher es sozusagen auf der Hand liegt, anzunehmen, daß die Atome der Elemente aus Helium- und Wasserstoffatomen bestehen, welche Annahme auch dadurch bekräftigt wird, daß sich das Atomgewicht der meisten Elemente durch die Formel $m \times 1{,}008 + n \times 4{,}00$ ausdrücken läßt (wobei m und n ganze Zahlen sind).

Ehe die ASTONschen Versuche bekannt waren, hatte diese Formel an einigen Elementen, so unter anderem auch am Chlor mit dem Atomgewichte von 35,46 versagt, und zwar ergab sich eine Unstimmigkeit, die sich weder durch Versuchsfehler, noch aber durch andere Umstände begründen ließ. Durch die in § 135 erwähnten Versuche von ASTON wurden auch diese Schwierigkeiten behoben, indem es sich herausstellte, daß das für das Chlor bezw. für einige andere Elemente angenommene Atomgewicht bloß ein Mittelwert zwischen den Atomgewichten der betreffenden Isotopen (am Chlor sind es 35 und 37) ist; und daß für die Atomgewichte der Isotopen die oben erwähnte Formel ohne weiteres gültig ist.

Anhang.

Die wichtigsten der im chemischen Laboratorium angewandten physikalischen Untersuchungs- methoden.

Wie im Vorwort bereits angedeutet, war es in diesem Anhange nicht beabsichtigt, Aufklärung und Hinweise über Einzelheiten der Laboratoriumsarbeit zu geben, deren der Anfänger auf alle Fälle bedarf; diese hat er sich aus Lehr- und Handbüchern zu holen, die speziell diese Fragen zum Gegenstand haben. Hier sollen die Methoden und die zu ihrer Ausführung notwendigen Apparate bloß ihrem Wesen nach geschildert werden.

I. Gewichts-, Volumbestimmung; Bestimmung des spezifischen Gewichtes (der Dichte).

§ 140. **Gewichtsbestimmung.** Zur Gewichtsbestimmung der Körper ist jede der alltäglich gebrauchten Wagen geeignet; und nur, wenn eine besonders genaue Bestimmung vorgenommen werden soll, bedient man sich sog. analytischer Wagen, mittels derer sich eine Genauigkeit von etwa 0,1 mg erreichen läßt. Sie unterscheiden sich im Prinzip nicht von gewöhnlichen gleicharmigen Wagen, nur sind sie verhältnismäßig klein und besonders im Balkenwerk möglichst leicht konstruiert; dies ist der Grund, warum sie nur zur Bestimmung relativ kleiner, 100 — 200 g nicht übersteigender Gewichte geeignet sind. Um die Reibung möglichst zu verringern, und hierdurch die Empfindlichkeit der Wagen zu steigern, sind an den Stellen, wo der Balken auf der Unterlage und der Aufhängeapparat der Schalen auf dem Balken aufliegt, Achat- oder Stahlschneiden angebracht.

Um die Wage vor der Erschütterung zu bewahren, die beim Auflegen des zu wägenden Körpers und der Gewichte nicht zu vermeiden ist, und die zu einer Schädigung der feinen Schneiden führen müßte, ist die Wage mit einer Arretiervorrichtung versehen. Sie besteht darin, daß die Schneiden zur Zeit, wo die Wage der genannten Erschütterung ausgesetzt ist, von den Unterlagen abgehoben und dadurch vor jeder Beschädigung bewahrt werden.

Um den störenden Einfluß des Luftzuges auszuschalten, ist die Wage in einem Glaskasten untergebracht, der nur beim Auflegen des zu wägenden Körpers und der Gewichte geöffnet wird, hingegen während des Wägeaktes, wenn die Wage ihre Schwingungen ausführt, geschlossen bleibt.

Der zu einer analytischen Wage gehörende Gewichtssatz enthält als kleinstes Gewicht ein solches von 0,01 g. Statt noch kleinere Gewichte aufzulegen, wird ein aus Platindraht gebogenes Gewicht von 0,01 g, der sog. Reiter längs des Wägearmes hin und her verschoben. Befindet sich der Reiter am äußersten Ende des Wägearmes genau über der Aufhängestelle der Schale mit den Gewichten, so gilt sein volles Gewicht von 0,01 g; befindet er sich in der Mitte des Wägearmes genau über der Stelle, wo dieser auf der Schneide aufliegt, so ist das Gewicht, das er vorstellt, gleich Null; an den dazwischen gelegenen Stellen wird das Gewicht an einer Skala abgelesen, die in den Wägearm eingeritzt ist, und deren Einteilung sich aus den beiden oben genannten Grenzfällen ergibt.

§ 141. **Volumbestimmung an Flüssigkeiten.** Das Volumen von Flüssigkeiten wird je nach den gegebenen Umständen mittels Meßzylinder (Abb. 32), Meßkolben (Abb. 33), Pipetten (Abb. 34), oder Büretten (Abb. 35) bestimmt.

Bezüglich der Meßzylinder und Meßkolben, zu deren Gebrauche es keiner besonderen Anweisung bedarf, sei bloß bemerkt, daß auf

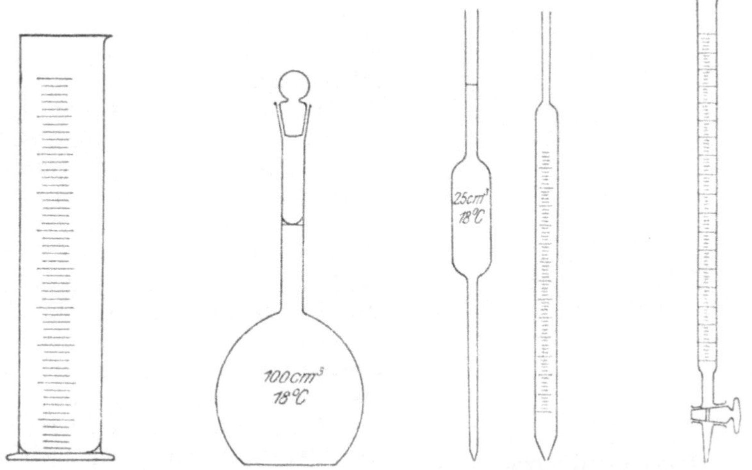

Abb. 32. Meßzylinder.   Abb. 33. Meßkolben.   Abb. 34. Pipetten.   Abb. 35. Bürette.

ihnen der Fassungsraum bis zur Marke verzeichnet ist. Wenn man einen Kolben, dessen Fassungsraum bei einer bestimmten Temperatur, z. B. mit 1000 ccm angegeben ist, bei dieser Temperatur bis zum Zeichen anfüllt, so sind im Kolben tatsächlich 1000 ccm Flüssigkeit enthalten. Wenn man aber jetzt seinen Inhalt in ein anderes Gefäß umleert, so beträgt das Volumen der umgeleerten Flüssigkeit nicht 1000 ccm, sondern um so vieles weniger, als von der Flüssigkeit an der Innenwand des Kolbens haften geblieben ist.

Pipetten werden nach Art von Hebern verwendet: man saugt am oberen Ende der Pipette, die mit dem unteren Ende in die Flüssigkeit taucht, mit dem Munde an; schließt, sobald infolge der Luftverdünnung genügend Flüssigkeit in der Pipette emporgestiegen ist, die obere Öffnung mit dem Finger und hebt die Pipette aus der Flüssigkeit. Läßt man mit dem Drucke des Fingers nach, so tritt oben Luft ein, unten fließt aber die Flüssigkeit tropfenweise ab; dadurch wird es· möglich, das obere Flüssigkeitsniveau auf die Marke am Hals der Pipette einzustellen. Hebt man jetzt den Finger vollends ab, so strömt aus der Pipette die ganze Flüssigkeit ab, und zwar beträgt ihr Volumen genau so viel, als auf der Pipette verzeichnet ist.

Büretten sind Glasröhren, die (meistens) in 0,1 ccm geteilt sind, und denen die Flüssigkeit in beliebigen Teilmengen, z. B. auch tropfenweise entnommen werden kann, da die Büretten an ihrem unteren Ende mit Gummischlauch und Quetschhahn, oder mit einem eingeschliffenen Glashahn versehen sind. Das Volumen der abgelassenen Flüssigkeit beträgt genau so viel, als an der Teilung der Bürette abgelesen wird.

§ 142. **Volumenbestimmung an Gasen.** Das Volumen von Gasen, die man über Wasser, Quecksilber oder über anderen Flüssigkeiten auffängt, wird in sog. Eudiometerröhren bestimmt, deren zwei einfachere Formen in den nebenanstehenden Abb. 36 und 37 abgebildet sind.

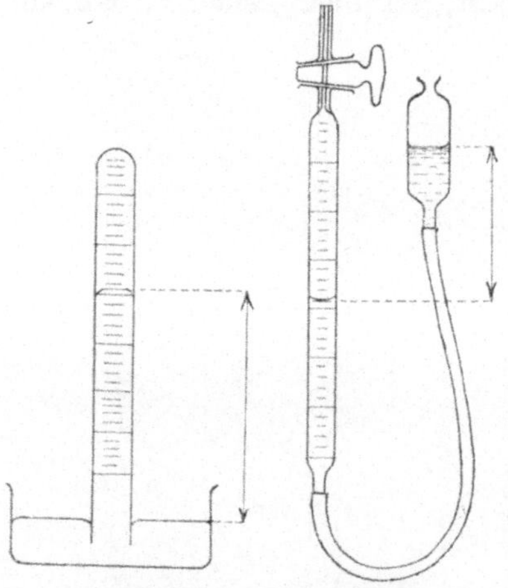

Das Volumen, das von einem Gase im Eudiometer eingenommen wird, kann unmittelbar abgelesen werden, nur müssen gleichzeitig Temperatur und Druck des Gases, durch die sein Volumen in hohem Grade beeinflußt wird, berücksichtigt werden. Zu diesem Behufe wird die Temperatur an einem Thermometer abgelesen, das in unmittelbarer Nähe des Eudiometers angebracht ist; der Druck ergibt sich aus dem herrschenden Barometerstand, der nach dem (nötigen Falles in Quecksilbermillimeter umgerechneten) Niveauunterschied zwischen der Flüssigkeit im Eudiometer und im Außengefäße korrigiert werden muß.

Abb. 36.   Abb. 37.

Eudiometerröhren.

§ 143. **Definition des spezifischen Gewichtes (der Dichte).** Um das spezifische Gewicht eines Körpers im technischen System ausgedrückt zu erhalten, hat man nur sein in Gramm ausgedrücktes Gewicht durch sein in Kubikzentimetern ausgedrücktes Volumen zu dividieren; durch das spezifische Gewicht wird also eigentlich das Gewicht von 1 ccm des betreffenden Körpers in Gramm angegeben. Das so ermittelte spezifische Gewicht stimmt zahlenmäßig mit der im CGS-System angegebenen **absoluten Dichte** überein, die ja nichts anderes ist als das Verhältnis zwischen der in Gramm angegebenen Masse und des in Kubikzentimetern angegebenen Volumens.

Da das spezifische Gewicht auch eine Funktion der Temperatur darstellt, muß es auf eine bestimmte Temperatur bezogen angegeben werden.

§ 144. Bestimmung des spezifischen Gewichtes (der Dichte) von Flüssigkeiten. An Flüssigkeiten kann das spezifische Gewicht mittels Aräometer und mittels Pyknometer bestimmt werden.

Aräometer (Abb. 38) sind Glasröhren, die nach unten in eine mit Bleischrot oder mit Quecksilber beschwerte Hohlkugel endigen, und am Halse eine Skala tragen. Um eine Bestimmung des spezifischen Gewichtes auf diese Weise auszuführen, wird an dem in der Flüssigkeit frei schwebenden Aräometer der Skalenstrich abgelesen, bis zu dem es in die Flüssigkeit taucht. Das spezifische Gewicht ergibt sich unmittelbar aus dieser Ablesung.

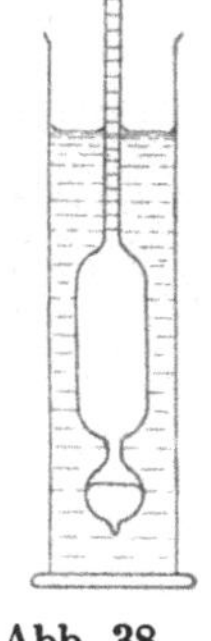

Abb. 38.
Aräometer.

Um eine Aräometerskala anzufertigen, wird das Aräometer in Flüssigkeiten von bekanntem spezifischen Gewicht (z. B. 1,00, 1,20 usw.) getaucht, und an der Stelle des Halses, bis zu der das Aräometer jedes Mal einsinkt, das spezifische Gewicht der jeweils verwendeten Flüssigkeit verzeichnet, und dann die Entfernung zwischen den so markierten Stellen gleichmäßig in Unterabteilungen eingeteilt. Das Aräometer darf nur bei der Temperatur, bei der die Skala angefertigt wurde und am Aräometer bezeichnet ist, verwendet werden.

Das spezifische Gewicht von Lösungen wird in der Regel zu dem Zwecke bestimmt, um unter Verwendung entsprechender Tabellen ihre Zusammensetzung bezw. Konzentration zu ermitteln. Um hierbei den Gebrauch von Tabellen zu ersparen, werden auch solche Aräometer angefertigt, die an ihrer Skala nicht die spezifischen Gewichte, sondern die auf einen gewissen Bestandteil bezogene Konzentrationen aufgetragen enthalten. So werden zur Prüfung von Most Aräometer verwendet, mittels deren Zuckerprozente, zur Prüfung von Alkohol solche, mittels deren Alkoholprozente ohne weiteres abgelesen werden können.

Pyknometer werden in verschiedensten Formen ausgeführt; in nachstehendem sei eine der einfachsten Formen besprochen (Abb. 39). Es ist dies ein kleiner dünnwandiger Glaskolben, dessen Fassungsraum bis zur Marke (bei einer bestimmten Temperatur) genau bekannt und samt dieser Temperatur am Pyknometer verzeichnet ist. Soll in einem gegebenen Falle eine Bestimmung vorgenommen werden, so wird zunächst der Kolben in leerem, trockenen Zustande genau gewogen, dann mit der zu prüfenden Flüssigkeit gefüllt, in ein Wasserbad von der am Kolben verzeichneten Temperatur gestellt, und sobald man

Abb. 39.
Pyknometer.

annehmen kann, daß er die Temperatur des Wasserbades aufgenommen hat, durch Nachfüllen oder Absaugen dafür gesorgt, daß das Flüssigkeitsniveau mit der Marke genau zusammenfalle. Nun wird das Pyknometer aus dem Wasserbad gehoben, außen trocken gewischt und genau gewogen. Aus den Daten der beiden Wägungen läßt sich das spezifische Gewicht (Dichte), wie aus nachfolgendem Beispiele ersichtlich, leicht berechnen:

An einer Salzlösung, die die Temperatur von 18,0° C hat, beträgt

das Gewicht des 100,00 ccm fassenden leeren Pyknometers   18,141 g

„   „   „ 100,00 „   der Salzlösung enthaltenden

        Pyknometers . . . . 135,784 „

„   „   der 100,00 ccm der Salzlösung . . . . 117,643 g.

Hieraus ist das spezifische Gewicht der Salzlösung gleich $\dfrac{117,643}{100}$

= 1,17643.

§ 145. Bestimmung der Gasdichte. Das Prinzip, nach dem man die Dichte von Gasen bestimmt, stimmt mit den an Flüssigkeiten verwendeten pyknometrischen Verfahren überein. Im wesentlichen verfährt man wie folgt:

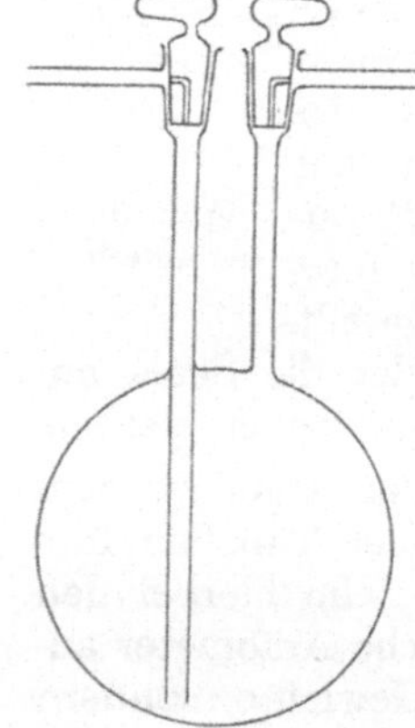

Zunächst wird der Fassungsraum des in Abb. 40 abgebildeten, mit Hahnverschlüssen versehenen Kolbens dadurch ermittelt, daß man das Volumen des Wassers bestimmt, das der Kolben faßt. Nun wird der Kolben entleert, getrocknet, mittels einer entsprechenden Luftpumpe evakuiert, und in luftleerem Zustande gewogen, sodann mit dem zu prüfenden Gase bei einer bestimmten Temperatur und bei einem bestimmten Drucke angefüllt und wieder gewogen. Zieht man von dem zuletzt erhaltenen Gewicht das des leeren Kolbens ab, so erhält man das Gewicht des eingefüllten Gases; dividiert man dieses mit dem Fassungsraum des Kolbens, so erhält man die absolute Dichte des Gases bei der betreffenden Temperatur und dem abgelesenen Drucke.

Abb. 40. Pyknometer für Gase und Dämpfe.

§ 146. Bestimmung der Dampfdichte. Es wurden verschiedene Methoden ausgearbeitet, um die Dichte von Dämpfen zu bestimmen; einige von ihnen beruhen auf dem in den vorangehenden Paragraphen erörterten pyknometrischen Prinzip, andere sind sog. indirekte Verfahren.

In den pyknometrischen Verfahren bestimmt man in dem in § 145 beschriebenen Apparat (Abb. 40) erst den Fassungsraum des Kolbens und sein Gewicht in luftleerem Zustande, führt sodann einige Kubikzentimeter des in Dampfform zu untersuchenden Stoffes ein, stellt den Kolben in ein Flüssigkeitsbad, dessen Temperatur höher ist als der Siedepunkt des zu prüfenden Stoffes, und erhitzt. Durch die Dämpfe, die sich alsbald in großen Mengen entwickeln, wird die Luft aus dem Kolben verdrängt, und sobald die gesamte eingeführte Substanz verdampft ist, werden die Hähne geschlossen, Temperatur des Bades und der Barometerstand abgelesen, der Kolben aus dem Bade gehoben, außen trocken gewischt und gewogen. Zieht man vom letzterhaltenen Gewichte das des leeren Kolbens ab, so erhält man das des Dampfes, und dividiert man dieses Gewicht mit dem Fassungsraum des Kolbens, so erhält man die Dampfdichte des Stoffes bei der Temperatur des Bades und dem abgelesenen Barometerstand.

Von den **indirekten Verfahren** ist das von V. Meyer am gebräuchlichsten und hat zum Prinzipe, daß eine abgewogene Menge des zu prüfenden Stoffes in einem mit Luft gefüllten Gefäße verdampft, und das Volumen der durch die Dämpfe vertriebenen Luft bestimmt wird. Diesem Zweck dient der Apparat, dessen Einrichtung aus Abb. 41 deutlich zu ersehen ist; bloß das Ansatzstück E, das von dem Gefäße B seitlich abzweigt, bedarf einer näheren Erklärung. Über dieses Ansatzstück ist ein Gummischlauch k gezogen, und durch den Schlauch ein Glasstab p durchgesteckt, der in das Innere des Gefäßes B hineinragt und vom Gummischlauch fest umklammert, luftdicht hineingeschoben und wieder herausgezogen verden kann. In das Gefäßchen F, das in Abb. 41 auch vergrößert abgebildet ist, wird eine geringe, genau abgewogene Menge der zu prüfenden Substanz eingefüllt, der Stopfen D gelüftet, und nachdem der Glasstab p weit gegen das Innere des Gefäßes B vorgeschoben wurde, das kleine Gefäß F auf den Glasstab aufgestützt. Nun wird das Gefäß B mit dem Stopfen D verschlossen, und die

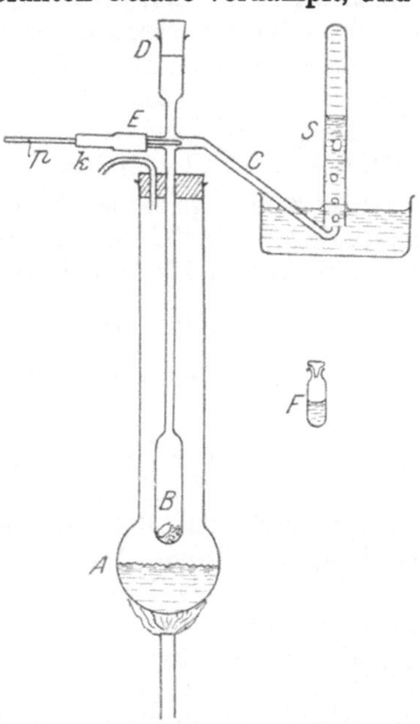

Abb. 41. Apparat zur Bestimmung der Dampfdichte nach V. Meyer.

in A enthaltene Flüssigkeit, die höher sieden muß als der zu prüfende Stoff, zum Kochen gebracht. Während man weiter erhitzt, entweichen durch die Röhre C fort und fort Luftblasen aus dem Innern von B, und dies hört erst auf, wenn das ganze Gefäß B die Temperatur der siedenden Flüssigkeit angenommen hat. Jetzt wird das mit Wasser angefüllte Eudiometer S über das Ende von C gestülpt, der Glasstab p ein wenig herausgezogen und dadurch bewirkt, daß das Gefäßchen F in B zu Boden fällt. Damit aber hierbei B nicht zu Schaden komme, ist sein Boden durch eine schützende Unterlage aus Glaswolle oder Asbest bedeckt. Da zu dieser Zeit auch im Inneren von B die Temperatur der in A kochenden Flüssigkeit herrscht, verdampft die auf den Boden von B gelangte Substanz, und durch ihre Dämpfe wird Luft aus B durch die Röhre C nach dem Eudiometer verdrängt. Wird jetzt das Volumen der Luft im Eudiometer, die Zimmertemperatur und der

Barometerstand abgelesen, die Niveaudifferenz zwischen dem Wasser im Eudiometer und im Außengefäß, ferner die Tension des Wasserdampfes berücksichtigt, so erhält man ein Luftvolumen, das identisch ist mit demjenigen Volumen des Dampfes der untersuchten Substanz, der von diesem Dampf unter obigen Bedingungen eingenommen wurde. Wird durch dieses Volumen das Gewicht der in F eingefüllten Substanz dividiert, so erhält man unmittelbar die absolute Dichte des Dampfes unter obigen Bedingungen.

Zum besseren Verständnis diene nachfolgendes Beispiel: In das Gefäßchen F wurden 0,1675 g Brom eingefüllt; das Volumen der durch die Bromdämpfe verdrängten und im Eudiometer über Wasser aufgefangenen Luft betrug 26,3 ccm; zwischen dem Wasser im Eudiometer und dem Außenwasser bestand ein Niveauunterschied von 120 mm, die Temperatur der Luft im Eudiometer betrug 20,0° C, der Barometerstand 758,1 mm Hg.

Von dem abgelesenen Barometerstand sind die Tension des Wasserdampfes bei 20,0°C im Betrage von 17,5 mm Hg, ferner für den Niveauunterschied von 120 mm Wasser, da das spezifische Gewicht des Quecksilbers 13,6 beträgt, weitere $\dfrac{120}{13,6}$ mm Hg abzuziehen. Der Druck p der aufgefangenen 26,3 ccm Luft beträgt also

$$p = 758,1 - \frac{120}{13,6} - 17,5 = 731,8 \text{ mm Hg}.$$

Da das Volumen der verdrängten Luft identisch ist mit dem des verdampften Bromes, so wird durch die abgelesenen 26,3 ccm auch das Volumen des Bromdampfes bei 20,0° C und einem Druck von 731,8 mm Hg ausgedrückt (was allerdings nur in unserer Vorstellung besteht, da das Brom sich bei dieser Temperatur und diesem Drucke in flüssigem Aggregatzustande befände). Da es 0,1675 g Brom waren, die verdampft sind, ergibt sich für obige Temperatur und obigen Druck eine Dampfdichte von

$$\frac{0,1675}{26,3} = 0,00637 \frac{\text{gr}}{\text{cm}^3}.$$

Nun ist es aber üblich, das Volumen, daher auch die Dichte der Dämpfe auf den Normalzustand, also auf die Temperatur von 0° C und einen Barometerstand von 760 mm Hg zu beziehen; daher man zunächst das Volumen v = 26,3 auf das Normalvolumen v_0 auf Grund des § 3 wie folgt reduzieren muß:

$$v_0 = \frac{p\,v}{760\,(1 + \alpha t)} = \frac{731,8 \times 26,3}{760\,(1 + 0,003665 \times 20,0)} = 23,6 \text{ cm}^3.$$

Hieraus beträgt die Dichte des Bromdampfes bei 0°C und einem Drucke von 760 mm Hg $\dfrac{0,1675}{23,6} = 0,00710 \dfrac{\text{gr}}{\text{cm}^3}.$

Aus letzterem Wert läßt sich, nebenbei erwähnt, nach § 15 auch das Molekulargewicht des Broms berechnen, denn die Dichte des Bromdampfes, gleich 0,00710, verhält sich zur Dichte des Sauerstoffes, gleich $\frac{32}{22410} = 0{,}00143$, wie das Molekulargewicht, M, des Broms zu dem des Sauerstoffs, gleich 32. Also

$$0{,}00710 : 0{,}00143 = M : 32,$$

woraus
$$M = 159.$$

II. Temperaturmessung.

§ 147. Thermometer. Zur Bestimmung der Temperatur werden verschiedenartig konstruierte Thermometer verwendet: Gasthermometer, Flüssigkeitsthermometer, thermoelektrische Thermometer usw.

Gasthermometer. Wird ein Gas so erwärmt, daß dabei sein Volumen nicht zunehmen kann, so nimmt sein Druck zu; aus dieser Druckzunahme läßt sich auf die Temperaturänderung schließen. Hierauf beruhen die sog. Gasthermometer, deren eines in nebenan stehender Abb. 42 schematisch abgebildet ist und wie folgt konstruiert ist:

Die Hohlkugel K enthält Luft oder ein anderes Gas eingeschlossen und kommuniziert durch ein Kapillarrohr mit einem Quecksilbermanometer, dessen Stand an einer Millimeterskala abzulesen ist. Soll eine Bestimmung vorgenommen werden, so wird die Hohlkugel mit schmelzendem Eis umgeben, und, sobald sie die Temperatur des Eises angenommen hat, der äußere (in der Abb. 42 rechtsseitige) Schenkel des Manometers so weit gehoben oder gesenkt, bis das Quecksilberniveau im inneren linksseitigen Schenkel mit dem Nullpunkt der Skala zusammenfällt; die Niveaudifferenz h des Quecksilbers in beiden Manometerschenkeln und der herrschende Barometerstand werden abgelesen. Nun wird die Hohlkugel in die Flüssigkeit versenkt, deren Temperatur bestimmt werden soll, und sobald der Temperaturausgleich stattgefunden hat, die Quecksilbersäule im linksseitigen Schenkel durch Heben oder Senken des rechtsseitigen Schenkels wieder auf den Nullpunkt gebracht, und die Niveaudifferenz der Quecksilbersäulen und der Barometerstand wieder abgelesen. Aus diesen Daten läßt sich die Temperatur der Flüssigkeit auf Grund des GAY-LUSSACschen Gesetzes (§ 2) berechnen.

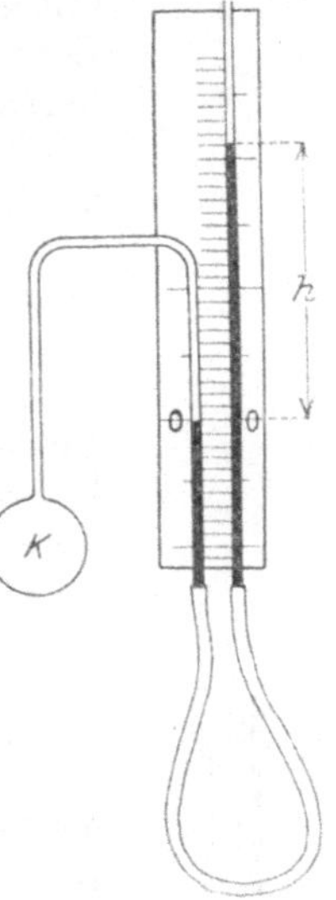

Abb. 42.
Gasthermometer.

Der Verwendbarkeit von Gasthermometern sind bestimmte Grenzen gesteckt. Die untere Grenze wird durch die Eigenschaft der Gase, sich bei einer bestimmten Temperatur zu verflüssigen, gebildet, und zwar sind diese Temperaturen bei einem Drucke von 1 Atm. für Luft bei —191° C, für Helium bei —268° C gelegen usw. Die obere Grenze hängt bloß von der stofflichen Natur der Hohlkugel ab; ist diese z. B. aus Iridium angefertigt, so läßt sich das Gasthermometer auch bei Temperaturen von 2000° C verwenden.

Zu bemerken ist noch, daß Gasthermometer in der Praxis wenig verwendet werden; ihr Gebrauch ist schon aus dem Grunde umständlich, weil bei jeder Ablesung auch der Barometerstand berücksichtigt werden muß.

Von Flüssigkeitsthermometern sind es die Quecksilberthermometer, die am häufigsten verwendet werden; die untere Grenze ihrer Anwendbarkeit ist durch den Gefrierpunkt des Quecksilbers, gleich —39° C gegeben, die obere durch dessen Siedepunkt, gleich 350° C. Soll ein solches Thermometer bei noch höheren Temperaturen verwendet werden, so muß der Raum über dem Quecksilber mit einem Gase (Kohlendioxyd oder Stickstoff) unter hohem Drucke angefüllt sein; dann ist es, wenn aus schwer schmelzbarem Glas angefertigt, auch für Temperaturen bis zu 550° C, wenn aus geschmolzenem Quarz angefertigt, bis zu 750° C anzuwenden.

Sollen sehr niedere Temperaturen, bis zu —200° C, gemessen werden, so bedient man sich mit Alkohol, Pentan oder Petroleumäther gefüllter Thermometer.

Sind es Temperaturdifferenzen, die mit großer Genauigkeit ermittelt werden sollen (wie dies namentlich bei der Bestimmung der Gefrierpunktserniedrigung, der Siedepunktserhöhung, ferner bei calorimetrischen Bestimmungen der Fall ist), so verwendet man sog. BECKMANNsche Thermometer (Abb. 43), die sich von gewöhnlichen Quecksilberthermometern darin unterscheiden, daß ihre Quecksilberbehälter verhältnismäßig sehr geräumig, ihre Kapillare aber verhältnismäßig eng ist, daher bereits eine geringe Veränderung der Temperatur von einer bedeutenden Verschiebung des Quecksilberniveaus gefolgt wird. So entspricht z. B. an den gebräuchlichen BECKMANNschen Thermometern einer Temperaturveränderung von 1° C eine Verschiebung des Quecksilberfadens um·4—5 cm; und da diese Entfernung an der Skala in 100 Teile geteilt ist, lassen sich Hundertstelgrade genau, Tausendstelgrade (mit einer Lupe) schätzungsweise ablesen.

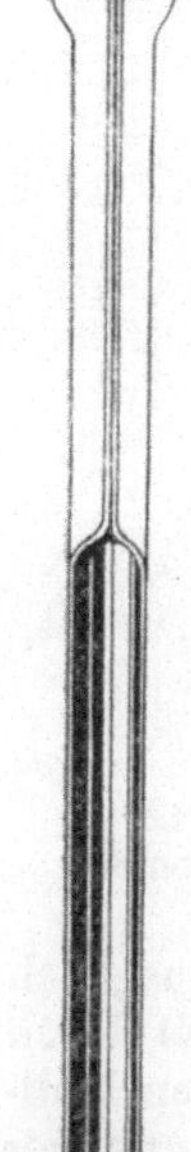

Abb. 43. BECKMANNsches Thermometer.

Da die Entfernung zwischen zwei Skalenteilen, die einer Temperaturveränderung von 1° C entspricht, die erwähnte Länge von 4—5 cm hat, ist es begreiflich, daß der Meßbereich eines solchen Thermometers — sofern ihm nicht eine ungewöhnliche Länge gegeben wird, die es dann ganz und gar unhandlich macht — ein sehr geringer ist. Um das BECKMANNsche Thermometer trotzdem bei verschiedensten Temperaturen, also sowohl etwa bei 0° C (zur Bestimmung des Gefrierpunktes wäßriger Lösungen), als auch etwa bei 100° C (zur Bestimmung des Siedepunktes wäßriger Lösungen) verwenden zu können, ist seine Kapillare am obersten Ende zu einem kleinen Quecksilberbehälter ausgebildet. Es wird, damit das Quecksilberniveau unter allen Umständen im Skalenbereich verbleibe, wenn bei höheren Temperaturen gearbeitet werden soll, Quecksilber aus dem unteren Behälter in den oberen gedrängt, wenn bei niedrigeren Temperaturen gearbeitet werden soll, aus dem oberen in den unteren nachgefüllt.

Aus allem dem geht es hervor, daß das BECKMANNsche Thermometer, wie übrigens bereits erwähnt, in erster Linie zur Bestimmung von Temperaturdifferenzen verwendet wird; will man eine wirkliche Temperaturbestimmung vornehmen, so muß jedesmal, nachdem eine im obigen Sinne neue Füllung des unteren Quecksilberbehälters ausgeführt wurde, festgestellt werden, wie sich die Skalenteilung des Thermometers zu den wirklichen Temperaturgraden verhält.

Thermoelektrische Thermometer, die hauptsächlich zur Bestimmung sehr niedriger oder sehr hoher Temperaturen verwendet werden, sind nach folgendem Prinzip konstruiert. Werden zwei aus verschiedenen Metallen bestehende Drähte an dem einen Ende miteinander verlötet, an dem anderen Ende mit den Polen eines Galvanometers verbunden und die Lötstelle erhitzt, so wird am Ausschlag des Galvanometers zu erkennen sein, daß zwischen den beiden Drähten eine Potentialdifferenz entstanden ist. Handelt es sich um Drahtpaare aus bestimmten Metallen, so hängt die Größe der erwähnten Potentialdifferenz bloß von dem Temperaturunterschiede ab, der zwischen der erwärmten Lötstelle und den freien Drahtenden besteht; daher kann sie als Maß des Temperaturunterschiedes gelten, und entweder mittels eines Millivoltmeters oder mittels des sog. Kompensationsverfahrens (§ 159) bestimmt werden.

Am häufigsten werden thermoelektrische Thermometer verwendet, die aus Platin und einer Legierung von Platin und Rhodium kombiniert sind; solche Thermometer können für Temperaturen bis zu 1600° C verwendet werden. Für niedrigere Temperaturen lassen sich auch andere Metallpaare verwenden, so für Temperaturen bis 900° C solche, die aus Silber und Nickel kombiniert sind.

§ 148. Bestimmung des Gefrierpunktes. Der Gefrierpunkt einer Flüssigkeit wird wie folgt bestimmt: In das Gefrierrohr A der Abb. 44 wird von der zu untersuchenden Flüssigkeit so viel eingefüllt, daß der untere Quecksilberbehälter des eingehängten Thermometers Th von ihr ganz bedeckt sei. Nachdem man auch den Rührer R eingeführt hat, wird das Gefrierrohr A im ganzen in das weite Rohr B eingesetzt, wobei sich A und B

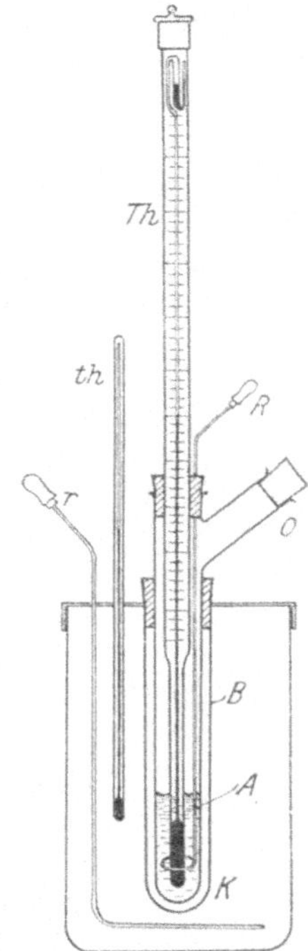

Abb. 44. Gefrierpunktsbestimmung.

nicht berühren, sondern von einer Luftschicht getrennt bleiben. Das so zusammengestellte System wird in eine mit Rührer r und Thermometer th versehene Kältemischung K versenkt, deren Temperatur um einige Grade niedriger sein soll als der erwartete Gefrierpunkt der zu untersuchenden Flüssigkeit beträgt. (Werden z. B. Wasser oder wäßrige Lösungen geprüft, so wird als Bad ein Gemisch von Eis und Kochsalz verwendet.)

Die Temperatur der in A befindlichen Flüssigkeit, die mittels des Rührers ständig durchgemischt wird, nimmt, wie am eingehängten Thermometer Th abzulesen ist, gleichmäßig, jedoch nur langsam ab, und zwar aus dem Grunde, weil die zwischen A und B befindliche Luft als Wärmeisolator wirkt; doch gefriert die Flüssigkeit in der Regel nicht von selbst, auch dann nicht, wenn sie unter ihrem Gefrierpunkt gekühlt wird (§ 88). Sie muß daher künstlich zum Gefrieren gebracht werden, indem man sie mit einem kleinen beim Seitenrohr O eingeführten Partikelchen der außerhalb des Apparates zum Gefrieren gebrachten Flüssigkeit „impft". Jetzt setzt der Gefrierprozeß sofort ein, gleichzeitig beginnt auch der Quecksilberfaden des Thermometers anzusteigen, um an einer bestimmten Skalenstelle zum Stillstand zu kommen. Die Temperatur, die hierbei abgelesen wird, ist der Gefrierpunkt der Flüssigkeit.

§ 149. Bestimmung der Gefrierpunktserniedrigung von Lösungen. Um die Gefrierpunktserniedrigung von Lösungen festzustellen, wird nach dem in § 148 beschriebenen Verfahren erst der Gefrierpunkt des reinen Lösungsmittels, sodann die der Lösung, und zwar am besten unter Verwendung eines in § 147 beschriebenen BECKMANNschen Thermometers bestimmt. Der Unterschied zwischen den beiden so erhaltenen Werten ist die gesuchte Gefrierpunktserniedrigung.

§ 150. Bestimmung des Schmelzpunktes. Da an homogenen kristallinischen Stoffen Gefrier- und Schmelzpunkt identisch sind (§ 88), wird der Schmelzpunkt so bestimmt, wie dies bezüglich des Gefrierpunktes in § 148 beschrieben wurde. Stehen uns aber von der betreffenden Substanz bloß geringe Mengen zur Verfügung, so verfährt man wie folgt: Einige Krümelchen der Substanz werden in ein dünnwandiges, unten verschlossenes, 1—2 mm weites Glasröhrchen gebracht, und das Röhrchen derart an den Quecksilberbehälter des Thermometers A (in Abb. 45) befestigt, daß die Substanz in gleicher Höhe mit dem Quecksilberbehälter zu stehen komme. Nun wird das Thermometer mitsamt dem daran befestigten Röhrchen entsprechend tief in ein Flüssigkeitsbad getaucht, dieses unter fortwährendem Rühren gleichmäßig erwärmt, und die in dem Röhrchen befindliche Substanz genau beobachtet. Sobald sie zu schmelzen beginnt, wird das Thermometer

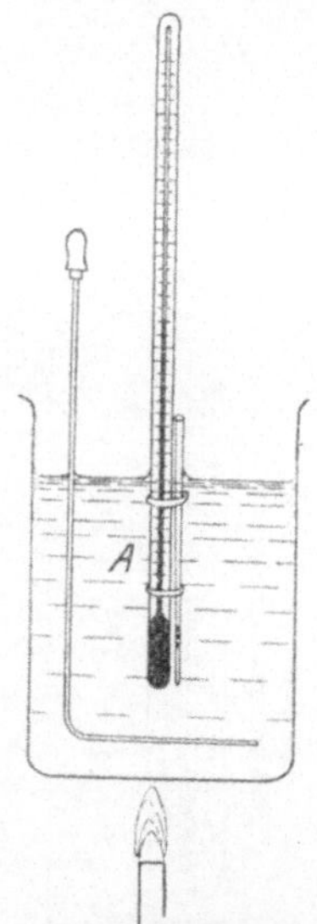

Abb. 45.
Schmelzpunkts-
bestimmung.

abgelesen; die so abgelesene Temperatur ist der Schmelzpunkt der Substanz.

§ 151. **Bestimmung des Siedepunktes.** Die wesentlichen Bestandteile eines Apparates, der zur Bestimmung des Siedepunktes dient, sind in nebenstehender Abb. 46 abgebildet. Dem Siedegefäße A entspringen drei Röhren: eine mittlere vertikale, die mit dem Kühler K verbunden ist, ein Seitenrohr B, das zur Aufnahme des Thermometers dient, und ein Seitenrohr C, durch das die zu prüfende Substanz eingeführt wird. Die Dämpfe der siedenden Flüssigkeit werden im Kühler kondensiert und fließen wieder in das Siedegefäß zurück.

Soll eine Siedepunktsbestimmung ausgeführt werden, so wirft man vorerst zur Verhütung eines Siedeverzuges (§ 86) einige Platintetraëder oder einige Scherbchen von unglasiertem Porzellan in das Siedegefäß. Nun gießt man von der zu prüfenden Flüssigkeit soviel ein, daß der Quecksilberbehälter des Thermometers von ihr vollständig bedeckt sei, verschließt das Gefäß bei C, kocht die Flüssigkeit auf, und erhält sie in starkem Sieden. Die Temperatur, die hierbei abgelesen wird, ist der Siedepunkt der Flüssigkeit. Es muß noch bemerkt werden, daß das Siedegefäß, um eine Beeinflussung des Versuchsergebnisses durch die Außentemperatur zu verhüten, mit einem geeigneten, in Abb. 46 nicht abgebildeten Schutzmantel versehen ist.

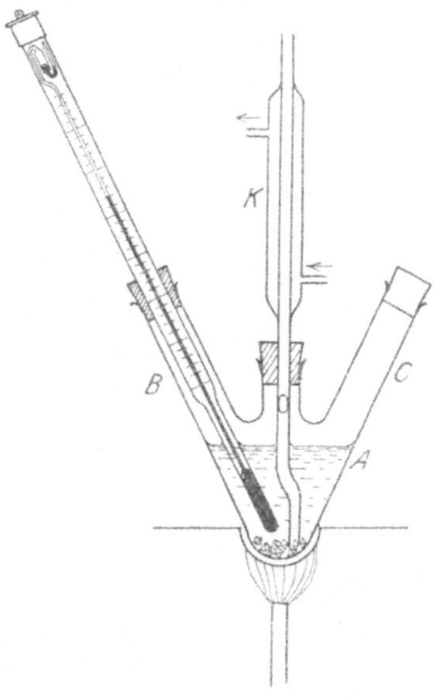

Abb. 46. Siedepunktsbestimmung.

§ 152. **Bestimmung der Siedepunktserhöhung der Lösungen.** Um die Siedepunktserhöhung einer Lösung zu bestimmen, wird erst der in § 151 beschriebene Apparat mit einer bekannten Menge des reinen Lösungsmittels beschickt und sein Siedepunkt bestimmt. Sodann wird beim Seitenrohr C der Abb. 46 eine genau abgewogene Menge der festen Substanz, am besten zu einer Pastille gepreßt, zum Lösungsmittel hineingeworfen, und nachdem sie vollkommen in Lösung gegangen ist, der Siedepunkt wieder bestimmt. Der Unterschied zwischen den beiden so ermittelten Siedepunkten ist die Siedepunktserhöhung der Lösung.

Zu bemerken ist noch, daß es zweckmäßig ist, die beiden Bestimmungen knapp hintereinander vorzunehmen, denn sonst müßte, da die Änderung des Luftdruckes um 1 mm Hg eine Änderung des Siedepunktes um etwa 0,038° C bewirkt, der Barometerstand bei beiden Bestimmungen genau beobachtet und dann in Rechnung gezogen werden.

III. Calorimetrische Bestimmungen.

Zur Bestimmung einer Wärmemenge, die bei einer Reaktion verschwindet oder in Freiheit gesetzt wird, verwendet man sog. Calorimeter, deren Einrichtung je nach der Reaktion, um die es sich handelt und unter welchen Umständen sie geprüft werden soll, eine verschiedene ist. In nachstehendem sollen nur das NERNSTsche und das BERTHELOTsche Calorimeter beschrieben werden.

§ 153. **Das Nernstsche Calorimeter.** Dieses Calorimeter, das in nachstehender Abb. 47 abgebildet ist, wird zur Bestimmung von Wärmemengen verwendet, die beim Vermischen von flüssigen oder gelösten Stoffen gebunden oder in Freiheit gesetzt werden. Einer der miteinander reagierenden Stoffe wird in die dünnwandige Eprouvette A, der andere in das mit dem Thermometer Th und dem Rührer R versehene Gefäß B eingefüllt. Um letzteren von den Temperatureinflüssen der Umgebung zu bewahren, wird er in das äußere Gefäß C eingesetzt, wo er vom Boden durch die Holzklötzchen h isoliert ist. Die in B eingefüllte Flüssigkeit wird mit Hilfe des Rührers so lange durchgemischt, bis ein Temperaturausgleich stattgefunden hat. Nun liest man das Thermometer ab, durchstößt den Boden des Gefäßes A mit dem Glasstab G, worauf sich die beiden Flüssigkeiten vermischen. Unter fortwährendem Rühren wird die Temperatur des Gemisches, das je nach der Art der Reaktion eine Abkühlung oder eine Erwärmung erfahren hat, abgelesen, und aus der Temperaturveränderung die Reaktionswärme berechnet. Um diese Berechnung ausführen zu können, muß aber auch die Wärmekapazität des Calorimeters bekannt sein, d. i. die Wärmemenge, die erforderlich ist, um die Temperatur des Calorimeters um 1° C zu erhöhen; sie läßt sich aus der Menge und spezifischen Wärme der an der Temperaturveränderung beteiligten Stoffe, wie Wasser, Wandung der Gefäße, Thermometer, Rührer usw. ermitteln.

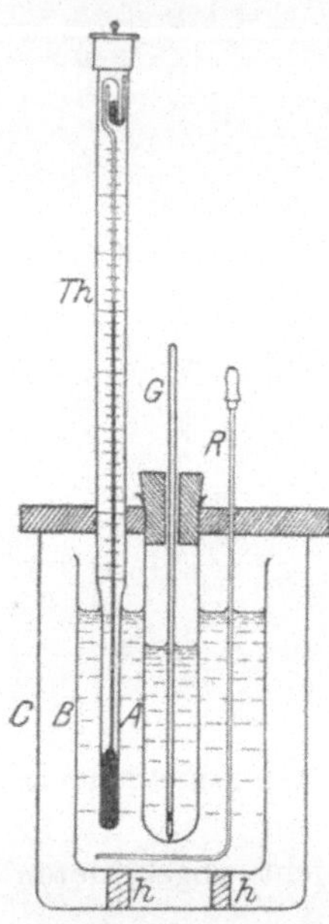

Abb. 47. NERNSTsches Calorimeter.

Es sei z. B. anläßlich einer Reaktion, die sich zwischen zwei wäßrigen Lösungen abspielt, eine Temperatursteigerung von 1,070° C eingetreten, an der beteiligt waren:

500 g der verdünnt-wäßrigen Lösung,
200 g Glas,
50 g Nickel (des Rührers),
30 g Quecksilber (des Thermometers).

Da die spezifische Wärme der verdünnt-wäßrigen Lösung der des Wassers, also 1 gleichgesetzt werden kann, die des Glases aber 0,12, des Nickels 0,11, des Quecksilbers 0,03 beträgt, ist die Wärmekapazität von 500 g der Lösung $\quad 500 \times 1 \quad = 500 \quad$ cal.

„ „ „ 200 g Glas $\qquad 200 \times 0{,}12 = \quad 24 \quad$ „

„ „ „ 50 g Nickel $\qquad 50 \times 0{,}11 = \quad 5{,}5$ „

„ „ „ 30 g Quecksilber $\quad 30 \times 0{,}03 = \quad 0{,}9$ „

die Wärmekapazität des ganzen Systems $= 530{,}4$ cal.

Wenn man daher, um die Temperatur des Calorimeters um 1° C zu erhöhen, ihm 530,4 cal. Wärme zuführen muß, so beträgt im obigen Versuche die aus der Temperatursteigerung von $1{,}070^\circ$ C berechnete Reaktionswärme x

$$1 : 530{,}4 = 1{,}07 : x,$$

woraus

$$x = 568 \text{ cal.}$$

§ 154. Das Berthelotsche Calorimeter. Dieses Calorimeter wird zur Bestimmung der Verbrennungswärme (§ 49) verschiedenster Körper verwendet. Sein wichtigster Bestandteil ist die sog. calorimetrische Bombe, ein dickwandiger innen emaillierter Stahlbehälter A (der Abb. 48) mit der luftdicht aufschraubbaren Decke B. Durch die Decke dringt die Platinröhre R, die in den Innenraum der Bombe hineinragt und einen kleinen Platinring zur Aufnahme des Platintiegelchens T trägt. Durch die Decke B, von ihr sorgfältig isoliert, dringt auch der Platinstab St gegen das Bombeninnere. Stab St und Röhre R sind miteinander durch den dünnen Platindraht P leitend verbunden. Die über die Decke hinausragenden Fortsetzungen von St und von R stellen zwei Elektroden dar, die mit den Polen einer Stromquelle leitend verbunden sind, wobei jedoch der Strom zunächst noch durch einen offenen Kontaktschlüssel unterbrochen ist.

Um die Verbrennungswärme eines Körpers zu bestimmen, wird eine genau abgewogene Menge derselben (wenn möglich zu einer Pastille gepreßt) in das Tiegelchen T gebracht, dieses in den erwähnten Ring eingesetzt, ein Baumwollfaden f von bekannter Verbrennungswärme

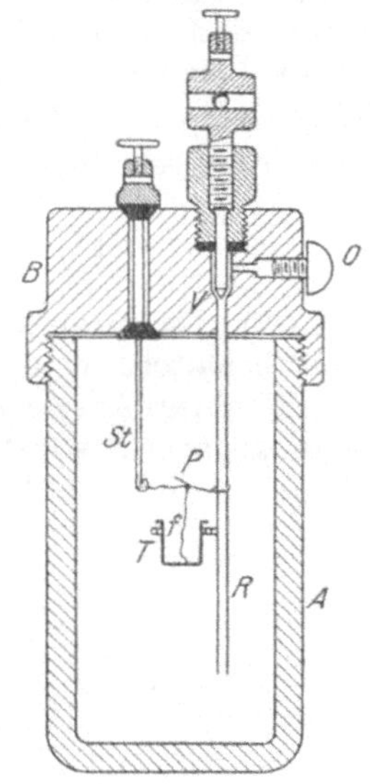

Abb. 48. Berthelotsches Calorimeter.

an den Platindraht P gebunden, das Ende des Fadens über den zu verbrennenden Körper gelegt, und die Decke (die den Platinstab und die Platinröhre mit dem Tiegel, Platindraht und Baumwollfaden trägt) auf den Behälter luftdicht aufgeschraubt. Nun wird die Öffnung O mit einer Stahlflasche, die Sauerstoff unter hohem Drucke enthält, verbunden, erst das Ventil V, dann der Verschluß der Stahlflasche geöffnet, worauf der Sauerstoff durch die Röhre R in die Bombe strömt; der Sauerstoffstrom wird erst eingestellt, wenn der Druck im Bombeninneren den Druck von 25—30 Atmosphären erlangt hat. Jetzt wird die Bombe in ein vernickeltes Blechgefäß gestellt, und soviel Wasser eingegossen, daß aus dem Wasser bloß die Verlängerungen von St und R, die als Elektroden dienen, herausragen, das Blechgefäß in einen größeren Behälter eingesetzt, die es von den Temperaturveränderungen der Umgebung bewahren soll, und in das Blechgefäß ein Rührer und ein BECKMANNsches Thermometer eingehängt.

Ist dies alles geschehen, so wird der Rührer durch ein geeignetes Triebwerk, z. B. durch einen Elektromotor in Bewegung gesetzt, und das Wasser so lange gerührt, bis seine Temperatur konstant geworden ist. Jetzt liest man das Thermometer ab und schließt den bis dahin offenen Stromkreis für eine ganz kurze Zeit, wodurch der dünne Draht P ins Glühen kommt; an ihm entzündet sich der Baumwollfaden, an diesem die Substanz im Tiegelchen. Durch die bei der Verbrennung in Freiheit gesetzte Wärme wird zunächst die Bombe, sodann aber das Wasser im Blechgefäß samt dem Rührer, Thermometer usw. erwärmt.

Sind uns die Temperatursteigerung des Wassers, sowie auch die Menge und spezifische Wärme der oben erwähnten mitbeteiligten Körper bekannt, so läßt sich die Menge der in Freiheit gesetzten Wärme wie in § 153 berechnen; allerdings muß noch die auf den mitverbrannten Baumwollfaden entfallende Wärme abgezogen werden.

IV. Elektrische Messungen.

§ 155. Einleitung; elektrische Einheiten. Besteht zwischen zwei Wasserbehältern eine Niveaudifferenz (Abb. 49), und ist die Möglichkeit eines Ausgleiches dieser Differenz durch die angezeichnete Röhre gegeben, so strömt das Wasser in der durch den einfachen Pfeil angezeigten Richtung aus dem oberen in den unteren Behälter. Dabei wird

a) die Stärke des Wasserstromes, d. i. die Menge der in der Zeiteinheit durch irgendeinen Querschnitt der Röhre tretenden Wassers durch die Niveaudifferenz des Wassers in beiden Behältern und dem Widerstande in der Verbindungsröhre bestimmt;

b) die Arbeit, die vom Wasserstrom geleistet werden kann, durch die Menge des durchströmenden Wassers und die Niveaudifferenz des Wassers in beiden Behältern bestimmt;

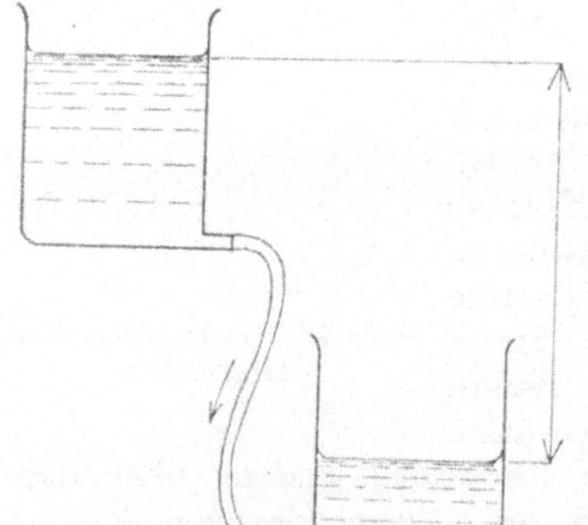

Abb. 49.

c) die in der Zeiteinheit geleistete Arbeit, der sog. Arbeitseffekt aber durch die Stärke des Stromes (siehe oben) und die Niveaudifferenz des Wassers in beiden Behältern bestimmt.

Der elektrische Strom verhält sich in durchaus analoger Weise: er entsteht, wenn es zwischen zwei Körpern zu einer Potentialdifferenz (Niveaudifferenz im Wasserversuch) kommt. Dabei wird:

a) die Stärke (Intensität) des elektrischen Stromes, d. i. die Menge der in der Zeiteinheit durchströmenden Elektrizität durch die Potentialdifferenz (Niveaudifferenz im Wasserversuch) und durch den Widerstand des Verbindungsdrahtes (Verbindungsröhre im Wasserversuch) bestimmt. Dieser Widerstand hängt nebst der stofflichen Natur des Drahtes auch von seiner Temperatur, seiner Länge und seinem Querschnitte ab, und zwar ist er der Länge direkt, dem Querschnitt umgekehrt proportional.

Wird die Stärke (Intensität) des elektrischen Stromes mit i, die Potentialdifferenz mit E, und der Widerstand mit R bezeichnet, so besteht zwischen den genannten Größen die Beziehung

$$i = \frac{E}{R},$$

die als OHMsches Gesetz bekannt ist.

b) Die Größe der vom elektrischen Strome geleisteten Arbeit wird durch die Menge der durchströmenden Elektrizität (des Wassers im Wasserversuche) und durch die Potentialdifferenz (Niveaudifferenz im Wasserversuche) bestimmt.

c) Die in der Zeiteinheit geleistete Arbeit, d. i. der Arbeitseffekt, wird durch die Stärke (Intensität) des elektrischen Stromes (Stärke des Wasserstromes im Wasserversuch) und durch die Potentialdifferenz (Niveaudifferenz im Wasserversuch) bestimmt.

Als Einheiten für die genannten Größen wurden die folgenden gewählt:

1. Die Einheit der Elektrizitätsmenge ist das Coulomb; diejenige Elektrizitätsmenge, durch die bei der Elektrolyse einer Lösung von Silbernitrat 1,1175 mg Silber abgeschieden werden, ist gleich 1 Coulomb.

2. Die Einheit des Widerstandes ist das Ohm; der Widerstand einer Quecksilbersäule von 1 mm² Querschnitt und 106,3 cm Länge bei einer Temperatur von 0° C ist gleich 1 Ohm.

3. Die Einheit der Potentialdifferenz (Spannung, elektromotorische Kraft) ist das Volt. Die Potentialdifferenz, die zwischen den beiden Enden eines Leiters besteht, wenn durch den Leiter die Elektrizitätsmenge von 1 Coulomb pro Sekunde strömt, und der Leiter einen Widerstand von 1 Ohm hat, beträgt 1 Volt.

4. Die Einheit der Stromstärke (Intensität) ist das Ampere. Strömt durch einen Leiter die Elektrizitätsmenge von 1 Coulomb pro Sekunde, so hat der Strom die Intensität von 1 Ampere.

5. Die Einheit der elektrischen Energie ist das Joule, Voltcoulomb. Die von 1 Coulomb Elektrizität im Falle einer Potentialdifferenz von 1 Volt geleistete Arbeit beträgt 1 Voltcoulomb, auch 1 Joule genannt ($= 10^7$ Erg $= 0,2388$ cal.).

6. Die Einheit des Arbeitseffektes ist das Watt. Wird pro Sekunde eine Arbeit von 1 Joule geleistet, so ist der Arbeitseffekt gleich 1 Watt.

Die soeben angeführten Einheiten lassen sich am einfachsten, wie folgt, zusammengefaßt veranschaulichen: Stellen wir uns einen Leiter von 1 Ohm Widerstande vor, der von einem elektrischen Strom derart durchflossen wird, daß zwischen den beiden Enden des Leiters eine Potentialdifferenz von 1 Volt besteht, so beträgt die Menge der pro Sekunde durchfließenden Elektrizität 1 Coulomb, die Stromstärke 1 Ampere, die pro Sekunde durchströmende elektrische Energie 1 Joule, und der Arbeitseffekt 1 Watt.

§ 156. **Messung der Elektrizitätsmenge.** Die Menge der durch einen Stromkreis fließenden Elektrizität wird am besten durch ein in den Stromkreis eingeschaltetes Coulometer (Voltameter) bestimmt. Nebenstehende Abb. 50 stellt ein sog. Silbercoulometer vor, das aus der Silberelektrode Ag und der mit Silbernitratlösung angefüllten Platinschale Pt besteht. Vor dem Versuche wird die Platinschale in leerem Zustande genau gewogen, und nachdem man die Silbernitratlösung eingefüllt hat, das ganze System derart in den Stromkreis geschaltet, daß die Silberelektrode den positiven, die Schale den negativen Pol bilde. Durch den elektrischen Strom wird das Silbernitrat elektrolytisch zersetzt, wobei sich das ausgeschiedene Silber der Platinschale auflagert, während die $NO_3{}^-$-Ionen, die an der Silberelektrode ausgeschieden werden, sich daselbst mit dem Silber zu Silbernitrat verbinden, das in Lösung geht. Da vom Silber der Elektrode genau soviel in Form von Silbernitrat in Lösung geht, als Silber auf die Platinschale niedergeschlagen wird, bleibt die Konzentration der Lösung an Silbernitrat während der ganzen Dauer des Versuches

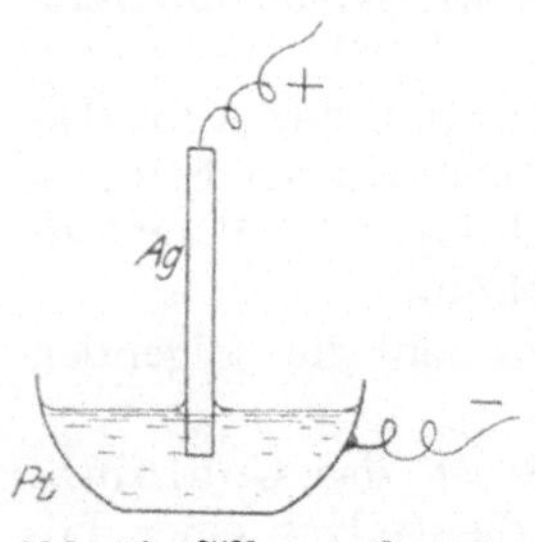

Abb. 50. Silbercoulometer.

unverändert. Am Ende des Versuches wird die Schale entleert, abgespült, getrocknet und genau gewogen; aus dem Unterschied der beiden Wägungen ergibt sich die Menge des abgeschiedenen Silbers. Da es 1,1175 mg Silber sind, die durch die Elektrizitätsmenge von 1 Coulomb zur Abscheidung gebracht werden, so läßt sich aus der Menge des abgeschiedenen Silbers die Elektrizitätsmenge berechnen, die während der Versuchsdauer durch den Stromkreis geflossen war. Wurden z. B. 0,2310 g Silber ausgeschieden, so ist, falls die gesuchte Elektrizitätsmenge x beträgt:

$$1 : 1,175 = x : 231;$$

woraus
$$x = \frac{231}{1,175} = 207 \text{ Coulomb.}$$

An Stelle eines Silbercoulometers kann auch ein Kupfercoulometer, oder auch ein Knallgascoulometer verwendet werden. In ersterem wird die Elektrizitätsmenge aus dem Kupfer berechnet, das sich aus einer Lösung von Kupfersulfat abgeschieden hatte, in letzterem aus dem Knallgase, das in einer Lösung von verdünnter Schwefelsäure gebildet wurde. Der Elektrizitätsmenge von 1 Coulomb entsprechen 0,3292 mg Kupfer bezw. 0,1740 Normal-ccm Knallgas.

Die Elektrizitätsmenge, die durch einen Stromkreis fließt, läßt sich auch aus der Intensität des Stromes (abgelesen an einem in den Stromkreis geschalteten Amperemeter), und aus der Dauer des Stromes ermitteln; denn wenn Elektrizität mit einer Intensität von 1 Ampere 1 Sekunde lang durch einen Leiter strömt, beträgt die Menge der durchgeflossenen Elektrizität 1 Coulomb (§ 155). Hatte z. B. die Intensität eines Stromes 10 Minuten = 600 Sekunden hindurch 2,5 Ampere betragen, so waren $2,5 \times 600 = 1500$ Coulomb durch den Leiter geflossen.

§ 157. **Bestimmung des elektrischen Widerstandes.** An Leitern erster Ordnung, in denen es, wie z. B. an den Metallen, während sie von Elektrizität durchströmt werden, zu keiner Zersetzung kommt, wird der elektrische Widerstand mittels einer sog. WHEATSTONEschen Brücke bestimmt, die auf folgendem Prinzip beruht:

Wird wie in nebenstehender Abb. 51 der von der Stromquelle A gelieferte konstante Strom derart verzweigt, daß ihm die Wege a b c und a b′ c offen stehen, und wird außerdem b mit b′ leitend verbunden, also die beiden Verzweigungen durch bb′ „überbrückt", so wird die „Brücke" bb′ nur in dem

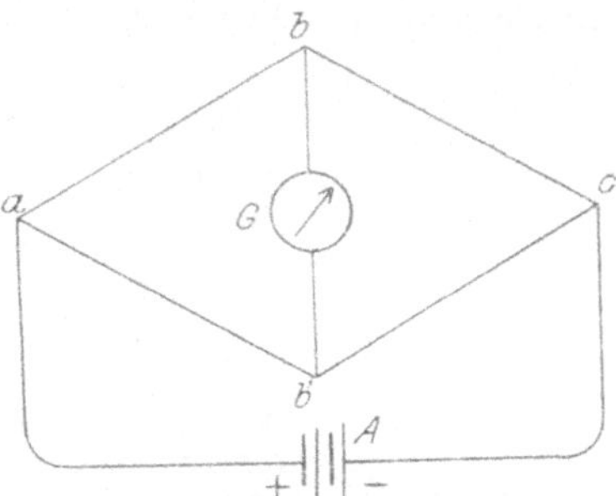

Abb. 51. Prinzip der WHEATSTONE-schen Brücke.

einen Falle stromlos bleiben (wovon man sich durch ein eingeschaltetes Galvanometer G überzeugt), wenn sich die Widerstände der Teilstrecken ab und bc so verhalten, wie die der Teilstrecken ab′ und b′c, wenn also die Gleichung besteht:

$$\frac{a\,b}{b\,c} = \frac{a\,b'}{b'\,c}.$$

Das soeben beschriebene Prinzip wird gegebenen Falles wie folgt verwendet: An Stelle von ab kommt, wie aus Abb. 52 zu ersehen, der Leiter mit dem zu bestimmenden

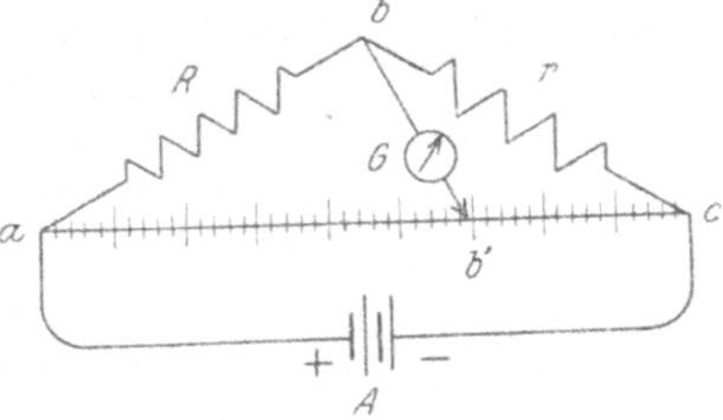

Abb. 52. WHEATSTONEsche Brücke.

Widerstande R, an Stelle von bc ein Leiter mit dem bekannten Widerstande r. Die Strecke ab′c wird durch einen längs einer Millimeterskala ausgespannten gleichmäßig dicken Nickel- oder Platindraht gebildet, auf dem sich das untere Ende der Brücke bb′ leicht verschieben läßt; hierdurch kann man das Verhältnis der Widerstände ab′ und b′c nach Belieben verändern. Soll nun eine Bestimmung vorgenommen werden, so schaltet man erst die Stromquelle A ein, und schiebt das untere Ende der Brücke bb′ so lange nach rechts oder links, bis durch das Galvanometer Stromlosigkeit der Brücke angezeigt wird. In diesem Falle besteht die Gleichung

$$\frac{R}{r} = \frac{a\,b'}{b'\,c},$$

woraus

$$R = r \cdot \frac{a\,b'}{b'\,c}.$$

In dieser Gleichung ist r bekannt; das Verhältnis $\frac{a\,b'}{b'\,c}$ läßt sich aus der Länge der beiden Teilstrecken berechnen, da der Draht überall gleichmäßig dick ist, und demzufolge das Verhältnis der Widerstände a b' und b' c gleich ist dem Verhältnis zwischen den beiden Teilstrecken des Drahtes.

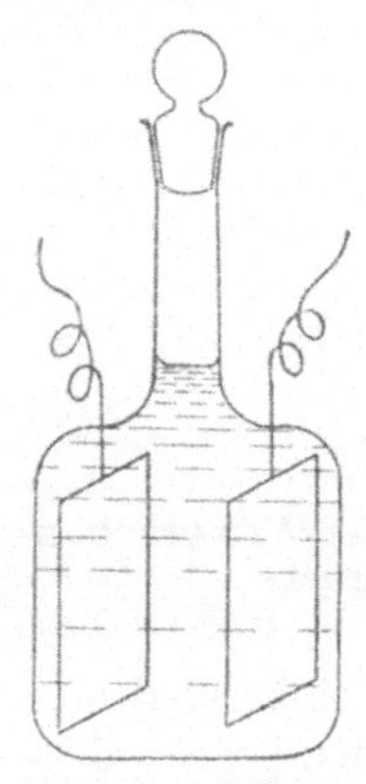

Abb. 53. Widerstandsgefäß.

An Leitern zweiter Ordnung, wie es z. B. wäßrige Lösungen sind, die durch einen konstanten Strom, der sie durchfließt, zersetzt werden, muß, da die mit der Zersetzung einhergehende Polarisation (§ 71) störend einwirkt, anders verfahren werden. Um nämlich die Polarisation zu vermeiden, wird der konstante Strom der Stromquelle A nicht mit dem in Abb. 52 abgebildeten Apparate, sondern mit der primären Rolle eines kleinen Induktorium verbunden, und erst der in der sekundären Rolle entstandene Wechselstrom zu den Stellen a und c des Apparates geleitet; außerdem wird, da unser Galvanometer G auf den Wechselstrom nicht reagiert, an seine Stelle in die Brücke b b' ein Telephon eingeschaltet.

Die zu untersuchende Lösung wird in das in Abb. 53 abgebildete Gefäß, das zwei in unveränderlicher Lage festgehaltene Platinelektroden enthält, eingefüllt und das Gefäß an Stelle von a b in Abb. 52 geschaltet. Nun wird das Ende b' der Brücke b b' längs des Drahtes a b' c so lange nach rechts oder links verschoben, bis das Telephon verstummt, zum Zeichen dessen, daß die Brücke stromlos geworden ist. Die Berechnung erfolgt wie oben.

§ 158. **Spezifischer Widerstand und spezifische Leitfähigkeit.** Um den Widerstand verschiedener Leiter vergleichen zu können, muß er auf die

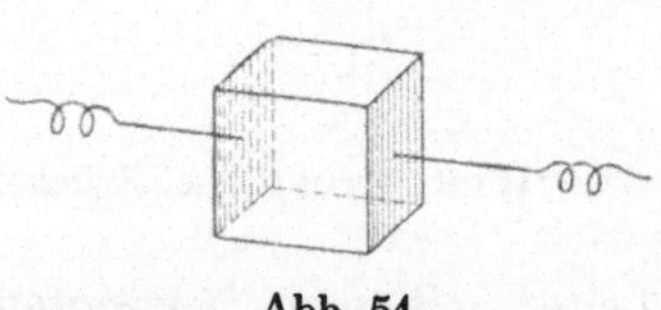

Abb. 54.

gleiche Länge, 1 cm, und den gleichen Querschnitt, 1 cm², bezogen werden; der auf diese Dimensionen des Leiters, also auf einen Würfel des Leiters von 1 cm Seitenlänge (Abb. 54) bezogene Widerstand wird als dessen **spezifischer Widerstand** bezeichnet.

In der Regel wird es jedoch nicht nötig sein, zur Bestimmung des spezifischen Widerstandes die Lösungen in Gefäße einzufüllen, deren

Fassungsraum genau den Umfang eines cm-Würfels reproduziert. Man kann Gefäße von abweichenden Dimensionen (siehe Abb. 53) verwenden, nur muß vorher deren Kapazität, d. h. die Länge und der Querschnitt des Flüssigkeitsprismas bestimmt werden, das sich bezüglich seiner Leitfähigkeit wie das ganze Gefäß selbst verhielte. Wird in das verwendete Gefäß eine Lösung von bekanntem spezifischen Widerstande eingefüllt, und nun einfach der Widerstand der Lösung in fraglichem Gefäße bestimmt, so läßt sich hieraus die Kapazität des Gefäßes leicht berechnen.

Als spezifische Leitfähigkeit eines Leiters wird der reziproke Wert seines spezifischen Widerstandes bezeichnet, also die in reziprokem Ohm ausgedrückte Leitfähigkeit eines Prismas des Leiters, das die Länge von 1 cm und den Querschnitt von 1 cm² hat.

§ 159. **Messung der Potentialdifferenz (Spannung, elektromotorische Kraft).** Um die Potentialdifferenz zwischen den beiden Polen einer Stromquelle zu bestimmen, können wir uns zweierlei Verfahren bedienen:

Ist der innere Widerstand der Stromquelle, an der die Bestimmung vorgenommen werden soll, klein, und ist die Stromquelle imstande, den Strom entsprechend lang in konstanter Stärke zu liefern, so wird ein sog. Zeigervoltmeter eingeschaltet, an dem die Potentialdifferenz einfach abgelesen werden kann. Dieser Apparat beruht auf magnetischen Wirkungen des Stromes.

Ist der Widerstand der zu bestimmenden Stromquelle ein größerer, und ist diese leicht zu erschöpfen, so muß man sich des sog. Kompensationsverfahrens bedienen, das auf folgendem

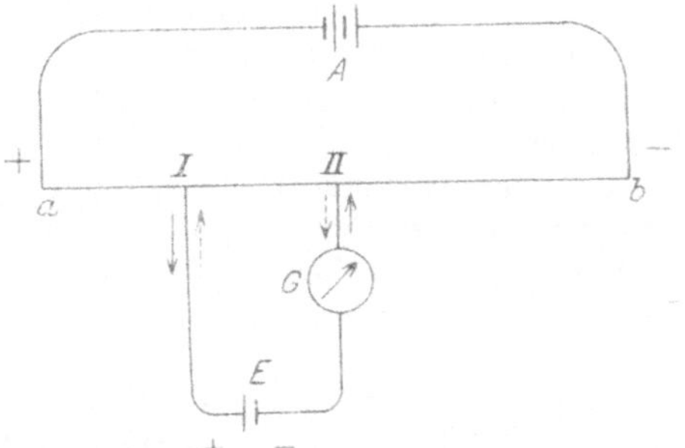

Abb. 55. Schema des Kompensationsverfahrens.

Prinzip beruht: Man verbindet die beiden Pole eines Akkumulators A (oder einer Akkumulatorenreihe), wie in Abb. 55 ersichtlich, mit den Enden a und b eines langen, gleichmäßig dicken, längs einer Millimeterskala ausgespannten Nickel- oder Platindrahtes. Es ist begreiflich, daß die Potentialdifferenz zwischen den in Abb. 55 mit I und II bezeichneten Punkten um so größer ausfällt, je mehr die Entfernung zwischen ihnen beträgt. Nun werden die beiden Pole der zu prüfenden Stromquelle E mit den Stellen I und II des Drahtes so verbunden, daß der zu prüfende Strom dem des Akkumulators entgegengesetzt geschaltet sei. Und zwar wird dies dadurch erreicht, daß der positive Pol von E mit der Stelle des Drahtes verbunden wird, die dem positiven Pole von A näher liegt, der negative Pol von E aber mit derjenigen Drahtstelle, die dem negativen Pole von A näher liegt. In den zu prüfenden Stromkreis wird das Galvanometer G eingeschaltet.

Je nachdem die elektromotorische Kraft von E kleiner oder größer ist als die Spannungsdifferenz zwischen den Stellen I und II des Drahtes, der vom Strom von A durchflossen wird, ergeben sich zwei Möglichkeiten. Ist die elektromotorische Kraft von E kleiner, so wird diese von dem entgegengesetzt gerichteten Akkumulatorstrom überwunden und die Elektrizität strömt im unteren Stromkreise in der Richtung I E G II, wie dies in Abb. 55 durch die ausgezogenen Pfeile angedeutet ist; ist umgekehrt die elektromotorische Kraft von E größer, so wird durch sie der Akkumulatorstrom überwunden, demzufolge der Strom im unteren Stromkreise in der Richtung II G E I, die durch die punktierten Pfeile angedeutet ist, strömt. Je nach dem ersteres oder letzteres der Fall ist, wird das Galvanometer G einen Ausschlag nach der einen oder nach der anderen Seite geben, und nur in dem einen Falle überhaupt keinen Ausschlag geben, wenn die Potentialdifferenz zwischen den Stellen I und II genau so groß ist, wie die elektromotorische Kraft des zu prüfenden Elementes E. Wir sind aber in der Lage, diesen Fall dadurch herbeizuführen, daß wir die Stellen I und II einander so lange nähern oder voneinander entfernen, bis das Galvanometer keinen Ausschlag mehr gibt. Ist dies erreicht, so haben wir nur mehr die Entfernung zwischen den Stellen I und II abzulesen. Wenn man nun den Versuch mit einer Stromquelle von genau gekannter elektromotorischer Kraft, mit einem sog. Normalelement, wiederholt, so läßt sich die elektromotorische Kraft des Elementes E leicht berechnen.

Es folge hier das Beispiel einer Bestimmung der Potentialdifferenz mit dem soeben beschriebenen Kompensationsverfahren: War die zu prüfende Stromquelle eingeschaltet, so betrug, als das Galvanometer keinen Ausschlag mehr gab, die Entfernung zwischen den Stellen I und II 730 mm; wurde nachher das Normalelement mit der elektromotorischen Kraft von 1,0189 Volt eingeschaltet, so betrug jene Entfernung 512 mm; dann besteht die Beziehung

$$512 : 1,0189 = 730 : x,$$

woraus x, d. i. die gesuchte elektromotorische Kraft gleich ist 1,452 Volt.

§ 160. **Messung der Stromstärke (Intensität).** Zur Messung der Stromstärke werden gewöhnlich Amperemeter verwendet, die auf magnetischen oder Wärmewirkungen beruhen. Von ihrer Beschreibung soll hier abgesehen und nur so viel bemerkt werden, daß, sofern in der Stromstärke keine Schwankungen bestehen, die Stromstärke auch mittels eines Coulometers (§ 156) bestimmt werden kann, da ja die Stromstärke in dem Falle 1 Ampere beträgt, wenn durch den Leiter die Elektrizitätsmenge von 1 Coulomb pro Sekunde strömt. Wurde z. B. mittels eines Coulometers festgestellt, daß während der Dauer von 10 Minuten, d. h. 600 Sekunden, die Elektrizitätsmenge von 1500 Coulomb durch einen Leiter geströmt ist, so waren pro Sekunde $\frac{1500}{600} = 2{,}5$ Coulomb durchgeflossen; dies bedeutet aber eine Stromstärke von 2,5 Ampere.

V. Optische Untersuchungen.

A. Spektralanalyse.

§ 161. Das Spektroskop. Durch glühende Stoffe werden Strahlen von verschiedener Wellenlänge ausgesendet. Tritt ein solches Strahlenbündel durch ein Prisma P (Abb. 56), so werden die Strahlen von verschiedener Wellenlänge (Farbe) verschieden stark gebrochen, demzufolge auf dem Schirme Sch so viel räumlich getrennte und verschieden gefärbte Bilder des Spaltes Sp erscheinen, als das auf den Spalt auffallende und nachher durch das Prisma gebrochene Licht Komponenten enthalten hatte: das aus verschiedenen Komponenten zusammengesetzte Licht wurde also in diese Komponenten zerlegt.

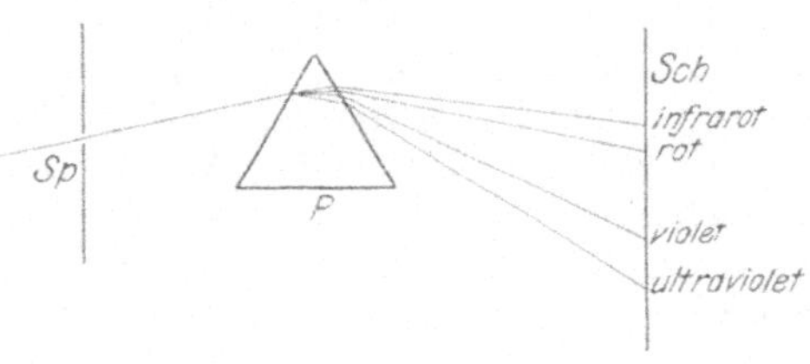

Abb. 56.

Von den sichtbaren Strahlen werden die mit den kleinsten Wellenlängen, die violetten, am stärksten, die mit den größten Wellenlängen, die roten, am wenigsten gebrochen. Die durch das Auge nicht wahrnehmbaren, jenseits vom Violett befindlichen sog. ultravioletten Strahlen werden noch stärker als die violetten, die diesseits vom Rot befindlichen sog. infraroten Strahlen noch weniger als die roten gebrochen.

Apparate, mittels deren man zusammengesetztes Licht auf Grund des oben erörterten Prinzipes in die Komponenten zerlegt, werden als Spektroskope bezeichnet und können verschiedenartig konstruiert sein. In nachstehender Abb. 57 ist der am häufigsten gebrauchte

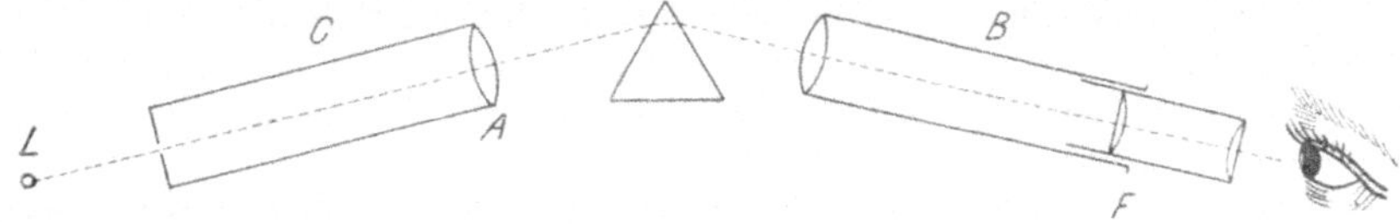

Abb. 57. Spektroskop.

Typus abgebildet: Das Licht der Lichtquelle L fällt auf den engen Spalt der Röhre C, und da sich dieser Spalt im Brennpunkte der Linse A befindet, werden die durch die Linse tretenden Strahlen als paralleles Bündel auf das Prisma geworfen. Das durch das Prisma in seine Komponenten zerlegte Licht gelangt in die Röhre B, wo sich die Strahlen von je einer Wellenlänge zu einem schmalen, entsprechend gefärbten wahren Bilde des Spaltes vereinigen, das nichts anderes ist als eine Spektrallinie. Die Gesamtheit aller Spaltbilder, deren es im gegebenen Falle so viele gibt als das Licht Komponenten von verschiedener Wellenlänge enthalten hatte, ist das Spektrum, das durch das Fernrohr F beobachtet wird. Um die Lage der einzelnen Spaltbilder, der Spektrallinien, feststellen zu können, wird auf die Stelle, wo das Bild des Spektrums erscheint, auch das Bild einer Skala hinprojiziert.

Sollen mit dem Spektroskope auch ultraviolette Strahlen beobachtet werden, so muß man einerseits, da diese Strahlen durch Glas stark absorbiert werden, Prisma und Linsen aus Quarz verwenden; anderseits, da unser Auge ultraviolette Strahlen nicht wahrzunehmen vermag, an Stelle des Fernrohres F eine lichtempfindliche photographische Platte anbringen. Die Platte wird nach Ablauf der nötigen Expositionszeit in gewohnter Weise entwickelt und dann fixiert.

§ 162. **Die Emmissionsspektra fester, flüssiger, sowie gas- und dampfförmiger Körper.** Im Glühen befindliche feste und flüssige Körper haben ein kontinuierliches Spektrum; d. h. sie senden Strahlen von verschiedensten Wellenlängen (Farben) aus. Wird z. B. das Licht eines glühenden Auerstrumpfes oder einer leuchtenden Metallfadenlampe untersucht, so sind in dem Spektrum Strahlen von jeder Farbe (rot, orange, gelb, grün, blau, violett) ohne jede Lücke aufzufinden.

Wird hingegen das Licht von glühenden Gasen oder Dämpfen untersucht, so findet man, daß ihr Spektrum nicht kontinuierlich ist, sondern aus farbigen Linien besteht, die voneinander durch dunkle Strecken geschieden sind. Lage, Zahl und relative Stärke dieser farbigen Spektrallinien ist für die stoffliche Natur des betreffenden Gases oder Dampfes charakteristisch, daher sich aus dem Spektrum auf die stoffliche Natur des glühenden Gases oder Dampfes schließen läßt. Es ist dies die Grundlage der sog. Spektralanalyse, bei der man wie folgt verfährt.

Handelt es sich um ein leichtflüchtiges Metallsalz, so wird ein kleines Krümelchen davon auf einen Platindraht in eine nichtleuchtende Bunsenflamme geschoben, wobei das Salz verdampft, seine Dämpfe ins Glühen kommen; das von diesen Dämpfen ausgesandte Licht wird mit dem Spektroskope untersucht. Dieses Verfahren läßt sich an den Alkalimetallen Li, Na, K, Rb, Cs und an den Erdalkalimetallen Ca, Sr, Ba, anwenden.

Die Salze der übrigen Metalle sind schwer flüchtig, daher man zwischen Elektroden, die aus dem zu prüfenden Metall angefertigt sind, elektrische Funken durchschlagen läßt (Funkenspektrum).

Das Spektrum von Gasen wird in sog. GEISSLERschen Röhren untersucht. Zu diesem Behufe wird eine Glasröhre mit dem betreffenden Gase gefüllt, sein Druck mittels einer Luftpumpe auf etwa 2—3 mm Hg herabgesetzt, und die Röhre entweder durch Hahnverschluß oder durch Abschmelzen verschlossen. Nun werden die Elektroden, die an je einem Ende der Röhre eingeschmolzen sind, mit dem sekundären Stromkreis eines Induktoriums verbunden, worauf das verdünnte Gas besonders an den verengten Stellen der Röhre zum Leuchten gebracht wird. Wirft man dieses Licht auf den Spalt eines Spektroskops, so erhält man das Emissionsspektrum des untersuchten Gases.

§ 163 Absorptionsspektrum. Wird zwischen Spektroskop und eine Lichtquelle, die, wie z. B. Auerlicht, ein kontinuierliches Spektrum liefert, eine verdünnte Lösung von Kaliumhypermanganat eingeschaltet, so sieht man das vorher kontinuierliche Spektrum jetzt von mehreren schwarzen Streifen unterbrochen. Dem Kaliumhypermanganat ähnlich verhält sich jeder farbige, durchsichtige Körper, mit dem Unterschied, daß man die dunklen Streifen je nach dem farbigen Körper, um den es sich handelt, jeweils an verschiedenen Stellen des Spektrums findet. Die Stelle und Zahl der besagten dunklen Streifen kann für die stoffliche Natur des untersuchten Körpers charakteristisch sein, so daß auf diese Weise auch ihr Nachweis möglich ist.

Die soeben beschriebenen Spektra unterscheiden sich von den im § 162 beschriebenen kontinuierlichen Spektrum dadurch, daß an ihnen einzelne Stellen ausfallen, dunkel bleiben, daher sie als **Absorptionsspektra** bezeichnet werden. Sie entstehen dadurch, daß das an und für sich ein kontinuierliches Spektrum liefernde Licht von dem eingeschalteten farbigen Körper nicht gleichmäßig durchgelassen wird: Strahlen von bestimmten Wellenlängen (Farben) werden absorbiert, die übrigen glatt durchgelassen.

§ 164. Absorptionsspektrum glühender Gase und Dämpfe. Schaltet man zwischen Spektroskop und Lichtquelle, die an und für sich ein kontinuierliches Spektrum liefert, glühende Gase oder Dämpfe ein, so erscheint das Spektrum genau an denselben Stellen relativ dunkler, an denen sich die charakteristischen Spektrallinien im Emissionsspektrum der betreffenden Gase und Dämpfe befinden. Wird z. B. zwischen Spektroskop und Auerlicht, dessen Spektrum ein kontinuierliches ist, eine Bunsenflamme, in der man ein Natriumsalz verdampfen läßt (also eigentlich glühender Natriumdampf) geschaltet, so wird im kontinuierlichen Spektrum des Auerlichtes eine relativ dunkle Linie, und zwar genau an der Stelle erscheinen, wo sich die gelbe, für glühende Natriumdämpfe charakteristische Linie befindet.

Die soeben beschriebene Eigenschaft glühender Gase und Dämpfe läßt sich kurz wie folgt zusammenfassen: Durch glühende Gase und Dämpfe werden gerade die Strahlen absorbiert, die sie selbst auszusenden vermögen.

§ 165. Das Spektrum der Himmelskörper. Das Licht der Himmelskörper, darunter auch das der Sonne, liefert kein kontinuierliches, sondern ein von einer Unzahl von dunklen Linien, FRAUNHOFERschen Linien, unterbrochenes Spektrum, dessen Ursprung der folgende ist:

Die Sonne besteht aus einem feurig-flüssigen Kern, der von glühenden Dämpfen umgeben ist. Der Kern sendet wie jeder fester oder flüssiger Körper im glühenden Zustande (§ 162) wohl ein Licht vom kontinuierlichen Spektrum aus; doch werden durch die glühenden Dämpfe, die den Kern der Sonne umgeben, gerade diejenigen Strahlen des von dem Kerne ausgesendeten Lichtes absorbiert, die von den glühenden Dämpfen selbst ausgesendet werden können. Die FRAUNHOFERschen Linien sind also nichts anderes als Absorptionslinien der in den genannten Dämpfen

enthaltenen Elemente und konnte aus der Lage dieser Linien festgestellt werden, daß in den den Sonnenkern umgebenden glühenden
Dämpfen beinahe sämtliche auf Erden vorkommende Elemente enthalten sind.

B. Bestimmung des optischen Drehungsvermögens.

§ 166. Das polarisierte Licht. Im Sinne der Schwingungstheorie
besteht das Licht in transversalen Schwingungen des Äthers, und zwar
erfolgen diese Schwingungen am gewöhnlichen Lichte in jeder der
zahllosen Ebenen, die durch seine Fortpflanzungsrichtung gelegt
werden können.

Durch entsprechende Einrichtungen läßt sich jedoch gewöhnliches
Licht in solches verwandeln, an dem die Schwingungen bloß in einer
einzigen Ebene erfolgen: solches Licht wird als polarisiertes Licht
bezeichnet. Zu jenen Einrichtungen gehört auch ein sog. NICOLsches
Prisma, eigentlich ein Kalkspatkrystall, der nach einer ganz bestimmten
Vorschrift abgeschliffen, entzweigeschnitten und wieder zusammenge-

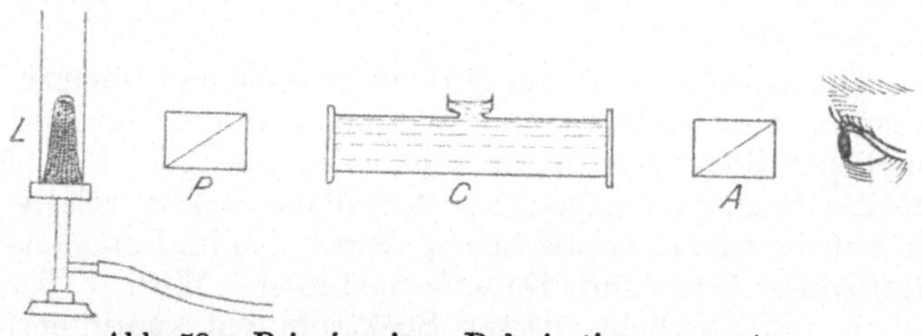

Abb. 58.   Prinzip eines Polarisationsapparates.

klebt wird; tritt gewöhnliches Licht durch ein solches Prisma, so verbleibt
ihm von allen früheren Schwingungen eine einzige, und zwar diejenige,
die in der Ebene des „Hauptschnittes" des Krystalles erfolgt.

Auf dieser Eigenschaft der NICOLschen Prismen beruhen die in
den Laboratorien vielfach angewendeten Polarisationsapparate, deren
Prinzip nachfolgend erläutert werden soll:

Läßt man das Licht der Lichtquelle L in Abb. 58 durch die beiden
NICOLschen Prismen P und A treten, so wird, wenn sich die Prismen,
wie in der Abbildung, in identischen Lagen, einander „parallel" orientiert befinden, das Licht, wenn auch etwas geschwächt, doch bis zu
dem beobachtenden Auge gelangen. Wird jedoch das Prisma A um
eine Achse, die in der Fortpflanzungsrichtung des Lichtes gelegen ist,
allmählich weitergedreht, so nimmt das Licht an Intensität zusehends
ab, und hat man um 90° weitergedreht, so daß die beiden Prismen
nunmehr „gekreuzt" orientiert sind, so wird das Gesichtsfeld vollends
dunkel: es gelangt gar kein Licht ins beobachtende Auge. Dreht man
in der bisher verfolgten Richtung weiter, so wird das Gesichtsfeld
wieder heller, und wenn man um 180° gedreht hat, ist das ursprüngliche Maximum der Helligkeit wieder erreicht; dreht man noch
weiter, so wird das Gesichtsfeld wieder zusehends dunkler, um bei

270° das Maximum an Dunkelheit, endlich bei 360° wieder das Maximum an Helligkeit zu erlangen.

Diese Erscheinung wird wie folgt erklärt. Sind die Prismen so wie in Abb. 58 „parallel" orientiert, so lassen sie nur die Schwingungen hindurchtreten, die in einer Ebene (in der Ebene des Papieres) erfolgen, daher nur dieses Licht in das Auge gelangen kann. Wird aber das Prisma A ein wenig herumgedreht, so wird das Licht, das durch das Prisma P in polarisiertes Licht verwandelt wurde, vom Prisma A teilweise absorbiert; und hat man um 90° herumgedreht, so daß die beiden Prismen „gekreuzt" sind, so wird vom Prisma A das von P herkommende polarisierte Licht seiner Gänze nach absorbiert.

Wird jetzt eine Röhre, die an beiden Enden mit planparallelen Glasplättchen verschlossen werden kann, mit einer konzentrierten Rohrzuckerlösung angefüllt, und in obiger Versuchseinrichtung zwischen die „parallel" orientierten Prismen geschaltet, wobei, wie wir sahen, das Gesichtsfeld ein Maximum an Helligkeit haben müßte, so wird man das Gesichtsfeld erheblich verdunkelt finden. Dreht man jedoch das Prisma A allmählich vom Standpunkte des Beobachters aus nach rechts in der Richtung des Uhrzeigers herum, so wird sich alsbald eine Stellung finden, in der die frühere Helligkeit des Gesichtsfeldes wieder vollkommen hergestellt ist. Waren umgekehrt die beiden Prismen von vornherein in „gekreuzter" Stellung, daher das Gesichtsfeld maximal dunkel, so hellt sich dieses nach Einschaltung der Röhre mit der Zuckerlösung auf; und will man das frühere Maximum an Dunkelheit erlangen, so muß das Prisma genau um demselben Winkel wie oben nach rechts herumgedreht werden.

Diese Wirkung der Rohrzuckerlösung wird dadurch hervorgerufen, daß die Ebene des polarisierten Lichtes durch den Rohrzucker, von der Lichtquelle aus betrachtet, nach links, vom Stande des Beobachters betrachtet allerdings nach rechts gedreht wird. Diese Drehung der Schwingungsebene hat zur natürlichen Folge, daß die Strahlen nach dem Durchtritt durch die Rohrzuckerlösung nicht mehr in der zuvor erwähnten Ebene des Papieres, sondern in einer im Verhältnis zu ihr schiefen Ebene polarisiert sind. Um daher das ursprüngliche Maximum an Helligkeit bezw. Dunkelheit des Gesichtsfeldes wieder zu erlangen, muß das Prisma A genau um denselben Winkel, und zwar in derselben Richtung herumgedreht, also gleichsam nachgedreht werden, als die Schwingungsebene des polarisierten Lichtes durch die Zuckerlösung abgelenkt wurde.

Es gibt eine ganze Anzahl von Substanzen, die sich in ihren Lösungen polarisiertem Lichte gegenüber so wie Rohrzucker verhalten: sie werden als optisch aktiv bezeichnet, sie haben ein optisches Drehungsvermögen.

§ 167. **Polarisationsapparate.** Um das optische Drehungsvermögen der Verbindungen zu bestimmen, wurden verschiedenartige Apparate konstruiert, von denen aber hier nur der am häufigsten gebrauchte Typus, der der „Halbschattenapparate", geschildert sei.

Die Bestandteile eines Halbschattenapparates (Abb. 59) sind ihrem Wesen nach dieselben, die im § 166 (Abb. 58) beschrieben wurden: ein Prisma A, das als Analysator, und ein Prisma P, das als Polarisator bezeichnet wird. Zu diesen beiden kommt jedoch ein weiteres NICOLsches Prisma, das Hilfsprisma p, das sich jedoch bloß über die eine, in der Zeichnung obere Hälfte des Gesichtsfeldes erstreckt und das gegen die Lage des Polarisators um einige (3—10) Grade herumgedreht ist.

Zu dem Apparate gehört noch die Sammellinse L, in deren Brennpunkt sich die Lichtquelle, eine durch Kochsalz gelb gefärbte Bunsenflamme befindet. Außerdem ist der mittlere Teil des Apparates zu einer Rinne ausgebildet, durch die die Röhre C aufgenommen werden kann. Die Fassung Fa des Analysators A läßt sich zugleich mit den an ihr befestigten Teilen um die Längsachse des Apparates herumdrehen.

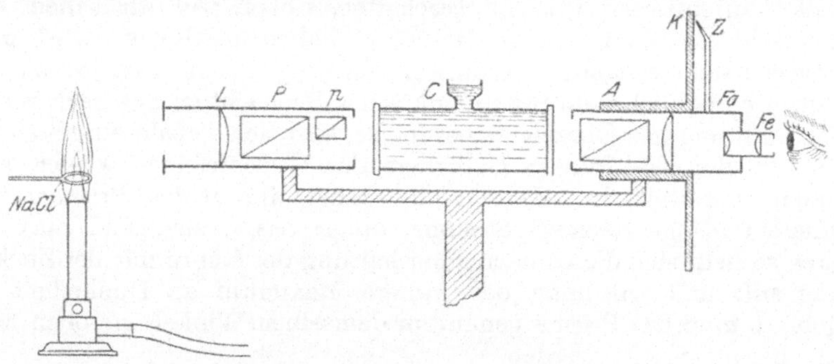

Abb. 59.   Halbschattenpolarimeter.

Diese Teile sind das Fernrohr Fe und der Zeiger Z. Indem sich Zeiger Z längs der Kreisskala der Scheibe K bewegt, läßt sich der Winkel ablesen, um den man den Analysator herumdreht.

Das Gesichtsfeld eines solchen Apparates ist in zwei gleiche Hälften geteilt; das Licht der einen (in der Abb. 59 oberen) Hälfte des Gesichtsfeldes war vorher auch durch das Hilfsprisma p getreten; dem Licht der anderen (in der Abb. 59 unteren) Hälfte stand das Hilfsprisma nicht im Wege. Wird daher der Analysator um eine horizontale, der Fortpflanzungsrichtung des Lichtes im Apparate entsprechende Achse bald in der einen, bald in der anderen Richtung herumgedreht, so wird von beiden Hälften des Gesichtsfeldes bald die eine, bald aber die andere maximal hell, bezw. maximal dunkel. Als Nullpunkt des Apparates gilt die mittels des Zeigers an der Kreisteilung abgelesene Stellung des Analysators, bei der die beiden Hälften des Gesichtsfeldes gleichmäßig hell sind. Da diese Helligkeit infolge des eingeschalteten Hilfsprismas niemals eine maximale sein kann, wird eben der Apparat als Halbschattenapparat bezeichnet.

Stellt man den Apparat erst auf diesen Nullpunkt ein, liest die Kreisskala ab und legt die mit der zu prüfenden, optisch aktiven Lösung

gefüllte Röhre C ein, so werden die beiden Hälften des Gesichtsfeldes
wieder ungleich. Wird jetzt der Analysator so lange herumgedreht,
bis die beiden Hälften des Gesichtsfeldes wieder gleich hell geworden
sind und die Stellung des Zeigers an der Kreisskala abgelesen, so entspricht der Unterschied α zwischen dem jetzt abgelesenen Winkel
und dem vorangehend abgelesenen Nullpunkt des Apparates dem op-
tischen Drehungsvermögen der in die Röhre eingeschlossenen Flüssigkeit.

Das optische Drehungsvermögen einer gelösten Substanz hängt
nebst ihrer stofflichen Qualität von der Länge l der Beobachtungsröhre
und von der Konzentration c der Lösung ab, wobei unter c hier (in
polarimetrischen Untersuchungen) die in 100 ccm der fertigen Lösung
enthaltene Menge des Stoffes, in g ausgedrückt, zu verstehen ist. Um
nun das Drehungsvermögen verschiedener optisch aktiver Stoffe vergleichen zu können, wird an jedem derselben das sog. spezifische
Drehungsvermögen berechnet, d. i. das Hundertfache des Drehungs-
vermögens der in einer 1 dm langen Röhre geprüften Lösung, wenn
sie in 100 ccm der Lösung 1 g des Stoffes gelöst enthält. Wird daher in der Lösung eines Stoffes, die die Konzentration c hat, in einer
l dm langen Röhre ein Drehungsvermögen in der Höhe von α festgestellt, so beträgt das spezifische Drehungsvermögen, das mit $[\alpha]$ bezeichnet wird,

$$[\alpha] = \frac{100\,\alpha}{c \cdot l}.$$

Das spezifische Drehungsvermögen verschiedener Stoffe wird meistens
auf gelbes Natriumlicht, also auf die Spektrallinie D, und weiterhin
auf die Temperatur von 20° C bezogen; das unter diesen Umständen
ermittelte spezifische Drehungsvermögen wird mit $[\alpha]_D^{20}$ bezeichnet;
außerdem durch ein Plus- bezw. Minuszeichen angedeutet, ob die Ebene
des polarisierten Lichtes nach rechts oder nach links gedreht wird.

Wird daher z. B. bezüglich des Rohrzuckers angegeben, daß in
seiner wäßrigen Lösung

$$[\alpha]_D^{20} = +\,66{,}5,$$

so will dies besagen, daß die Ebene des polarisierten Lichtes durch
eine Lösung von Rohrzucker, die in 100 ccm 1 g gelöst enthält, in
einer 1 dm langen Röhre bei Natriumlicht und bei 20° C untersucht,
um 0,665° nach rechts gedreht wird.

Ist uns umgekehrt das spezifische Drehungsvermögen der wäßrigen
Lösung eines optisch aktiven Stoffes bekannt, so läßt sich mit Hilfe
obiger Formel aus dem Ergebnisse ihrer polarimetrischen Untersuchung
die Konzentration c der Lösung berechnen. Aus obiger Formel

$$[\alpha] = \frac{100\,\alpha}{c \cdot l}$$

folgt nämlich, daß

$$c = \frac{100\,\alpha}{[\alpha] \cdot l}.$$

Hatte also z. B. eine Rohrzuckerlösung, in einer 2 dm langen Röhre
untersucht, eine Drehung der Ebene des polarisierten Lichtes um

5° ergeben, so ist, da das spezifische Drehungsvermögen des Rohrzuckers wie oben angegeben, $+ 66,5°$ beträgt

$$c = \frac{100 \times 5}{66,5 \times 2} = 3,76.$$

d. h. die fragliche Lösung enthält pro 100 ccm 3,76 g Rohrzucker.

C. Ultramikroskopie.

§ 168. Tyndalls Phänomen. Wenn man zuweilen direkt sieht, wie ein Bündel von Sonnenstrahlen beim Fenster in das Zimmer dringt, rührt dies davon her, daß durch die in der Luft schwebenden Staub- oder Rauchpartikelchen Licht gegen das Auge reflektiert wird; hierzu ist jedoch notwendig, daß das Auge nicht durch direktes Sonnenlicht getroffen sei. Es handelt sich bei dieser Erscheinung um kleinste Teilchen, die sonst vom bloßen Auge durchaus nicht wahrgenommen werden können.

Mit derselben Erscheinung hat man es zu tun, wenn ein Strahlenbündel einer intensiven Lichtquelle, z. B. einer Bogenlampe, durch eine Flüssigkeit tritt, die sehr kleine Teilchen suspendiert enthält; denn auch hier läßt sich, wie in nebenstehender Abb. 60 abgebildet, der Verlauf der Strahlen durch die Flüssigkeit beobachten. Diese als Tyndalls Phänomen be-

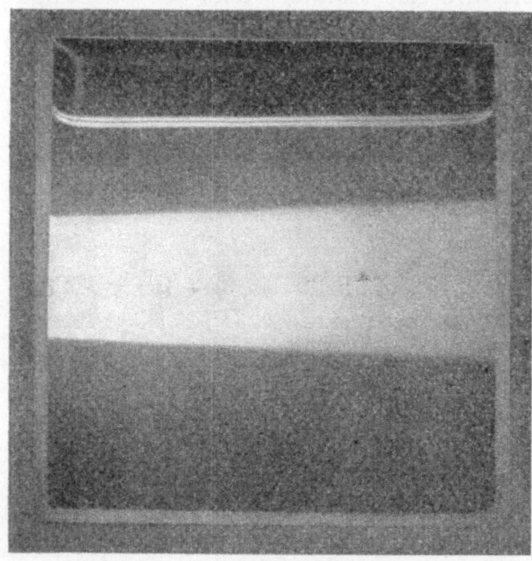

Abb. 60. Tyndalls Phänomen.

zeichnete Erscheinung rührt wiederum davon her, daß sehr schwaches Licht von den grell beleuchteten Teilchen gegen das Auge hin reflektiert wird. Allerdings werden diese Teilchen dem Auge nur sichtbar, wenn es vorangehend durch den Aufenthalt im Finstern stark lichtempfindlich gemacht wurde und vor direktem, intensivem Licht bewahrt bleibt. Auch hier werden also kleine, diesmal in der Flüssigkeit suspendierte Teilchen sichtbar, die bei greller Beleuchtung (im Freien, bei Sonnenschein) nicht wahrgenommen werden könnten.

§ 169. Das Ultramikroskop. Auf dem in § 168 entwickelten Prinzip beruht das Ultramikroskop, unter dem noch Teilchen gesehen werden können, die bei der gewöhnlichen Mikroskopie auch im Falle des theoretisch denkbar stärksten Auflösungsvermögens nicht mehr wahrgenommen werden können.

Der Apparat besteht in der Form, wie er von ZSIGMONDY und SIEDENTOPF 1903 zuerst angegeben wurde, aus folgenden Teilen (Abb. 61): Durch das Linsensystem A, B, C, dessen Brennpunkt sich im Gefäßchen G befindet, werden die von der starken Bogenlampe L ausgesandten Lichtstrahlen in der in G befindlichen Flüssigkeit, die auf ihren Gehalt an schwebenden Teilchen untersucht werden soll, zur Vereinigung gebracht. Über G ist ein Mikroskop angebracht und wird dieses auf die Spitze des Lichtkegels, also auf die am stärksten beleuchtete Stelle der Flüssigkeit eingestellt.

Aus dieser Beschreibung geht hervor, daß man, wenn man von oben in das Mikroskop blickt, nur das von den in der Flüssigkeit schwebenden Teilchen nach oben reflektierte Licht ins Auge bekommt, jedoch keines, das direkt von der Bogenlampe herkäme. Dieses reflektierte Licht, das die Teilchen bemerkbar macht, ist aber relativ schwach; um es vom beobachtenden Auge gut wahrnehmbar zu machen, muß der Versuch im verfinsterten Zimmer vorgenommen und muß die Bogenlampe,

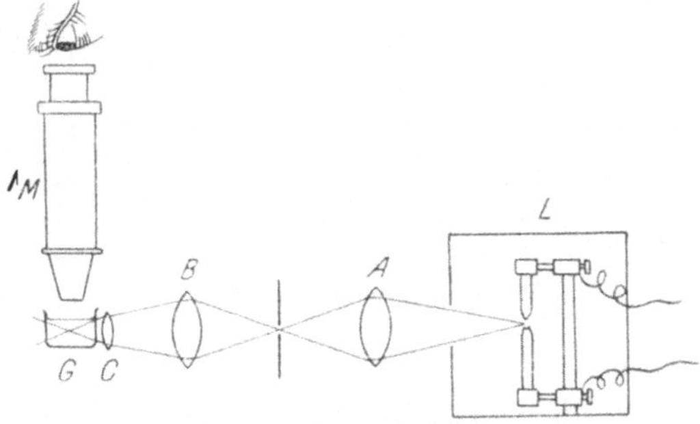

Abb. 61. Ultramikroskop.

deren Strahlen sich im Zimmer verbreiten könnten, in einem lichtdichten Kasten untergebracht werden.

Wie bereits an einer anderen Stelle (§ 123) erwähnt, kann man mittels gewöhnlicher Mikroskopie höchstens noch Teilchen wahrnehmen, deren Durchmesser $0,2\ \mu$ ($1\ \mu = 0,001$ mm) beträgt, und läßt sich ein stärkeres Auflösungsvermögen, wie theoretisch begründet werden kann, nicht erreichen. Hingegen sind unter dem Ultramikroskop noch Teilchen mit einem Durchmesser von $0,005\ \mu$ wahrnehmbar, wobei man allerdings keinen Aufschluß über die Gestalt dieser kleinsten Teilchen erhält.

VI. Reinigung und Isolierung von Substanzen.

§ 170. **Filtration und Ultrafiltration.** Sollen gröbere Teilchen, die in einer Flüssigkeit schwebend enthalten sind, von dieser isoliert werden, so wird eine Filtration auf die allbekannte Weise vorgenommen, wobei man als Filter Papier, Asbest, Baumwolle, poröses Porzellan usw. verwendet. Haben jedoch die in der Flüssigkeit schwebenden Teilchen bloß ultramikroskopische Dimensionen, also Durchmesser von weniger als $0,2\ \mu$, so werden sie von den obengenannten gewöhnlichen Filtern nicht zurückgehalten. In solchen Fällen muß man eine sog. Ultrafiltration vornehmen, sich sog. Ultrafilter bedienen. Es sind dies Filter, deren Poren von ultramikroskopischen Teilchen nicht passiert werden können; da die Filtration auf diese

Weise nur sehr langsam vor sich ginge, wird die Flüssigkeit unter erhöhtem Druck durch das Filter gepreßt.

In nachstehender Abb. 62 ist die zur Ultrafiltration geeignete BECHHOLDsche Einrichtung skizzenhaft wiedergegeben. Der Apparat besteht aus einem zylindrischen Gefäß G, das mit der Decke D luftdicht verschlossen werden kann. Das Filter F, das durch Gummiringe festgehalten wird, ruht, da es beim Filtrieren reißen könnte, auf einem engmaschigen Sieb auf. Um eine Ultrafiltration auszuführen, wird erst das Filter F eingelegt, dann die zu filtrierende Flüssigkeit eingefüllt, die Decke D, an der das Manometer M befestigt ist, auf dem Gefäße G durch Schraubenverschluß befestigt und das Seitenrohr O mit einer komprimierten Stickstoff oder Sauerstoff enthaltenden

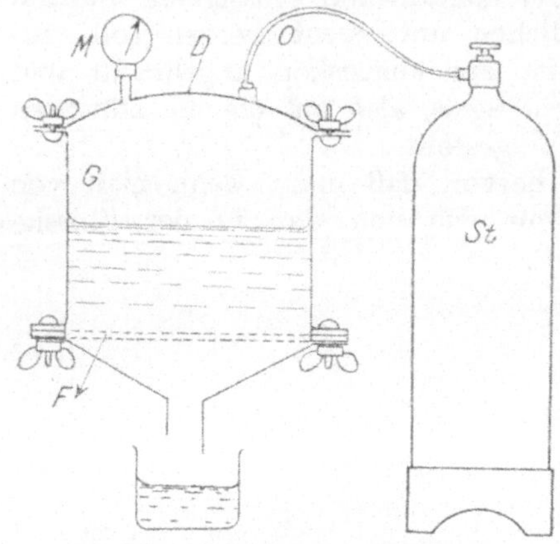

Abb. 62.   BECHHOLDS Ultrafilter.

Stahlflasche St verbunden. Die Filtration erfolgt, indem man das Gas unter einem Drucke von 5—15 Atm. in das Gefäß G eintreten läßt.

Werden als Filter in Formalin gehärtete Gelatineplatten oder Kollodiummembranen verwendet, und z. B. eine kochsalzhaltige Eiweißlösung filtriert, so erhält man als Filtrat reine Kochsalzlösung, da das in kolloider Lösung befindliche Eiweiß am Filter zurückgehalten wird.

§ 171. **Umkrystallisieren.** Durch Umkrystallisieren lassen sich aus einem Gemenge, das aus Krystallen zweier oder mehrerer Stoffe besteht, die einzelnen Bestandteile, sofern man planmäßig vorgeht, in reinem Zustande isolieren. Hat man es z. B. mit einem Gemenge zu tun, das zu 96% aus Alaun, zu 4% aus Kupfersulfat besteht, so geht man von folgender Überlegung aus: Es lösen sich

in 100 g Wasser von 100° C   357 g Alaun
„ 100 „   „   „   20° „   15 „   „
„ 100 „   „   „ 100° „   204 „ Kupfersulfat
„ 100 „   „   „   20° „   42 „   „

Aus diesen Daten ergibt sich, daß man, um aus 100 g des Gemenges eine bei 100° C gesättigte Alaunlösung zu erhalten, 26,9 g Wasser nehmen muß, denn

$$100 : 357 = x : 96,$$

woraus

$$x = 26,9.$$

Da jedoch das Erhitzen mit einem Wasserverlust einhergeht, da ferner die Löslichkeit des Alauns durch das mitanwesende Kupfersulfat herabgesetzt werden kann, da endlich eine etwaige geringe Abkühlung eine vorzeitige Krystallisation der allzu konzentrierten Lösung herbeiführen könnte, nimmt man nicht 26,9, sondern rund 35 g Wasser, und erwärmt so lange, bis die ganzen 100 g des Gemenges in Lösung gegangen sind. Ist dies erreicht, so wird die Lösung auf 20° C abgekühlt, worauf, da sich in 35 g Wasser von 20° C laut obigen Daten bloß rund 5 g Alaun lösen, der größte Teil des Alauns, das sind $96 - 5 = 91$ g krystallinisch ausfällt. Von den 4 g des Kupfersulfates fällt hierbei gar nichts aus, da 35 g Wasser von 20° C laut obigen Daten 14,7 g dieses Salzes in Lösung erhalten vermögen.

Nun filtriert man die von Alaunkrystallen durchsetzte Flüssigkeit, spült die auf dem Filter obenauf gebliebenen Krystalle mit kaltem Wasser ab, und erhält reine Alaunkrystalle, die bloß durch die anhaftende Mutterlauge ein wenig mit Kupfersulfat verunreinigt sind. Durch wiederholtes Umkrystallisieren lassen sich jedoch auch die letzten Spuren des Kupfersulfats entfernen.

Das Filtrat von den Alaunkrystallen enthält nahezu die ganze Menge des Kupfersulfates; die Lösung wird durch Eindampfen angereichert, und auf entsprechende Weise zum Krystallisieren gebracht; durch mehrfach wiederholtes planmäßiges Umkrystallisieren kann man auch Kupfersulfat in reinem Zustande erhalten.

§ 172. **Destillation.** Aus einem Gemische zweier oder mehrerer flüchtiger Stoffe lassen sich die einzelnen Bestandteile durch Destillation isolieren, und zwar besteht ein hierzu erforderlicher Apparat, wie aus Abb. 63 ersichtlich, aus den Destillierkolben D, dem Kühler K und der Vorlage V. Während der Destillation läßt man kaltes Wasser durch den Kühler strömen.

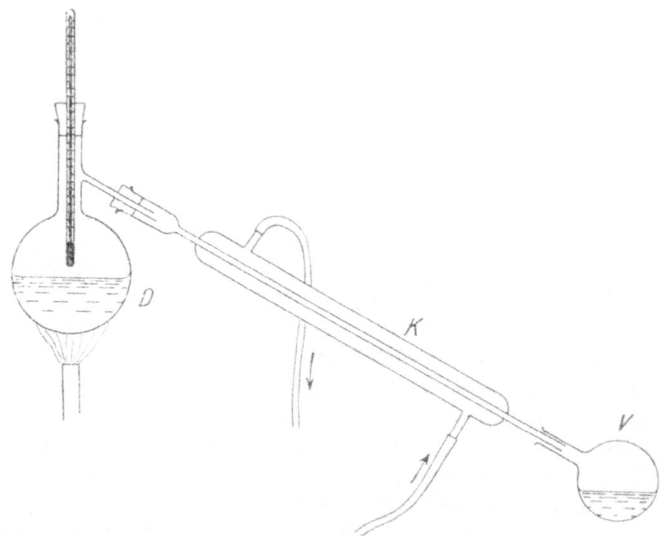

Abb. 63. Destillationsapparat.

Will man aus einem Gemische von Alkohol, Äther und Wasser den Alkohol und Äther in möglichst reinem Zustande isolieren, so wird das Gemisch im oben beschriebenen Apparat erwärmt und in schwachem Sieden erhalten. Da bei gewöhnlichem Drucke Äther bei 34,9, Alkohol bei 78, Wasser aber bei 100° C siedet, wird zu allererst der am meisten flüchtige Bestandteil, also hauptsächlich Äther übergehen; in dem Maße aber, als der Äthergehalt des im Destillierkolben enthaltenen Gemisches abnimmt, wird in den Dämpfen der Alkohol mehr und mehr überwiegen; und sobald der größere Teil des Alkohols einmal überdestilliert ist, wird nunmehr hauptsächlich Wasser übergehen. Aus dem Siedepunkt der jeweils noch im Kolben befindlichen Flüssigkeit läßt sich auf den zum betreffenden Zeitpunkte übergehenden Bestandteil des Gemisches schließen.

Das Destillat wird in Fraktionen aufgefangen, und hierdurch der an Äther reichere Anteil von dem an Alkohol reicheren Anteil ge-

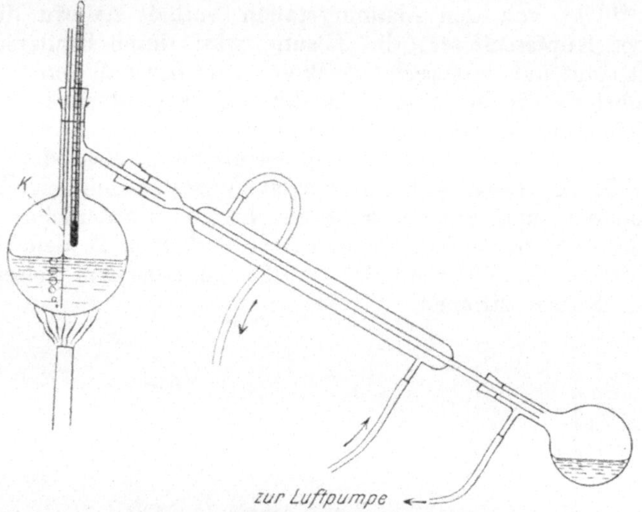

Abb. 64.   Vakuum-Destillationsapparat.

sondert; dieser Vorgang wird als **fraktionierte Destillation** bezeichnet. Werden die einzelnen Fraktionen wiederholt destilliert, so erhält man in der Mehrzahl der Fälle die einzelnen Bestandteile des Gemisches schließlich in chemisch reinem Zustande.

Sind die Bestandteile des Gemisches bei gewöhnlichem Drucke (1 Atm.) nicht ohne Zersetzung flüchtig, so wird die Destillation in luftverdünntem Raum, im Vakuum ausgeführt; denn auf diese Weise wird der Siedepunkt herabgesetzt, daher das Gemisch in vielen Fällen destilliert werden kann, ohne eine Zersetzung zu erleiden. Soll eine solche Vakuumdestillation vorgenommen werden, so schließt man, wie aus Abb. 64 ersichtlich, die Vorlage luftdicht an den Kühler an, und verbindet das an der Vorlage befindliche Seitenrohr mit einer Luftpumpe. Da sich beim Destillieren im Vakuum häufig Siedeverzug (§ 86) einstellt, ist es zweckmäßig, durch die im Destillierkolben befindliche Flüssigkeit mittels eines engen Kapillarrohres K Luft durchtreten zu lassen: durch die durchperlenden Luftblasen wird die Flüssigkeit in gleichmäßigem Sieden erhalten.

§ 173. **Sublimation.** Haben wir es mit einem festen Gemenge zu tun, das aus flüchtigen, sublimierbaren und nichtflüchtigen Stoffen besteht, so läßt sich der flüchtige Anteil des Gemenges durch Sublimation isolieren. Am einfachsten wird dieser Versuch so ausgeführt, daß man das Gemenge in eine trockene Eprouvette einfüllt, und letztere in schiefer Lage über der Flamme erhitzt. Dabei entweicht der sublimierbare Bestandteil, schlägt sich jedoch an den kälteren Teilen der Eprouvette nieder. Hat sich einmal die gesamte sublimierbare Substanz verflüchtigt, so läßt man die Eprouvette erkalten, und entfernt aus ihr die sublimierte Substanz. Auf diese Weise läßt sich z. B. aus einem Gemenge von Jod und Kochsalz ersteres leicht isolieren.

Hat man es mit größeren Mengen eines Gemenges zu tun, an dem eine derartige Sublimation vorgenommen werden soll, so bedient man sich, je nach der Art der zu isolierenden Substanz, verschiedener Einrichtungen.

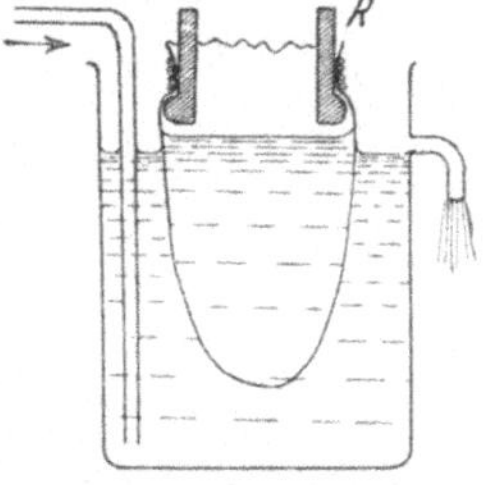
Abb. 65. Dialysator.

§ 174. **Dialyse.** Um aus der wäßrigen Lösung eines Stoffes von großem Molekulargewicht (z. B. Eiweiß), der sich daher in kolloidalem Zustande befindet, die in der Lösung mitanwesenden Stoffe von kleinem Molekulargewicht (z. B. Salze) zu entfernen, wird die Lösung der Dialyse (§ 95 und 123) unterworfen. Der einfachste Dialysator (Abb. 65) ist ein Sack aus Pergamentpapier oder Fischblase, der auf einen gläsernen oder hölzernen Ring R aufgebunden wird.

Die zu dialysierende Lösung wird in den Sack eingefüllt, und dieser in ein Gefäß mit reinem Wasser eingehängt, und letzteres oft erneuert; noch besser ist es, den Sack in strömendes Wasser einzuhängen, da die Diffusion um so schneller vor sich geht, je größer der Unterschied in der Konzentration des Stoffes in der Lösung und im Außenwasser ist.

Stoffe von kleinem Molekulargewicht (z. B. Salze) diffundieren rasch, kolloid gelöste Stoffe (z. B. Eiweiß) diffundieren verhältnismäßig sehr langsam; daher lassen sich erstere durch Dialyse in einigen Tagen aus der Lösung praktisch vollständig entfernen.

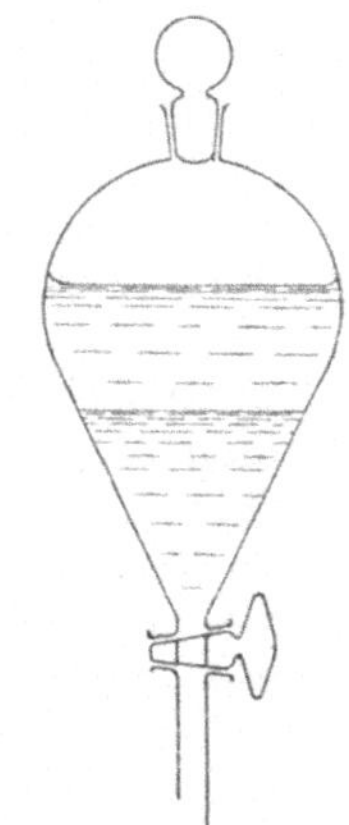
Abb. 66. Scheidetrichter.

§ 175. **Ausschütteln.** Da Zweck und Wesen des Ausschüttelns in § 96 bereits besprochen sind, soll hier nur ihre Ausführung erörtert werden. Die Lösung, die ausgeschüttelt werden soll, und das Lösungsmittel werden in einen sog. Scheidetrichter (Abb. 66) eingefüllt, und einige Minuten, eventuell $^1/_4$ Stunde lang energisch geschüttelt, wobei die beiden Flüssigkeiten zu Tropfen verteilt werden, und demzufolge sich längs einer großen Oberfläche berühren.

Dies hat zur Folge, daß das Verteilungsgleichgewicht sich rasch einstellt. Läßt man nun eine Zeitlang ruhig stehen, so erfolgt eine Trennung der beiden Flüssigkeiten, worauf man die zu unterst befindliche Flüssigkeit beim geöffneten Hahn abfließen läßt.

Soll ein Stoff aus seiner ursprünglichen Lösung durch Ausschütteln vollständig isoliert werden, so wird sie ein zweites Mal in den Schütteltrichter überführt, das reine Lösungsmittel hinzugefügt und noch einmal ausgeschüttelt und so fort.

§ 176. **Gasentwicklung.** Um Gase zu entwickeln, bedient man sich je nach den Umständen verschiedener Einrichtungen; hier sollen von den gebräuchlichen nur die einfachsten kurz beschrieben werden:

Um Gas für einmalige Verwendung herzustellen, bedient man sich des in der linken Hälfte der Abb. 67 abgebildeten Kolbens. Der Stoff, aus dem mittels der geeigneten Flüssigkeit das erwünschte Gas bereitet werden soll, wird in den Kolben eingefüllt, hierauf der Apparat, wie in der Abbildung ersichtlich, zusammengestellt und nun die Flüssigkeit mittels eines Tropftrichters in gewünschten Mengen und Absätzen zum ersteingefüllten Stoff hinzugefügt. Das Gas entweicht beim Seitenrohr.

Soll das Gas nicht auf einmal, sondern in Portionen verwendet werden, so wird es, wie oben beschrieben, bereitet, jedoch in einem Gasometer gesammelt, der in der rechten Hälfte der Abb. 67 abgebildet ist.

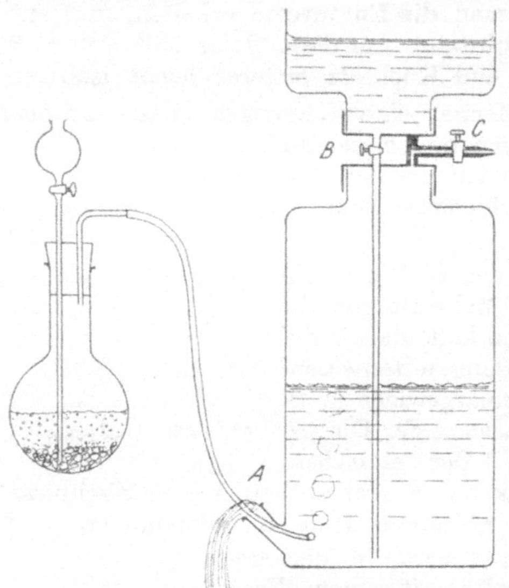

Abb. 67.   Gasentwicklungsapparat.

Der Gasometer wird zunächst mit Wasser (bezw. mit einer anderen geeigneten Flüssigkeit) angefüllt, und zwar derart, daß man die untere Öffnung A verschließt, und nachdem man die Hähne B und C geöffnet hat, Wasser vom oberen Behälter aus einfließen läßt. Ist der Gasometer mit Wasser angefüllt, so werden die Hähne B und C wieder zugedreht, und A geöffnet. Zunächst kann bei A noch kein Wasser abfließen, da dies durch den Druck der Außenluft verhindert wird; und erst wenn man das neu entwickelte Gas Blase für Blase bei A eintreten läßt, kann im selben Ausmaße Wasser bei A aus dem Gasometer abfließen. Ist dieses mit dem Gase angefüllt, so wird A geschlossen und Hahn B geöffnet, worauf aus dem oberen Behälter Wasser nach unten strömt. Durch den Druck des bei B abfließenden Wassers wird bei dem im Bedarfsfalle geöffneten Hahn C das Gas ausgetrieben.

Handelt es sich um ein Gas, das aus einem festen, grobstückigen und einem flüssigen Stoff bei Zimmertemperatur entwickelt werden kann (z. B. Kohlendioxyd aus Marmorstücken und verdünnter Salzsäure, Schwefelwasserstoff aus stückigem Eisensulfid und verdünnter Schwefelsäure, Wasserstoff aus granuliertem Zink und verdünnter Schwefelsäure), so bedient man sich ständiger Gasentwickler, denen, wenn sie einmal zusammengestellt sind, Gas zu einem beliebigen Zeitpunkte und in beliebigen Teilmengen entnommen werden kann, die demnach gleichzeitig auch den Gasometer ersetzen. Solche sind beispielsweise, die nach Déville, nach Kipp usw. benannten Apparate.

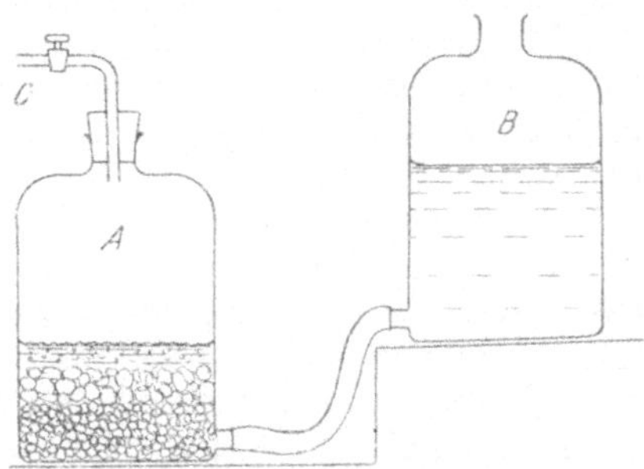

Abb. 68. Dévillescher Apparat.

Der Dévillesche Apparat, der hauptsächlich zur Entwicklung von Kohlendioxyd oder vonSchwefelwasserstoffverwendet wird, besteht, wie aus Abb. 68 ersichtlich, aus den zwei Flaschen A und B, die unten mit einem Kautschukschlauch verbunden sind. Flasche A enthält am Boden eine Lage von Quarzkieselsteinen oder Glasscherben, und darüber geschichtet den zur Gasbereitung nötigen Körper (Marmor bezw. Eisensulfid); Flasche B enthält die entsprechende Säure (verdünnte Salzsäure bezw. Schwefelsäure). Wird der Hahn C geöffnet, so fließt die Säure aus der höher stehenden Flasche B nach A hinüber, und kommt mit der wirksamen Schichte (Marmor bezw. Eisensulfid) in Berührung, worauf die Gasbildung einsetzt. Soll weiter kein Gas mehr entwickelt werden, so wird Hahn C geschlossen, worauf durch den zunehmenden Druck des zunächst noch immerzu neu entstehenden Gases so viel Säure nach B hinübergedrängt wird, daß nur mehr die Kieselstein- bezw. Glasscherbenschichte von ihr bedeckt ist, während

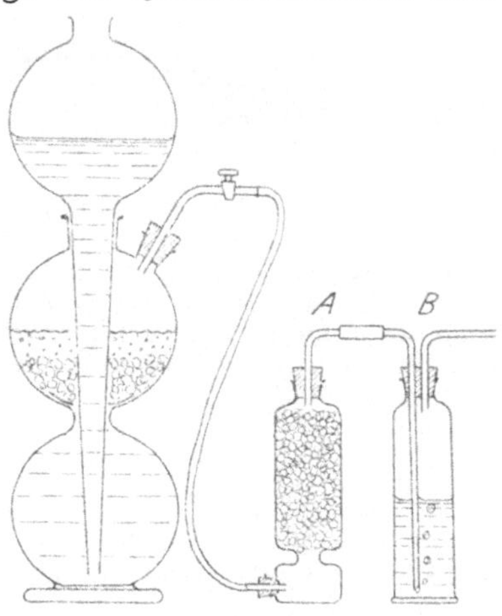

Abb. 69. Kippscher Apparat.

die Säure mit der gasliefernden Schichte nicht mehr in Berührung steht; die Gasentwicklung steht von diesem Augenblicke an stille.

Der Kippsche Apparat (Abb. 69) ist dem Wesen nach dem vorerwähnten ähnlich konstruiert. Die feste stückige Substanz (Marmor, Eisensulfid oder Zink) wird in der mittleren Kugel über eine vielfach durchlöcherte Gummiplatte geschichtet, die die Stücke am Hinunterfallen verhindern soll; in die zu oberst befindliche Kugel wird die

Säure eingefüllt. Wird der Hahn geöffnet, so fließt die Säure zunächst in die zu unterst gelegene Kugel, und indem sie von hieraus gegen die mittlere Kugel vordringt, setzt die Gasentwicklung ein. Wird jetzt der Hahn gesperrt, so wird infolge des zunehmenden Gasdruckes die Säure aus der mittleren Kugel gegen die untere, und von hieraus gegen die obere Kugel, also von den gasliefernden Stücken in der mittleren Kugel weggedrängt: die Gasentwicklung hört auf.

§ 177. Reinigung der Gase. Das einem Gasentwicklungsapparat entnommene Gas ist in der Regel nicht rein, indem es bald Wasserdampf, bald durch den Gasstrom mitgerissene Flüssigkeitspartikelchen, bald wieder fremde Gase enthält, die von der Verunreinigung der zur Gasbereitung verwendeten Ingredienzien herrühren. Will man daher das betreffende Gas ganz rein haben, so muß es durch Schichten geleitet werden, durch die die genannten Verunreinigungen absorbiert werden. So verwendet man, um das Gas von Wasserdampf zu befreien, Waschflaschen, die mit konzentrierter Schwefelsäure beschickt sind (B in Abb. 69), oder mit granuliertem Calciumchlorid gefüllte Türme (A in Abb. 69); Spuren von Kohlendioxyd werden durch Kaliumhydroxyd in Stücken oder in Lösung, Spuren von Sauerstoff durch eine alkalische Lösung von Pyrogallol, Spuren von Schwefelwasserstoff durch eine Lösung von essigsaurem Blei zurückgehalten usw.

Lösung der Aufgaben.

1. $v_0 = 45{,}05$ ccm.
2. $v_0 = 22{,}8$ ccm.
3. $v = 100{,}38$ ccm.
4. 313°.
5. Das Anquellen der in Wasser eingelegten Traubenkörner ist dem osmotischen Druck zuzuschreiben; das Schrumpfen der Traubenkörner in einer gesättigten Kochsalzlösung rührt davon her, daß letztere einen höheren osmotischen Druck hat als der Traubensaft. In eine Lösung eingelegt, deren osmotischer Druck dem des Traubensaftes gleich ist, die also dem Traubensaft isotonisch ist, wird man weder ein Anquellen noch ein Schrumpfen wahrnehmen können.
6. $M = 153{,}1$.
7. $M = 62{,}8$.
8. $M = 59{,}7$.
9. Die Siedepunktserhöhung beträgt $0{,}209^\circ$ C; der osmotische Druck 9,0 Atm.
10. Der Druck des Schwefelwasserstoffgases sowie auch der osmotische Druck der Schwefelwasserstofflösung beträgt 22,41 Atm.
11. 1,963 g.
12. 1,29 g.
13. 14,3 mal leichter.
14. $C_2H_4O_2$.
15. a) $20{,}0\%$ C, $26{,}7\%$ O, $46{,}7\%$ N, $6{,}6\%$ H; b) der osmotische Druck beträgt 7,47 Atm.; die Gefrierpunktserniedrigung $0{,}62^\circ$ C; die Siedepunktserhöhung $0{,}173^\circ$ C.
16. a) 1,16 g; b) 0,089 g.
17. Im Ferrooxyd 2, im Ferrioxyd 3 Valenzen:

$$\text{Ferrooxyd: Fe} = \text{O}, \qquad\qquad \text{Ferrioxyd}: \underset{\text{Fe}=\text{O}}{\overset{\text{Fe}=\text{O}}{\diagdown\!\!\diagup}}\text{O}.$$

18. P_2O_3 :

$$P{=}O\diagdown O \diagup P{=}O$$

und

19. $FeSO_4$:

und $Fe_2(SO_4)_3$:

20. $Ca_3(PO_4)_2$:

21. 20,03 bezw. 31,68.
22. 84,4 g AgCl.
23. 400 l CO_2; 1,78 kg $CaCO_3$.
24. 350 l.
25. 28,6 g.
26. a) 933750 l = 933,75 m³; b) 186,75 m³; c) dasselbe.
27. 52,67.
28. 158,14.
29. 40,0 g.
30. 10,0 ccm.
31. 4,904 g.
32. — 0,866 Cal.
33. — 0,22 cal.
34. a) 495 cal: b) 41 cal.
35. a) 13,51 kg; b) 14,12 kg; 16,95 m³; c) 72,43 kg; d) 75,71 kg; e) 90,80 m³.
36. + 49,6 Cal.
37. + 29,0 Cal.
38. 6,78 Atm.
39. 0,97.
40. a) 10,34 g; b) 5,44 g.
41. An der Kathode bildet sich Wasserstoff-, an der Anode Sauerstoffgas.
42. a) 853 Coulomb; b) 0,711 Ampere.
43. a) 0,281 g; b) 148 Normal-ccm.
44. 35,2 Ampere.
45. a) 4812 Coulomb; b) 9624 Coulomb.
46. Die äquivalente Leitfähigkeit beträgt 95,95 rezipr. Ohm; der Dissoziationsgrad 0,82.
47. $H_2CO_3 \rightleftarrows H^+ + HCO_3^-$ bezw. $HCO_3^- \rightleftarrows H^+ + CO_3^{--}$.
48. a) Die Lösung wird positiv, das Metall negativ geladen sein; zwischen beiden wird eine Potentialdifferenz von 0,15 Volt bestehen; b) die Lösung wird negativ, das Metall positiv geladen sein; zwischen beiden wird eine Potentialdifferenz von 0,06 Volt bestehen.
49. a) Die elektromotorische Kraft des Elementes beträgt 0,21 Volt; während der Stromlieferung geht Eisen in Lösung, Nickel scheidet sich aus; Nickel bildet den positiven, Eisen den negativen Pol; b) die elektromotorische Kraft des Elementes beträgt 0,27 Volt; während der Stromlieferung wird Chlor in Natriumchlorid verwandelt; aus Natriumbromid wird Brom in Freiheit gesetzt; die Chlorelektrode bildet den positiven, die Bromelektrode den negativen Pol.
50. Würde man reines Wasser verwenden, so wäre der innere Widerstand des Elementes ein allzu großer.

51. Die elektromotorische Kraft des Elementes beträgt 0,116 Volt; die in die 0,01-Normalsalzsäure tauchende Elektrode bildet den positiven, die in die 0,0001-Normalsalzsäure tauchende Elektrode den negativen Pol.

52. Die H^+-Ionenkonzentration beträgt 0,0037; der Dissoziationsgrad aber, da es sich um eine Normallösung handelt, ebenfalls 0,0037.

53. a) Infolge der Polarisation entsteht ein Element von der Zusammensetzung: $Zn \mid ZnCl_2$-Lösung [mol. Konz. $= 1$] $\parallel$ HCl-Lösung [mol. Konz. $= 1$] $\mid Cl_2$; b) die elektromotorische Kraft beträgt 2,11 Volt; c) während der Stromlieferung wird das Zn wieder in $ZnCl_2$, das Chlor wieder in HCl umgewandelt; d) zur Fortsetzung der Elektrolyse bedarf es einer Spannung von mehr als 2,11 Volt.

54. In verdünnter Lösung verläuft die Reaktion in beiden Fällen wie folgt: $Ba^{++} + SO_4^{--} = BaSO_4$. In konzentrierteren Lösungen gesellt sich vorangehend noch eine elektrolytische Dissoziation der beteiligten Stoffe hinzu, die an der verdünnten Lösung von vornherein vollständig war.

55. Es entsteht kein Niederschlag.

56. Es ist nicht statthaft, denn Eisen oder Nickel gehen dabei in Lösung und es wird metallisches Quecksilber auf die Oberfläche der Instrumente niedergeschlagen.

57. Am besten eignet sich Zink; die von der Zinkschichte etwa entblößten Stellen bilden nämlich ein galvanisches Element von der Zusammensetzung: $Zn \mid$ Flüssigkeit $\mid$ Eisen. Durch die Feuchtigkeit, die, wie z. B. auch das Regenwasser, Kohlensäure enthält, werden von beiden Metallen sehr geringe Mengen in Form von Salzen gelöst, in der Lösung aber wird das Eisensalz, da die elektrolytische Lösungstension des Eisens die kleinere ist, durch das Zink wieder zu metallischem Eisen reduziert, d. h. von der Oxydation bewahrt. Würde man Zinn oder Kupfer verwenden, so ginge umgekehrt Eisen in Lösung, da seine Lösungstension größer ist als die des Zinns oder des Kupfers.

58. a) $Hg_2^{++} + Sn^{++} = Sn^{++++} + 2Hg$; b) Mercurochlorid ist das Oxydations-, Stannochlorid das Reduktionsmittel.

59. Die Elektrolytlösungen dürfen aus dem Grunde nicht vermischt werden, da sich die Cu^{++}-Ionen unmittelbar auf die Zn-Elektrode in metallischem Zustande auflagern würden, daher die Strombildung aufhören müßte. Würde man aber die beiden Elektrolyte gesondert in je ein Gefäß anfüllen, so würde die Wanderung der SO_4^{--}-Ionen von der Kupferelektrode zur Zinkelektrode unmöglich gemacht, daher aus diesem Grunde die Strombildung nicht zustande kommen könnte.

60. Da Kohlendioxyd schwerer ist als Luft, muß Gefäß A mit der Röhre, die die Hohlkugel trägt, oben kommunizieren, und muß das mit Kohlendioxyd angefüllte Gefäß B mit der Mündung nach oben verwendet werden; wird dann das Gefäß A in das Kohlendioxyd getaucht, so strömt Luft durch D und C nach A; wird Gefäß A aus der Kohlendioxydatmosphäre herausgenommen, so spritzt das Wasser bei der Mündung der Röhre D empor.

61. Das Manometer zeigt eine Zunahme des Druckes, die der Tension des Äthers bei der betreffenden Temperatur entspricht.

62. Unter einem Druck, der weniger als 92,5 mm Hg beträgt.

63. Unter einem Druck, der größer als 15,3 Atm. ist.

64. Der relative Äthergehalt des Gemisches wird stets geringer.

65. Es bilden sich 63,1 g Eis.

66. Wird der Flasche Flüssigkeit entnommen, so wird der darüber befindliche Gasraum größer, daher der Druck des Kohlendioxydes geringer; das bis dahin bestandene Gleichgewicht wird gestört und aus der Flüssigkeit tritt so lange Kohlendioxyd in den Gasraum über, bis sich ein neues Gleichgewicht eingestellt hat.

67. Zu Beginne lösen sich Phenol und Wasser gegenseitig; ist das Phenol einmal mit Wasser gesättigt, so bildet sich eine neue Phase: über dem mit Wasser gesättigten Phenol entsteht eine mit Phenol gesättigte Wasserschichte. Wird jetzt Wasser in steigenden Mengen hinzugefügt, so nimmt die mit Phenol gesättigte Wasserschichte zu, die mit Wasser gesättigte Phenolschichte ab, so daß zum Schluß eine wäßrige Lösung von Phenol resultiert.

68. a) 24 g NaCl; b) 620 g KNO_3.

69. Rund 600 cm².

70. 60000 cm² = 6 m².

71. a) Man verwendet konzentrierte Lösungen und erwärmt das Gemisch; b) man verwendet verdünnte Lösungen und niedere Temperaturen.

72. Man verwendet Platin von glatter Oberfläche und hält das System bei niederer Temperatur.

73. Stärke ist wasserunlöslich, daher auch nicht diffundibel, kann also als solche nicht aus einer Zelle in die andere, also von den Stellen, wo sie eingelagert ist, nicht an die Stellen gelangen, wo das Wachstum erfolgt. Ermöglicht wird dies dadurch, daß sich in den keimenden Samen Diastase bildet, durch die die Stärke in Zucker verwandelt und dadurch wasserlöslich und diffundibel wird.

74. Die Zersetzung wird dadurch hintangehalten, daß die Mikroorganismen, durch deren Enzyme die Zuckerzersetzung bewirkt wird, ferngehalten oder in ihrer Wirksamkeit gehemmt werden. Dies kann erreicht werden, indem man die Lösung in der Kälte aufbewahrt oder durch Verwendung hoher Temperaturen „sterilisiert", oder indem man sie mit antiseptischen Mitteln (wie Sublimat, Chloroform, Thymol usw.) versetzt, durch die die Mikroorganismen zerstört oder in ihrer Wirksamkeit gehemmt werden.

75. Die Zersetzung des Esters setzt mit großer Geschwindigkeit ein, die aber stetig abnimmt; einerseits, da die Konzentration der wirksamen Bestandteile, Ester und Wasser, fort und fort abnimmt, andererseits, da die Geschwindigkeit der entgegengesetzt gerichteten Reaktion, der Esterbildung, stetig zunimmt. Zu einem Gleichgewichte kommt es, wenn die beiden Geschwindigkeiten gleich groß geworden sind.

76. Da die Gleichgewichtskonstante gleich ist dem Verhältnisse zwischen der Geschwindigkeitskonstante der beiden entgegengesetzt gerichteten Prozesse, also $K = \dfrac{k_1}{k}$, läßt sich die Abhängigkeit der Gleichgewichtskonstante von der Temperatur daraus erklären, daß die Änderung, die die Geschwindigkeit der beiden entgegengesetzt gerichteten Prozesse bei einer geänderten Temperatur erleidet, nicht gleich groß ist.

77. Aus dem Gasraum schlägt sich festes Ammoniumchlorid nieder.

78. Der Druck des Kohlendioxydes im Gasraum wird unterhalb 0,1 mm Hg gehalten.

79. Der Druck des Kohlendioxydes im Gasraum wird über 2710 mm Hg gehalten.

80. Man steigert die H^+- oder CH_3COO^--Ionenkonzentration z. B. durch Hinzufügen von HCl, bezw. CH_3COONa.

81. 0,000185.

82. 0,12.

83. Durch Steigerung der Pb^{++}- oder der SO_4^{--}-Ionenkonzentration z. B. durch Hinzufügen von Bleinitrat, bezw. Schwefelsäure.

84. Da die unzersetzten $CuCl_2$-Moleküle grün, die Cu^{++}-Ionen aber blau sind, wird in der konzentrierten Lösung, da der Dissoziationsgrad des Salzes daselbst ein geringer ist, die Farbe der $CuCl_2$-Moleküle, in verdünnter Lösung, in denen das Salz stark dissoziiert ist, die Farbe der Cu^{++}-Ionen vorherrschen. Wird die verdünnte Lösung mit konzentrierter Salzsäure versetzt, so wird die Dissoziation zurückgedrängt, und es wird wieder die Farbe der $CuCl_2$-Moleküle vorherrschen.

85. $C_{H^+} \cdot C_{OH^-} = k = $ konst. Versetzt man mit Säure, so wird die OH^--Konzentration, versetzt man mit Lauge, so wird die H^+-Ionenkonzentration sehr stark herabgesetzt.

86. Der größere Teil des Kaliums verbindet sich mit der Salpetersäure zu Kaliumnitrat; die Essigsäure bleibt zum größeren Anteil frei.

87. Es bilden sich Natriumnitrat und Borsäure, und zwar verläuft die Reaktion (praktisch) vollständig, da die Borsäure im Vergleich zur Salpetersäure eine sehr schwache Säure ist.

88. Es bildet sich ein Niederschlag von Eisenhydroxyd; die Reaktion verläuft (praktisch) vollständig.

89. Die Salzsäure verbindet sich erst mit Natriumhydroxyd zu Natriumchlorid. Ist alles Natriumhydroxyd neutralisiert, so wird durch die ersten Spuren der einfallenden Salzsäure das in der Lösung enthaltene lackmussaure Natrium zersetzt, also die Lackmussäure in Freiheit gesetzt und die Lösung färbt sich violettrot. Wird weitere Salzsäure hinzugefügt, so wird die Dissoziation der freien Lackmussäure herabgesetzt und die Lösung durch die nicht-dissoziierten Lackmussäuremoleküle lebhaft rot gefärbt.

90. Natriumhydroxyd verbindet sich zu allererst mit der starken Säure, der Salzsäure, zu Natriumchlorid. Ist alle Salzsäure neutralisiert, so verbindet sich das Natriumhydroxyd mit der Lackmussäure zum Natriumsalz; infolge der Dissoziation dieses Salzes werden die blaugefärbten Lackmussäureanionen in Freiheit gesetzt, und wird durch sie die Flüssigkeit blau gefärbt.

91. Borsäure wirkt in erster Reihe auf Natriumhydroxyd ein, indem borsaures Natrium gebildet wird. Ist alles Natriumhydroxyd neutralisiert, so wirkt die Borsäure auf das lackmussaure Natrium ein, welcher Vorgang aber, da Borsäure eine sehr schwache Säure ist, nur in geringem Grade vor sich geht, d. h. die Lackmussäure wird durch Borsäure nicht völlig in Freiheit gesetzt, und dementsprechend wird ein scharfer Farbenumschlag auch dann nicht zustande kommen, wenn Borsäure im Überschusse vorhanden ist.

92. $FeCl_3 + H_2O \rightleftarrows Fe(OH)Cl_2 + HCl$; $Fe(OH)Cl_2 + H_2O \rightleftarrows Fe(OH)_2Cl + HCl$; $Fe(OH)_2Cl + H_2O \rightleftarrows Fe(OH)_3 + HCl$.

93. $2FeSO_4 + 2H_2O \rightleftarrows Fe_2(OH)_2SO_4 + H_2SO_4$; $Fe_2(OH)_2SO_4 + 2H_2O \rightleftarrows 2Fe(OH)_2 + H_2SO_4$.

94. Durch Zusatz von Salpetersäure.

95. Durch Bestimmung des osmotischen Druckes, der Siedepunktserhöhung der Lösung usw.

96. $M = 13600$.

97. Das gefällte Gold wird in Königswasser gelöst und hierdurch in Goldchlorid verwandelt; durch Reduktion des gelösten Goldchlorides erhält man wieder eine kolloide Goldlösung.

98. Die Gesamtflächen betragen 6 bezw. 60, bezw. 600, bezw. 6000 m².

Namen- und Sachverzeichnis.

Schmidt-Gadamer, Anleitung zur qualitativen Analyse. Herausgegeben und bearbeitet von Dr. **J. Gadamer**, o. Professor der pharmazeutischen Chemie und Direktor des Pharmazeutisch-Chemischen Instituts der Universität Marburg. Neunte, verbesserte Auflage. 1922.   G Z. 2,5

Der Gang der qualitativen Analyse. Für Chemiker und Pharmazeuten. Bearbeitet von Dr. **Ferdinand Henrich**, Professor an der Universität Erlangen. Mit 4 Textfiguren. 1919.   G Z. 1,2

Praktikum der quantitativen anorganischen Analyse. Von **Alfred Stock** und **Arthur Stähler**. Dritte, durchgesehene Auflage. Mit 36 Textfiguren. 1920.   G Z. 3,5

Anleitung zur organischen qualitativen Analyse. Von Dr. **Hermann Staudinger**, Professor für anorganische und organische Chemie, Leiter des Laboratoriums für allgemeine und analytische Chemie an der Eidgenössischen Technischen Hochschule Zürich. 1923.   G Z. 3,6

Einfaches pharmakologisches Praktikum für Mediziner. Von **R. Magnus**, Professor der Pharmakologie in Utrecht. Mit 14 Abbildungen. 1921. Mit Schreibpapier durchschossen.   G Z. 2

Grundzüge der pharmazeutischen und medizinischen Chemie. Für Studierende der Pharmazie und Medizin. Bearbeitet von Professor Dr. **Hermann Thoms**, Geheimer Regierungsrat und Direktor des Pharmazeutischen Instituts der Universität Berlin. Siebente, verbesserte und erweiterte Auflage der »Schule der Pharmazie, Chemischer Teil«. Mit 108 Textabbildungen. 1921.   Gebunden G Z. 10

Einführung in die Mikroskopie. Von Professor Dr. **P. Mayer** in Jena. Zweite, verbesserte Auflage. Mit 30 Textabbildungen. 1922.   G Z. 4

Einführung in die Chemie. Ein Lehr- und Experimentierbuch. Von **Rudolf Ochs**. Zweite, vermehrte und verbesserte Auflage. Mit 244 Textfiguren und 1 Spektraltafel. 1921.   Gebunden G Z. 10

Einführung in die Mathematik für Biologen und Chemiker. Von Dr. **Leonor Michaelis**, a. o. Professor an der Universität Berlin. Zweite, erweiterte und verbesserte Auflage. Mit 117 Textabbildungen. 1922.   G Z. 9

Das periodische System der Elemente[1].

(Die Atomgewichte sind abgerundet wiedergegeben.)

0	1	2	3	4	5	6	7	8
E^o	$E^I Cl$ $E^I_2 O$	$E^{II} Cl_2$ $E^{II} O$	$E^{III} Cl_3$ $E^{III}_2 O_3$	$E^{IV} H_4$ $E^{IV} O_2$	$E^{III} H_3$ $E^V_2 O_5$	$E^{II} H_2$ $E^{VI} O_3$	$E^I H$ $E_2^{VII} O_7$	$E^{VIII} O_4$
He = 4 Ne = 20	Li = 7 Na = 23	Be = 9 Mg = 24,3	B = 11 Al = 27	C = 12 Si = 28,3	N = 14 P = 31	O = 16 S = 32	F = 19 Cl = 35,5	
A = 39,9	K = 39 Cu = 63,6	Ca = 40,1 Zn = 65,4	Sc = 45,1 Ga = 70	Ti = 48 Ge = 72,5	V = 51 As = 75	Cr = 52 Se = 79,2	Mn = 55 Br = 80	Fe=56, Co=59, Ni=58,7
Kr = 82,9	Rb = 85,5 Ag = 108	Sr = 87,6 Cd = 112,4	Y = 89 In = 115	Zr = 90,6 Sn = 119	Nb = 93,5 Sb = 120	Mo = 96 Te = 127,5	. . . J = 127	Ru = 101,7, Rh = 103 Pd = 106,7
X = 130	Cs = 133 Au = 197	Ba = 137,4 Hg = 200	La = 139 Tl = 204	Ce usw. 140-175 Pb = 207	Ta = 181 Bi = 208	W = 184 Po = 210	. . . . . .	 Os=191, Ir=193, Pt=195
Em = 222	. . . . .	Ra = 226,0	Ac = 226	Th = 223,1	Pa = 230	U = 238,2	. . .	

[1] Von den sog. Radioelementen (vergl. § 134) ist hier nur je ein Vertreter der verschiedenen Gruppen derselben aufgenommen.